生物学实验室安全指南

SAFETY GUIDE FOR BIOLOGY LABORATORY

主　编　王秀海

副主编　李　旭　张　倩　臧建业

编写人员（按姓氏拼音排序）

李　旭　刘晓庆　刘晓燕

孙红荣　王秀海　岳　挺

臧建业　张　倩　赵丽萍

中国科学技术大学出版社

内 容 简 介

本书既涵盖常规教学、科研、开发实验室共同存在的火灾、爆炸、水电、压力容器安全防范内容，又包括专属于生物学领域的生物化学、分子生物学、免疫学、病原微生物学、细胞生物学、生理学、神经生物学和实验动物安全操作规范；不但能解答读者对所涉安全问题的各种原则性疑问，更能直接给予操作层面的具体指导。

本书可作为高校生物学相关专业的教材，也可作为生物学实验室工作人员参考资料。

图书在版编目(CIP)数据

生物学实验室安全指南/王秀海主编.—合肥:中国科学技术大学出版社，2023.11
(中国科学技术大学一流规划教材)
ISBN 978-7-312-05614-7

Ⅰ.生… Ⅱ.王… Ⅲ.生物学—实验室管理—安全管理—指南 Ⅳ.Q-338

中国国家版本馆CIP数据核字(2023)第113183号

生物学实验室安全指南
SHENGWUXUE SHIYANSHI ANQUAN ZHINAN

出版 中国科学技术大学出版社
安徽省合肥市金寨路96号，230026
http://press.ustc.edu.cn
https://zgkxjsdxcbs.tmall.com
印刷 安徽国文彩印有限公司
发行 中国科学技术大学出版社
开本 787 mm×1092 mm 1/16
印张 19.25
插页 3
字数 484千
版次 2023年11月第1版
印次 2023年11月第1次印刷
定价 60.00元

前　言

当今时代，科学技术的发展与应用已经渗透到我们生活的方方面面，“21世纪是生物学的世纪”已慢慢成为现实。

随之而来的是，高等院校、研究机构和高新企业兴建了大批生物学实验室，大批学生、研究人员和单位员工每天都要在生物学实验室环境中进行工作和学习。考虑到生物学实验室复杂的试剂、设备、环境条件，以及很多生物样品的特殊性和危险性，生物学实验室的安全管理日渐成为不容忽视的重要课题。

遗憾的是，由于我国生物学实验室的发展历程相对较短，该领域一直缺乏一本能够与不同类型实验室一线实际情况接轨的安全指南。尽管市面上能买到类似主题的安全书籍，但仔细阅读后会发现其内容基本都是借鉴化学实验室安全事项进行的整体性规范，对于具体类型的生物学实验室安全指导针对性不强、操作性不佳。

有鉴于此，中国科学技术大学生命科学国家级实验教学示范中心相关教师，结合自身一线工作经验和长期以来养成的良好安全习惯，共同撰写了本书。

本书既涵盖常规教学、科研、开发实验室共同存在的火灾、爆炸、水电、压力容器安全防范内容，又包括专属于生物学领域的生物化学、分子生物学、免疫学、病原微生物学、细胞生物学、生理学、神经生物学和实验动物安全操作规范；不但能解答读者对所涉安全问题的各种原则性疑问，更能直接给予操作层面的具体指导。

我们由衷期待，本书的问世能在一定程度上提高我国生物学实验室的安全管理水平，让接触生物学实验室的广大师生、科研工作者形成良好的安全意识，在维护生物学实验室安全运行的同时，为保障整个社会的生物安全贡献一份力量。本书得到中国科学技术大学本科教材出版专项经费支持，在此表示感谢！

需要注意的是，书中所述有的为一线教师从个人视角出发对相关安全问题的看法和具体应对方案，难免有所遗漏和不足之处。读者们若发现不当之处或有可改进的地方，还请积极指出，我们会在后续的版本中及时更新和完善。

非常开心，能与您在此书中相遇！

李　旭

2023年5月18日于合肥

目　　录

前言 ……………………………………………………………………………(ⅰ)

第1章　绪论 ……………………………………………………………………(001)

1.1　生物学实验室安全工作的重要性 ……………………………………(001)

1.2　生物学实验室安全工作的特殊性 ……………………………………(002)

1.3　生物学实验室安全制度建设的必要性 ………………………………(003)

1.4　生物学实验室基础安全设施配备的重要性 …………………………(005)

1.5　加强生物学实验室安全教育的迫切性 ………………………………(007)

第2章　生物学实验室安全文化建设 ………………………………………(010)

2.1　什么是安全文化 …………………………………………………………(011)

2.2　安全文化的作用和意义 …………………………………………………(016)

2.3　如何建设安全文化 ………………………………………………………(020)

2.4　国内外优秀安全文化建设范例 …………………………………………(028)

2.5　生物学实验室安全文化建设 ……………………………………………(031)

第3章　生物学实验室消防安全 ……………………………………………(038)

3.1　消防安全基础知识 ………………………………………………………(038)

3.2　火灾预防与扑救 …………………………………………………………(044)

3.3　消防设施 …………………………………………………………………(047)

3.4　消防器材 …………………………………………………………………(053)

第4章　生物学实验室用水、用电安全 ……………………………………(061)

4.1　实验室用水的分类 ………………………………………………………(061)

4.2　实验室用水安全知识 ……………………………………………………(063)

4.3　用电基础知识 ……………………………………………………………(064)

4.4　触电事故及其预防与急救 ………………………………………………(068)

4.5　实验室电气火灾与爆炸 …………………………………………………(071)

4.6　静电与防静电 ……………………………………………………………(074)

第5章　生物学实验室压力容器安全 ………………………………………(076)

5.1　压力容器的定义 …………………………………………………………(076)

5.2　压力容器的分类 …………………………………………………………(077)

5.3　压力容器的压力来源 ……………………………………………………(078)

5.4 压力容器的常见介质及特性 ……(078)
5.5 气体钢瓶的安全使用 ……(080)
5.6 高压蒸汽灭菌锅的安全使用 ……(091)
第6章 生物学实验室危险化学品安全 ……(095)
6.1 危险化学品的定义 ……(095)
6.2 化学品的分类和品名编号 ……(096)
6.3 危险化学品标签、标志 ……(098)
6.4 化学品安全技术说明书 ……(103)
6.5 危险化学品的危险特性 ……(105)
6.6 危险化学品的安全储存与使用 ……(110)
第7章 生物化学与分子生物学实验室安全 ……(115)
7.1 生物化学与分子生物学实验室安全概述 ……(115)
7.2 紫外线辐射危害及防护 ……(116)
7.3 生物化学与分子生物学实验仪器设备的安全操作 ……(117)
7.4 生物化学与分子生物学实验危险试剂的安全使用 ……(127)
7.5 生物化学与分子生物学实验废弃物的收集与处理 ……(138)
第8章 遗传学与微生物学实验室安全 ……(141)
8.1 遗传学与微生物学实验室常用仪器及工具使用安全 ……(141)
8.2 遗传学与微生物学实验危险化学品的安全使用 ……(150)
8.3 遗传学与微生物学实验操作安全 ……(156)
8.4 遗传学与微生物学实验室突发情况应急处理 ……(158)
第9章 细胞生物学与免疫生物学实验室安全 ……(160)
9.1 细胞生物学与免疫生物学实验室安全概述 ……(160)
9.2 细胞生物学与免疫生物学实验室的布局 ……(161)
9.3 细胞生物学与免疫生物学实验仪器设备的安全操作 ……(163)
9.4 细胞生物学与免疫生物学实验危险试剂的安全使用 ……(181)
9.5 活体细胞管理 ……(184)
9.6 其他 ……(187)
第10章 生理学与神经生物学实验室安全 ……(189)
10.1 生理学与神经生物学实验室安全概述 ……(189)
10.2 生理学与神经生物学实验室中的个人防护 ……(190)
10.3 生理学与神经生物学实验室实验动物的安全使用 ……(190)
10.4 生理学与神经生物学实验常用麻醉药物和麻醉方法 ……(194)
10.5 生理学与神经生物学实验器械和实验仪器的安全使用 ……(196)
第11章 病原微生物学实验室安全 ……(209)
11.1 病原微生物学实验室概述 ……(209)

11.2　病原微生物学实验室生物危害程度分类和生物安全防护水平分级 …………(212)
11.3　实验室生物安全防护设备 …………………………………………………………(216)
11.4　病原微生物学实验室的个人防护 ……………………………………………………(222)
11.5　病原微生物实验室生物安全管理 ……………………………………………………(228)

第12章　放射性实验室安全 ……………………………………………………………(239)
12.1　放射性物质 …………………………………………………………………………(239)
12.2　放射性污染的去除 …………………………………………………………………(246)
12.3　放射性废物的安全管理 ……………………………………………………………(249)
12.4　放射性安全事故的应急处置 ………………………………………………………(252)

第13章　实验动物伦理与安全 …………………………………………………………(256)
13.1　实验动物福利与伦理 ………………………………………………………………(256)
13.2　实验动物常见人兽共患病 …………………………………………………………(264)
13.3　动物实验事故预防与处理原则 ……………………………………………………(267)

第14章　个体防护与实验室安全事故应急处置 ………………………………………(272)
14.1　个人防护装备 ………………………………………………………………………(272)
14.2　通用防护装备 ………………………………………………………………………(278)
14.3　实验室安全事故应急处置 …………………………………………………………(281)

第15章　生物学实验室有毒有害废弃物安全处置 ……………………………………(291)
15.1　有毒有害废弃物的种类与危害 ……………………………………………………(291)
15.2　有毒有害废弃物环保与安全管理的法规及理念 …………………………………(293)
15.3　有毒有害废弃物环保与安全管理的原则及措施 …………………………………(294)
15.4　有毒有害废弃物的处理 ……………………………………………………………(296)

彩色图表 …………………………………………………………………………………(301)

第1章　绪　　论

1.1　生物学实验室安全工作的重要性

教育是社会发展的重要基石，是社会发展的动力之源。无论是在科技进步还是文化建设方面，教育为整个社会的可持续发展提供了源源不断的人力资源和思想动力。安全是教育事业不断发展、学生成长成才的基本保障。学校作为教书育人的圣地，营造安全和谐的校园环境，对学校履行使命、健康发展至关重要。

实验室是人类为认识自然和改造自然，利用自然界中与人类生产、生活相关的物理、化学、生物等各种因素，运用实验技术，按照科学规律进行实验活动的场所和机构。实验室在开展学术探索、发展前沿科学、培养高素质人才、完成前瞻性基础研究及创造引领性原创成果等方面起着非常重要的作用，是国家科技创新和高等教育体系的重要组成部分。近年来，随着我国高等教育事业蓬勃发展，教学设施、科研条件不断提升改善，各类高等院校已建成大批教学实验室、科研实验室，并投入日常教学及科研活动中。

高校实验室作为开展实验教学和科学研究的固定场所，体量大、种类多、安全隐患分布广，经常涉及危险化学品、辐射物质、易制毒制爆试剂等，重大危险源和人员相对集中，安全风险具有累加效应。国家高度重视高校实验室安全工作，教育部于2017年2月发布了《教育部办公厅关于加强高校教学实验室安全工作的通知》(教高厅〔2017〕2号)，2019年5月又专门发布了《教育部关于加强高校实验室安全工作的意见》(教技函〔2019〕36号)，反复强调高校教学实验室、科研实验室安全工作的重要性。通过长期一贯的高度重视和研究，高校实验室安全工作取得了积极成效，安全形势总体保持稳定。但是，实验室安全事故仍然时有发生，暴露出实验室安全管理仍存在薄弱环节，突出体现在实验室安全责任落实不到位、管理制度执行不严格、宣传教育不充分、工作保障体系不健全等方面。

近年来，新兴生物技术与跨领域高新技术快速融合发展，应用前景广阔，潜在风险突出，生物技术制高点和生物安全能力建设成为国际竞争新焦点，高等院校中生物学实验室的数量随之快速增长。在生物学实验室中，精密仪器多，人员聚集且流动性大，危险化学药品、易燃易爆试剂经常出现，再加上实验对象包括活体样本以及感染性材料，实验废弃物处置流程复杂，安全管理难度较其他类别实验室更高；在实验操作过程中，由于生物学实验项目众多、流程可变、实验条件复杂，且很多探索性实验的不确定性和可变性危险因素较多，因此需要建立更为严密和完善的安全规范和应急预案才能有效保障生物学实验室的安全运行。

针对生物学实验室所面临的安全风险，我们必须坚决克服麻痹思想和侥幸心理，抓源头、抓关键、抓瓶颈,做到底数清、责任明、管理实,切实解决生物学教学和科研实验室中的安全薄弱环节和突出矛盾,才能真正掌握防范、化解和遏制生物学实验室安全风险。只有高度重视生物学实验室安全工作,才能更好地确保生物学相关教学与科研工作的顺利开展,才能真正维护师生及社会群众的安全与健康。

1.2 生物学实验室安全工作的特殊性

生物学是一门实验性学科,生物学实验在整个学科的教学和研究工作中居于核心地位。生物学实验教学是生命科学人才培养的基础内容,生物学实验课程的质量差异在很大程度上体现了一所高校的生物学教学水平。在教学实验中,学生能够亲自动手去验证和体会所学的书本知识;实验过程的复杂性能够培养学生科学理性的思维;实验结果偏差的处理可以培养学生严谨的科学态度;结果未知的探索性实验能够培养学生的创新能力和对科学研究的兴趣。因此生物学实验教学在培养学生将书本知识转化为实践动手能力的过程中具有其他课程所不可替代的作用,是提高学生素质的必要途径。

与其他学科的实验室类似,生物学实验室涉及周边环境、防火防盗、水电气安全、化学药品管理、一般废弃物处理等安全管理的共性问题。但是,由于生物学实验室的研究对象是具有生命活力的各类生物,其实验结果及废弃物对人类健康、环境安全,乃至生物圈遗传稳定均能产生较大影响,因此生物学实验室的安全工作具有其特殊性。

生物学实验涉及的研究对象可以分为活体动物、组织器官、细胞/微生物以及生物大分子(包括蛋白质、糖类和遗传物质)四个层次。针对不同的研究对象,生物学实验会涉及生物伦理、实验动物安全管理、组织器官处置、病原微生物防护、活体细胞管理、生物毒素防护、基因安全防护等特殊的安全问题。在生物学实验安全管理体系中,必须针对生物学实验室的不同功能,高度重视每个实验室需要面对的具体生物安全风险,依托合理的制度安排,防患于未然,积极消除各类安全隐患。为实现上述目标,本书除了对共性安全问题进行集中介绍之外,还根据生物学实验室功能的不同,对生物化学与分子生物学实验室、微生物学与遗传学实验室、细胞生物学与免疫生物学实验室、生理学与神经生物学实验室、病原微生物学实验室、放射性核素生物实验室、实验动物饲养及实验动物伦理所涉及的安全问题进行了针对性介绍。

鉴于生物学实验室安全问题的特殊性,我们除了要严格遵循国家发布的针对高校实验室的各类法律法规(如1992年国家教委发布的《实验室工作规程》、1995年教育部出台的《高等学校基础课教学实验室评估办法》、2017年教育部印发的《关于加强高校教学实验室安全工作的通知》,以及2019年发布的《教育部关于加强高校实验室安全工作的意见》),还应该高度重视生物学实验安全方面的各种安全标准(如世界卫生组织出版的《实验室生物安全手册》(第4版),国务院颁布的《病原微生物实验室生物安全管理条例》,农业部发布的《关于加强兽医实验室生物安全管理的通知》、《高致病性动物病原微生物实验室生物安全管理审批办法》和《兽医实验室生物安全管理规范》，教育部联合国家环境保护总局下发的《关于加强高等学校实验室排污管理的通知》，卫生部制定的《医疗机构临床实验室管理办法》和《微生物和生物医学实验室生物安全通用准则》，环境保护部公布的《病原微生物实验室生物安全环境管理办法》）以及行业建设标准（如《实验室生物安全通用要求》（GB 19489—2008）、《生物安全实验室建筑技术规范》（GB 50346—2011）和《动物实验设施建筑技术规范》（GB 50447—2008））。近年来，国家卫生健康委员会科技教育司专门成立了生物安全处，主管生物学实验室的安全建设。中央全面深化改革委员会强调要从保护人民健康、保障国家安全、维护国家长治久安的高度，把生物安全纳入国家安全体系。科技部出台了《关于加强新冠病毒高等级病毒微生物实验室生物安全管理的指导意见》，进一步强调了加强生物实验室安全的规范管理。上述法规体系、标准体系和部门体系的设立和完善，已经将生物安全提升到国家安全的高度，对生物学实验室安全管理工作提出了更高的要求。

1.3　生物学实验室安全制度建设的必要性

在安全管理领域，墨菲定律和海因里希法则是非常重要的两大著名论断 。

墨菲定律（Murphy's Law）由美国空军上尉工程师爱德华·墨菲（Edward A. Murphy）于1949年提出。墨菲定律指出：做任何一件事情，如果客观上存在着一种错误的做法，或者存在着发生某种事故的可能性，不管发生的可能性有多小，当重复去做这件事时，事故总会在某一时刻发生。也就是说，只要发生事故的可能性存在，不管可能性多么小，这个事故迟早都会发生。

墨菲定律所描述的现象反映了下面这样一条数理统计规律，即假设在某项活动过程中，发生某种意外的概率为p（$1>p>0$），那么如果我们重复了n次该项活动，至少发生一次意外的概率P_n为

$$P_n=1-(1-p)^n$$

由于$p>0$，我们很容易看出当重复次数n足够大时，P_n会越来越趋近于1。也就是说，当该项活动重复次数足够大时，这一意外将成为必然发生的事件。

另一个与安全管理有关的论断被称为海因里希法则（Heinrich's Law），由美国安全工程师海因里希（Herbert William Heinrich）于1941年提出。这一法则指出：所有安全事故都不会孤立发生，每一起严重事故的背后，必然伴随有29起轻微事故和300起未遂先兆事故（图1.1）。假如人们在安全事故发生之前，预先防范事故征兆、事故苗头，预先采取积极有效的防范措施，那么，事故征兆、轻微意外和事故本身就会被减少到最低限度，安全工作水平也就得到了提高。

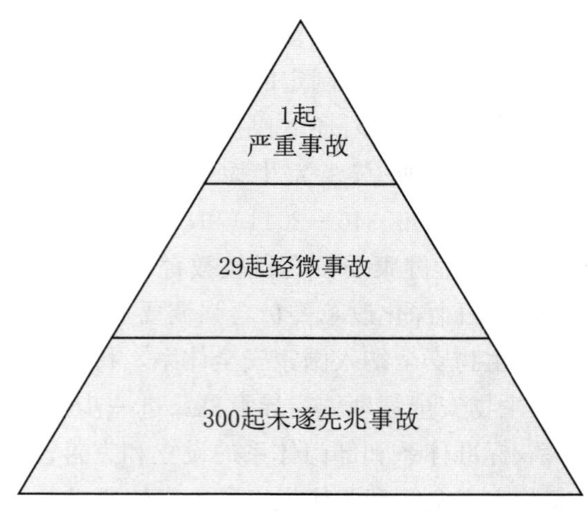

图1.1　海因里希工业安全事故金字塔

根据上述两个论断我们很容易联想到,由于生物学实验室中本身存在大量各种各样的小概率安全隐患,在日复一日的实验过程中,这些小的安全隐患很容易通过积累形成大的安全事故。如果我们对这些安全隐患麻痹大意、掉以轻心,那么重大的安全事故将迟早会发生。但是如果我们能从主观上始终高度重视这一系列的隐患,做到安全意识每时每刻不松懈,就可以借助各种积极的预防措施和手段,尽可能地杜绝生物学实验室安全事故的发生。

管理制度是对一定的管理机制、管理原则、管理方法以及管理机构设置的规范,是实施一切管理行为的依据。合理的管理制度可以简化管理过程,提高管理效率。鉴于生物学实验室安全工作涉及方方面面的内容和细节,进入实验室工作学习的师生很难对各环节的前因后果以及注意事项都做到完全掌握,因此需要学校和各生物学实验室根据自身安全特点,提前建立健全实验室安全制度,约束、指导实验室人员,以有效防范事故发生,确保实验人员的健康安全。

生物学实验室可以通过对所涉及的实验流程、仪器设备、人员操作进行系统分析、评价,制定出一系列的操作规程和安全控制措施,从而有效保障实验室教学和科研工作合法、有序、安全地运行,将安全风险降到最低。很多实验室在长期的教学与科研活动中积累了大量风险辨识、评价、控制技术,同时也积累了许多安全事故的经验教训,这些都是探索和驾驭生物学实验室安全风险和客观规律的重要基础。只有通过安全管理规章制度的建立,上述经验才能够不断累积、有效继承并予以发扬光大。安全制度为实验人员遵章守纪提供了标准和依据,杜绝了安全管理的随意性,同时明确了实验人员在生物学实验期间的权利和义务,落实了实验人员各自的安全主体责任。

在生物学实验工作中,我们只有务求实效地建立起适应生物学实验室特点,并且合法合规、全面覆盖、方便使用的实验室安全管理机制、安全定期检查制度、安全风险评估制度、危险源全周期管理制度、实验室安全应急制度,并且抛弃侥幸心理、扎实贯彻执行,才能真正杜绝各类事故的发生。

在上述安全制度中,实验室安全管理机制是整个制度体系的根基。主要涵盖了基本安全制度、安全责任体系、安全教育规范和奖惩制度等部分。只有通过科学分析不同专业生物学实验室、不同岗位、不同人员的安全风险因素和行为,推动科学、规范和高效管理,才能实现对生物学实验室安全的全过程、全要素、全方位的管理和控制，建成环节严密、分工细密、衔接紧密的实验室全生命周期安全运行机制。鉴于生物学实验室研究对象的特殊性，生物学实验室安全管理机制中需要特别包含病原微生物、实验动物、基因操作以及生物伦理相关的运行规范。

为了在教学与科研工作中有效遵循实验室安全管理机制，首先需要建立安全定期检查制度。教育部要求各高校对实验室开展“全过程、全要素、全覆盖”的定期安全检查，核查安全制度、责任体系、安全教育落实情况和存在的安全隐患，实行问题排查、登记、报告、整改的“闭环管理”，严格落实整改措施、责任、资金、时限和预案“五到位”。对存在重大安全隐患的实验室，应当立即停止实验室运行直至隐患彻底被整改消除。

其次，生物学实验室应建立安全风险评估制度。对所开展的教学科研活动进行风险评估，并建立实验室人员安全准入和实验过程管理机制。实验室在开展新增实验项目前必须进行风险评估，明确安全隐患和应对措施。在新建、改建、扩建实验室时，应当把安全风险评估作为建设立项的必要条件。

此外，生物学实验室还应该建立危险源全周期管理制度。对危化品、病原微生物、辐射源等危险源建立采购、运输、存储、使用、处置等全流程、全周期管理。对危险源进行风险评估，建立重大危险源安全风险分布档案和数据库，并制订危险源分级分类处置方案。

最后，生物学实验室还应该建立实验室安全应急制度(如应急预案逐级报备制度、应急演练制度)，对实验室专职管理人员定期开展应急处置培训，配齐配足应急人员、物资、装备和经费，确保应急功能完备、人员到位、装备齐全、响应及时。

制度建设的最终效果，离不开行之有效的坚决执行。明确各级生物学实验室安全责任人，对实验室安全制度予以充分的经费和政策支持，是生物学实验室安全制度发挥作用的重要保障。

1.4 生物学实验室基础安全设施配备的重要性

加强物质保障，配备必要的安全防护设施和器材，建立能够保障实验人员安全与健康的工作环境，是生物学实验室安全建设的基础。只有根据不同实验室的安全需要，对实验室环境进行合理布局，并配备相应的消防设施、通风排风设施、消毒洁净设施、废弃物处理设施、防爆设施、防盗设施、防鼠设施、安全应急设施及个人安全防护用品，生物学实验室才能更好地规避安全风险，实现安全运行。

在实验室环境规划方面，应注意实验室附近不能有垃圾、粉尘等污染源，不得有强的振动源和强的电磁辐射源。实验室空间设计应科学合理，需要根据不同实验要求划分不同功能性区域，强化空间利用率，避免或减少交叉污染；实验室应按照所辖面积设置合理数量的安全出口，并确保紧急疏散时通道畅通；仪器设备之间要有合适的空间间隔，以便于操作和维修；仪器设备的摆放不能离窗口或水池太近，以防阳光直射或溅水受潮受损；对于使用过程中有升温和过热可能的设备,要有配套的降温设施。在用电安全方面,电力配置应符合仪器使用要求,电源插座布局合理,不得使用裸露或老化的电源线,开关插座型号规格要保证能够安全承受电流载荷;需要接地保护的应有接地保护装置;对于精密仪器,应配置稳压稳流装置,连接地线,并加装不间断供电设施。在用水安全方面,应保证实验室的上下水道畅通;同时应让实验人员了解实验楼自来水总闸的位置,当发生水患时,可以及时关闭总阀。实验室应杜绝自来水龙头打开而无人监管的现象,要定期检查上下水管路、冷却冷凝系统的橡胶管等,避免发生因管路老化等情况所造成的漏水事故。冬季还需做好水管的保暖和放空工作,防止水管受冻爆裂。

生物学实验室要配备消防灭火器材。需合理规划灭火器摆放位置,根据不同需要确定灭火器种类,定期检查灭火器有效期及功能是否完好。安排专人维护保管消防设备,确保其工作性能。

在通风、排风方面,生物学实验室由于涉及化学试剂使用以及各种生物样品的培养,实验室内经常出现挥发性有毒有害气体和生物样品产生的各类难闻气味,因此要求有较强的通风、排风能力。除门窗提供的自然通风外,需要多加装主动通风、排风设备,对于储存挥发性试剂的试剂柜加装排风管道或自净设备。实验室通风、排风系统应通过合理设计、检测,确保有毒有害气体及时排出。对于含有毒有害及微生物成分等的排出气体,应经过特定的过滤、吸附及灭菌等方式处理后,再排入大气。

生物学实验室常用的气体主要有氧气、氮气、氩气、氦气,还有各种燃气以及助燃气体,这些气体一般都以高压形式储存在钢瓶内。根据实验室用气安全及防爆要求,气体钢瓶均需通过固定支架放置于安全的位置,或者直接固定在安全柜内。钢瓶上需要通过不同颜色的标签,明确标注使用的是何种气体以及检验日期。气体使用前后,均要求检测气体管路和接口是否漏气。气体管路布局要尽量合理,避免管路扭曲和直角弯头过多;尽量使用符合要求的不锈钢管路,如使用橡胶或塑料管路,要求定期检查更换。有易燃易爆气体的实验室,进实验室不能穿鞋底带有铁钉的皮鞋;相关照明灯具和电器开关均要求有安全防爆功能。

进出生物学实验室要求养成洗手消毒的习惯。对于涉及微生物培养及检测的实验室,要求配备消毒洁净设施,以保证实验操作人员不被微生物感染、侵害,同时也可保护样品在实验过程中不被污染,从而确保实验结果的真实性。对于涉及病原微生物实验的生物学实验室,必须按照病原微生物危害等级,建设相应级别的生物安全实验室,确保空气流向、物料输送及实验人员的安全。

废弃物处置是生物学实验室安全管理的重要环节,在实际操作中需要实验室学生予以高度重视。生物学实验室中的废弃物主要分为感染性废弃物和非感染性废弃物两类。对于感染性废弃物,生物学实验室需配备高压灭菌、化学灭活或者焚烧处理等设备,消除废弃物中的感染性后,随非感染性废弃物一同处置。对于非感染性废弃物,生物学实验室需配备相应的废弃物分类收集容器,并按规定交由有资质的处理企业予以处置。

为确保贵重仪器、有毒有害试剂和实验资料数据的安全,生物学实验室中也需要具备一定的防盗设施。通常可以通过实验区域与办公区域相分离、实验区域门禁管理、来访人员出入登记、24小时录像监控以及有毒有害试剂专人保管并通过保险柜存放等方法实现上述目标。同时,生物学实验室还应通过提升实验室安全管理的信息化水平,建立和完善实验室安全信息管理系统、监控预警系统,促进信息系统与安全工作的深度融合。近年来由于网络攻击引发的信息安全问题越来越严重,生物学实验室中关键电脑和服务器以及实验数据也需要通过信息安全防护手段加以保护。

在生物学实验室中还需添置防鼠设施,以防老鼠啃噬文本资料和实验样品、打碎玻璃器皿、咬断线缆等。通常来说,在老鼠的来往通道放置捕鼠笼或粘鼠胶,能有效预防实验室鼠患。

在实验过程中,有可能发生强酸、强碱或有毒液体喷溅到实验人员的眼睛或皮肤上的紧急情况,这时我们可以使用洗眼器或者喷淋装置等安全应急设施,及时用大量流水喷淋冲洗相关部位,以降低伤害。上述安全应急设施要求常年接通具有一定压力的自来水管,并配备相应的地面排水口;针对上述设施,工作人员需至少每周放水检测一次,保证设备供水正常且喷淋出来的水水质洁净。

除上述实验室硬件设施外,生物学实验室还需要为进入实验室的师生提供实验服、防护口罩、乳胶手套等基本个人防护用品,有特殊要求的实验室还需提供防护眼镜、防护面屏以及足部防护用具。

1.5　加强生物学实验室安全教育的迫切性

实验室安全稳定是维护学校教学科研正常秩序的必要前提,是保证广大师生员工生命安全的关键所在,同时也是建设平安校园,体现以人为本的教育理念的着力点。创建世界一流大学的重要标志之一,就是培养能够适应多种社会环境需求的高素质复合型人才。这样的人才除了具备丰富的专业知识外,还应具有完备的知识结构体系,其中各类安全知识和技能无疑是必备的素质。具备这种素质的人才能在将来的工作岗位上,凭借内化于心的安全理念和安全意识,把自己的工作建立在扎实的安全基础之上,在保护自身安全的同时,保护他人的生命安全,维护实验室环境的安全。

安全教育是实现安全目标、防范事故发生的主要对策之一。学校安全教育通常需要遵循下述原则:

1. 目的性原则

安全教育的对象包括高校的各级领导、在校师生、安全管理人员以及教职工家属等。对于不同的对象,教育目的是不同的。各级领导应强调安全认识和决策技术的教育;师生员工应强调安全态度、安全技能和安全知识的教育;安全管理人员应强调安全科学技术的教育;教职工家属应了解教职工的工作性质、工作规律及相关的安全知识。只有准确地掌握教育的目的,才能有的放矢,提高安全教育的效果。

2. 理论与实践相结合的原则

安全活动具有明确的实用性和实践性。进行安全教育的最终结果是对事故的防范,只有通过生活和工作中的实际行动才能达到此目的。因此,安全教育过程中必须做到理论联系实际。其基本形式为现场说法、案例分析。

3. 调动教与学双方积极性的原则

安全教育工作利己、利家、利人,关乎我们的安全、健康、幸福。所以安全教育工作者应以本职工作为荣,受教育者则应发自内心地积极配合、认真学习。

4. 巩固性与反复性原则

随着生活和工作方式的不断发展,安全知识也在不断改变,因此我们应通过反复的学习,不断更新相关知识;另一方面,在生活中一些长期不用的安全知识会随着时间的推移在我们的脑海中不断淡化,因此经常进行巩固性学习对于我们在实践中能够正确应用并践行已掌握的安全知识是非常必要的。

教育部要求各高校应持续开展实验室安全教育,按照“全员、全面、全程”的要求,创新宣传教育形式,宣讲普及安全常识,强化师生安全意识,提高师生安全技能,做到安全教育的“入脑入心”,达到“教育一个学生、带动一个家庭、影响整个社会”的目的。要把安全宣传教育作为日常安全检查的必查内容,对安全责任事故一律倒查安全教育培训责任。

在实验室安全教育过程中应持之以恒狠抓知识能力培训。学校的分管领导、有关职能部门、二级院系和实验室负责安全管理的人员要具备相应的实验室安全管理专业知识和能力。建立实验室人员安全培训机制,进入实验室的师生必须先进行安全技能和操作规范培训,掌握实验室安全设施、防护用品的维护和使用,未通过考核的人员不得进入实验室。对涉及有毒有害化学品、动物及病原微生物、放射源及射线装置、危险性机械加工装置、高压容器等各种危险源的专业,应逐步将安全教育有关课程纳入人才培养方案。

具体到生物学实验室安全教育方面,由于我国在中小学阶段生物学实验课程数量较少,相应的实验室安全知识和能力教育普遍比较薄弱,大多数本科生甚至研究生在生物学实验室安全方面安全意识淡薄、实验操作不规范,在生物学实验过程中非常容易引发安全事故。因此,进一步加强高校生物学实验室安全教育,规范高校生物安全管理已经成为相关高校的一项重要工作。

进入学校后,学生们最先接触到的生物学实验通常为教学实验,但是为了保证实验教学安全,任课教师一般会尽量避免开设危险性较大的实验。对所开设的生物学实验,教师一般会采取强制性管理措施,制定严格的操作步骤和安全防范要求,并提前配备好必要的安全防护器材。这种管理方式在保护学生安全的同时,也使学生失去了在有一定风险的实验中培养安全应对技能的机会。因此在生物学实验室安全教育方面,不能简单依赖生物学实验课程中涉及的安全知识内容,而应该在学生进入教学实验室之前,设置具有足够深度、广度和学时的生物学实验安全教育环节。

生物学实验室安全教育可以采取课堂教学、资料学习、专题讲座、宣传海报、现场讲评等形式,也可以借助网络平台和虚拟仿真实验系统实现全程化、全员化、全时化教学。在教学内容方面,除了学习通用实验室安全知识外,还需要特别增加与生物学相关的安全知识,并将其运用到生物学实验的具体实践中加以磨合,才能最终建立起生物学安全理念和意识,并自觉运用在今后的实际工作中。此外,除了对相关安全知识的学习外,对实验过程中的安全操作培训和考核也不容忽视。有条件的高校可以通过混合现实技术,在确保安全的条件下,让学生身临其境地体验各类可能存在危险的实验操作过程,或直接面对各类安全事故并予以处置。通过上述多种安全教育方式相互结合,可以帮助学生更加全面、深入、系统地掌握生物学实验室安全知识和技能,为在实际工作中熟练运用这些知识和技能,保证实验室安全打下坚实的基础。

参 考 文 献

[1] 陈惜燕,兰晓继. 浅谈高校生物学科研实验室管理[J]. 教育教学论坛,2016,44: 9-11.

[2] 教育部. 教育部办公厅关于加强高校教学实验室安全工作的通知[EB/OL]. (2017-02-20).http://www.moe.gov.cn/srcsite/A08/moe_736/moe_735/s5661/201703/t20170309_298727.html.

[3] 教育部. 教育部关于加强高校实验室安全工作的意见[EB/OL]. (2019-05-24).http://www.moe.gov.cn/srcsite/A16/s3336/201905/t20190531_383962.html.

[4] 林燕文,范红英. 高校生物学实验室安全管理工作探讨[J]. 实验室科学,2018,21(2): 196-198.

[5] 阮君,胡原,万建,等. 新时期生物实验室安全教育体系探索与实践[J]. 实验室科学,2019,22(5): 205-208.

[6] 宋菁. 高校生物实验室安全体系的建立与管理[J]. 管理创新,2019,33(18): 43-44.

[7] 赵珏,刘雪蕾,孟世勇. 生物实验教学安全教育考试系统建设探索[J]. 实验技术与管理, 2020, 37(9): 289-293.

[8] Heinrich H. Industrial accident prevention: a scientific approach[M]. New York: McGraw-Hill. 1931.

第2章　生物学实验室安全文化建设

文化是一种社会现象,它是由人类长期创造形成的产物,同时又是一种历史现象,是人类社会与历史的积淀物。文化凝结在物质之中,又游离于物质之外,包含能够被传承和传播的思维方式、价值观念、生活方式、行为规范、艺术文化、科学技术等,它是人类进行交流时普遍认可的一种能够传承的意识形态,是对客观世界感性上的知识与经验的升华。

对于族群或者社会组织而言,文化具有整合、导向、维持秩序和传续的多重功能。

文化的整合功能是指它对于协调群体成员的行动所发挥的作用。社会群体中不同的成员都是独特的行动者,他们基于自己的需要,根据对情景的判断和理解采取行动。文化是他们之间沟通的中介,如果他们能够共享文化,那么他们就能够有效地沟通、消除隔阂、促成合作。

文化的导向功能是指文化可以为人们的行动提供方向和选择的方式。通过共享文化,行动者可以知道自己的何种行为在对方看来是适宜的、可以引起积极回应的,并倾向于选择有效的行动,这就是文化对行为的导向作用。

文化是人们以往共同生活经验的积累,是人们通过比较和选择认为是合理并被普遍接受的东西。某种文化的形成和确立,就意味着某种价值观和行为规范的被认可和被遵从,这也意味着某种秩序的形成。而且只要这种文化在起作用,由这种文化所确立的秩序就会被维持下去,这就是文化维持秩序的功能。

从世代的角度看,如果文化能向新的世代流传,即下一代也认同、共享上一代的文化,那么文化就有了传续功能。

正是由于文化对社会群体有这些重要的功能,某种文化的形成将可以对相应社会群体的行为产生潜移默化且长期有效的规范和约束作用。

在学校中积极开展生物学实验室安全文化建设,将为师生安全开展教学和科研活动提供精神动力、智力支持、人文氛围和物态环境。良好的生物学实验室安全文化的形成,对于实验安全目标的达成具有不可忽视的重要意义!

2.1 什么是安全文化

2.1.1 安全文化的发展历程

安全文化是人类生存和社会生产过程中的主观与客观存在,因此,安全文化伴随人类的产生而出现、伴随人类社会的进步而发展。

远古时代,原始人为了提高劳动效率和抵御野兽的侵袭,制造了石器和木器,作为生产和保障安全的工具。早在六七千年前半坡氏族就知道在自己居住的村落周围开挖沟壕来抵御野兽的袭击。都江堰工程更是我国劳动人民对付水患的伟大创举。公元132年,张衡发明的地动仪,为人类认识地震做了可贵贡献。

在生产作业领域,随着手工业生产的出现和发展,生产中的安全问题也随之而来。千百年来,我国劳动人民通过生产实践,积累了许多关于防灾止害的知识与经验。早在公元8世纪我们的祖先就认识了毒气,并提出测试方法。公元752年,唐代王焘所著的《外台秘要》中提出,在有毒物的场所,可用小动物测试,“若有毒,其物即死”。

在我国古代采矿业中,采煤时在井下用大竹杆凿去中节插入煤中进行通风,以排除瓦斯气体,预防中毒,并用支扳防止冒顶事故;在开采铜矿制作青铜器的作业中则采用了自然通风、排水、提升、照明以及框架式支护等一系列安全技术措施。相关技术在宋应星1637年编著的《天工开物》一书中有详细记载。

防火技术是人类最早的安全技术之一。据孟元老《东京梦华录》记述,北宋首都汴京的消防组织就相当严密:消防的管理机构不仅有地方政府,而且有军队担负执勤任务;“每坊卷三百步许,有军巡铺一所,铺兵五人”负责值班巡逻,防火又防盗。在“高处砖砌望火楼,楼上有人卓望,下有官屋数间,屯驻军兵百余人。乃有救火家事,谓如大小桶、洒子、麻搭、斧锯、梯子、火叉、火索、铁锚儿之类”;一旦发生火警,由军士驰报各有关部门。

如果从世界历史的整体角度来看,人类的安全文化发展过程大致可以分为四个阶段。

在17世纪前,人类的安全观念多为宿命论,其行为特征是被动承受型的。这时的人们认为命运是老天的安排,神灵是人类的主宰,对于事故对生命的残酷践踏无所作为、听天由命。人类的生活质量和生命健康的价值根本无从谈起。

17世纪末期到20世纪初,人类进入局部安全认识阶段,其安全观念提高到经验论水平,行为方式有了“亡羊补牢”“事后弥补”的特征。这种由被动式的行为方式变为主动式的行为方式,由无意识承受变为有意识干预的安全观念,可以说是一种进步。

20世纪50年代,随着工业社会的发展和技术的不断进步,人类的安全认识水平进入了系统论阶段,建立了对事故系统的综合认识,认识到了人、机、环境、管理这四种事故综合要素,主张工程技术硬手段与教育、管理软手段综合运用的综合型安全对策。自此,安全文化进入近代安全文化阶段,开始覆盖安全生产与安全生活全领域。

20世纪50年代以来，随着人类对核技术、宇航技术、信息化技术等高新技术的不断应用，人类在安全认识论上有了自组织思想和本质安全化的认识，方法论上讲求安全的超前、主动。具体表现为从人、物和环境的本质安全入手，人的本质安全指不但要解决人的知识、技能、意识素质，还要从人的观念、伦理、情感、态度、认知、品德等人文素质入手，从而提出安全文化建设的思路；物和环境的本质安全化就是要采用先进的安全科学技术，推广自组织、自适应、自动控制与闭锁的安全技术；研究人、物、能量、信息的安全系统论、安全控制论和安全信息论等现代工业安全理论。上述安全思想和方法论有效推进了传统产业和技术领域的安全手段及对策的进步。

上面的介绍让我们了解了安全文化的大致发展过程，但在严格意义上来说，我们现在所指的安全文化概念，是在20世纪80年代由国际核工业领域首先有意识地提出的。1986年国际原子能机构召开的“切尔诺贝利核电站事故后评审会”认识到“核安全文化”对核工业事故的影响。同年，美国国家航空航天局（NASA）把安全文化应用到航空航天的安全管理中。1988年，国际核安全咨询组织（International Nuclear Safety Advisory Group，INSAG）进一步在《核电安全的基本原则》中把安全文化的概念作为一种基本管理原则予以落实，并渗透到核电厂以及相关的核电保障领域。其后，国际原子能机构在1991年编写的《SAFETY SERIES No.75-INSAG-4评审报告》中，首次定义了“安全文化”的概念，并建立了一套核安全文化建设的思想和策略。

我国核工业总公司紧随国际核工业安全的发展趋势，把国际原子能机构的研究成果和安全理念及时介绍到我国。1992年《核安全文化》一书的中文版出版。1993年我国原劳动部部长李伯勇同志指出，“要把安全工作提高到安全文化的高度来认识”。在这一认识基础上，我国的安全科学界把这一高技术领域的思想引入了传统产业，把核安全文化深化到一般安全生产与安全生活领域，从而形成一般意义上的安全文化。安全文化从核安全文化、航空航天安全文化等单位安全文化，拓宽到全民安全文化。

2.1.2 安全文化的定义

安全文化的定义有狭义和广义之分。

从狭义上来说，安全文化的定义通常强调文化或安全内涵的某一层面，有的强调人的素质，有的则强调应用范畴或方法手段。

1991年国际核安全咨询组织在《SAFETY SERIES No.75-INSAG-4评审报告》中给出的定义主要着眼于人的素质和态度：“安全文化是存在于单位和个人中的种种素质和态度的总和，它建立一种超出一切之上的观念，即核电厂的安全问题由于它的重要性要保证得到应有的重视。”

另一个同样偏向于人文素质的定义指出：“安全文化是安全价值观和安全行为准则的总和。安全价值观是指安全文化的里层结构，安全行为准则是指安全文化的表层结构。”

像“安全文化是社会文化和单位文化的一部分，特别是以单位安全生产为研究领域，以事故预防为主要目标”的定义主要强调了安全文化的某一个应用领域；而“安全文化就是运用安全宣传、安全教育、安全文艺、安全文学等文化手段开展的安全活动”这类定义强调的则是安全文化的实现手段。

广义上的安全文化定义把“安全”和“文化”两个概念都作广义解说，安全不仅包括生产安全，还扩展到生活、娱乐等领域；文化的概念不仅包涵了观念文化、行为文化、管理文化等人文方面，还包括物态文化、环境文化等硬件方面。

例如英国保健安全委员会核设施安全咨询委员会(HSCASNI)就在广义层面上对INSAG的安全文化定义做了修正：一个单位的安全文化是个人和集体的价值观、态度、能力和行为方式的综合产物，它决定了保健安全管理上的承诺、工作作风和精通程度。具有良好安全文化的单位应具备以下特征：在相互信任的基础上具备充分流畅的信息交流，对“安全非常重要”这一想法能达成共识，并且对预防措施的效能拥有充分的信任。

我国劳保科技学会对安全文化的定义则涵盖了更广泛的内容：在人类生存、繁衍和发展的历程中，在其从事生产、生活乃至实践的一切领域内，为保障人类身心安全(含健康)并使其能安全、舒适、高效地从事一切活动，预防、避免、控制和消除意外事故和灾害(自然的或人为的)；为建立起安全、可靠、和谐、协调的环境和匹配运行的安全体系；为使人类变得更加安全、康乐、长寿，使世界变得友爱、和平、繁荣而创造的安全物质财富和安全精神财富的总和。

无论是狭义的还是广义的安全文化定义，都具有以下共同特点：

① 文化是观念、行为、物态的总和，既包含主观内涵，也包括客观存在。

② 安全文化强调人的安全素质，要提高人的安全素质需要综合的系统建设。

③ 安全文化是以具体的形式、制度和实体表现出来的，并具有层次性。

④ 安全文化具有社会文化的属性和特点，是社会文化的组成部分，属于文化的范畴。

2.1.3 安全文化的范畴

安全文化建设为人类在实现安全生存和保障安全生产的行动中增添了新的策略和方法。安全文化建设除了关注人的知识、技能、意识、思想、观念、态度、道德、伦理、情感等内在素质外，还重视人的行为、安全装置、技术工艺、生产设施和设备、工具材料、环境等外在因素和物态条件。从整体上清楚把握安全文化所涉及的具体范畴，将对有效开展安全文化建设起到重要的指导作用。

安全文化所涉范畴可从形态体系、对象体系和领域体系三个角度加以理解：

1. 安全文化的形态体系

从文化的形态来说，安全文化的范畴包含安全观念文化、安全行为文化、安全管理文化和安全物态文化(图2.1)。安全观念文化是安全文化的精神层，安全行为文化和安全管理文化是安全文化的制度层，安全物态文化是安全文化的物质层。

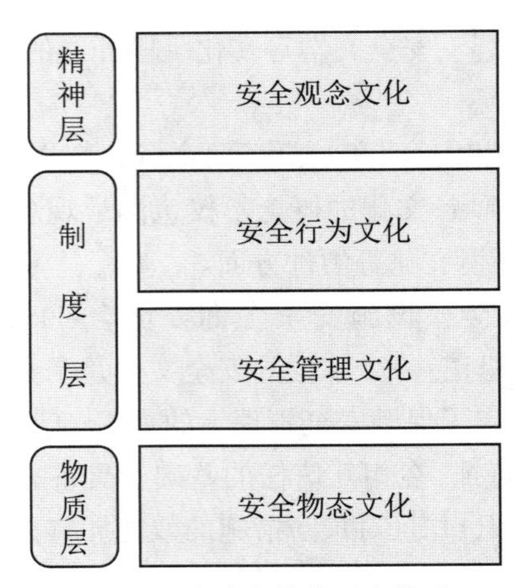

图2.1　安全文化的形态体系

① 安全观念文化：主要是指决策者和大众共同接受的安全意识、安全理念、安全价值标准。安全观念文化是安全文化的核心和灵魂，是形成和提高安全行为文化、管理文化和物态文化的基础和原因。当代，我们需要建立的安全观念文化是预防为主的观点、安全也是生产力的观点、安全第一的观点、安全就是效益的观点、安全性是生活质量的观点、风险最小化的观点、最适安全性的观点、安全超前的观点、安全管理科学化的观点等，同时还有自我保护的意识、保险防范的意识、防患未然的意识等。

② 安全行为文化：指在安全观念文化指导下，人们在生活和生产过程中的安全行为准则、思维方式、行为模式的表现。行为文化既是观念文化的反映，同时又作用和改变观念文化。现代工业化社会，需要发展的安全行为文化是进行科学的安全思维；强化高质量的安全学习；执行严格的安全规范；进行科学的安全领导和指挥；掌握必需的应急自救技能；进行合理的安全操作等。

③ 安全管理(制度)文化：是单位行为文化中的重要部分，因此放在专门的地位来探讨。管理文化对社会组织(或单位)和组织人员的行为产生规范性、约束性影响和作用，它集中体现观念文化和物态文化对领导和员工的要求。安全管理文化的建设包括从建立法制观念、强化法制意识、端正法制态度，到科学地制定法规、标准和规章，严格的执法程序和自觉的执法行为等。同时，安全管理文化建设还包括行政手段的改善和合理化，经济手段的建立与强化等。

④ 安全物态文化：是安全文化的表层部分，它是形成观念文化和行为文化的条件。从安全物态文化中往往能体现出组织或单位领导的安全认识和态度，反映出单位安全管理的理念和哲学，折射出安全行为文化的成效。所以说物质是文化的体现，又是文化发展的基础。单位生产过程中的安全物态文化体现在：一是人类技术和生活方式与生产工艺的本质安全性；二是生产和生活中所使用的技术和工具等人造物及与自然相适应有关的安全装置、仪器、工具等物态本身的安全条件和安全可靠性。

2．安全文化的对象体系

文化是针对具体的人来说的，是对某一特定的对象来衡量的。

针对全社会的大众安全文化，其对象涵盖了工人、农民、商人、学生、军人以及官员在内的所有社会大众。

而对于从事某方面具体工作的单位而言,其安全文化建设的对象至少应该包括决策层、管理层和员工层三个层次(图2.2)。

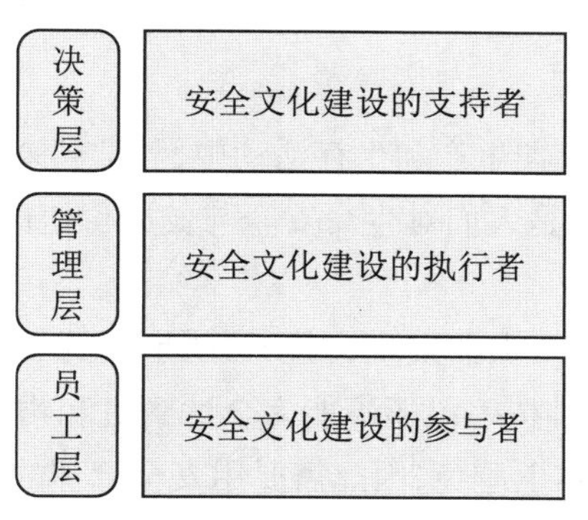

图2.2 安全文化的对象体系

(1) 决策层是单位安全文化建设最关键的支持者

伟大的机构不是管理出来的,而是领导出来的。基层安全管理人员在日常安全工作中遇到的最大困难往往都是“领导不重视”。只有单位决策层具备基本的安全观念、态度、安全法规与管理知识,秉持安全第一的哲学观、尊重人的生命与健康的情感观、安全就是效益的经济观、预防为主的科学观,单位的安全文化建设才能获得切实开展的基础。

(2) 管理层是单位安全文化建设最关键的执行者

执行力不足会导致安全文化体系内部运作效率低下,管理和技术人员能力发挥不够,依赖思想严重;也会导致部门内部以及部门之间缺乏顺畅沟通,使很多计划难以执行到位;更可能导致安全文化制度的制定脱离实际,造成制度内容的先天不足。单位中,只有管理层人员都承担安全工作并共同参与执行,才能确保安全文化体系有效运转。

(3) 员工层是单位安全文化建设最关键的参与者

员工层是单位里人数最多的一个群体,更多时候也是安全文化建设和作用发挥的主体。安全文化建设与实施的许多内容,比如安全理念渗透、安全培训与宣传、安全承诺、安全责任履行、安全操作等诸多内容都是以员工层为核心设计,离不开员工的参与。从某种程度上说,员工层的安全意识和行为代表着该单位的安全文化水平。只有让每一位基层员工都明确理解本单位的核心安全理念、安全目标、安全方针,了解自己需要履行的安全责任,熟悉与自身工作相关的安全操作规范,才能真正发挥安全文化建设的核心效能。

3. 安全文化的领域体系

安全文化的领域体系问题是指由于所在地区、所处行业、生产方式、作业特点、人员素质、区域环境等的不同,造成的不同单位的安全文化内涵和特点的差异性及典型性。对于不同单位而言,其安全文化建设均会受到单位外部社会领域和行业或单位内部领域的共同影响。

2.2 安全文化的作用和意义

安全文化是一个社会在长期生产和生存活动中，凝结起来的一种文化氛围，是人们的安全观念、安全意识、安全态度，是人们对生命安全与健康价值的理解和领导及个人所认同的安全原则和接受的行为方式。

在安全生产的长期实践中，人们发现，对于预防事故的发生，仅有安全技术手段和安全管理手段是不够的。目前的科技手段还不能完全达到机和物的本质安全化，机和物的不稳定状态带来的危险不能从根本上避免，因此需要用安全管理的手段予以补充，然而安全管理的有效性仅依赖于对被管理者的全面监督和正面反馈。由管理者无论在何时、何事、何处都密切监督每一位公民遵章守纪，就人力、物力来说，几乎是一件很难甚至不可能的事，这就必然带来安全管理上的疏漏，何况管理者本身也会有缺陷。被管理者出于自然属性的本能，为了某些利益，会投机取巧，如省时、省力、多挣钱、赶进度等，会在缺乏管理监督的情况下，无视安全规章制度，冒险采取不安全行为。然而并不是每一次不安全行为都会导致事故的发生，所以会进一步强化这种侥幸心理带来的不安全行为，并可能影响其他人。不安全行为是事故发生的重要原因，大量不安全行为的结果必然是发生事故。安全文化手段的运用正是为了弥补安全管理手段不能彻底改变人的不安全行为的先天不足。

倡导安全文化的目的是使全体员工养成共同的价值观，养成正确的安全意识和思维习惯，约束个人不良行为，按照安全文化的原则行事，规范操作，为员工创造更加安全健康的工作、生活环境和条件。

安全文化实际上就是员工的安全素养。人的这种对安全健康价值的认识以及使自己的一举一动符合安全行为规范的表现正是所谓的“安全素养”。安全文化只有与员工的社会实践，包括生产实践紧密结合，通过文化的教养和熏陶，不断提高员工的安全素养，才能在预防事故发生、提高环境质量、保障健康品质等方面真正发挥作用，这样安全文化的意义才能体现。

2.2.1 安全文化的作用

在我们生活和生产过程中，影响安全的因素有很多，如环境的安全条件、生产设施、设备和机械等生产工具的安全可靠性、安全管理的制度等，但归根结底是人的安全素质，人的安全意识、态度、知识、技能等。安全文化的建设对提高人的安全素质发挥了重要的作用。

文化是一种“力”，对于安全文化而言，它能提升单位及员工在安全素质方面的四种能力：一是影响力，二是激励力，三是约束力，四是导向力（图2.3）。

① 影响力是通过观念文化的建设，影响决策者、管理者和员工对安全的正确态度和意识，强化社会每一个人的安全意识。

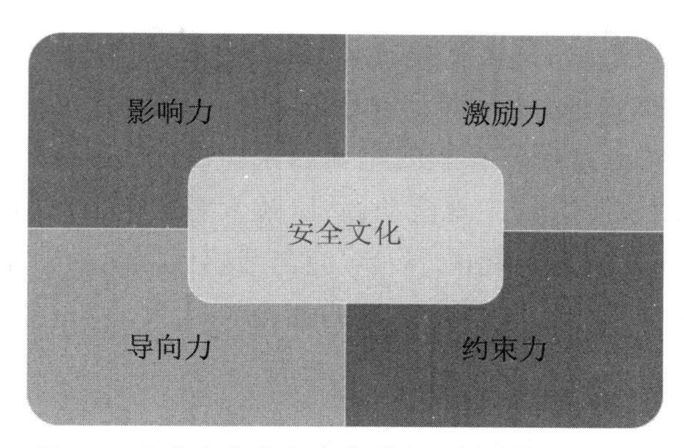

图2.3　安全文化在安全素质方面提升的四种能力

② 激励力是通过观念文化和行为文化的建设，激励每一个人安全行为的自觉性，具体对于单位决策者就是要对安全生产投入的重视、管理态度的积极；对员工则是安全生产操作、自觉遵章守纪。

③ 约束力是通过强化政府行政的安全责任意识，约束其审批权；通过管理文化的建设，提高单位决策者的安全管理能力和水平，规范其管理行为；通过制度文化的建设，约束员工的安全生产施工行为，消除违章。

④ 导向力是对全社会每一个人的安全意识、观念、态度、行为的引导。对于不同层次、不同生产或生活领域、不同社会角色和责任的人，安全文化的导向作用既有相同之处，也有不同方面。如对于安全意识和态度，无论什么人都应是一致的；而对于安全的观念和具体的行为方式，则会随具体的层次、角色、环境和责任不同而有区别。

安全文化的作用是通过对人的观念、道德、伦理、态度、情感、品行等深层次的人文因素的强化，利用领导、教育、宣传、奖惩、创建群体氛围等手段，不断提高人的安全素质，改进其安全意识和行为，从而使人们从被动地服从安全管理制度，转变成自觉主动地按安全要求采取行动，即从"要我遵章守法"转变成"我要遵章守法"。具体来说，单位开展安全文化建设可以取得的效果主要包括以下方面：

1. 有利于安全管理体系的建立和完善

安全文化建设包括了物质层、制度层和精神层三个层次，把人、机、环境有效地统一协调起来，达到人、机、环境的和谐。安全文化建设强调制度建设，有利于安全规章制度的建立、完善和落实。

2. 有利于弥补生产环境艰苦、技术装备条件有限情况下存在的缺陷

大多数单位的安全管理点多面广、战线长，安全管理难度大；安全危险因素多，安全威胁大；劳动用工来源多样化，员工素质参差不齐，安全意识淡薄，自主安保意识不强；违章指挥、违章操作现象时有发生；技术装备相对落后，安全设施条件有限。面对上述现实情况，我们的安全工作必须从解决人的问题入手，靠人的主动管理来弥补。这就迫切需要提高员工队伍素质，增强主动管理的安全意识和自律管理的安全观念，以精细严实的管理方式弥补技术装备的内在缺陷，从而有效地解决生产力水平不高、技术装备落后等方面存在的缺陷。

3. 规范员工安全生产行为，营造浓厚的安全生产氛围

人不仅是安全管理的主体，还是安全管理的客体。在安全生产人、机、环境三要素中，人是最活跃的因素，同时也是导致事故的主要因素。因此，能否做到安全生产关键在人。能否有效地消除事故，取决于人的主观能动性，以及人对安全工作的认识、价值取向和行为准则，同时还取决于员工对安全问题的个人响应与情感认同。而安全文化建设的核心就是要坚持以人为本，全面培养、教育和提高人的安全文化素质，这也符合安全生产的工作规律。

4. 提高单位安全管理的水平和层次，树立良好的单位形象

安全管理由经验型、事后性的传统管理向依靠科技进步和不断提高员工安全文化素质的现代化安全管理转变，是安全管理发展的必然趋势。在这一转变过程中，没有先进的安全文化做指导，安全生产工作就会迷失前进的方向，现代化的安全管理模式也不可能真正建立起来。安全文化是一种新型的管理形式，它区别于传统安全管理形式，是安全管理发展的一种高级阶段，其特点就是将安全管理的重心转移到提高人的安全文化素质以及以预防为主的方针上来。通过安全文化建设提高员工队伍素质，树立员工新风尚、单位的新形象，增强单位的核心竞争力。

2.2.2 安全文化建设的意义

安全文化的建设无论是对于国家还是单位，或者个人，都具有相当重要的意义。对于国家，安全生产事关以人为本的执政理念，事关构建社会主义和谐社会的基本方针；从单位来说，安全生产事关经济效益的提高，事关单位的可持续、健康发展和管理水平的全面提升；对员工而言，安全事关生命，是人的第一需求。

1. 安全文化建设可以在单位意识领域起到重要的引领作用

(1) 长远意识

安全文化建设是一项长期而艰巨的任务，在这个长期的建设过程中，对相关工作的常抓不懈，使得单位得以认真研究安全管理方面的问题，并制订出长远的安全管理规划。同时这个过程，也是单位组织实施强化安全生产基础管理工作的过程，从而达到安全生产管理长效机制得以建立的目的。

(2) 超前意识

安全文化的全面建设，能够使员工提升安全防范意识，进而提前做好预防准备并付诸实际行动，防患于未然，将事故消灭在萌芽之中。

(3) 全局意识

安全文化建设直接关系到社会、国家、单位与员工的切身利益。随着安全文化建设进度的推进，能够使员工逐步树立全局观，在生产、工作中能从整体利益出发，对生产过程中出现的问题和发生的矛盾，自觉以个体服从集体、局部服从全局的原则来处理与协调好各方面的关系。

(4) 创新意识

安全文化的建设与实施，能够促进广大员工积极参与安全生产技术的管理改革与创新、制订与实施安全目标以及安全计划，发挥员工的积极性、主动性和创造性，与单位协同一致创建具有自身特色的安全文化，以便在科学技术日新月异的今天，适应社会经济发展。

(5) 人本意识

人是单位管理中最关键、最活跃的因素，安全文化建设是借文化之力促进安全生产，树立以人为本的经营管理理念，使得管理制度的制订具备更强的可操作性，并且更加人性化。

(6) 效率意识

从源头抓起，完善安全文化建设，加大安全生产的科技投入，可以避免随意减少安全生产投入，削减安全成本的短期行为，同时可以预防安全隐患的发生，提高安全生产管理的效率。

2. 对单位而言，安全文化建设不仅是对单位文化本身的完善，在单位生产和员工管理等方面也具有指导作用

(1) 安全文化建设有利于促进安全管理制度的完善和落实

建立和健全安全生产责任制和各项安全管理制度是搞好单位安全工作的基础。实际工作中，往往存在着两个方面的问题：一是安全管理的制度不健全，即无章可循；二是制度定得很全面，但难以落实或落实得不够，即有章不循。规章制度可以通过以往的工作经验和借鉴成功单位案例，结合自身的实际情况和具体需要，循规蹈矩逐步完善。更多的单位面临的是制度的落实问题，也就是执行力的问题。落实制度说到底就是一种责任感，而责任感来源于观念。安全文化建设的目的就是解决观念问题。观念变了，人们具有更强烈的责任感、事业心，制度建设也就会得到更好的完善和落实。

(2) 有利于消除安全隐患，纠正习惯性违章，确保安全操作规程的落实

安全文化建设的逐步完善使得安全隐患更容易被发现并消除，将安全隐患扼杀在隐性阶段。我们在日常工作中常常发现一些习惯性违章屡禁不止，一些安全隐患得不到及时消除。多数违章者也知道违章作业是不对的，但往往因为贪图省力、心存侥幸；周围的一些人也掉以轻心，默许这些可能造成严重后果的事实存在；最终导致违章操作长期存在，直到产生严重后果时，才追悔莫及。产生这种现象，究其原因，就是员工安全意识淡薄，不良行为已成为一种思维定势。好的安全文化建设，是使安全的思维方式铭刻在脑海，安全的意识深入骨髓，人们就自然会按照安全操作规程办事。人人都是安全员，人人都会从保护自己、保护他人、保护单位财产的角度思考问题，隐患与违章必然会得到遏制。

(3) 安全文化建设是安全投入有效实施的有力保证

安全投入的不足，必然会造成安全设施的缺陷，埋下安全隐患。安全文化建设增强了员工的安全意识，单位上下、方方面面，都会从安全的角度出发，审视周围的安全环境，主观上要求得到安全保障，也就容易发现安全设施方面存在的不足，并提出问题，关心安全设施的有效性，安全投入就能得到保证。

(4) 安全文化建设不是限时的消费，而是一种有效的长期投资

安全文化能促使单位实现管理资源优化整合，达到提高安全生产管理效率和增创经济效益的目的。在现代单位安全生产管理的发展过程中，借文化之力实现安全管理由管到防

的转变,防微杜渐,防患于未然,才能有效地预防各种安全问题的发生,实现单位生产的本质安全。

2.3 如何建设安全文化

建设安全文化的目的是提升社会和全民的安全素质,这对于提高人类的安全生存水平,提高单位安全生产保障能力具有基础性意义和战略性意义。安全文化建设是一个复杂的系统工程,其内容涵盖了安全观念文化建设、安全管理文化建设、安全行为文化建设和安全物态文化建设四个主要的方面(图2.4)。

图2.4 安全文化建设的四个层次

对于一个单位而言,安全文化的建设需要将安全理念和安全价值观表现在决策者和管理者的态度和行动中,落实在管理制度中,将安全管理融入到整个管理的实践中,将安全法规、制度落实在决策者、管理者和员工的行为方式中,将安全标准落实在生产的工艺、技术和过程中,由此构成一个良好的安全生产氛围。通过安全文化的建设,影响单位各级管理人员和员工的安全生产自觉性,以文化的力量保障安全生产和安全发展。

2.3.1 安全观念文化建设

观念是认识的表现、思想的基础、行为的准则。它是方法和策略的基石,是艺术和技巧的灵魂。进行安全文化建设,离不开正确安全观的指导。安全观念文化是管理文化、行为文化和物态文化的根本和前提;只有对人类的安全态度和安全观念有着正确的理解和认识,并且掌握高明的安全行动艺术和技巧,才能顺利实现现代安全文明所追求的安全建设目标。

在安全精神文明建设过程中,需要牢固树立以下六大观念:

1. 树立“安全第一”的哲学观

“安全第一”是一个相对的、辩证的概念，它是在人类活动的方式上（或生产技术的层次上）相对于其他方式或手段而言，在与之发生矛盾时，是必须遵循的原则。“安全第一”的原则通过如下方式体现：在思想认识上，安全应高于其他工作；在组织机构上，安全权威应大于其他组织或部门；在资金安排上，应重视安全经费的安排和支出；在知识更新上，安全知识（规章）学习先于其他知识培训和学习；在检查考评上，安全的检查评比严于其他考核工作；当安全与生产、安全与经济、安全与效益发生矛盾时，以安全优先。安全既是单位的目标，又是各项工作（技术、效益、生产等）的基础。建立起辩证的“安全第一”哲学观，能够帮助我们处理好安全与生产、安全与效益的关系，更好地完成单位的安全工作。

2. 树立“珍惜生命与健康”的情感观

安全维系人的生命安全与健康，而事故对人类安全的毁灭，则意味着生存、康乐、幸福、美好的毁灭。由此，充分认识人的生命与健康的价值，树立“珍惜生命与健康”的情感观。不同的人应有不同层次的安全情感体现，普通公民或基层员工的安全情感主要表现为“爱人、爱已”“有德、无违”；而对于管理者或决策者则应表现为以人为本，用详尽的宣贯教育人，用无情的事故警示人，用坚定的支持激励安全管理人员，用绵密的举措规范每个人的安全行为，用绝情的态度杜绝各类安全隐患。

3. 树立“安全也是生产力，并具有综合效益”的价值观

实现安全生产，保护员工的生命安全与健康，不仅是单位的责任和义务，更是保障生产顺利进行，确保单位实现效益的基本前提。

“安全就是效益”，安全不仅能减损，而且能增值。安全投入不仅能给单位带来间接的回报，而且能产生直接的效益。安全生产可以避免和减少事故及职业病的发生，保证生产经营活动的正常运行，节约材料，降低成本，确保产品质量、产量稳定。

同时，对于具有较高危险性的现代单位，安全文化建设水平的高低将成为单位的核心竞争力之一。安全生产可以为单位创造良好的生产环境，为单位赢得良好的商誉及社会形象，能够在投标、信贷、寻求合作、占有市场等方面为单位赢得先机，增进其潜在效益。

4. 树立“遵章守纪”的法制观

各类安全事故高发的一个重要原因，往往在于社会成员缺乏“遵章守纪”的安全文化法制观念，导致安全法规难以认真执行，安全制度难以全面落实，安全方针难以深入贯彻。根据我国部分省份的统计，90％以上的安全生产事故是由违章指挥、违规作业和违反劳动纪律等人为因素引起的，重大事故则百分之百是责任事故。

我国当前在安全法制建设方面存在的主要问题是：

① 立法缺乏一定的统一性、协调性和可操作性；

② 对违法行为处罚较轻；

③ 法律对事故前的违法行为限定较少，缺乏相应的重大未遂事故追究和科学合理的责任考核体系的法律规定，造成只要没有人员死亡，再大的事故，单位也可以不报告，监管部门就无法对事故进行查处的局面；

④ 安全技术标准也是几十年一贯制,有的至今没有安全技术标准。

因此,必须及时制定或修订完善法律、法规和技术标准,做到有法可依,违法必究,推动安全法制文化建设。

在安全法规的具体执行层面,我们需要完善奖惩制度,建立激励机制:

① 督促基层单位加大安全考核力度;

② 建立职能部门与车间对接的关联安全责任制;

③ 对安全生产有突出贡献的员工给予奖励,达到安全压力人人挑,人人头上有指标的目的。

为员工创造一种"谁遵守安全行为规范谁有利,谁违反安全行为规范谁受罚"的管理环境,营造一种"以遵章守纪为荣,以违章违纪为耻"的安全文化环境,假以时日,使员工将遵守安全行为规范变成自觉、自愿的行动。

5. 树立"本质安全化与预防为主"的科学观

随着科学技术和工程能力的不断进步,人类对安全哲学的理解也从"系统论与综合型"阶段逐步过渡到"本质论与预防型"的全新认识阶段。

在安全认识论方面,自组织思想和本质安全化的认识成为主流;在方法论方面,则讲求安全管理的超前、主动。

根据安全系统论、安全控制论和安全信息论的科学原理,我们可以知道对于像现代工业生产系统这样的人造系统,任何事故从理论和客观上讲,都是可预防的。因此,我们应该通过各种合理的对策和努力,从根本上消除发生事故的隐患,把事故的发生降低到最小限度。采用现代的安全管理技术,变纵向单因素管理为横向综合管理;变事后处理为预先分析;变事故管理为隐患管理;变管理的对象为管理的动力;变静态被动管理为动态主动管理,实现本质安全化。这些是我们应建立的安全文化科学观。

6. 树立"人-机-环境协调"的系统观

保障安全要通过有效的事故预防来实现。在事故预防过程中,涉及两个系统对象:

第一个系统是事故系统,其要素包含:

① 人:人的不安全行为是事故的最直接因素;

② 机:机的不安全状态也是事故的最直接因素;

③ 环境:生产环境不良会影响人的行为,以及对机械设备产生不良作用;

④ 管理:管理的欠缺。

第二个系统是安全系统,其要素包括:

① 人:人的安全素质(心理与生理素质,安全能力素质,文化素质);

② 物:设备与环境的安全可靠性(设计安全性,制造安全性,使用安全性);

③ 能量:生产过程能量的安全作用(能量的有效控制);

④ 信息:充分可靠的安全信息流(管理效能的充分发挥)是安全的基础保障。

认真理解事故系统要素,对指导我们打破事故系统、保障人类安全具有实际的意义;但是这种认识带有事后型的色彩,是被动、滞后的。而如果我们能够从安全系统的角度出发,对可能发生的事故进行超前和预防性的干预,那我们所建设的安全系统将更符合本质化安全的系统需要。

2.3.2　安全管理文化建设

安全管理作为预防事故三大对策之一，对人类的安全生产发挥着重要的作用，为事故预防和控制做出了突出贡献。

所谓管理文化就是法制文化和制度文化的总称。管理文化丰富了安全文化的内涵，安全文化水平的提高与安全管理文化进步齐头并进。

人类最早的安全管理是为落实安全法规而产生。有了法规，就要落实，要落实就需要进行监督，监督就是基本的管理手段。20世纪以来，人类的安全管理为了适应工业技术、生产方式、经济体制，走过了漫长的路。我们可以从以下几个不同的角度了解安全管理的发展轨迹：

(1) 从管理对象的角度

由事故管理发展到隐患管理。早期，人们把安全管理等同于事故管理，仅仅围绕事故本身做文章，但这种形式的安全管理效果有限。只有强化对隐患的控制，消除潜在风险，才能够高效预防事故的发生。20世纪60年代发展起来的安全系统工程强调系统的危险控制，将安全管理推进到隐患管理阶段。

(2) 从管理过程的角度

从“事故后”管理发展到强化“超前和预防型”管理。随着安全管理科学的发展，人们逐步认识到，科学的安全管理需要协调安全系统中的“人-机-环境”诸因素，管理不仅是技术的一种补充，更是对生产人员、生产技术和生产过程的提前控制与预先协调。在具体安全管理过程中，“超前和预防型”管理变传统的纵向单因素安全管理为现代的横向综合安全管理；变事故管理为现代的事件分析与隐患管理；变被动的安全管理对象为现代的安全管理动力；变静态被动管理为现代的动态主动管理；变过去只顾生产效益的安全辅助管理为现代的效益、环境、安全与卫生的综合效果的管理；变被动、辅助、滞后的安全管理程式为现代主动、本质、超前的安全管理程式；变外迫型安全指标管理为内激型安全目标管理。

(3) 从管理理论的角度

从建立在事故致因理论基础上的管理，发展到现代的科学管理。20世纪30年代美国著名的安全工程师海因里希，提出了“1:29:300法则”，对事故致因理论的研究为近代工业安全做出了非凡贡献。到了20世纪后期，现代安全科学管理理论有了长足的发展，安全系统工程、安全人机工程、安全行为科学、安全法学、安全经济学、风险分析与安全评价等管理科学体系应运而生，极大地丰富了安全管理的理论体系。

(4) 从管理方法的角度

从传统的行政手段、经济手段，以及常规的监督检查，发展到现代的法治手段、科学手段和文化手段；从基本的标准化、规范化管理，发展到以人为本、科学管理和文化管理的技巧与方法；从全面安全管理、检查表技术、安全监察、三同时管理、五同时管理、三不放过原则、安全认证制、班组安全建设等传统安全管理的基础上，发展出了系统工程、安全评价、风险管理、预期型管理、目标管理、无隐患管理、行为抽样技术、重大危险源评估与监控、职业安全健康管理体系等现代安全管理方法。

安全法制的完善，安全执法环境的改善及其效能的提升，是安全文化进步的重要标志。安全立法作为安全管理的关键基石和锋利剑刃，决定了安全管理体系的成败。

人类早期的安全生产立法，可追溯到13世纪德国政府颁布的《矿工保护法》和1802年英国政府制订的最初工厂法《保护学徒的身心健康法》。这些法规都是为劳动保护而设，制定了学徒的劳动时间，矿工的劳动保护内容，工厂的室温、照明、通风换气等工业卫生标准。

针对世界范围的安全立法，始于1919年第一届国际劳工大会制定的有关工时、妇女和儿童劳动保护的一系列国际公约。中国最早的安全生产相关法规是1922年5月1日在广州召开的第一次劳动大会上提出的《劳动法大纲》，其主要内容是要求资本家合理地规定工时、工资及给予劳动保护等。

在工业社会的很长一段时期内，人类的安全立法是个别的、分散的，是事后而为之，就事论事的。直到进入20世纪，人类的安全生产法规才从个别走向整体，从分散走向体系；特别在20世纪70年代以来，安全立法重在预防，体现出了超前性和系统性。

20世纪的百年之间，人类在安全生产立法方面建立了如下的结构体系：

(1) 立法的目标体系

安全的目标，不但包含防止生产过程的死伤，还包括避免劳动过程的危害(职业病)，以及财产的损失和公共生活的意外事故，甚至包括对生存环境的保护。因此，安全法规形成了以安全事故为目标的法规门类，如国际劳工组织1993年颁布的《预防重大工业事故公约》和各国的工业安全法规，以及以工业卫生为目标的法规，如各国的《职业卫生法》《工厂卫生规程》等。

(2) 立法的行业体系

针对不同行业的生产特点，世界各国建立了不同行业自己的安全法规，如“矿山安全法”“建筑安全法”“交通安全法”等。世界上最早的交通安全法规要数美国1903年颁布的《驾车的规则》。

(3) 立法的层次体系

安全立法已经建立起了涵盖国际通用安全法规(ISO标准、ILO法规等)、地区安全法规(欧盟、亚太等)、各国国家安全法规和行业安全法规(石油、核工业等)在内的完整层次体系。

(4) 立法的功能体系

法律、技术标准、行政法规、管理规章等安全法规，根据其功能可以被分为建议性法规和强制性法规。如ISO标准通常为建议性法规，而各国制定的国内安全法规则属于强制性法规。

制度文化是人类为了自身生存、社会发展的需要而主动创制出来的有组织的规范体系。制度文化是人类在物质生产过程中所结成的各种社会关系的总和。社会的法律制度、政治制度、经济制度以及人与人之间的各种关系准则等，都是制度文化的反映。

人类的行为受思想、观念、精神因素的支配，同时人类行为实际又是一种群体的、社会的共同行为。所以文化的精神因素必然会反映、萌生和形成习俗、规则、法律、制度等制度因素。当制度诸因素产生和形成之后,就会使人的精神因素通过制度因素转化成为物质成果,也就是人类行为或人类活动的收获。由此可见,制度文化作为文化整体的一个组成部分,既是精神文化的产物,又是物态文化的工具。

作为物态文化和精神文化的中介,制度文化在协调个人与群体、群体与社会的关系,以及保证社会的凝聚力方面起着不可或缺的作用,深刻地影响着人们的物质生活和精神生活。

概括起来,制度文化有五大基本特点:

① 制度文化的内涵包括各种成文的和习惯的行为模式与行为规范。

② 制度文化凝聚了社会主体的政治智慧,并通过社会实践的延续而世代相传,从而成为人类群体的政治成就。

③ 制度文化的基本核心,是由历史演化产生或选择而形成的一套传统观念,尤其是系统的价值观念。

④ 制度文化作为一种系统或体系具有二重性。一方面它是人类活动的产物;另一方面,它又必然成为限制人类不规范活动的因素。

⑤ 制度文化以物质条件为基础,受人类的经济活动制约。因此,人类在社会实践中逐步形成的制度文化,因地域、民族、历史、风俗的不同,而异彩纷呈,表现出多样性。

制度文化的特点表明,制度文化是一个不断运动、变化着的活的过程。制度文化与物态文化是相辅相成的关系。一方面物态文化的发展推动着制度文化的发展;另一方面制度文化对物态文化又具有强大的反作用,它可以推动物态文化的发展,也可以阻碍物态文化的发展。正如邓小平同志所说的那样"制度好可以使坏人无法任意横行,制度不好可以使好人无法充分做好事,甚至会走向反面。"

安全制度文化完全符合上述特征,同样是一个不断运动、变化着的活的过程。只有根据具体条件下的个人、群体和社会之间的关系,制定符合具体安全目标的安全制度体系,才能充分发挥安全管理效能,确保整个安全体系的正常运转。

2.3.3 安全行为文化建设

行为是文化的表现,也是文化引导的结果。

安全行为文化是指社会公民和单位员工,受意识、观念、态度等认识影响,以及在社会规范、风气和习俗作用下,生活和生产中表现出的安全行为方式和形式,具体表现为安全思维、安全学习、安全指挥、遵守规章、应急行动、安全操作、安全组织性及纪律性等安全活动。安全行为文化是安全文化的重要方面,也是建设安全文化的主要目标。

安全行为与事故关系密切。通过对事故规律的研究,人们已认识到:生产事故发生的重要原因之一是人的不安全行为,即人通过生产和生活中的行为直接或间接地与事故发生联系。因此,研究人的行为规律,激励安全行为,避免和克服不安全行为,对预防事故发生具有重要作用和积极意义。

由于人的行为千差万别,影响人的行为安全的因素也多种多样:同一个人在不同的条件下有不同的安全行为表现,不同的人在同一条件下也会有各种不同的安全行为表现。安全行为科学的研究，就是要从复杂纷纭的现象中揭示人的安全行为规律，以便有效地预测和控制人的不安全行为，使作业者能按照规定的生产和操作要求进行活动、行事，以符合社会生活的需要，更好地保护自身，促进和保障生产顺利进行，维护社会生活和生产的正常秩序。

建设安全行为文化首先需要研究安全行为的规律，以社会学、心理学、生理学、人类学、文化学、经济学、语言学、法律学等学科为基础，分析、认识、研究影响人的安全行为因素及模式，以实现激励安全行为、防止行为失误和抑制不安全行为的目的。

建设安全行为文化包括个体安全行为、群体安全行为和领导安全行为文化的建设，可以具体通过安全教育、安全管理、安全人机设计等手段来实现。

1. 规范个体安全行为

个体心理指的是人的心理，包括个体心理活动过程和个性心理特征。个体的心理活动过程是认识过程、情感过程和意志过程，个性心理特征表现为个体的兴趣、爱好、需要、动机、信念、理想、气质、能力、性格等方面的倾向性和差异性。在一个单位或组织中由于人们分工不同，有领导者、管理人员、技术人员、服务人员，以及各种不同层次工程的工人等，不同层次和不同职责的划分，他们从事的劳动对象、劳动环境、劳动条件等方面也不一样，加之个体心理的差异，所以他们在安全管理过程中心理活动必然是复杂多变的。因此，在分析人的个体差异和各种职务差异的基础上，了解和掌握人的个体安全心理活动。分析和研究个体安全心理规律，对于了解安全行为、控制和调整管理安全行为是很重要的，这是安全行为文化建设最基础的工作目标。

2. 协调群体安全行为

群体是一个介于组织与个人之间的人群结合体。这是指在组织机构中，由若干个人组成的为实现组织目标利益而相互依赖、相互影响、相互作用，并规定其成员行为规范所构成的人群结合体。对于一个单位来说，群体构成了单位的基本单位。安全行为文化的建设要实现社会大众和单位生产班组（群体）安全行为对于生产安全和生活安全的有效适应和支持。

3. 激励领导安全行为

对于单位或组织，在各种影响人的积极性的因素中，领导行为是一个关键性的因素。管理心理学家认为领导不是指个人的职位，而是一种行为与影响力，是指引导和影响他人（或集体）在一定条件下向组织目标迈进的行动过程。促使集体和个人共同努力，实现单位目标的全过程，即为领导；而致力于实现这个过程的人，则为领导者。不同的领导心理与行为，会造成单位的不同社会心理气氛，从而影响单位员工的积极性。有效的领导是单位或组织取得成功的一个重要条件。安全行为文化的建设要求使领导的安全管理、决策、指挥高效和合理。

2.3.4 安全物态文化建设

安全物态文化是安全文化的物质层。安全物态文化是安全文化的表层，它是形成观念文化和行为文化的条件。从安全物态文化中往往能体现出组织或单位领导的安全认识和态度，反映出单位安全管理的理念和哲学，折射出安全行为文化的成效。所以说物质是文化的体现，又是文化发展的基础。

安全观念文化和安全行为文化确定了安全物态文化的状态、水平和价值，同时，安全物态文化对安全观念文化和行为产生反作用。比如，有了安全经济的观点，就会产生安全优化设计的行为，从而形成最佳安全设计的方案——图纸和施工技术路线与实物，通过方案的实施，充实或修正了安全经济的理论、原则和观点。

安全物态文化包括两大体系：一是人类技术和生活手段及生产工艺的本质安全性；二是生产和生活中所使用的技术和工具等人造物及与自然相适应的有关安全装置、用品等物态本身的可靠性。

人类技术和生活手段及生产工艺的本质安全性，一方面取决于人类发展技术的观念和认识，另一方面取决于人类科学技术的发展水平。在研究和制造技术或其他人造物质时，具有自觉的和有意识的安全预知和处理，是安全物态文化的表现。

生产和生活中所使用的技术、工具等人造物及与自然相适应有关的安全装置、用品，是指在制造和使用产品、用具、工具的安全原则和标准下，创造出的人与自然的关系物——生存环境和条件，即保护人类安全、健康、舒适生活和生产的物质实体。物质安全文化是安全观念文化和安全行为文化的实物反映，是观念文化和行为文化的表层体现和特定观念文化下的实体标志。

安全的物态文化是受安全科学技术状况和社会经济的发展水平制约的。安全的物态文化反映了人类对自然的认识、把握、利用和改造的深入程度，反映社会生产力水平和科学技术的发展水平。因此，科学技术和经济的发展程度，影响着安全物态文化的发展。我们要加快对安全科学技术的研究，促进高新科技的应用和普及，创造出各种各样高性能、高可靠性的安全技术产品，从而提高安全物态文化的水平。

安全文化不是无源之水、无本之木，它必须通过一定的物质实体和手段，在生活和生产实践中表现出来。这种物质实体和手段可称为安全文化的载体。

安全文化的载体是安全文化的表层现象，它不等于安全文化。关于安全文化载体的种类，可谓五花八门。像安全文化活动室、宣传橱窗、阅读室、各种协会、研究会、安全刊物、安全标志等，都是安全文化的载体。还有另一种安全文化载体，例如安全文艺活动、文艺晚会、应急训练、“安全在我心中”演讲比赛、安全表彰会等。

安全文化的载体是安全文化的重要支柱。安全文化的建设需要通过安全文化载体来体现和推进。

优秀的安全文化必有很好的安全文化载体支持，它们会给单位的安全生产工作和事故防范带来很好的效果。因此，重视和利用好安全文化载体是建设安全文化的重要手段。

安全文化的建设可以用不同的载体来落实，具体来说有：

1. 文学艺术方法

如用安全文艺、安全漫画、安全文学的手段进行寓教于乐的安全文化建设。正如成语中的安不忘危、居安思危、防微杜渐、防患于未然等；唐诗中的“泾溪石险人兢慎，终岁不闻倾覆人。却是平流无石处,时时闻说有沉沦”等名句。这样会使安全教育起到很好的效果。

2. 宣传教育方法

在日常的管理中利用各种各样国家的安全生产方针、政策、法规、标准等,对安全生产与事故预防的知识进行有效的宣传与教育。安全生产宣传是单位宣传工作的重要内容。如何把安全生产宣传搞得生动活泼,是许多基层安技干部都在思索的一个问题。我们可以动用一切宣传媒介,如广播、电视、广告、公告、标语、板报、安全旗等进行大张旗鼓的宣传。

3. 科学技术方法

对员工进行安全科学普及,强化安全科学的意义和观念,积极主动地发展安全科学,有意义地强调安全工程技术本质安全化的工作等。

4. 管理引导方法

采用行政管理手段、法制管理手段、经济管理手段、文化建设手段、科学管理的手段等,推行现代的安全管理模式,建立科学、规范的安全管理体系,使单位的安全管理规范化、系统化,并能持续改进、不断完善。

5. 定期开展安全文化活动

通过系统化、模式化、规范化的方式来总结归纳安全生产活动,对于提高安全管理的水平,改进安全文化建设的效果,具有现实的意义。例如安全生产周(月)活动、安全表彰会、事故防范活动、安全技能演习活动、安全检查活动、安全审评活动等。

2.4 国内外优秀安全文化建设范例

在建设和发展我国安全文化的实践中,我们倡导“中西合璧”的认识论,通过扬己之长、弃己之短、学人之长,避人之短,来发展中国先进的安全文化。

以下是几个国内外在安全文化建设方面成效突出的典型范例,供本书读者参考借鉴。

2.4.1 美国杜邦公司安全文化体系

美国杜邦公司安全文化体系包括安全理念、安全管理原则等。

1. 杜邦公司的安全理念

① 建立“所有事故伤害和职业病都是可以预防的”观念;

② 建立关心员工的安全与健康至关重要的认识,单位安全生产目标必须优先其他目标;

③ 员工是公司的重要财富,每个员工对公司作出的贡献都具有独特性和增值性;

④ 为了取得最佳安全生产效果,管理层针对安全生产必须作出承诺,并作出表率和榜样;

⑤ 安全生产能提高单位的竞争地位，在社会公众和顾客中产生积极的影响；

⑥ 为了有效地消除和控制危害，应积极地采用先进技术和设计；

⑦ 员工自身并不期望自己受到伤害，因此能够进行自我管理，主动预防伤害；

⑧ 积极参与安全活动，有助于增加安全知识，提高安全意识，提高对危害的识别能力，对预防伤害和职业病有极大帮助和作用。

2. 杜邦公司的安全管理原则

① 视安全为所从事工作的一个组成部分；

② 确立安全和健康作为就业的一个必要条件，每个员工都必须对此条件负责；

③ 要求所有的员工都要对其自身的安全负责，同时也必须对其他员工的安全负责；

④ 认为管理者应对伤害和职业病的预防负责，对工伤和职业病的后果负责；

⑤ 提供一个安全的工作环境；

⑥ 遵守一切职业安全卫生法规，并努力做到高于法规的要求；

⑦ 员工在非工作期间的安全与健康应作为我们关心的范畴；

⑧ 通过各种方式，充分利用安全知识来帮助我们的客户和社会公众；

⑨ 使所有员工参与到职业安全卫生活动中去，并使之成为产生和提高安全动机、安全知识水平和安全成绩水平的方式；

⑩ 要求每一个员工都有责任审查和改进其所在的系统、工艺过程。

2.4.2　荷兰壳牌石油公司安全文化体系

壳牌是一家雇员约10万人，业务遍及全球90多个国家和地区的国际能源化工集团。在安全领域，壳牌无论在哪里运营，都竭力预防一切危害人员安全的事故发生，将确保安全作为工作的重中之重。

具体到安全文化建设方面，其内容主要涉及以下方面：

1. 管理层的安全承诺

① 计划与评估各项工程、业务及其他营业活动，须以安全成效作为优先考虑的事项；

② 总裁级人员必须关注各类意外事故，直接参与伤亡事故的研讨并落实有关措施；

③ 用经验丰富及精明能干的人才专职担任安全部门人员；

④ 提供必要资金用于创造及重建安全工作环境；

⑤ 自身树立良好榜样，不许有任何漠视公司安全标准及准则的行为；

⑥ 有系统地参与所辖各部门进行的安全检查及安全会议；

⑦ 在公众和公司集会上，以及在刊物内推广安全讯息；

⑧ 每日发出指令时要考虑安全事项；

⑨ 将安全事项列为管理层会议的议程要项，同时应在业务方案及业绩报告内突出强调安全事项；

⑩ 管理层的责任是确保全体员工获得正确的安全知识及训练，并推动壳牌集团及其承包商的员工具备安全工作的意愿；

⑪ 改变员工态度是成功的关键。

2. 妥善的安全政策

① 预防各项伤亡事故发生的政策；
② 制定各级管理层的安全责任；
③ 安全目标与其他经营目标同样重要；
④ 营造安全的工作环境；
⑤ 制定各种安全工序；
⑥ 确保安全训练成效；
⑦ 培养安全意识、兴趣及热忱；
⑧ 建立个人对安全的责任意识等。

3. 明确属于各级管理层的安全责任

高层管理人员务须制定一套安全政策，并提供落实此套政策所需安全机构组织。安全事项为各层职级的责任，其责任须列入现有管理组织的职责范围内。各级管理层对安全的责任及义务，必须清楚界定在职责范围手册内。

4. 设置精明能干的安全顾问

企业设置安全部门，安全部门人员须具备充分的专业知识，并与各级管理层时刻保持联络，其职责是：

① 向管理层提供有关安全政策、公司内部检查及意外报告与调查的指引；
② 向设计工程师及其他人士提供专业的安全资料及经验（包括数据、方法、设备及知识等）；
③ 指导及参与有关制订指令、训练及练习的工作；
④ 就安全发展事项与有关公司、工业及政府部门保持联络；
⑤ 协调有关安全程序的监督及评估事项；
⑥ 给予管理层有关评估承包商安全成效的指引。

5. 制定严谨且广为认同的安全规范和标准

安全规范和标准的成败取决于人们遵守的程度。当标准未被遵行时，经理或管理人员务须采取相应行动。假如标准遭到反对而未予纠正，则标准的可信性及经理的信誉与承诺就会被质疑。

6. 进行安全成效的评价

7. 制定可行的安全目标及指标

8. 定期对安全状况及效果进行检查审核

9. 进行有效的安全教育和培训

10. 强化伤亡事故的调查及预防跟进工作

11. 有效的管理运行及沟通

2.4.3　中国电建集团海外投资有限公司安全文化体系

资源可能枯竭，唯有文化能够生生不息。中国电建集团海外投资有限公司始终秉承“靠文化凝聚人心”的理念，将海投文化与海外投资项目全生命、长周期安全生产管理经验密切融合，培育形成集“四大文化理念、八大特色文化、四大核心工程”三位一体的海投特色安全文化，实现安全管理与单位文化深度结合、安全文化与属地管理深度融合。

1. 牢固树立海投特色的四大文化理念

① “以人为本、安全第一、共建共享”的安全文化理念；

② “党政同责、一岗双责、失职追责”的安全责任观念；

③ “我要安全、我会安全、我能安全”的安全行为观念；

④ “己所欲、施于人”的安全物质观念。

2. 培育建立海投特色的八大安全文化重点

① “战略引领、契合实际”的安全制度文化；

② “程序健全、分级管控”的安全风险防控文化；

③ “全员参与、全面覆盖”的安全宣传文化；

④ “依法依规、送到一线”的安全培训文化；

⑤ “别人吃堑、我们长智”的安全警示文化；

⑥ “专业的人做专业的事”的安全检查文化；

⑦ “介入式、下沉式、穿透式”的安全服务文化；

⑧ “对标先进、互助提升”的安全对标文化。

3. 坚持文化样板塑造，打造海投特色的四大文化工程

① “安全生产第一责任人主题宣讲”等系列文化铸魂工程；

② “深度推动制度标准落实年”等系列文化立道工程；

③ “中外员工一视同仁”“尊重地域特色与习俗”等系列文化塑形工程；

④ “交叉互检、岗位培训”等系列文化提升工程。

2.5　生物学实验室安全文化建设

“安全不保，何谈教育？”

安全是广大高校教育事业发展、学生成长成才的最底线要求，是必须全力抓好、没有退路的一项重大任务。

随着“双一流”和“新工科”建设的实施，以及国家人力、物力地持续投入，高校实验室的硬件设施与环境不断改善，教学科研条件得到进一步提升，人才培养模式也逐渐从单一型向复合型转变。上述变化使得高校实验室管理呈现出更为显著的开放性、综合性以及多层次网络性等复杂特点,同时,也给实验室安全带来了诸多新的挑战。目前国内大多数高校实验室现行的安全管理模式和运行机制,在管理理念、价值取向、行为规范等方面,相较于当前安全文化建设的需求仍存在明显不足。

国家高度重视高校实验室安全问题,教育部先后出台了一系列制度文件,从安全意识、责任体系、宣传教育、运行机制等方面对高校实验室安全工作做了全方位的规定,明确提出高校实验室日常安全管理的指标要求,部署了教学和科研实验室安全的现场督查制度,并要求高校每年年底上报高校教学实验室安全工作年度报告。通过专项检查、专家督查、自纠自查、整顿整改、抽检复查等硬性规定和强制性措施,近几年高校实验室安全工作水平取得了不同程度的提升。但如果高校师生们不能从思想观念、安全意识、价值评判标准等实验室安全文化意识形态上产生根本性的转变,高校实验室安全问题很难得到长效和常态化的解决。

高校实验室文化是大学校园文化的重要组成部分,它是实验室长期建设发展后逐步形成的较稳定的文化特质,是实验室管理者、教师、学生三者围绕仪器设备、实验室安全等形成的"教与学"的一种学习文化。实验室文化是育人的软环境,它主要通过影响大学生行为、意识和性格特质等发挥育人作用,因此搞好实验室文化建设意义重大。良好的实验室文化能让师生树立实事求是的科学态度,养成严谨缜密的思维习惯,培养自信勇敢的探索自然奥秘的精神,培养开拓创新的优秀科研品质,有助于师生攻克一个又一个研究难题、不断在相关研究领域取得创新成果。

实验室文化是实验室所有人员在实验室建设、管理和使用过程中不断创造的物质财富和精神财富的总和。它和任何一种文化一样都具有鲜明的时代特征,它必须根据当前实验室条件,完善各种设施、制定各种制度、约束各种行为。它还具有共识性,必须被实验室成员共同认可,如果缺少相对共识,也就无从形成所谓的实验室文化。此外,它还具有范围性和内化性。以高校生物学实验室为例,其实验室文化主要存在于生物学实验室内部,它是有一定范围的,是有别于其他专业实验室的文化的;而高校生物学实验室文化一旦形成,就会内化成为实验室成员的自觉行动,无需每日耳提面命即可持续发挥出潜移默化的"教化之功"。

高校生物学实验室是从事日常教学、科研的重要场所,具有数量多、分布广、任务重、专业性强、环境复杂、参与人数多、仪器设备和试剂耗材种类多、潜在安全隐患与风险复杂等特点。充分理解并且针对生物学实验室的特殊性,抓好安全管理工作,提升生物学实验室安全文化建设水平,提高师生安全意识,增强师生防护能力是创建平安校园的重要保障。

为实现上述校园安全建设目标,确保高校师生生命安全、财产安全和校园和谐、稳定、可持续发展,需要在高校生物学实验室安全文化建设中,围绕安全观念、安全管理、安全行为、安全物态四个方面,应用最新的安全科学成果和信息化技术手段构建一套符合高校特色和生物学实验室当前发展需求的安全文化新体系,为科研育人和实践育人提供安全保障。

2.5.1　生物学实验室安全观念建设

在生物学实验室安全观念建设方面，我们首先需要树立“安全第一”的哲学观，要在思想认识上明确安全高于具体的教学、科研工作；在组织机构上，确保安全权威大于其他组织或部门；在经费安排上，对安全支出的重视程度要高于其他工作支出；在知识更新上，安全知识（规章）的学习要先于其他知识培训和学习；在检查考评上，安全检查评比要严于其他考核工作；当安全与教学、安全与科研、安全与工作进度发生矛盾时，应以安全优先。

其次，我们需要树立“珍惜生命与健康”的情感观。人的生命安全与健康是人生之本，事故对生命与健康的毁灭，意味着生存、康乐、幸福、美好的毁灭。只有充分强调“善待生命，珍惜健康”，让进入实验室的每一位师生发自内心的践行“爱人、爱已”“有德、无违”的实验室安全情感观，才能更好地杜绝各类安全隐患的发生。

再次，我们需要树立“安全就是教学、科研效益最大保障”的价值观。只有确保了安全，作为教学和科研工作主体的师生才能健康持续地完成既定工作，避免事故发生对人员和教学科研进度造成的损害；同时，安全的实验工作环境能够更好地激发师生的学习热情及创造能力，并为实验室所在单位赢得社会各界的广泛认可。

接着，我们需要树立“遵章守纪”的法制观。高校生物学实验室应该根据自身工作内容的不同和人员组成，在广泛讨论和征求意见的基础上，因地制宜地制定适合本实验室特点，同时具备统一性、协调性和可操作性的安全法规。在对法规进行足够的宣贯教育后，营造一种“以遵章守纪为荣，以违章违纪为耻”的安全文化环境，持之以恒，使实验室师生将遵守安全行为规范变成自觉自愿的行动。

此外，我们需要树立“本质安全化与预防为主”的科学观。生物学实验室中的所有教学与科研活动，均属于可以被安全系统论、安全控制论和安全信息论覆盖的人造系统，从理论和客观上讲，上述过程中的任何事故都是可预防的。我们应该通过各种合理的对策和努力，变事故管理为隐患管理、变事后处理为预先分析、变静态被动管理为动态主动管理，从根本上消除事故隐患，实现本质安全化，把事故的发生降低到最小限度。

最后，我们还要树立“人-机-环境协调”的系统观。在生物学实验室中，我们要学会通过安全系统的视角去理解人、物、能量和信息之间的相互关系，构建更符合本质化安全需要的安全系统，实现对可能发生的事故进行超前和预防性的干预。

2.5.2　生物学实验室安全管理建设

所谓管理文化就是法制文化和制度文化的总称。管理文化丰富了安全文化的内涵，安全文化水平的提高与安全管理文化的进步齐头并进。法制是一种正式的、相对稳定的、制度化的社会规范；制度则是人类为了自身生存、社会发展的需要而主动创制出来的有组织的规范体系。只有不断完善安全立法和安全制度体系，强化安全法规和制度的执行监督，才能更好地确保生物学实验室的安全稳定运行，并长效构建和谐、安定的教学与科研环境。

安全立法通常属于国家层面的事务，而在单位的日常安全管理工作中，我们需要特别关注的安全管理内容主要集中在管理体制建设、管理制度建设以及法规落实与监督方面。

1. 生物学实验室安全管理体制建设

没有科学的生物学实验室安全管理体制，即使师生安全意识很强，安全也难以得到确实保障，健全实验室安全管理体制必须明确各方管理职能。

校级层面应成立由主管校长领导下的专门机构来实现对实验室安全工作的统一组织和领导，构建纵向到底、横向到边、职责明确、无缝链接的校、院、实验室三级安全管理组织机构。

为配合主管校领导开展工作，应成立校级实验室安全管理委员会，明确其中保卫处、设备处、教务处等部门的具体职责，层层签订责任书，学院层面要落实实验室安全工作总负责人及各学科、各方向的实验室安全负责人。

每年定期对安全管理成绩突出的职能部门或实验室人员给予通报表扬和奖励，对工作失职者视情节轻重追究责任，从而形成校、院、实验室群策群防、齐抓共管的良好局面。

2. 生物学实验室安全管理制度建设

“没有规矩，不成方圆”，制度建设是生物学实验室安全管理的重要组成部分。实验室正常、高效运转离不开科学规范的安全管理制度。只有结合各个不同功能生物学实验室的自身特点和要求，完善各级各类规章制度，并通过制度建设的规范化、标准化、程序化和人性化，才能确保制度在贯彻中的整体效能，在最大限度调动实验人员工作积极性的同时，确保其严格按照安全规范制度进行操作。

生物学实验室常见的安全管理制度建设内容通常包括：

(1) 完善设备的使用管理制度

对每台大型仪器设备建立实时档案，包含使用说明书、注意事项、使用和维修记录，以便之后的检查维修和保养，消除其对实验室可能造成的安全隐患。

(2) 完善实验室准入制度

实验室应该设有门禁卡，外来人员应登记后进入，以确保实验室人员流动在可控范围内，减少安全隐患。

(3) 完善危险化学药品的购买、存放、使用制度

对易燃易爆、有毒有害的试剂和药品进行分类存放，并在醒目位置设立标识和警示说明；严格遵守剧毒化学品“五双”管理制度，即双把锁、双本账、双人保管、双人收发和双人领取；做好物品台账与使用登记管理工作。

(4) 制定详细的生物类实验室废弃物的收集与处置制度

生物学实验室中的废弃物可能会具有腐蚀性、致癌性和刺激性，同时也会携带各种感染因子，因此规范处理废弃培养基、生物类和化学类废液等是必要的。废弃的生物活性材料，如细胞、微生物等，要进行灭活、消毒处理，含细菌的废液用15%次氯酸钠消毒30 min，稀释后排放，最大限度地减轻对周围环境、河流及水域的影响。化学废液严禁混合排放，设置专门的废液桶，分类收集，定期统一处理后进行排放。另一方面可以从减少废弃物的产生入手解决问题，充分利用互联网、多媒体技术，开展“网上实验”，模拟实验过程，试验结果以动画形式呈现，进行清洁、绿色、环保的实验，减少废弃物的产生。

现在几乎所有高校都有自己的实验室管理制度，但安全事故仍频发不断，究其原因，主要就是管理制度未充分发挥作用。有的实验室仅将制度以纸质形式挂于高墙，操作人员只专注实验，未留心制度，致使宣传教育淡化，使制度如同虚设；有的制度是十几年前订立的，制度规定笼统、陈旧，缺乏针对性，许多内容已无法适应新情况、新问题，但依然被原样保留，在具体执行时参考意义不大。生物学实验室的安全管理人员必须始终牢记安全管理制度，并根据实验室具体条件，及时更新、制定符合当前安全目标的安全制度体系，才能充分发挥安全管理效能，确保生物学实验室安全体系的正常运转。

3. 生物学实验室安全管理法规的落实与监督

有了法规，就要落实；要落实就需要进行监督；监督以及相应的惩处手段都是基本的管理手段。

在生物学实验室安全管理体系中，需设立学校和学院两级安全领导小组，负责各生物学实验室安全工作的具体开展及监督；在实验室层面，需指定安全负责人，并明确生物学实验室各级安全责任人，各级责任人要履行各自的安全管理职责；教师负责指导学生进行规范的实验操作，监督并禁止违反实验室规章制度的任何活动，负责危险药品的申购和科研项目的风险评估，管理实验室的日常安全工作。只有完善的管理制度配合监督职责落实到位，才能降低生物学实验室的潜在风险，确保实验室安全。

生物学实验室发生的安全事故绝大多数都是人为因素造成的，因此，建立一套行之有效的惩处办法也是非常必要的。根据事故造成的危害程度，应对事故责任人进行相应的惩罚，如造成危害较小的则书面检讨，扣发奖励、绩效、津贴，诫勉谈话或通报批评；危害较大的则停止实验，取消评优、升职、升级资格并给予行政处分；造成严重后果的则撤职开除，甚至追究其法律责任。

2.5.3　生物学实验室安全行为建设

生物学实验室安全行为文化是指进出实验室的师生，受意识、观念、态度等认识影响，以及在实验操作规范、风气和习俗作用下，在实验室中表现出的安全行为方式和形式。

安全行为与事故发生关系密切。实验室事故发生的重要原因之一就是实验室成员的不安全行为直接或间接地与事故发生联系。因此，分析、认识、研究影响实验室成员安全行为的因素及模式，以实现激励安全行为、防止行为失误和抑制不安全行为，具有重要作用和积极意义。

实验室安全行为文化建设通常包括规范个体安全行为、协调群体安全行为和激励领导安全行为三方面，可以具体通过安全教育、安全管理、安全人机设计等手段来实现。

安全意识强于安全知识，安全意愿优于安全意识。安全意识往往停留在思想上，而安全意愿则体现在主动履行职责的行为上。只有培养师生强烈的安全意愿，并将其转变为安全态度，安全教育才能形成深入人心的安全文化理念，形成良好的安全文化氛围，保证学校和谐、稳定、可持续发展。

实验室安全管理工作要以人为本，大力开展安全教育活动，定期请安全专家到校开展安全讲座，讲座结束发放安全知识调查问卷，根据调查问卷结果统计安全问题回答情况，设计好下次讲座主题，如此反复坚持，就能很好普及安全知识，避免讲座流于形式。

建立生物学实验室安全管理工作培训系统，师生需进入该系统认真学习相关安全知识，其中包括仪器设备安放要求、安全操作技术和事故应急处理流程等，取得合格成绩后，方可进入相关实验室开展实验研究工作。需要注意的是该系统的学习内容要不断更新和充实，才能真正确保实验室安全知识的正确普及。

另外，为加大宣传力度，可在师生中每学期举办一场实验室安全知识竞赛或开展安全知识宣传画展等与安全有关的活动，甚至可让学生自行设计、组织安全教育实践活动，来锻炼学生的组织能力，提高学生应对突发安全事故的应变能力。

2.5.4 生物学实验室安全物态建设

生物学实验室安全物态文化主要指在教学科研过程中可以保护实验室师生安全，避免或减少事故发生的设备、设施、防护用品，以及为改善工作环境和工作条件而进行的环境建设。

实验室安全得以保障的首要条件是实验室的基础设施，如防火、防盗、防毒设施等要科学配备。特别是在对老旧实验室进行改造时，安全防护功能设施如门禁准入系统、通风排气系统、废水废物处理系统、防火防盗系统、应急供电系统、灭火器和沙箱以及废弃物、过期药品存放室的建设需要有足够的投入。

除了在硬件建设及改造方面的强化外，生物学实验室还需要建立完善的安全标志体系。加强安全标志体系建设可大大降低安全事故发生风险，在存在隐患或危险之处贴上带鲜明颜色或醒目字体的标志加以警示可很好地提醒师生注意安全。易燃易爆及腐蚀性药品的安全标志必须包括类别、存放要求、禁止事项、管控人员等信息。生物危害标志必须包括类别、防护要求、处理方式、管控人员、紧急救助等信息。压缩气体标志则要注明气体名称、注意事项、使用与回收联系人等信息。

此外，我们还要尽可能营造出良好的生物学实验室安全文化环境。实验室环境文化的建设要本着节约、环保、方便教学科研活动和服务师生的原则进行，可从实验室外围环境和内部环境着手建设。在外围环境如楼宇大厅、走道布置展示学科的发展脉络、学科的现状、特色和前沿领域等，展示重大学术成就和有影响力的人物事迹等。内部环境中首先要保证仪器设备放置有序、干净整洁，规章制度、仪器功能介绍、操作规程等都应醒目布置，实验室阶段性成果或获奖情况也应张贴在固定位置。此外，适当在外围环境种植些花草植物，在内部环境摆放鲜活绿色植物也有助于营造美观、清新、充满活力的氛围。

为从根本上解决生物学实验室安全问题，预防实验室安全事故的发生，形成实验室安全文化建设的长效和常态化机制，不仅需要有物态与环境的保障，更要建立一整套科学规范、人文可行的管理制度和教育方法，以凸显其内涵与核心价值。学校应积极提高全体师生的安全意识，形成一股自我管理、自我提高的制约力量，共同营造浓厚的安全氛围，润物无声地实现安全文化的传承。

参考文献

[1] 常北. 壳牌安全管理:实现零伤亡[J]. 中国石化，2011(8):53-54.

[2] 教育部. 教育部关于加强高校实验室安全工作的意见[EB/OL].(2019-05-24). http://www.moe.gov.cn/srcsite/A16/s3336/201905/t20190531_383962.html.

[3] 李佳慧. 高校安全文化建设与评价研究[D]. 南京：南京邮电大学,2019.

[4] 刘海霞. 校园安全危机及其应对策略[J]. 管理研究,2010(10):54-56.

[5] 陆夏苇. 理工科高校安全文化评价研究[D]. 淮南：安徽理工大学,2017.

[6] 区文伟. 区文伟文集:浅谈文化[M]. 广州:花城出版社,2015.

[7] "四特"教育系列丛书编委会. 环境与安全文化建设[M]. 长春：吉林出版集团有限责任公司，2012.

[8] 谢振安. 高校安全文化建设的内在要求及综合评价模式构建思考[J]. 安徽理工大学学报,2012,14(3):91-93.

[9] 许素睿,傅贵,马小林,等. 高校安全文化建设现状及对策研究:以L大学为例[J]. 中国安全生产科学技术,2017(2):96-100.

第3章 生物学实验室消防安全

生物学实验室中，由于教学和科研的需要，会用到各种实验仪器或设备，贮存、使用各种易燃易爆化学试剂，如果操作不当就可能引发火灾与爆炸等安全事故，造成人员伤亡和财产损失。

为了防止和减少火灾安全事故的发生，保护实验室师生和他人的生命安全，避免或减轻财产损失，所有进入实验室从事各项工作的老师和学生，都应掌握一定的实验室消防安全知识，熟练掌握实验室内的消防设施和消防器材的使用方法。实验室必须根据需要配备相应数量和种类的消防器材，置于便于取用的位置，并且要定期检查，及时更新。学校要定期开展消防安全教育和培训，组织灭火和应急疏散演练，确实提高师生和员工的消防安全意识和灭火与自救能力。

3.1 消防安全基础知识

3.1.1 燃烧

燃烧是指可燃物与助燃物相互作用产生的放热反应，通常伴有火焰、发光和（或）发烟现象。

1. 燃烧的条件

若要发生燃烧，应同时具备以下三个条件：可燃物、助燃物（氧化剂）和点火源（温度）。

(1) 可燃物是指能与空气中的氧气或其他氧化剂发生燃烧反应的物质。可以分为可燃气体、可燃液体和可燃固体。

(2) 助燃物（氧化剂）是指能帮助和维持可燃物燃烧，确切地说是指能与可燃物发生燃烧反应的物质。常见的助燃物有空气和氧气，还有氯气、氯酸钾、高锰酸钾等氧化性物质。

(3) 点火源（温度）又称着火源，是指可燃物与氧或其他助燃物发生燃烧反应的能量来源。常见的点火源有明火、火星、高热物体、电火花与电弧、静电火花、撞击、摩擦、化学反应热、辐射热、传导热、绝热压缩热、光线聚焦等。

可燃物、助燃物、点火源被称为燃烧三要素，缺少其中的任何一个条件，燃烧都不会发生。即使燃烧的三个必要条件都具备，燃烧也不一定必然会发生。

燃烧的发生，必须满足的充分条件（燃烧中“量”的要求）是：一定的可燃物浓度、一定的氧气含量(助燃物)、一定的点火能量、未受抑制的燃烧链式反应。当一定的可燃物浓度、一定的氧气含量、一定的点火能量这三个条件同时存在,相互作用时,燃烧即会发生,称为无焰燃烧。除了这三个条件之外,燃烧过程中存在未受抑制的自由基形成燃烧链式反应使燃烧持续下去,称为有焰燃烧。

2. 燃烧的类型

燃烧按其发生瞬间的特点,可分为着火和爆炸(图3.1)。

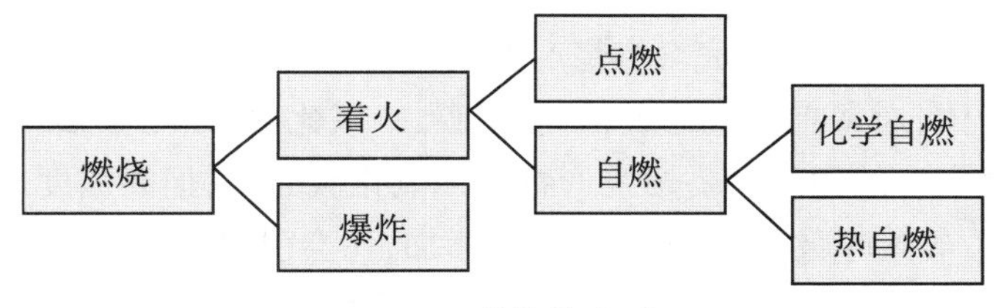

图3.1　燃烧的类型

(1) 着火

着火是可燃物在空气中达到一定温度时,如遇点火源即引起燃烧,并在移去火源后仍能持续燃烧的现象。可燃物开始起火并持续燃烧所需的最低温度叫做燃点。可燃物的燃点越低,火灾危险性越大。可燃性液体表面上的蒸气和空气的混合物与火接触能够闪出火花,这种短暂的燃烧过程叫做闪燃,发生闪燃的最低温度叫做闪点。易燃液体的燃点高于闪点。可燃物的着火方式有点燃和自燃。

① 点燃,又叫引燃或强迫着火,是可燃混合气体受外加点火热源加热,引发局部火焰,然后依靠燃烧液传播至整个可燃混合物的现象。点火源可以是电热线圈、电火花、炽热体和点火火焰。

② 自燃,是可燃物质在没有外部火源的作用时,因受热或自身发热并蓄热所产生的燃烧。即物质在无外界点火源条件下,由于其本身内部所发生的生物、物理或化学变化而产生热量并积蓄,使温度不断上升而自燃的现象。可燃物发生自燃所需的最低温度叫该物质的自燃点。

自燃包括化学自燃和热自燃。

化学自燃:这类着火现象通常不需要外界加热,而是在常温下依据自身的化学反应发生的。例如火柴受摩擦而着火,炸药受撞击而爆炸,金属钠在空气中自燃,煤炭因堆积过高而自燃等。

热自燃:如果将可燃物和氧化剂的混合物预先均匀地加热,随着温度的升高,当混合物加热到某一温度时便会自动着火。

(2) 爆炸

爆炸最重要的一个特点是爆炸点周围发生剧烈的压力突变,这种压力突变就是爆炸产生破坏作用的原因。

3. 燃烧的产物

燃烧产物是可燃物质燃烧或热解作用所产生的全部物质,按照燃烧的程度,燃烧产物分为完全燃烧产物和不完全燃烧产物两大类。

（1）完全燃烧

燃烧过程中生成的产物不能再继续燃烧，这种燃烧叫做完全燃烧，其产物称为完全燃烧产物。如燃烧产生的二氧化碳、二氧化硫、水、五氧化二磷等都为完全燃烧产物。完全燃烧产物可以冲淡氧含量，在火场上可以起到抑制燃烧的作用。

（2）不完全燃烧

燃烧过程中生成的产物还能继续燃烧，这种燃烧叫做不完全燃烧，其产物即为不完全燃烧产物。如碳在空气不足的条件下燃烧，其燃烧产物为一氧化碳。不完全燃烧产物是由于温度较低或空气不足造成的。不完全燃烧产物大多有毒，容易造成人中毒。

燃烧生成的气体，通常有二氧化碳、一氧化碳、二氧化硫、氰化氢、氯化氢等。二氧化碳和一氧化碳是燃烧产生的两种主要燃烧产物。二氧化碳无毒，但高浓度二氧化碳会抑制和麻痹人的呼吸中枢，导致呼吸急促、烟气吸入量增加，还会引起头痛、神志不清。一氧化碳是火灾中致死的主要燃烧产物之一，其毒性表现为对血红蛋白的高亲和性，造成血红蛋白的输氧功能障碍，引起头痛、眩晕、四肢无力、胸闷气短、呼吸抑制等。

燃烧释放出的能量以热量的形式表现。火灾热量对人体具有明显的物理伤害。

燃烧生成的烟雾由燃烧或热解作用所产生的悬浮在大气中可见的固体和（或）液体颗粒组成。其颗粒直径一般在0.01～10 μm。烟雾中大多数物质是在火灾中可燃物不完全燃烧所生成的。据统计，火灾造成的人员伤亡，80％以上是由于吸入有毒的烟气窒息而死，而不是被直接烧死的。

燃烧产生的烟气具有一定的减光性，严重影响人的视线，使人难以辨别火势的走向和寻找安全疏散路线。

燃烧产物的数量、构成等，随着物质的化学组成以及温度、空气的供给情况等的变化而变化。

4. 火灾时热传播的途径

火灾的发生、发展的整个过程始终伴随热传播。热传播是影响火灾发展的决定性因素。热传播有以下三种途径：热传导、热对流和热辐射。

（1）热传导是指热量通过直接接触的物体，从温度较高部位传递到温度较低部位的过程。影响热传导的主要因素是：温差、导热系数和导热物体的厚度与面积。导热系数越大、厚度越小，传导的热量越多。

（2）热对流是指热量通过流动介质，由空间的一处传播到另一处的现象。火场中温差越大，热对流速度越快。通风孔洞面积越大，热对流的速度越快。通风孔洞所处位置越高，热对流速度越快。热对流是影响初期火灾发展的最主要因素。在火场上，浓烟流窜的方向，往往就是火势蔓延的方向。

（3）热辐射是指以电磁波形式传递热量的现象，热辐射传播的热量与火焰温度的四次方成正比。当火灾处于发展阶段时，热辐射成为热传播的主要形式。

3.1.2　爆炸

爆炸是物质在外界因素作用下发生的物理和(或)化学变化，瞬间释放出巨大的能量和大量气体，发生剧烈的体积变化的现象。在此过程中物质迅速发生变化，瞬间以机械功的形式放出巨大能量和发出声响，或者气体在瞬间发生剧烈膨胀。

1. 爆炸的分类

爆炸可按照性质、爆炸瞬间燃烧速度来进行分类。

(1) 按照爆炸的性质不同，爆炸可分为物理性爆炸、化学性爆炸和核爆炸。

① 物理性爆炸：物质因压力或温度发生剧变所产生的爆炸，爆炸前后爆炸物质的性质和化学成分均不改变。锅炉爆炸是典型的物理性爆炸，随着温度的升高，蒸汽压力不断提高，超过锅炉的极限压力时，就会发生爆炸。

② 化学性爆炸：物质在极短时间内发生并完成化学反应，产生大量气体和能量，形成爆炸现象。爆炸前后，爆炸物质的性质和化学成分发生了根本性的变化，如三硝基甲苯(TNT)的爆炸，甲烷与空气混合产生的爆炸等。

③ 核爆炸：物质的原子核在发生"裂变"或"聚变"的链式反应瞬间放出巨大能量而产生的爆炸，如原子弹的核裂变爆炸、氢弹的核聚变爆炸等。

(2) 按照爆炸瞬间燃烧速度的不同，爆炸可分为轻爆、爆燃、爆轰。

① 轻爆：燃烧速度在每秒几十厘米至数米，破坏力不大，声响也不大，如可燃性气体混合物在接近爆炸浓度上限或下限时的爆炸等。

② 爆燃：燃烧速度在每秒十几米至数百米，破坏力较大，有震耳的声响，如可燃性气体混合物在多数情况下的爆炸等。

③ 爆轰：燃烧速度在每秒千米至数千米，破坏力巨大，如TNT的爆炸等。

2. 爆炸极限及其影响因素

可燃物质(可燃气体、蒸气和粉尘)与空气(或氧气)在一定的浓度范围内混合，形成爆炸性混合物，遇着火源会立即发生爆炸，这个浓度范围称为爆炸极限，又叫爆炸界限。发生爆炸的最低浓度称为爆炸下限，最高浓度称为爆炸上限。气体或蒸气的爆炸极限是以可燃性物质在混合物中所占体积的百分比(%)来表示的，如氢与空气混合物的爆炸极限为4%～75%。可燃粉尘的爆炸极限是以可燃性物质在混合物中所占体积的质量比(g/m^3)来表示的，例如铝粉的爆炸极限为40 g/m^3。表3.1是部分常见物质的爆炸极限。

气体或粉尘的爆炸危险性可用爆炸极限来衡量，爆炸下限越低、爆炸极限范围越大，火灾危险性就越大。当可燃性物质浓度处于爆炸极限之外(低于下限或高于上限)时，即使存在点火源，也不会发生爆炸。爆炸极限是在一定条件下得到的数值，它不是一个固定的值，随着外界条件如初始温度、系统压力、含氧量、惰性介质含量、点火源能量的大小、容器管道的直径等因素的变化而变化。

表3.1 部分常见物质的爆炸极限

物质名称	化学式	爆炸极限	物质名称	化学式	爆炸极限
一氧化碳	CO	12.5%~74.2%	甲苯	$C_6H_5CH_3$	1.2%~7.1%
二硫化碳	CS_2	1.3%~50.0%	乙炔	$CHCH$	2.5%~82%
氢气	H_2	4.0%~75.6%	乙烯	CH_2CH_2	2.7%~36.0%
氨气	NH_3	15.7%~27.4%	甲乙醚	$CH_3OC_2H_5$	2.0%~10.1%
甲醇	CH_3OH	6.0%~36.0%	乙胺	$C_2H_5NH_2$	3.5%~14.0%
甲醚	CH_3OCH_3	3.4%~27%	硫化氢	H_2S	4.3%~46.0%
甲烷	CH_4	5.0%~15.0%	苯甲醚	$C_6H_5OCH_3$	1.3%~9.0%

3. 爆炸发生的条件与防爆策略

爆炸发生必须具备三个条件：提供能量的可燃性物质、可燃性物质与助燃剂（空气或氧气）混合达到一定范围、足够能量的点火源。只有当这三个条件共同作用时爆炸才会发生。

可燃性物质有气体、液体和固体，如氢气、乙炔、甲烷、酒精、汽油、金属粉尘、煤尘、谷物粉尘等；点火源包括明火、电气火花、机械火花、静电火花、高温、化学反应、光能等。

要防止爆炸的发生，就要从爆炸发生需要的三个条件来考虑，限制其中任何一个必要条件，就可以防止爆炸的发生。主要措施是防止爆炸性混合物的形成；严格控制点火源；采取充惰性气体的方法维持惰性状态；维持体系密封，预防或最大限度地降低易燃物质泄漏的可能性；配备检测与报警装置。

3.1.3 燃烧与爆炸的关系

如前所述，爆炸有物理性爆炸、化学性爆炸。这里所讨论的是燃烧与化学性爆炸的关系。

(1) 燃烧和化学性爆炸两者都需具备可燃物、氧化剂和火源这三个基本因素，因此，燃烧和化学性爆炸并不存在本质上的区别。

(2) 燃烧和化学性爆炸的主要区别在于物质的燃烧速度（以人类的感知水平能不能看到反应传导的过程）。燃烧（火灾）要经历初起、发展、猛烈燃烧、衰减熄灭的过程，造成的损失随着时间的延续而加重。因此，一旦发生燃烧（火灾），如能尽快地进行扑救，即可减少损失。化学性爆炸实质上是瞬间的燃烧，通常在极短时间内完成，让人猝不及防，因此爆炸一旦发生，损失已无从挽回。

(3) 燃烧和化学性爆炸两者可随反应条件而转化。同一物质在一种条件下可以燃烧，在另一种条件下可以爆炸。例如煤块只能缓慢地燃烧，如果将它磨成煤粉，再与空气混合后就可能爆炸，这一点也说明燃烧和化学性爆炸在本质上是相同的。

(4) 燃烧和化学性爆炸可以相继发生，有些是先爆炸后燃烧，例如油罐、电石库或乙炔发生器爆炸后，接着往往是一场大火；有些是发生火灾后爆炸，例如抽空的油槽在着火时，可燃蒸气不断消耗，但又不能及时补充较多的可燃蒸气，因而浓度不断下降，当可燃蒸气浓度下降到爆炸极限范围内时，则发生爆炸。

此外，燃烧与化学性爆炸的区别还有以下几点：

(1) 燃烧靠热传导来传递能量和激起化学反应,受环境条件的影响较大,而化学性爆炸则靠压缩冲击波的作用来传递能量和激起化学反应,基本上不受外部环境的影响。

(2) 化学性爆炸反应比燃烧反应更为强烈,放出热量和生成的温度也更高。

(3) 燃烧产物的运动方向与反应区的传播方向相反,而化学性爆炸产物的运动方向则与反应区的传播方向相同,故燃烧产生的压力较低,而化学性爆炸产生的压力较高。

(4) 燃烧速度是音速的,而化学性爆炸速度是超音速的。

3.1.4　火灾的定义、分类、等级划分

火是具备双重性格的"神"。火在给人类带来光明和温暖,不断促进人类文明进步的同时,也给人类带来了巨大的灾难。失去控制的火,就可能变成灾害,威胁人的生命和财产安全,造成难以挽回的损失。

1. 火灾的定义

火灾是在时间和空间上失去控制的燃烧所发生的灾害。在各种灾害中,火灾是最经常、最普遍地威胁公众安全和社会发展的灾害之一。

2. 火灾的分类

《火灾分类》(GB/T 4968—2008,2008年11月4日发布,2009年4月1日实施)中,根据可燃物的类型和燃烧特性,将火灾分为A、B、C、D、E、F六大类。

① A类火灾:指固体物质火灾。这种物质通常具有有机物质性质,一般在燃烧时能产生灼热的余烬。如木材、干草、煤炭、棉、毛、麻、纸张等引发的火灾。

② B类火灾:指液体或可熔化的固体物质火灾。如煤油、柴油、原油、甲醇、乙醇、沥青、石蜡等引发的火灾。

③ C类火灾:指气体火灾。如煤气、天然气、甲烷、乙烷、丙烷、氢气等引发的火灾。

④ D类火灾:指金属火灾。如钾、钠、镁、钛、锆、锂、铝镁合金等引发的火灾。

⑤ E类火灾:指带电火灾。如物体带电燃烧引发的火灾。

⑥ F类火灾:指烹饪器具内的烹饪物(如动植物油脂)引发的火灾。

3. 火灾的等级划分

根据2007年6月26日公安部下发的《关于调整火灾等级标准的通知》,新的火灾等级标准由原来的特大火灾、重大火灾、一般火灾三个等级调整为特别重大火灾、重大火灾、较大火灾和一般火灾四个等级。

① 特别重大火灾:造成30人以上死亡,或者100人以上重伤,或者1亿元以上直接财产损失的火灾。

② 重大火灾:造成10人以上、30人以下死亡,或者50人以上、100人以下重伤,或者5000万元以上、1亿元以下直接财产损失的火灾。

③ 较大火灾:造成3人以上、10人以下死亡,或者10人以上、50人以下重伤,或者1000万元以上、5000万元以下直接财产损失的火灾。

④ 一般火灾:造成3人以下死亡,或者10人以下重伤,或者1000万元以下直接财产损失的火灾。

注:“以上”包括本数,“以下”不包括本数。

3.1.5 室内火灾的发展过程和蔓延途径

室内火灾的发展过程和蔓延途径如下:

1. 室内火灾的发展过程

根据建筑室内火灾温度随时间的变化特点,通常将建筑火灾从初起到熄灭的发展过程分为四个阶段:初起阶段、发展阶段、猛烈燃烧阶段、衰减熄灭阶段。

① 初起阶段:起火部位及附近可燃物着火燃烧,燃烧的范围不大,烟和气体的流动速度较缓慢,辐射热较低,燃烧所产生的有害气体尚未蔓延扩散,周围物品和结构开始受热,温度开始上升。此阶段是灭火和逃生的最佳阶段。

② 发展阶段:如果火灾没有得到有效控制,可燃物继续燃烧,燃烧强度增大,气体对流增强,燃烧面积扩大,燃烧速度加快,温度升高,不断生成大量的热烟气,此阶段需一定灭火条件才能将火扑灭。

③ 猛烈燃烧阶段:可燃物燃烧加剧,燃烧速率急剧增大,产生强烈的辐射热,空间温度急剧上升,室内大多数可燃物突发性全面燃烧,形成轰燃,是火灾最难扑救的阶段。

④ 衰减熄灭阶段:随着可燃物质燃烧、分解,使其数量减少或者氧气不足,或者灭火措施的作用,使火场火势得以控制逐渐减弱直到最终熄灭的阶段。

2. 室内火灾的蔓延途径

室内发生火灾,当发展到轰燃之后,通过可燃物的直接延烧、热传导、热辐射和热对流等方式向其他空间扩大蔓延。主要途径有:建筑物内的门窗洞口;建筑物的外墙窗、洞;楼板上的孔洞和各种竖井管道;房间隔墙;穿越楼板、墙壁的管线和缝隙;闷顶;未封闭的楼梯间等。

3.2 火灾预防与扑救

3.2.1 火灾预防

火灾预防就是采取措施防止火灾发生或限制其影响的活动和过程,采取控制可燃物、隔绝助燃物、消除着火源,避免燃烧三要素聚在一起。具体措施有:

① 控制可燃物:选择房屋装饰材料时,用难燃或不燃材料替代可燃或易燃材料;控制可燃易燃危险化学品的存量;在可能聚集可燃气体、蒸气、粉尘的场所,配备通风除尘设施。

② 隔绝助燃物:采取隔绝空气储存的方式储存某些危险化学品,如将钠存放于煤油中,

黄磷存放于水中;对某些异常危险的实验,可充装惰性气体保护,如操作叔丁基锂。

③ 消除和控制着火源:消除明火,危险场所应隔离或远离火源;消除电器火花,在易燃易爆场所使用防爆型开关、照明等电气设备;预防静电,在易燃易爆场所穿着不产生静电的服装;仪器设备要有良好的接地。

④ 防止火势蔓延:一旦发生火灾,阻止新的燃烧条件形成。在建筑物内设防火分区、防火门窗;建筑物之间筑防火墙,留防火间距;安装阻火器、水封井、阻火闸门、火星熄灭器等阻火设备。

⑤ 限制爆炸冲击波的冲击扩散:在建(构)筑物上设置泄压隔爆结构或设施,如泄压门窗、轻质屋顶;在设备或受压容器上设置防爆泄压装置,如安全阀、防爆片、泄爆门、止回阀。

3.2.2　火灾扑救

火灾的扑救(灭火)是根据燃烧的特点,隔离燃烧三要素,破坏燃烧的条件。所采取的主要措施是降低着火点温度、控制可燃物、减少氧气、化学抑制(针对链式反应)。

1. 冷却灭火

将灭火剂喷洒到燃烧物上,降低燃烧物的温度至其燃点以下,使燃烧终止;或者将灭火剂喷洒到着火点附近的可燃物上,防止热辐射引燃周围的可燃物。常用水或二氧化碳作为灭火剂进行冷却降温灭火。水是一种很好的灭火剂,用水扑灭一般固体物质引起的火灾,因水具有较大的比热容和很高的汽化热,冷却性能很好。但是需要注意有些火灾不能用水扑灭。

2. 隔离灭火

将燃烧物与周围的其他可燃物隔离或移开,使燃烧停止。具体的做法有转移受到火焰烘烤、辐射的可燃、易燃、易爆物品;关闭管道阀门,阻断可燃气体和液体流向燃烧区域;围堵流散的燃烧液体;拆除与火源毗邻的易燃建筑和设备。

3. 窒息灭火

可燃物燃烧需要氧气,因此采取阻止空气进入燃烧区域或用不燃物降低燃烧区域的氧气含量,使燃烧物因缺氧不能继续燃烧而熄灭。具体的做法有封闭起火房间的门窗、设备的孔洞;用灭火毯、砂土、湿帆布等不燃或难燃物覆盖燃烧物;用水蒸气或惰性气体灌注发生火灾的容器、设备。

4. 抑制灭火

也称化学中断灭火,灭火剂参与燃烧的化学反应,使燃烧过程中产生的自由基快速消失,燃烧的链传递中断,燃烧反应减弱或终止。化学抑制灭火的常见灭火剂有干粉灭火剂和七氟丙烷灭火剂。化学抑制灭火速度快,可有效扑灭初期火灾。

5. 实验室着火面积较小的初起火灾扑救举例

(1) 酒精灯打翻着火,用灭火毯或湿抹布盖住着火部位灭火。

(2) 钾、钠等活泼金属着火,用砂土覆盖灭火。

(3) 汽油、乙醚、甲苯等有机溶剂着火时,应用石棉布或砂土扑灭。绝对不能用水,否则反而会扩大燃烧面积。覆盖时要轻,避免碰坏或打翻盛有易燃溶剂的玻璃器皿,导致更多的溶剂流出而再着火。

(4) 电器设备导线等着火时,应先切断电源,再用二氧化碳或四氯化碳灭火器灭火。

(5) 烘箱有异味或冒烟时,应迅速切断电源,使其慢慢降温,并准备好灭火器备用,千万不要急于打开烘箱门,以免突然涌入空气助燃(爆),引起火灾。

3.2.3 火场疏散与自救逃生

火灾致人死亡的主要原因:一是浓烟毒气使人窒息致死,二是火焰的烧伤和强大的热辐射。导致人员死亡的有毒气体主要是一氧化碳。火焰或热气流损伤大面积皮肤,引起各种并发症而致人死亡;吸入高温的热气,从而导致气管炎症和肺水肿等导致窒息死亡。

人的生命是最宝贵的,在遭遇火灾时,应沉着冷静,准确判断火场情况,采取有效的疏散和逃生办法,争取脱离火场自救的机会。但是火灾产生的烟雾毒气和高温以及火灾发生的突发性、火情的复杂性往往使被困人员因缺乏心理准备,惊慌失措而容易作出错误的判断和决定,丧失最佳疏散和逃生机会。因此,日常的消防安全教育非常重要,学习消防安全知识,开展疏散与逃生的模拟演练,才能在遇险时做到有效应对,安全自救,绝处逢生。

火灾发生后,选择正确的疏散与逃生方法,避免和减少人员伤亡。应遵循以下基本原则:

① 熟悉环境:平时要留心所处建筑的疏散通道、安全出口及楼梯方位等,确保在发生火灾事故时能够沿着正确的逃生路线及时逃离火场,避免或减少伤亡。

② 生命至上:时间就是生命,火灾袭来时,生命攸关,没有什么东西比生命更重要,千万不要贪恋钱财,要尽快撤离火灾现场。已经撤离火场的人员切莫为取回财物而重回火场。

③ 低姿捂鼻:火灾中烟雾是第一杀手,因此逃生自救时防止吸入烟雾尤为重要。逃生时用湿毛巾、手绢等捂住口鼻,尽量压低身体,弯腰或匍匐靠墙前行。

④ 勿乘电梯:根据火场情况选择最近的疏散通道逃生,除通常使用的通道、楼梯外,还可利用建筑物的阳台、窗台、下水管等逃生。遇火灾切记不可乘坐电梯,因为一般电梯不能防烟隔热,加之起火时电梯最容易发生断电或者失控变形而不能运行。

⑤ 披毯裹被:当离安全出口较近,火势不大时,要当机立断披上浸湿的衣服或裹上湿毛毯、湿被褥冲出火场撤离至安全地带。

⑥ 滑绳自救:如果室内充满浓烟,又无法从通道撤离,只有从窗口逃生时,可利用结实的绳子或者将窗帘、床单、被褥等撕成条,拧成绳,用水沾湿后将其拴在牢固的暖气管道、窗框、床架上,被困人员顺绳索滑到下一楼层或地面。

⑦ 身上着火:身上着火千万不能奔跑或用手拍打,也不可将灭火器对准人体喷射,可以就地打滚或用厚重的衣物压灭火焰。

⑧ 受困待援:如被烟火困于室内无法逃生时,应关紧迎火门窗,用湿毛巾、湿衣物堵塞

门缝，以防烟火蹿入室内，并泼水降温，等待火势熄灭或消防队的救援。

⑨ 跳楼审慎：火灾时选择跳楼逃生，生存概率极低，应寻找其他逃生方法。只有当楼层较低且处于不得已的情况下才会采取跳楼逃生。

⑩ 信号求救：若被火场围困暂时无法脱身，应尽量待在窗口、阳台等容易被发现的地方，可用挥舞衣物、打手电筒、呼叫等方式向窗外发送求救信号，等待救援。

3.3　消防设施

建筑消防设施是指建（构）筑物内设置的火灾自动报警系统、自动灭火系统、消火栓、安全疏散设施、防排烟系统、防火分隔物等用于防范和扑救建（构）筑物火灾的设备设施的总称。一旦实验室出现火灾险情，消防设施的及时启用可以有效控制火势，避免和减少人员受伤。

3.3.1　火灾自动报警系统

火灾的早期报警尤为重要。火灾自动报警系统（图3.2）通过系统的感烟、感温、感光等火灾探测器感受、接收火灾发生时产生的烟雾、热量、火光等物理量并转换成电信号，传输到火灾报警控制器，并同时以声或光的形式通知整个楼层疏散，控制器记录火灾发生的部位、时间等，启动消防联动自动控制系统，向外部灭火设备发出指令扑灭初期火灾。

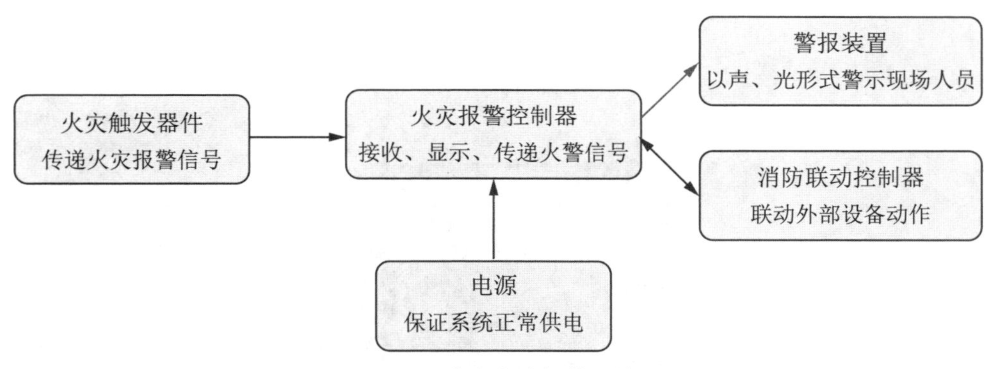

图3.2　火灾自动报警系统

火灾触发器件（图3.3）通过手动（手动火灾报警按钮）或自动（火灾探测器）探测并向火灾报警控制器传送火灾信号，它是火灾自动报警系统的“感觉器官”。火灾探测器有感烟探测器、感温探测器、感光探测器。除此之外，还有可燃气体探测器、电气火灾探测器。

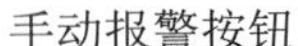
手动报警按钮

感烟探测器

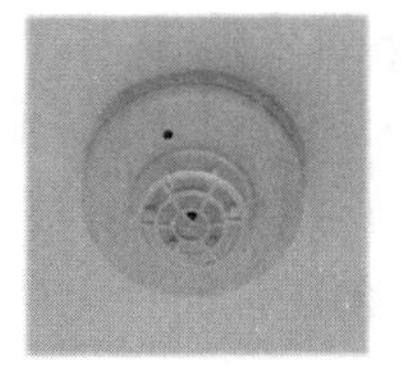
感温探测器

感光(火焰)探测器

图3.3　火灾触发器件

火灾报警控制器(图3.4)是火灾自动报警系统的中枢和核心。接收、显示、传递火灾报警信号,通过消防联动控制器向联动的消防设施发出指令,为火灾探测器提供电源,监控火灾探测器和系统自身的工作状态。

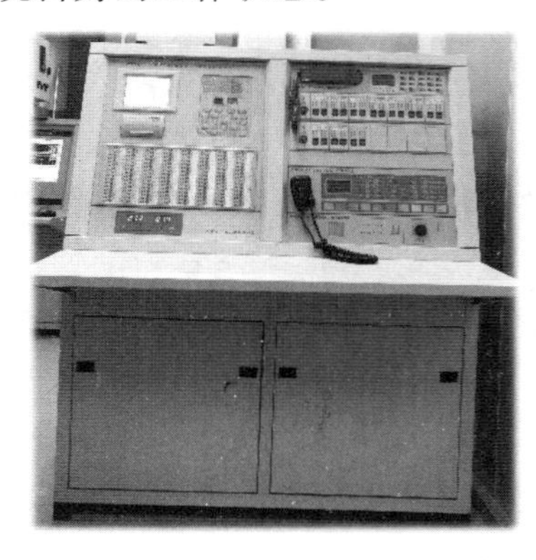

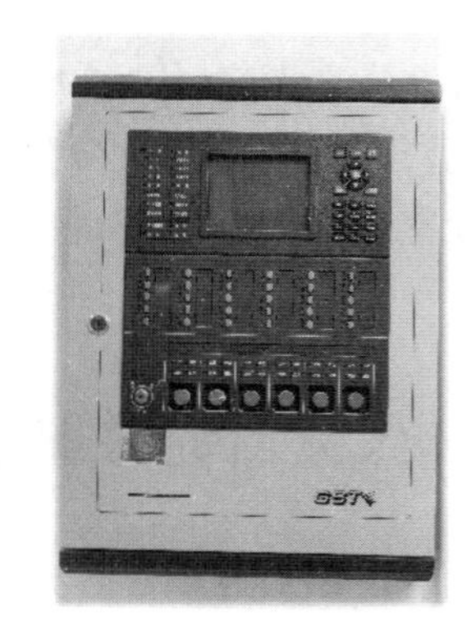

图3.4　火灾报警控制器(柜式、壁挂式)

警报装置(图3.5)是在火灾发生时,接收火灾报警控制器传来的信号,以区别于环境的声、光信号向现场人员发出火灾警报,以提醒人员展开安全疏散、灭火救灾等行动。

声光警报器

火灾显示盘

手动报警按钮

图3.5　火灾显示盘、声光警报器与手动报警按钮

火灾显示盘(图3.5)是一种可用于楼层或独立防火区内的火灾报警显示装置。当火灾报警控制器接收到火警信号后,及时把报警信号传送到失火区域的火灾显示盘上,后者将显示报警源(来自手动报警按钮或探测器)及相关信息,同时发出“火警”声信号,以通知失火区域的人员。

消防联动控制器通过接收火灾报警控制器或其他火灾触发器件发出的火灾报警信息,按设定的控制逻辑对灭火系统、疏散指示系统、防排烟系统及防火卷帘等自动消防设备实现联动控制和状态监视。当消防设备动作后将动作信号反馈给火灾报警控制器并显示,实现对建筑消防设施的状态监视功能。消防联动控制器通常整合到火灾自动报警系统(联动型)中。

火灾自动报警系统设主电源和备用电源,相互之间可以自动切换。主电源采用消防电源,备用电源是蓄电池。

3.3.2　自动喷水灭火系统

自动喷水灭火系统是我国当前最常用的自动灭火设施,对在无人情况下初期火灾的扑救非常有效。自动喷水灭火系统可分为湿式喷水灭火系统、干式喷水灭火系统、预作用喷水灭火系统、雨淋喷水灭火系统、水幕系统和水喷雾灭火系统等,其中湿式喷水灭火系统用得最多。

湿式喷水灭火系统包括水池、水箱和增压设施、消防水泵及水泵控制柜、报警阀组、控制信号阀、水流指示器、喷头、末端试水装置等。火灾发生的初期,建筑物的温度随之不断上升,当温度上升到使闭式喷头温感元件爆破或熔化脱落时,喷头即自动喷水灭火。水在管路中流动,依次启动水流指示器、报警阀、压力开关、水力警铃,最后启动消防水泵向管网加压供水,达到持续自动喷水灭火的目的。湿式喷水灭火系统适合安装在室内温度介于4～70 ℃的建筑物和场所(不能用水扑救的建筑物和场所除外)。

3.3.3　消火栓

消火栓是一种广泛使用的消防设施,包括室内消火栓和室外消火栓,本节介绍室内消火栓。室内消火栓是建筑物内最基本的消防灭火设施,用于扑灭初期火灾。

室内消火栓(图3.6)通常安装在消火栓箱内,由消火栓箱、消火栓阀、水枪、水带、消火栓报警按钮、轻便消防水龙组成。

室内消火栓通常需要主枪手和副枪手两人配合操作。操作流程如下:

① 打开消火栓箱门。

② 按下消火栓报警按钮,启动消防水泵。

③ 主枪手取出水枪,拉出并用力朝着火方向甩开水带(注意避免缠绕),奔向着火点,边跑边将水带接口与水枪接口对接卡牢。

④ 副枪手把水带的另一接口与消火栓阀接口对接卡牢。

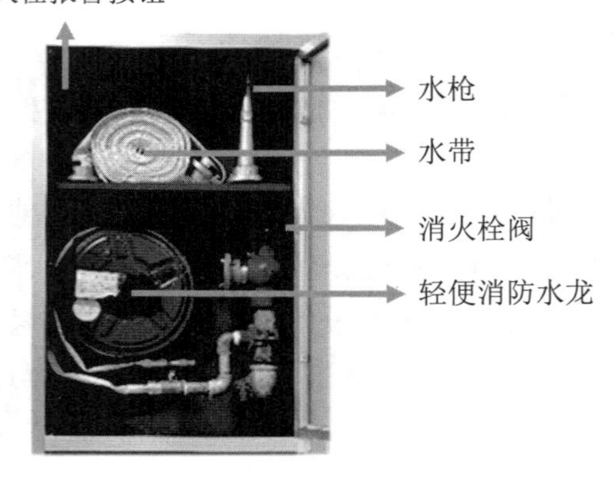

图3.6 室内消火栓

⑤ 主枪手到位并做好喷水救火的准备动作后，副枪手立刻把消火栓阀门沿逆时针方向旋开，主枪手双手紧握水枪，喷水灭火。

注意：如果是电器起火，要先确定切断电源，然后才能灭火，防止灭火时发生触电事故。

如果现场只有一人或者力气比较小，可以使用轻便消防水龙（又称消防水喉、自救卷盘）灭火。轻便消防水龙由专用消防接口、水带、喷枪组成，连接到消防供水管路或自来水管的小型、轻便喷水灭火器具。操作流程如下：

① 发生火灾时，迅速打开消火栓箱门。

② 从卷盘上拉出消防水龙，拉直消防水带，将喷枪上的开关旋转到“开”的位置。

③ 逆时针旋转打开消防给水管道上的开关，双手紧握水枪，喷水灭火。

3.3.4 安全疏散设施

安全疏散设施（图3.7）的建立，其目的主要是使人员能从发生火灾事故的建筑中迅速撤离到安全区域（室外或避难层、避难间等），及时转移室内重要的物资和财产，同时也为消防人员提供有利的灭火条件。

常闭式防火门

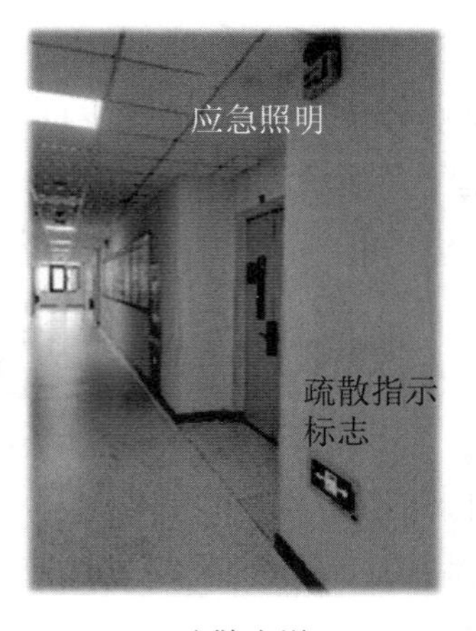

疏散走道

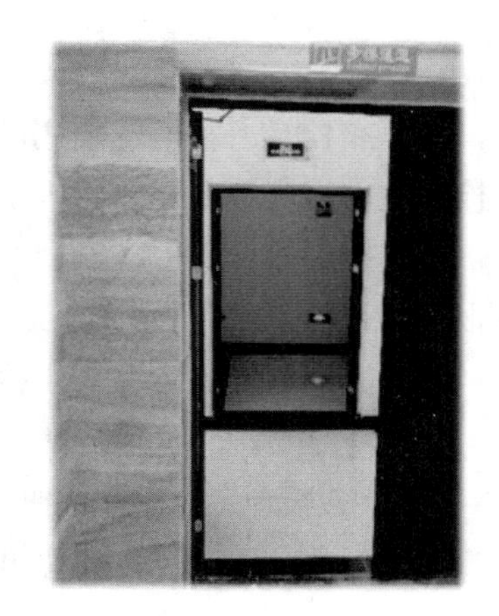

防烟楼梯间

图3.7 安全疏散设施

建筑物的安全疏散设施主要包括:安全出口、疏散走道、疏散楼梯及楼梯间、消防电梯、应急广播、应急照明和疏散指示标志。

① 安全出口是供人员疏散用的楼梯间和室外楼梯的出入口或直通室内外安全区域的出口。用于发生火灾时迅速安全地疏散人员和搬出贵重物资,减少火灾损失,是火场逃生的绿色通道,在设计建筑物时必须设计足够数目的安全出口。安全出口指示牌(图3.8)上的绿色小人,名字叫皮克托先生,是由日本人小谷松梅文设计,后经太田幸夫改良而成。目前很多国家都使用这个安全出口标志。

图3.8　安全出口指示牌

② 疏散走道是发生火灾时人员从房间内到达安全出口的通道,也就是建筑物内的走廊或过道。疏散走道不得堆放物品,不应设置门槛、台阶、管道等,以免影响疏散。疏散走道内应有应急照明和疏散指示标志。

③ 疏散楼梯是在发生紧急情况的时候,用来疏散人员的通道。作为竖向疏散通道的室内、外楼梯,是建筑物中的主要垂直交通空间,是安全疏散的重要通道。疏散楼梯间分敞开楼梯间、封闭楼梯间和防烟楼梯间。

④ 消防电梯是建筑物发生火灾时供消防队员进行灭火与救援的主要垂直运输工具。

⑤ 应急广播是当火灾发生时,采用语音信号向现场人员通报火情并引导现场人员疏散的装置,是火灾逃生疏散和灭火指挥的重要设备,用来保障人员有序快速疏散,避免发生混乱。

⑥ 应急照明和疏散指示标志用来帮助人员在黑暗或浓烟中,及时识别疏散位置和方向,沿着疏散标志指引的方向迅速脱离火场到达安全地带。消防应急照明灯一般设置在墙面或顶棚上,安全出口标志设在安全出口或疏散门的上方,疏散指示标志设置在疏散走道及转角处距地面1 m以下的墙面上。

3.3.5　防排烟系统

火灾发生时,会产生大量的烟气,烟气中的有毒气体和微粒对生命构成极大威胁,并且烟气的蔓延速度很快,能在很短的时间内从起火点的位置迅速扩散到建筑物的其他地方,给人员疏散和消防救援带来困难。防排烟设施用来及时排除火灾中产生的大量烟气,防止和延缓烟气扩散,保证疏散通道不受烟气侵害,确保建筑物内的人员及时疏散和安全避难。

防排烟系统(图3.9)是防烟系统和排烟系统的总称。防烟系统利用送风机对防烟楼梯间、前室、避难层(间)进行机械加压送风,使其保持一定的正压,阻止烟气进入这些区域。防烟系统的送风口通常设在楼梯间、前室、避难层墙面靠近地面的位置。排烟系统采用排烟风机抽吸的方式进行机械排烟,在着火区域形成一定的负压,使房间、走道等空间的火灾烟气通过排烟口排出建筑物外。排烟口通常设置在房间或走道的屋顶。

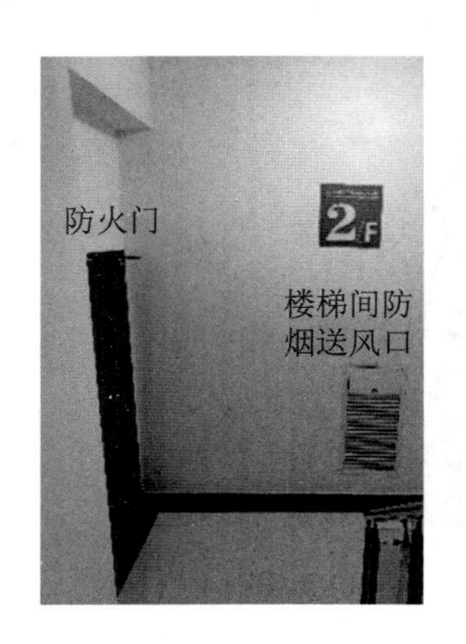

楼梯间防烟设施

楼道防烟设施

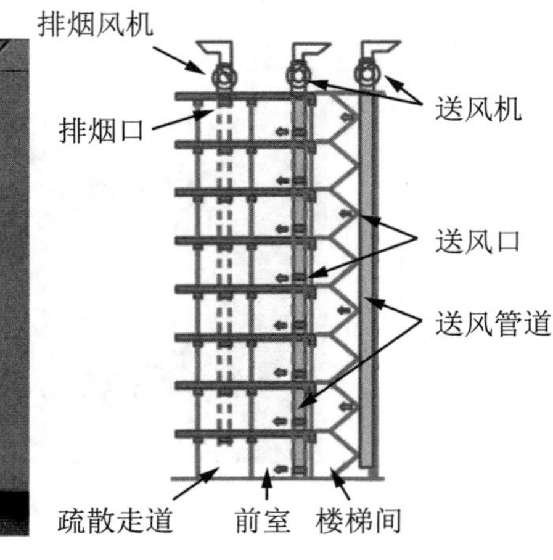

排烟系统风路图

图3.9　防排烟系统

3.3.6　防火分隔物与防火分区

防火分隔物是指能在一定时间内阻止火势蔓延,且能把建筑内部空间分隔成若干较小防火空间的物体。常用防火分隔物有防火墙、防火门、防火卷帘、防火阀和排烟防火阀、防火水幕带等。

防火分区就是用防火墙或防火门、防火卷帘等防火分隔物将各楼层在水平方向分隔出的防火区域。它可以在一定时间内阻止火灾在楼层的水平方向蔓延,把火情控制在一定范围内,利于人员疏散和消防扑救。

① 防火墙是由不燃材料制成,为减小或避免建筑、结构、设备遭受热辐射危害和防止火灾蔓延至相邻建筑或相邻水平防火分区,直接设置在建筑物基础上或钢筋混凝土框架上,具有耐火性的墙,耐火极限不低于3 h。

② 防火门是指在一定的时间内,连同框架能满足耐火稳定性、完整性和隔热性要求的门。防火门是一种活动的防火分隔物,这种门通常用在防火分区间、楼梯间、管道井等部位,阻止火势蔓延和烟气扩散。防火门应常闭。防火门按其所用的材料可分为钢质防火门、木质防火门和复合材料防火门。按耐火极限可分为甲级防火门(1.5 h)、乙级防火门(1.0 h)、丙级防火门(0.5 h)。

③ 防火卷帘是指在一定时间内,连同框架能满足耐火稳定性和耐火完整性要求的卷帘。防火卷帘是一种活动的防火分隔物,平时卷起放在门窗上口的转轴箱中,起火时将其放

下展开,用以阻止火势从门窗洞口蔓延。防火卷帘通常用在设防火墙有困难的消防电梯前室、自动扶梯周围、中庭与每层走道、过厅、房间相通的开口部位等。起隔火、隔热作用。

④ 防火阀和排烟防火阀。防火阀是指在一定时间内能满足耐火稳定性和耐火完整性要求,安装在通风、空调系统的送风、回风管道内阻火的活动式封闭装置。平时处于开启状态,火灾时,当管道内气体温度达到70 ℃时关闭,防止火灾通过送风、空调系统管道蔓延扩大。排烟防火阀是安装在排烟系统管道上,在一定时间内能满足耐火稳定性和耐火完整性要求,当管道内气体温度达到280 ℃时,自行关闭,起阻火隔烟作用的阀门。

⑤ 防火水幕可以起到防火墙的作用,在某些需要设置防火墙或其他防火分隔物而无法设置的情况下,可采用防火水幕进行防火分隔。

3.4　消防器材

建筑消防安全的硬件条件要求有完善的消防设施、消防器材以及其他应配置的消防物品、应急物资,以应对可能发生的火灾事故。消防器材是指用于灭火、防火以及火灾事故的器材,这里主要介绍灭火器,简要介绍灭火毯、消防沙桶、沙箱等。

3.4.1　灭火器

灭火器又称灭火筒,是一种由人力手提或推拉至着火点附近,手动操作并在其内部压力作用下,将所充装的灭火剂喷出实施灭火的常规轻便灭火器具。存放在公共场所或可能发生火警的地方,扑灭刚发生的小火。

灭火器种类较多,其适用范围各不相同。针对不同性质的火灾应选择相应类型的灭火器,才能达到预期的灭火效果。灭火器按其移动方式可分为:手提式灭火器和推车式灭火器(图3.10);按驱动灭火器的压力来源可分为:贮气瓶式灭火器、贮压式灭火器、化学反应式灭火器;按充装的灭火剂可分为:干粉灭火器、二氧化碳灭火器、泡沫灭火器、清水灭火器、酸碱灭火器、卤代烷灭火器。下面介绍几种常用的灭火器:

干粉灭火器

二氧化碳灭火器

泡沫灭火器

推车式灭火器

图3.10　常用灭火器类型

1. 手提式干粉灭火器

灭火原理：灭火时借助于充装在灭火器内的加压气体的压力将干粉喷出，形成的粉雾流进入燃烧区时发生物理、化学反应。一方面参与燃烧反应，捕捉并消耗燃烧反应的自由基，抑制乃至终止链式燃烧反应；另一方面干粉还会降低火焰区域的氧含量，最终使火焰熄灭。

适用范围：ABC干粉灭火器（灭火剂的主要成分是磷酸二氢铵）可扑灭A类、B类、C类、E类、F类火灾。BC干粉灭火器（灭火剂的主要成分是碳酸氢钠）可扑灭B类、C类、E类、F类火灾。对D类火灾（金属火灾）以及一般固体的深层火或潜伏火及大面积火，干粉灭火器达不到满意的灭火效果。

使用方法：右手握着压把，左手托着灭火器底部，轻轻取下灭火器；右手握紧压把，提着灭火器到火灾现场；除去铅封，拔掉保险销；在距离着火点两至三米的地方，将喷嘴对准火焰，右手用力压下压把，喷射干粉覆盖火焰根部进行灭火（图3.11）。

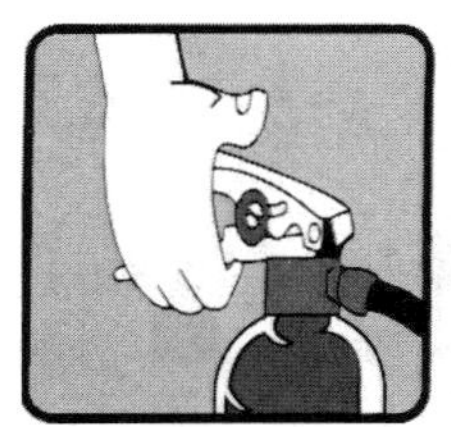
① 提起灭火器

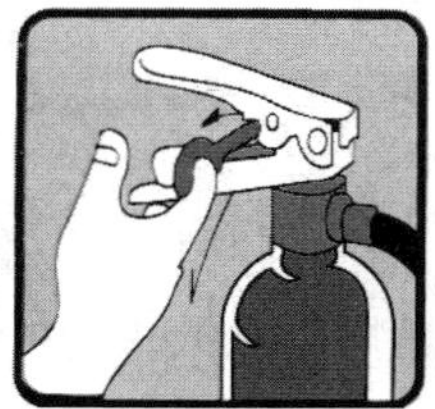
② 拉开安全插销

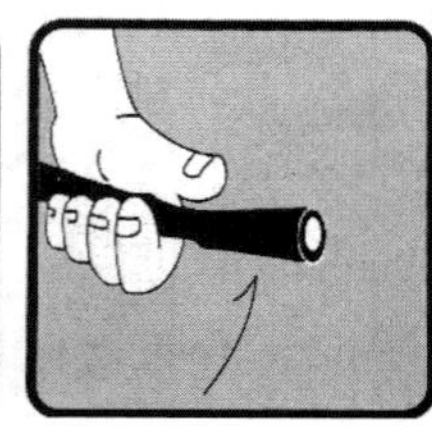
③ 握住喷管对准火源

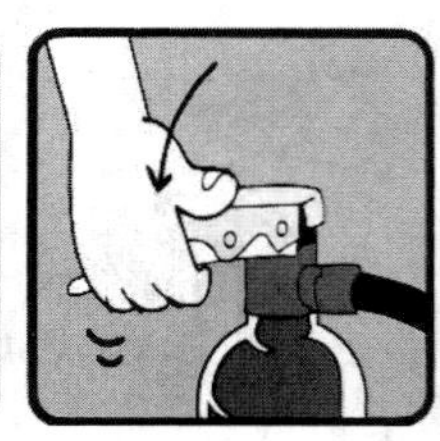
④ 用力按压下手柄

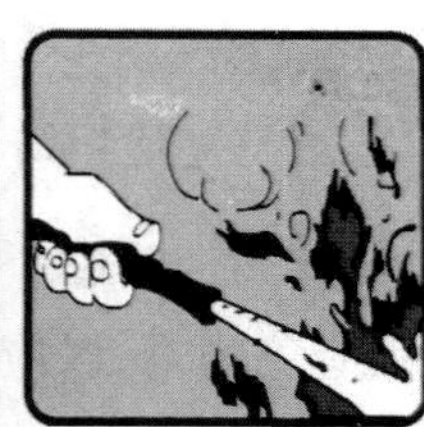
⑤ 朝火源根部扫射

图3.11　灭火器使用方法

2. 手提式二氧化碳灭火器

灭火原理：二氧化碳灭火主要依靠窒息作用和部分冷却作用灭火。二氧化碳是一种不燃烧、不助燃的惰性气体，灭火时二氧化碳释放到着火点后，使得燃烧区的二氧化碳浓度升高、氧浓度降低，当二氧化碳浓度升到30%～35%或者氧气含量低于12%时，大多数燃烧就会停止。同时，灭火时，液态的二氧化碳喷出后迅速汽化成气体，会从周围环境吸收热量，起到冷却的作用。

适用范围：二氧化碳灭火器可扑灭B类、C类、E类、F类火灾。二氧化碳灭火器灭火速度快，无腐蚀性，灭火不留痕迹，因此特别适合扑灭贵重仪器、图书档案资料、带电设备（600 V以下）的火灾。二氧化碳不能扑救内部阴燃的物质、自燃分解的物质火灾及D类火灾（金属火灾）。

使用方法：左手托着灭火器底部，轻轻取下灭火器；右手握紧压把，提着灭火器到火灾现场；除去铅封，拔掉保险销；在距离着火点两米的地方，左手握住喷管，右手用力压下压把，对准火焰根部喷射灭火。灭火时不要接触喷管的金属部分，防止冻伤。室内使用时，火灭后操作者要迅速离开防止窒息。火灾扑灭后，先开窗通风方可进入现场。

3. 手提式泡沫灭火器

凡是能与水混溶，并可通过化学反应或机械方法产生泡沫的灭火剂都叫泡沫灭火剂。按起泡机理不同可分为化学泡沫灭火剂和空气泡沫灭火剂。化学泡沫灭火剂是通过两种药剂（硫酸铝和碳酸氢钠）的水溶液发生化学反应产生灭火泡沫。空气泡沫灭火剂是通过将泡沫灭火剂的水溶液与空气在泡沫产生器中进行机械混合产生灭火泡沫。空气泡沫灭火器充装的泡沫灭火剂有蛋白泡沫灭火剂、氟蛋白泡沫灭火剂、水成膜泡沫灭火剂、抗溶性泡沫灭火剂等。

灭火原理：泡沫灭火器喷出的大量泡沫覆盖在燃烧物表面，使可燃物表面与空气隔绝，使得燃烧因缺少助燃物而窒息。此外，泡沫析出的液体对燃烧物表面还有冷却作用，泡沫受热蒸发产生的水蒸气可使燃烧区的氧含量降低。

适用范围：泡沫灭火器适用于扑救B类中的非水溶性火灾和A类火灾，比如油品火灾，如汽油、煤油、植物油等初起火灾，不适用于D类火灾、E类火灾以及水溶性可燃易燃液体（抗溶性泡沫灭火器可扑救水溶性液体火灾，如乙醇、甲醇等）火灾。

使用方法：化学泡沫灭火器与空气泡沫灭火器的使用方法有所不同。

① 化学泡沫灭火器的使用方法是：右手提筒体上部的筒耳，迅速前往火场。此时灭火器不可过分倾斜，更不可横拿或颠倒，以免两种药剂混合而提前喷出；当距离着火点八米左右时停下来，右手捂住喷嘴，左手执筒底边缘把灭火器颠倒过来呈垂直状态，用劲上下晃动几下；右手抓筒耳，左手抓筒底边缘，把喷嘴朝向燃烧区，围着火焰喷射，直至把火扑灭；灭火后，把灭火器卧放在地上，喷嘴朝下。使用化学泡沫灭火器时，灭火器应始终保持倒置状态，否则会中断喷射。

② 空气泡沫灭火器的使用方法是：将灭火器提到距火源五至六米的地方；拔出保险销，右手握住开启压把，左手紧握喷枪，用力捏紧开启压把；打开密封或刺穿储气瓶密封片，空气泡沫就可以喷出灭火。空气泡沫灭火器在使用时，灭火器应当直立，不可以颠倒或是横卧，也不能松开开启压把，否则都会中断喷射。

过去常用的四氯化碳灭火器，因其毒性大，灭火时还会产生毒性更大的光气，目前已被淘汰。

4. 柜式七氟丙烷灭火器

七氟丙烷（HFC-227ea）又名海龙气体，它的结构式是CF_3CHFCF_3，微溶于水（260 mg/L），属于多氟代烷烃，无色、无味、低毒性、绝缘性好、不导电，其密度大约是空气的六倍，在一定的压力下呈液态，是一种以化学灭火为主兼有物理灭火作用的洁净气体化学灭火剂。由于七氟丙烷不含有氯或溴，不会对大气臭氧层产生破坏作用（对大气臭氧层的耗损潜能值为零），释放后不含有粒子或油状残余物，对设备无二次污染，并可低压液压贮存，特别适用于机房、图书馆、档案馆、大型贵重仪器实验室等场所，是目前最理想的替换对环境危害的哈龙1301和哈龙1211的灭火剂。

七氟丙烷灭火时有物理、化学两种作用。物理作用是通过分子汽化阶段迅速降低火焰温度，化学作用是通过释放游离基终止燃烧的链式连锁反应。七氟丙烷灭火剂可以扑灭A类、B类、C类、E类、F类火灾。七氟丙烷气体灭火系统一般常见的有管网式、柜式、悬挂式，这三种都属于内储压七氟丙烷气体灭火系统，其输送距离在30 m以内。还有一种是外储压七氟丙烷气体灭火系统，其输送距离可以达到150 m。

柜式七氟丙烷（HFC-227ea）灭火装置是一种将灭火剂储存容器、启动装置、阀门、灭火剂输送管路、喷嘴等集于同一箱体的由自动探测、报警引发并实施灭火的预制自动灭火装置。其特点为小型轻便,不需单独设置钢瓶间,不需另外安装管网,可以方便地移动到适当位置。特别适合于防护区容积较小,不适合安装管网的场合。柜式七氟丙烷灭火装置防护区的面积不宜大于100 m^2,容积不宜大于300 m^3。根据防护区实际需要,可采用几台柜式灭火装置联用的方法来保护较大空间。

柜式七氟丙烷灭火装置(图3.12)具有自动启动、电气手动启动及机械应急手动启动三种启动方式,在有人值守的情况下,建议采用电气手动启动方式。

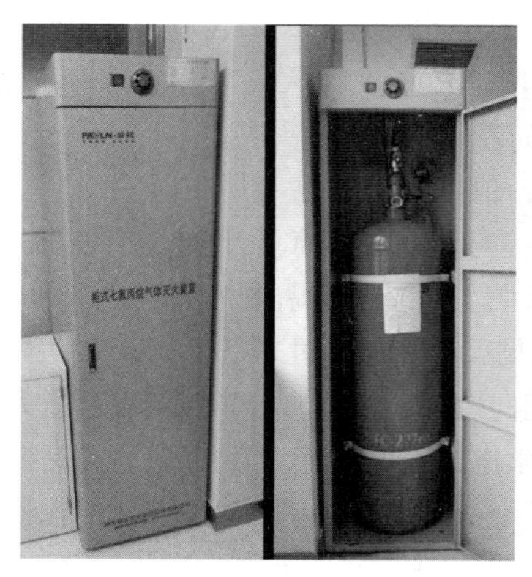

图3.12　柜式七氟丙烷灭火器

(1) 在自动启动模式下,火灾探测报警系统自动对防护区进行探测和报警,不需要人为介入即可自行启动灭火装置。在启动延时过程中,如果发现异常情况(误报警、人员没有及时撤离),需停止启动灭火装置,可人为按下防护区门口的紧急停止按钮或灭火控制器上的紧急停止按钮(图3.12)。

(2) 在电气手动启动模式下,火灾探测系统只能对防护区进行探测和报警,不能自行启动灭火装置。需要人工按下火灾报警控制器面板上手动启动按钮或防护区门外手动启动按钮,火灾报警控制器接受启动命令即按预定程序启动灭火装置。

(3) 在机械应急手动启动模式下,当火灾报警控制系统失效,职守人员判断为火灾时,应立即通知现场所有人员撤离现场,在确定所有人员撤离现场后,方可按以下步骤实施应急机械启动:

① 手动关闭联动设备并切断电源。

② 打开对应保护区选择阀。

③ 成组或逐个打开对应保护区储瓶组上的容器阀,即刻实施灭火。

使用、维护和保养人员应经过专门培训,掌握七氟丙烷气体灭火系统的基本结构及其部件工作原理、使用操作方法。七氟丙烷气体灭火系统喷射灭火剂前,所有人员必须在延时期内(通常是30 s)撤离火情现场,灭火完毕后,必须首先启动风机,将废气排出后,人员才可进入现场。

3.4.2　其他消防器材及逃生器具

其他消防器材及逃生器具有灭火毯、沙桶、沙箱、火灾逃生面具、缓降器等。

1. 灭火毯

灭火毯(图3.13)又称消防被、灭火被、防火毯、消防毯、阻燃毯、逃生毯,是由玻璃纤维等隔热耐火材料经过特殊处理编织而成的织物,具有难燃、耐高温、遇火不延燃、耐腐蚀、抗虫蛀的特性,能隔离热源及火焰,常用于扑灭火灾初始阶段时的局部小火。灭火毯同时还是一种质地柔软的消防器具,除了用于扑灭初期小火,还可以作为逃生用的防护物品,由于毯子本身具有防火、隔热的特性,在逃生过程中,可将毯子裹于全身,使人的身体得到较好的保护。

灭火毯

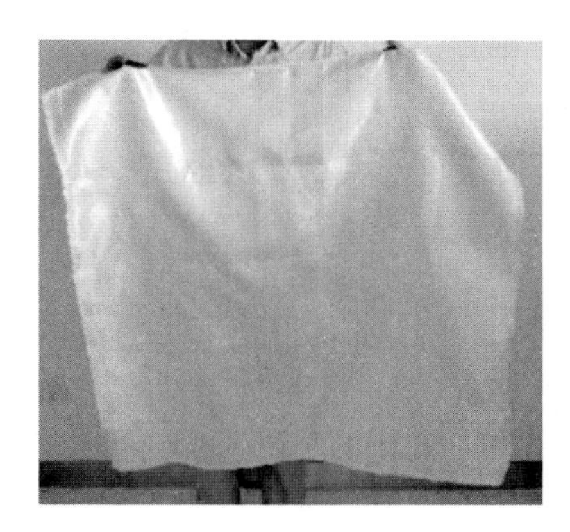

展开的灭火毯

图3.13　灭火毯

灭火毯的灭火原理是覆盖火源、隔绝空气,使可燃物的燃烧没有了助燃物(空气)而熄灭,以达到灭火的目的。根据其基材的不同可以分为纯棉灭火毯、玻璃纤维灭火毯、碳素纤维灭火毯以及陶瓷纤维灭火毯等。

灭火毯的使用方法:将灭火毯固定在比较显眼且能方便拿取的墙壁上;当发生火灾时,双手握住两根黑色拉带,快速下拉取出灭火毯;轻轻抖动使灭火毯自然展开,似盾牌状;将灭火毯轻轻地覆盖在火焰上,同时切断电源或气源;待火焰熄灭,将灭火毯进行必要处理后放回原处(无破损的情况下可重复使用,没有失效期)。

2. 沙桶、沙箱

消防用的沙,一般是中粗的干燥黄沙,比普通黄沙的密度更大,透气性更小。放在消防沙箱(桶)内(图3.14),用于扑灭油类火灾和不能用水灭火的火灾,对金属起火的扑救特别有效,但只能用于火势不大的情况,不适用于火势很猛、面积很大的火灾。当发生油类火灾或者实验室台面或地面着火时,可立即用沙子覆盖,使其隔绝空气窒息灭火。消防沙要保持干燥,有水分时遇到火后会飞溅,易伤人,并且干燥的沙子可以更好地对易燃液体进行吸附和阻截。

消防沙桶

消防沙箱

图3.14　沙桶、沙箱

消防沙箱的使用方法：上盖可直接搬开，前部箱体下方是两个合页，上方是类似货车后槽膀一样的结构，平时内部装满干沙。火灾发生时搬开上盖，向上旋转箱体上部两个拉手使前部箱体向下翻转，干沙靠重力自行流出，用消防铁锹铲起沙子覆盖在着火部位灭火。

3. 火灾逃生面具

火灾逃生面具（全称是消防过滤式自救呼吸器，又名防烟防毒面具，消防逃生面具）是一种保护人体呼吸器官不受外界有毒气体伤害的专用呼吸装置，它利用滤毒罐内的药剂、滤烟元件，将火场空气中的有毒成分过滤掉，使之变为较为清洁的空气，供逃生者呼吸用。火灾逃生面具的外观与防毒面具相似，但却是两种完全不可混用的产品。

火灾逃生面具（图3.15）的使用方法：打开包装盒，取出呼吸头罩并撕破真空包装袋；拔掉滤毒罐前孔和后孔的两个红色橡胶塞（切记不拔掉塞子会妨碍气体交换导致使用人窒息）；戴上头罩向下拉至颈部，滤毒罐应置于鼻子的前面，收紧头带，使逃生面具包住头部；沿着疏散标志指示的方向果断有序逃生。

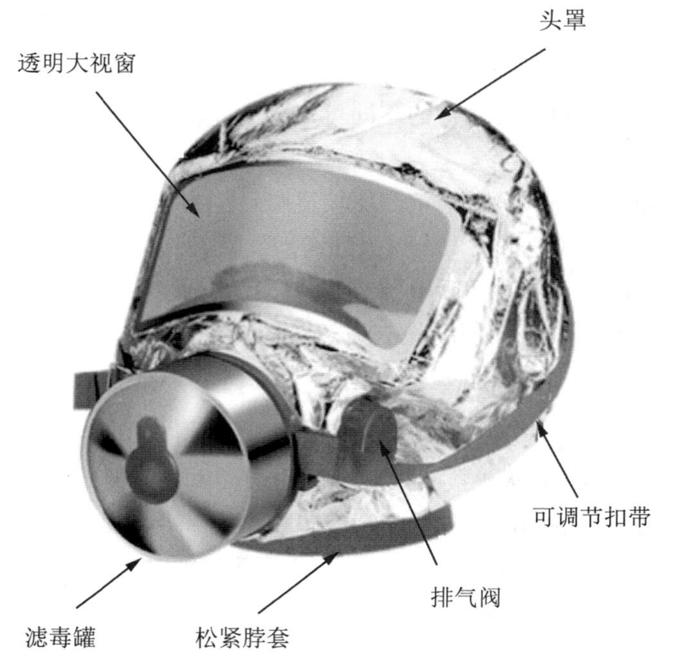

图3.15　火灾逃生面具

4. 缓降器

除了前面介绍的火场逃生方法外，还可以使用缓降器和逃生安全绳进行火场逃生。

缓降器(图3.16)是一种可使人沿(随)绳(带)缓慢下降的安全营救装置。适用于高层缓降逃生。缓降绳索连同被救人在下降过程中，带动调速器内的行星轮减速装置运转与摩擦轮毂内的摩擦块产生摩擦阻力，确保使用者安全缓降至地面。

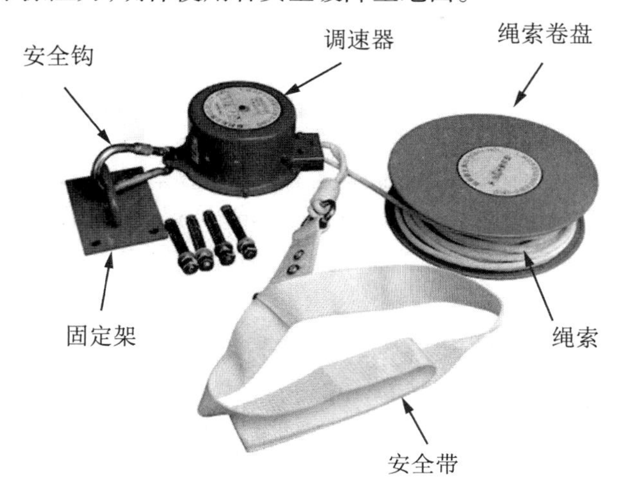

图3.16　缓降器

缓降器由调速器、安全带、安全钩、绳索(防火防高温，航空钢丝芯外包裹棉纱或者合成纤维)等组成。每次可以承载约100 kg重的单人滑下，其下滑速度为每秒0.5～1.5 m，从二十层楼下降到地面约需1 min。

缓降器的使用方法：取出调速器，把安全钩挂于预先安装好的固定架上或任何稳固的支撑物上；将绳索卷盘抛向室外以展开绳索；将安全带套于腋下，拉紧滑动扣至合适位置；被救人站在窗口或通道口附近，拉动绳索长端，使其短端(使用端)处于绷紧状态；被救人双手扶住逃离口处，将身体悬于室外，松开双手，开始匀速下降，切勿跳落；在下降过程中，面朝墙，双手轻扶墙面，以免擦伤；被救人安全落地后，摘下安全带，迅速离开现场。

三层及以下可以使用逃生安全绳(图3.17)逃生，利用逃生安全绳逃生时应戴上手套，防止手部擦伤，为了增加抓力，可把绳索隔一段打一个结，便于下降过程中抓扶。

消防铁锹、消防斧

逃生安全绳

反光背心

图3.17　其他消防器材

5. 其他消防器材

还有消防斧、消防铁锹、反光背心等(图3.17)。

参考文献

[1] 毕伟民. 消防基础知识[M]. 北京:应急管理出版社,2019.
[2] 王英等. 消防安全知识[M]. 北京:中国言实出版社,2020.
[3] 中国国家标准化管理委员会. 手提式灭火器 第1部分:性能和结构要求:GB 4351.1—2005[S]. 北京:中国标准出版社,2005.
[4] 中国国家标准化管理委员会. 柜式气体灭火装置:GB 16670—2006[S]. 北京:中国标准出版社,2006.
[5] 中国国家标准化管理委员会. 消防联动控制系统:GB 16806—2006[S]. 北京:中国标准出版社,2006.
[6] 中国国家标准化管理委员会. 七氟丙烷(HFC227ea)灭火剂:GB 18614—2012[S]. 北京:中国标准出版社,2012.
[7] 中国国家标准化管理委员会. 消防词汇 第1部分:通用术语:GB/T 5907.1—2014[S]. 北京:中国标准出版社,2014.
[8] 中华人民共和国住房和城乡建设部. 建筑设计防火规范:GB 50016—2014[S]. 北京:中国标准出版社,2014.

第4章　生物学实验室用水、用电安全

在生物学实验室中，水通常用来清洗实验器皿、配制各种溶液、维持需水仪器的运行等，是被常常忽视的决定实验成功与否的关键因素。实验室用水安全涉及日常用水和实验用水两方面，日常用水安全需要注意自来水及其相关管网、阀门等供水设备；实验用水安全需要考虑实验要求，确保实验不会因为实验用水选择不当而导致失败。

对任何实验室而言，电都是必不可少的，生物学实验室也是如此，实验室的照明、各类仪器的正常运转都离不开电力，提供持续稳定的电力供应是保证实验室正常运转的基本前提。实验室用电安全是实验室安全的重要一环，当发生短路、突然停电等意外时，会损坏部分仪器，迫使正在进行的科学实验无法继续，损失不可估量。因此，安全用电是高校实验室安全的重要环节，同时也是避免实验室火灾事故的关键。

4.1　实验室用水的分类

实验室离不开水。实验室用水包括自来水和实验用水。

4.1.1　自来水

实验室中，日常的基础用水是市政管网提供的自来水。通常用于室内外环境保洁，实验器皿的初级清洗，冷却水，对纯度要求不高的实验可以用它代替实验用水，发生火灾时可用于灭火。

自来水的供水方式有：直接供水、高位水箱供水、设有加压水泵和水箱的供水。在使用后两者方式供水时，要保证水箱内的水始终处于达标状态，否则可能会影响实验结果。

4.1.2　实验用水

根据中华人民共和国国家标准《分析实验室用水规格和试验方法》(GB/T 6682—2008)的规定，实验用水分为三个级别：一级水、二级水和三级水(表4.1)。对照这个标准，实验室里的几种常见实验用水(蒸馏水、去离子水、反渗透水和超纯水)中，蒸馏水接近三级水，去离子水和反渗透水属于三级水或二级水，超纯水属于一级水。实验室中使用最多的实验用水是二级水，有些特殊仪器需要用到一级水。

表4.1　不同级别纯水的应用举例

纯水级别	参数	应用
一级水	电阻率(MΩ·cm)：＞18.0 TOC含量(ppb)：＜10 热原(EU/mL)：＜0.03 颗粒(units/mL)：＜1 硅化物(ppb)：＜10 细菌(cfu/mL)：＜1	高效液相色谱(HPLC) 气相色谱(GC) 分子生物学实验和细胞培养 原子吸收(AA) 电感耦合等离子体光谱(ICP) 电感耦合等离子体质谱(ICP-MS)
二级水	电阻率(MΩ·cm)：＞1.0 TOC含量(ppb)：＜50 热原(EU/mL)：＜0.25 硅化物(ppb)：＜100 细菌(cfu/mL)：＜100	配制常规试剂、溶液 配制缓冲液，微生物培养基的制备 为超纯水系统、临床生化分析仪、培养箱、老化机供水
三级水	电阻率(MΩ·cm)：＞0.05 TOC含量(ppb)：＜200 硅化物(ppb)：＜1000 细菌(cfu/mL)：＜1000 pH：5.0～7.5	冲洗玻璃器皿 水浴用水、高压灭菌锅用水 超纯水系统的进水

1. 蒸馏水

蒸馏水是实验室常见的一种纯水，是将水煮沸，水蒸发形成水蒸气，水蒸气经冷凝后而制成，能去除自来水内大部分的污染物，但挥发性的杂质无法去除，如二氧化碳、氨、二氧化硅以及一些有机物。新鲜的蒸馏水是无菌的，但储存后细菌易繁殖。此外，储存的容器若是非惰性的物质，离子和容器的塑形物质会析出造成二次污染。制备蒸馏水极其耗能和费水，且速度慢，已逐渐淘汰。

2. 去离子水

同时使用阴离子交换树脂和阳离子交换树脂，去除水中的阴离子和阳离子获得的水就是去离子水，但水中仍然存在颗粒物和可溶性的有机物。新鲜的去离子水的pH约为7，但存放后的去离子水，空气中的二氧化碳会溶解到水中，生成氢离子和碳酸氢根离子，使水的pH下降。去离子水存放后也容易引起细菌的繁殖。

3. 反渗水

反渗水是水分子在压力的作用下，通过反渗透膜成为纯水，水中的杂质被反渗透膜截留，反渗透膜的膜孔径非常小，能有效地去除水中90%～99%的物质，包括溶解盐、胶体、细菌、病毒、细菌内毒素和大部分有机物等杂质。需要注意的是，反渗透膜的品质对反渗水的质量影响很大。

反渗膜是实现反渗透的核心元件，是一种模拟生物半透膜的人工半透膜。当前使用的膜材料主要为醋酸纤维素和芳香聚酰胺类。表面微孔的直径一般在0.5～10 nm之间。

上面的三种水都可以用来进行常规溶液的配制。但对于高效液相色谱(HPLC)、气相色谱(GC)这样的高精度仪器,必须用超纯水(一级水)进行缓冲液的配置或者系统的冲洗。

4. 超纯水

超纯水的标准是水电阻率为18.2 MΩ•cm,但超纯水在总有机碳、细菌、内毒素等指标方面并不相同,要根据实验的要求来确定。如细胞培养则对细菌和内毒素有要求,高效液相色谱要求总有机碳低。超纯水可以利用超纯水机制得,比如Milli-Q(图4.1)。

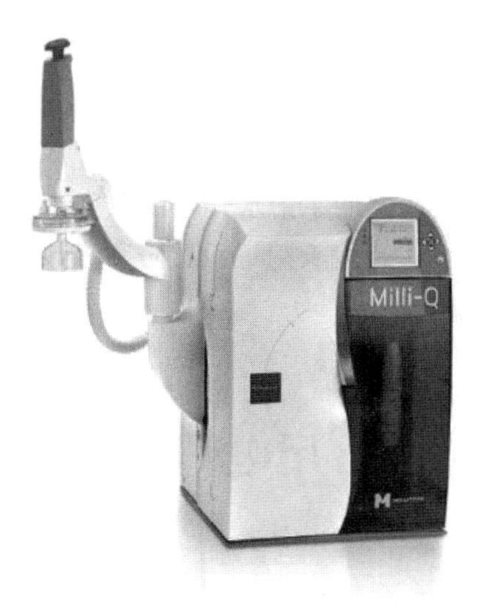

图4.1　超纯水机Milli-Q

4.2　实验室用水安全知识

实验室安全用水涉及实验室的给水、排水系统以及进行科学实验所用的实验用水等方面,所有在实验室工作的人员都应接受用水安全教育。日常实验室安全用水需要注意以下方面:

① 停水时,要检查水龙头是否关紧。如果打开水龙头时发现停水,应立即关上水龙头,防止停水后忘关水龙头,重新来水时实验室无人导致实验室淹水和仪器设备损坏。

② 供水管道和水龙头漏水会导致淹水损坏实验室的仪器设备,现今的实验室供水管道多为暗管,出现阀门或供水管泄漏导致的漏水不容易及时发现。因此需要实验室管理人员知晓楼内自来水阀门的位置,经常检查,及时发现并消除可能存在的安全隐患。如果发生泄漏事故,应立即关闭总水阀,并联系维修人员进行抢修。

③ 保持、维护水槽、下水管路的通畅。实验室水槽排水口的滤污网容易被污物堵塞,存在安全隐患,需要及时检查清理滤污网,确保排水通畅。

④ 要定期检查冷却冷凝系统的橡胶管等,避免发生因管路老化、滑脱等情况所造成的漏水事故。

⑤ 对于有暖气的地区,在开始供暖和结束供暖等时间点,容易发生暖气管漏水事故,实

验室管理人员应注意观察并采取相应措施。

⑥ 实验室的水源、储存水、用水过程均需远离电源,防止漏电和触电。

⑦ 实验用水不可以长时间贮存,贮水容器要防止化学或微生物污染。

⑧ 使用超纯水时,要即取即用,排掉前端初期水,取水时避免产生气泡。

⑨ 注意实验室常见的需水仪器的安全使用,实验室常见的需水仪器有蒸馏装置、纯水机、制冰机、水浴锅、灭菌锅、超声波清洗仪、电泳仪等。

⑩ 一级、二级生物实验室应设有地漏并保证其通畅。

⑪ 三级、四级生物安全实验室的主实验室内不得设有地漏,实验室产生的废水,需经有效灭菌处理达到排放标准后,方可排入室外排水管网。

⑫ 三级和四级生物安全实验室的主给水管应设在清洁区,其污染区和半污染区的给水管路需设防回流阀,污染区还需在水龙头附近设置防回流阀。可以设洗手池,但不可使用手动式龙头。

4.3 用电基础知识

4.3.1 电的基本概念

“电”这一词语在西方是从希腊文“琥珀”一词转意而来的,在中国则是从雷闪现象中引出来的。

电是一种自然现象,指静止或移动的电荷所产生的物理现象,是像电子和质子这样的亚原子粒子之间产生的排斥力和吸引力的一种属性。从实质上讲,电是一种能量,常称作电能。

原子由原子核和核外电子组成,核外电子围绕原子核作高速运动,容易脱离原子核的束缚成为自由电子,如果把导体放在电场中,那么导体中的自由电子就会在电场的作用下发生定向移动,形成电流。最初规定电流的方向,是以正电荷的定向移动的方向来定义的,而电子是带负电荷的,所以电子的移动方向,是电流的反方向。电流通常以安培(Ampere)为度量单位,用大写字母I表示。

电压,也被称作电势差或电位差,是衡量单位电荷在静电场中由于电势不同所产生的能量差的物理量。电压在某点至另一点的大小等于单位正电荷因受电场力作用从某点移动到另一点所做的功,电压的方向规定为从高电位指向低电位的方向。电压的国际单位制为伏特(V,简称伏),常用的单位还有毫伏(mV)、微伏(μV)、千伏(kV)等。在电路中,如果某两点之间存在电压,则会推动导体中自由电荷做定向移动形成电流。电压用来衡量电场力对电荷做功的能力。

电阻是描述导体导电性能的物理量。在物理学中用电阻表示导体对电流阻碍作用的大小。导体的电阻越小,表示导体对电流的阻碍作用越小,导电性能越好。导体的电阻通常用字母R表示，电阻的单位是欧姆(Ω,简称欧)。电阻由导体两端的电压U与通过导体的电流I的比值来定义，即$R=U/I$。所以，当导体两端的电压一定时，电阻愈大，通过的电流就愈小；反之，电阻愈小，通过的电流就愈大。因此，电阻的大小可以用来衡量导体对电流阻碍作用的强弱，即导电性能的好坏。电阻的量值与导体的材料、形状、体积以及周围环境等因素有关。

4.3.2　电的分类

电大致分为三类：直流电、交流电、静电。本节主要介绍直流电和交流电。

1. 直流电

直流电又称"恒流电"，是电荷的单向流动或者移动，即电流方向不随时间变化而改变，稳恒电流是直流电的一种，是大小和方向都不变的直流电。

直流电的电源，是维持电路中形成稳恒电压电流的装置。如干电池、蓄电池、直流发电机等。化学电池(例如干电池、蓄电池等)将化学能转化为电能和焦耳热。温差电源(例如金属温差电偶、半导体温差电偶)将热能部分转化为电能。直流发电机将机械能转化为电能与焦耳热。光电池将光能转化为电能和焦耳热。另外，还可通过转换器、整流器以及过滤器组成的电源将交流电转换成直流电。

实验室中常见的计算机硬件、便携式紫外分析仪、万用表等都需要由直流电提供能量。通常直流电的工作电压在1.5～13.5 V，而有些特殊设备会需要150 V到几千伏的直流电。

2. 交流电

交流电是指电流的大小和方向都随着时间发生周期性变化，在一个周期内的运行平均值为零。通常交流电的波形为正弦曲线。此外还有其他波形，例如三角形波、正方形波。交流电可以有效传输电力。生活中使用的市电就是正弦波形的交流电。

产生交流电的基本机械称为交流发电机。工作过程是将各种带动发电机转子转动的机械能，通过电磁感应转换为电能的过程。根据电磁感应原理，当转子在外力带动下，转子磁场和定子导体做相对运动，即导体切割磁力线，因此在导体中产生感应电动势，如果转子连续匀速旋转，在定子绕组中就得到一个周期性不断变化的交变电动势，以电能的形式输出。

交流电的频率是指交流电单位时间内周期性变化的次数，单位是Hz，与周期成倒数关系。日常生活中的交流电的频率一般为50 Hz或60 Hz。在亚洲使用50 Hz的国家与地区主要有中国、日本、泰国、印度和新加坡，而韩国、菲律宾和中国台湾使用60 Hz，欧洲大部分国家使用50 Hz，美洲使用60 Hz的国家主要是墨西哥、美国、加拿大。

实验室使用的交流电有单相交流电和三相交流电。单相交流电(图4.2)由一根火线(L线，红色)、一根零线(N线，蓝色)和一根地线(E线，黄绿相间)组成，即单相三线制。常见的插座有：两孔，三孔两种。一般情况下：在两孔插座中，左孔连的是零线，右孔连的是火线。而在三孔插座中，上孔连的是地线，左孔是零线，右孔是火线。这里的火线是电路中输送电的电源线(可以使用试电笔来判断哪一条是火线)，零线主要应用于工作回路，从变压器中性点接地后引出主干线。地线不用于工作回路，只作为保护线。利用大地的绝对"0"电压，当设备外壳发生漏电，电流会迅速流入大地。单相交流电的电压为220 V，实验室的照明用电和常用仪器设备均由单相交流电供电。

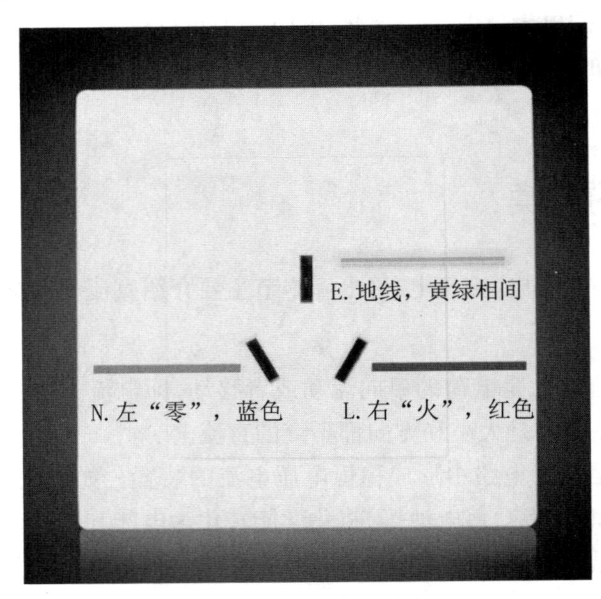

图4.2　单相三线制插座

三相交流电是由三个频率相同、电势振幅相等、相位互差120°角的交流电路组成的电力系统。目前，我国生产、配送的都是三相交流电。输电时只有三根火线，供电给用户时有三根火线和一根中线。常用于大功率用电设备，主要为工业用。只使用其中一条火线（相线）及零线（中线），便是单相电。三相交流电一般为三相四线制（三相一中）。三个相线的符号为L1，L2，L3，中线的符号为N。线电压（相线之间的电压）是380 V，相电压（相线与中线之间的电压）是220 V。

UPS是一种含有储能装置的不间断电源。当市电输入正常时，UPS将市电稳压后供应给负载使用，此时的UPS就是一台交流市电稳压器，同时它还向机内电池充电；当市电中断（事故停电）时，UPS立即将电池的直流电能，通过逆变器转换为交流电能向负载继续供应220 V交流电，使负载维持正常工作并保护负载软、硬件不受损坏。UPS设备通常对电压过高或电压过低都能提供保护。

4.3.3　电流对人体的伤害作用

电流对人体的伤害分为电击和电伤两种。

电击是电流通过人体内部时，损害人的组织和器官，破坏人的神经系统、呼吸系统、循环系统的正常工作所造成的伤害。严重时会危及生命，大部分触电死亡事故都是电击造成的。通常说的触电事故基本上是指电击。

电伤是电流以热效应、化学效应或机械效应等形式对人体体表造成的局部伤害。损伤通常发生在机体外部，是人体触电事故中较为轻微的情况，一般无生命危险。电伤有以下几种情况：

(1) 电烧伤:是电流的热效应对人造成的伤害,是最常见的电伤。包括高压触电事故时发生的接触灼伤和带负荷拉、合刀闸,带地线合闸时产生强烈电弧引起的电弧灼伤。

(2) 电烙印:是电流化学效应和机械效应产生的电伤。在人体与带电体接触的部位留下的瘢痕。有明显的边缘,一般不发炎或化脓,瘢痕处皮肤表皮坏死,失去知觉。

(3) 皮肤金属化:高温电弧使周围金属熔化、蒸发,其微粒飞溅渗透到皮肤表层所形成。皮肤金属化后,表面粗糙、坚硬。金属化后的皮肤经过一段时间能自行脱落。

(4) 电光眼:发生弧光放电时,红外线、可见光、紫外线对眼睛的伤害。

4.3.4　影响电流对人体危害程度的因素

当发生触电事故时,电流对人体的影响程度取决于流经人体的电流大小、电流通过人体的持续时间、人体阻抗、电流路径、电流种类、电流频率,以及触电者的体重、性别、年龄、健康情况和精神状态等多种因素。其中流经人体的电流大小是主要的影响因素,电流通过人体的持续时间也是很重要的一个因素。

1. 电流大小

电流通过人体时,人体会有刺痛、麻木等感觉,并伴随不自觉的肌肉收缩。此外,胸肌、膈肌和声门肌的强烈收缩会阻碍呼吸,甚至导致触电者窒息死亡。通过人体的电流越大,人体的生理反应越明显,感觉越强烈,病理状态越严重,引起室颤或窒息的时间越短,致命的危险性就越大,因而伤害越严重。

一般来说,通过人体的交流电(50 Hz)为10 mA、直流电为50 mA时,触电者自己能摆脱电源,无生命危险。故可把交流电10 mA、直流电50 mA确定为人体的安全电流。

根据人体对电流的反应,将触电电流分为感知电流、摆脱电流和致命电流。

① 感知电流:人能感觉到的最小电流,通常在0.5～2 mA范围内。成年男性的平均感知电流约为1.1 mA,成年女性的平均感知电流约为0.7 mA。

② 摆脱电流:人触电后能自主摆脱带电体的最大电流,通常在6～22 mA范围内。成年男性的平均摆脱电流约为16 mA,成年女性的平均摆脱电流约为10.5 mA。

③ 致命电流:在很短时间内导致生命危险的最小电流,通常在30～50 mA。

2. 持续时间

电流通过人体的持续时间越长,对人体造成的热伤害、化学伤害和生理伤害越严重。随着电流通过人体时间的延长,人体的阻抗会降低,电流会增大,后果会更严重。心脏每收缩和舒张一次后会有一个间歇期,如果在间歇期有电流通过心脏,即使电流不大也会带来严重后果。

3. 电流频率

不同频率的交流电对人体的伤害程度不同。25～300 Hz的交流电对人体伤害最严重,尤其是50～60 Hz的频段正好落在心脏应激范围内,会引起室颤。此时电流对心肌细胞起极化作用,所以心脏马上缩成一团,停止跳动。低于或高于此频段的电流对人体的危害程度要轻,1000 Hz以上,伤害程度明显减轻,当频率达到20000 Hz时对人体危害很小,用于理疗的一些仪器采用的就是这个频段。

4. 电压

当人体电阻一定时,人体接触的电压越高,通过人体的电流就越大,对人体的损害也就越严重。一般情况下,人体能够承受的安全电压为36 V,持续接触的安全电压为24 V。

5. 电流通过人体的途径

当电流通过人体内部器官时都会带来严重后果。比如通过头部会破坏脑神经,通过脊髓会破坏中枢神经,通过肺部会使人呼吸困难或停止呼吸,通过心脏会引发室颤或停止跳动。其中以心脏伤害最为严重。触电事故统计表明,从左手经胸部到脚是最危险的电流路径,极易使人发生室颤和中枢神经破坏而死亡。右手到脚和手到手也很危险,脚到脚的危险性相对小些。

6. 人体阻抗

当接触电压一定时,通过人体的电流与人体电阻成反比。人体电阻一般可达5000 Ω,由体内电阻(体积电阻)和皮肤电阻(表面电阻)组成,体内电阻基本稳定,约为500 Ω。皮肤电阻是人体电阻的主要部分,在限制低压触电事故的电流时起着非常重要的作用。皮肤电阻与皮肤的状况有直接关系,当皮肤潮湿出汗、带有导电性粉尘等情况时,人体的电阻会降到1000 Ω左右。除此之外,人体阻抗还与接触电压、电流持续时间、电流频率、电流通过人体的路径、人体与带电体的接触面积等因素有关。

7. 人体状况

电流对人体的伤害作用还与年龄、性别、健康状况和精神状态等有直接关系。通常情况下,女性比男性对电流更敏感,儿童比成人对电流更敏感。经常进行体育锻炼、身体健壮的人抗触电的能力相对强些,心脏病、肺病患者受到电击时更危险,死亡率更高。

4.4 触电事故及其预防与急救

触电是指人体直接触及带电体或高压电经由空气或其他导电介质作用于人体时,电流经由人体流入大地或其他导体的现象。电流通过人体时引起人的组织损伤和功能障碍,严重者发生心跳和呼吸骤停导致死亡。

4.4.1 人体触电方式

人体触电(图4.3)的方式有单相触电、两相触电、跨步电压触电、高压电弧触电等。

单相触电

两相触电

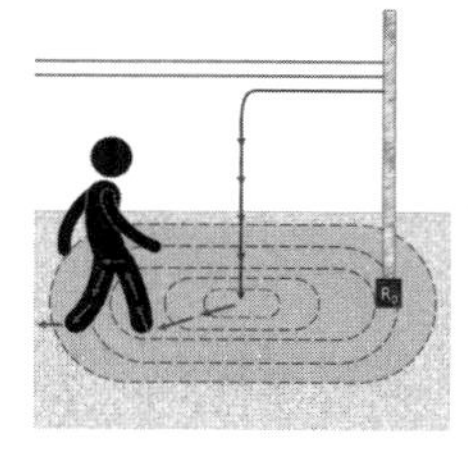
跨步电压触电

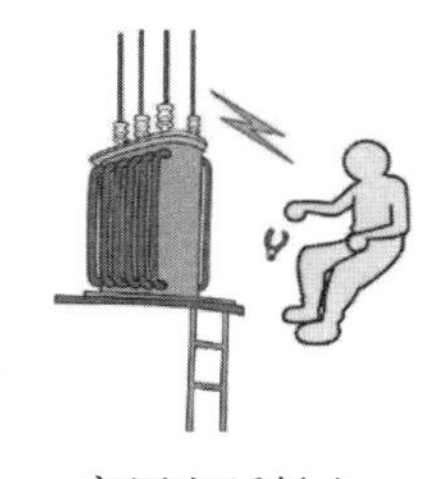
高压电弧触电

图4.3　人体触电

① 单相触电：人体在地面或其他接地导体上，身体某一部位触及一相带电体的触电事故。大部分触电事故都是单相触电事故。

② 两相触电：人体的不同部位同时分别触及一个电源的两个不同相位的裸露导线的触电事故，电流从一根导线经由人体到另一根导线。比单相触电危险性大，但这种触电情形相对少见。

③ 跨步电压触电：当带电体接地有电流流入地下时，电流在接地点周围土壤中产生电压降。人在接地点周围，两脚之间出现的电压即跨步电压。由此引起的触电事故叫跨步电压触电。高压故障接地处或有大电流流过的接地装置附近都可能出现较高的跨步电压。

④ 高压电弧触电：当人靠近高压线（高压带电体）时，高压电能将空气击穿，造成弧光放电，使电流通过人体而导致触电。同时还伴有高温电弧，灼伤人体。

当电气设备（包括各种用电设备）出现绝缘故障使外壳带电时，其外露可导电部分（金属外壳）存在对地故障电压，人体接触此外露部分就会发生触电，这也是日常生活和工作中最常见的触电形式。

4.4.2　实验室发生触电事故的原因

近年来，实验室的电路设计日益规范，普遍安装和使用空气开关和漏电保护器，实验室发生触电身亡的事故比较罕见。但是一些违规操作带来的触电事故隐患依然存在，主要原因有：

① 电气线路设计不规范，用电设备无法有效接地、接零。

② 用电设备未按要求接地、接零，或者接线接触不佳、脱落。

③ 用电设备内部绝缘故障导致外壳带电。

④ 导线破损、绝缘老化，导致操作者误触带电线路。

⑤ 操作者违规接触用电设备的导电部分。

⑥ 用潮湿的手操作插头等。

⑦ 没有有效防护的情况下，盲目拆卸、维修电气设备。

⑧ 乱搭、乱接甚至错接临时线路，导致用电设备外壳带电。

⑨ 导线接头处绝缘措施不足。

4.4.3 触电事故的预防

触电事故是最常见的、最危险的一类危及人身安全的电气事故，为了有效杜绝触电事故，必须采取绝缘、屏护、接地接零保护、漏电保护等防护措施。

1. 绝缘防护

使用绝缘材料将导电体封护起来，使之不能对人身安全产生威胁的同时，还能保证电气设备和线路的正常工作。常用的绝缘材料有瓷、橡胶、矿物油等。绝缘电阻是衡量电气设备绝缘性能的最重要指标，足够的绝缘电阻可以把电气设备的漏电电流限制在很小的范围内，从而避免漏电事故的发生。除了要使用符合质量要求的绝缘材料外，平时要经常检查电气设备和线路，发现问题及时处理。自然老化、磨损、腐蚀、击穿等都会使绝缘受到破坏。

2. 采取屏护

就是采用遮栏、护罩、护盖、箱盒等把带电体同外界隔绝开来，减少触电事故的发生。屏护装置主要用于不便于绝缘的电气设备周围或者绝缘不足以保证安全的地方。比如高压设备无论有无绝缘，都要采取屏护措施，并张贴"高压危险"等警示语。金属屏护装置要有可靠接地或接零措施。

3. 装设漏电保护装置

漏电保护装置是用来防止漏电或人体触电的一种接地保护装置。当线路或用电设备发生漏电或接地故障时，装置立即自动切断事故电源。万一因漏电导致人体触电时，能在瞬间切断事故电源，减轻电流对人体的伤害。为了确保用电安全，实验室的室内配电箱中空气开关都要配备漏电保护装置。

4. 接地保护

接地保护是避免人体触电和保护电气设备正常运行的重要手段。当电气设备漏电或被击穿时，正常情况下不带电的金属外壳或金属部件就会带有危险电压，在有良好接地的情况下能够显著降低这种危险电压，从而减轻危险程度。

5. 其他防触电知识

不要用潮湿抹布擦拭带电的电器，以防触电；如遇电器发生火灾，要先切断电源，切忌直接用水扑灭，以防触电；发现电器设备冒烟或闻到异味时，要迅速切断电源进行检查。

4.4.4 触电事故的急救

当有人员发生触电事故时，发现者要沉着冷静，采取正确的急救措施，尽可能挽救触电者的生命。首先要迅速使触电者脱离电源，然后立即就地进行现场急救，同时拨打120急救电话找医生救治。

统计显示，触电急救中，从触电后1 min内开始抢救，90%有良好效果；从触电后6 min内开始抢救，10%有良好效果；从触电后12 min才开始抢救，救活的可能性很小。由此可见触电急救时动作迅速非常重要。

1. 针对低压触电和高压触电事故，需要采取不同措施

当发生低压触电事故时，可采取以下措施使触电者脱离电源：

(1) 触电事故发生在电源附近，则立即拉开电源开关，切断电源。

(2) 触电事故发生地不在电源附近，可用有绝缘柄的电工钳或干燥木柄的利器切断电线，断开电源。

(3) 如果导线搭落在触电者身上或压下身下，可用干燥的木棍、竹竿挑开电线，使触电者脱离电源。

(4) 施救者戴上手套或用干燥的衣服、围巾等干燥绝缘物品包裹手部后，拖拽触电者，使其脱离电源。

(5) 如果触电者因痉挛手指紧握导线或导线缠绕在身上，施救者可先用干燥木板或其他绝缘垫塞入触电者身下阻隔人地电流，再想其他办法切断电源。

当发生高压触电事故时，应立即通知供电部门拉闸断电，如果触电现场距离电源开关不远，可戴上绝缘手套，穿上绝缘鞋，使用相应等级的绝缘工具拉开电源开关或高压熔断器。未经严格培训和没有足够安全的防护措施的情况下，切勿贸然接近现场，更不要靠近高压电源，防止跨步电压和电弧伤人。

2. 现场对症救治

触电者脱离电源后，现场人员应迅速进行对症抢救，并设法联系医疗部门到场接替救治。人员触电之后，会出现昏迷，甚至呼吸及心跳停止，但并未真正死亡，而是假死，施救人员应正确迅速地进行持久抢救，以挽救触电者的生命。触电事故的现场抢救原则是"迅速、就地、准确、坚持"。触电急救必须分秒必争，不轻易放弃。

根据触电者的情况可以采取以下救治措施：

(1) 若触电者呼吸和心跳均未停止，此时应让触电者平躺，安静休息，严密观察呼吸和心跳的变化。

(2) 若触电者心跳尚存、呼吸停止，则应对触电者做人工呼吸。

(3) 若触电者呼吸尚存、心跳停止，则应对触电者做胸外按压。

(4) 若触电者呼吸和心跳均停止，应立即按心肺复苏方法进行抢救。

4.5　实验室电气火灾与爆炸

生物类实验室由于科研和教学的需要，会配备包括大型仪器在内的种类多样的用电设备，确保用电设备的安全使用非常重要。一旦出现问题，不仅损坏用电设备，还可能造成人身伤害、引发火灾爆炸等重大安全事故。

严格按要求正确操作和使用各类仪器设备，可以有效避免仪器设备出现安全事故和人身伤害。仪器设备出现的安全事故往往都是违规操作造成的。首先要清楚所使用的仪器设备的用电要求，大部分仪器设备使用220 V、50 Hz交流电，少数仪器使用380 V交流电，不要接错电源，根据额定功率选择相应的电气线路，确保不过载。其次要定期检查仪器设备的使用状态，如发现线路绝缘老化、发热、线头裸露、接触不良等要及时处理。仪器使用完毕要及时关闭电源，拔下插头或断开开关（拉下闸刀）。

4.5.1　引发实验室电气火灾与爆炸的原因

电气线路设置不合理，用电设备选用和安装不当，违规操作，长时间过载运行等引起的局部过热和电弧、电火花是发生电气火灾与爆炸的主要原因。

电气设备与电气线路在运行时，会发热，这是正常的，因为电流通过导体，由于电阻存在而发热；导磁材料由于磁滞和涡流作用通过变化的磁场时发热；绝缘材料由于泄漏电流增加也可能导致温度升高。这些发热在正确设计、正确施工、正常运行时，其温度被控制在一定范围内，一般不会产生危害。但是当电气设备和电气线路出现故障时，故障电流将会是正常电流的几十至上百倍，由此产生的表面高温和电弧、电火花，将使电气线路和电气设备的温度快速上升，电气设备的绝缘性能下降，甚至烧毁绝缘层，进而引燃本体和周围其他可燃物，引起电气火灾或爆炸事故。此外，正常使用的电热器具，有较高的表面温度，如果散热不畅，也会引起电气火灾。

导致电气设备或线路过热的原因有短路、过载、接触不良、控制元件失灵、散热不好等。

1. 短路

短路包括电源短路和用电器短路。

（1）电源短路就是由电源通向用电设备（也称负载）的导线不经过负载（或负载为零）而相互直接连接的状态。

（2）用电器短路，也叫部分电路短路。即一根导线接在用电器的两端，此用电器被短路，容易产生烧毁其他用电器的情况。短路会造成电流成倍或几十倍增加，电气设备和线路急骤发热。造成用电器短路的原因有线路老化，绝缘破坏；雷击等带来的过电压击穿绝缘层；用电设备绝缘材料老化变质；绝缘线路与金属等硬物摩擦造成绝缘层破损；使用不合格的电气元件；安装和维修时连接、操作错误等。

2. 过载

线路中流过的电流超过导线的安全载流量（电气线路中允许连续通过而不至于使电线过热的电流量，也叫安全电流）即为过载。过载时，温度升高超过导线的允许工作温度，会使绝缘迅速老化甚至于线路燃烧。

发生过载的主要原因有两个：设计不合理，导线截面选择不当，实际负载超过了导线的安全电流，以致在额定负载下产生过热；使用不合理，在线路中接入了过多的大功率设备，超过了配电线路的负载能力造成过热。

3. 接触不良

接触不良一般指在线路的连接处因为灰尘等异物或金属产生氧化物而导致线路连接处

接触电阻异常增大，从而导致接头过热。导线连接不好、铜铝金属的电解作用、活动触头压力不够、接线螺丝松动、导电接合面锈蚀等都会造成接触电阻增加，接触部分过热，温度很快升高。

4. 控制元件失灵

某些仪器，特别是电热设备，其控制元件一旦失灵，使设备持续升温不受控制，最终损毁设备或引发火灾。

5. 散热不好

各类仪器设备在正常工作时都会产生热量，特别是电热设备，使用时需要一定的空气对流，以达到散热目的。如电机的风扇、电器的散热孔、晶体管的散热片。这些设备需要在通风散热条件良好的环境下使用。如果通风散热措施不足，将会导致设备过热甚至损坏。

6. 电火花和电弧引起的实验室电气火灾与爆炸

电火花是击穿放电现象，大量的电火花汇集形成电弧。电火花和电弧都会产生很高的温度，特别是电弧，电火花和电弧产生的高温不仅可以引燃可燃物，还能引起金属熔化、飞溅，成为危险的火源。在易燃易爆场所出现电火花、电弧极易引起火灾和爆炸。

有些电器正常工作时就产生电火花，这是工作火花，如插头的拔插、按钮和开关的断合、接触器闭合和断开、整流子和直流电机的电刷处等都会产生电火花。还有就是事故火花，如线路短路时引起的火花、过电压火花、静电火花、熔断器熔断的火花、电器故障引起的火花、带电作业操作失误引起的火花。无论是工作火花还是事故火花，在易燃易爆场所都要限制和避免。

4.5.2　实验室电气与电气设备火灾的扑救

电气设备发生火灾事故或引燃周围可燃物时，为了防止触电，保障自身安全，一般是在切断电源后再进行火灾扑救。电气火灾的扑救需要注意：

① 发生电气火灾时，首先要切断电源。发生火灾时这些设备的绝缘性能可能下降，应借助绝缘工具来进行操作。如果无法通过断开电源开关或熔断器的方法断电，可采用剪断电线的方法。使用绝缘工具，在电源侧的电线支持点附近剪断电线，不同相电路要在不同部位剪断，以免接触短路。

② 带电灭火：如果无法切断电源或来不及切断电源时，在确保安全的前提下可实施带电灭火。由于是带电灭火，救火人员务必注意与带电体保持安全距离防止触电。若有导线断落地面，应防跨步电压触电。

③ 正确选用灭火器材：扑灭电气设备火灾时要使用不导电的二氧化碳或其他干粉性灭火剂来灭火。必须注意，不能用水或泡沫灭火剂，因为它们导电，可能造成短路，或使人触电。使用二氧化碳灭火剂灭火时，要防止喷出物溅落在皮肤上造成冻伤。

④ 充油电气设备着火时应立即切断电源再灭火。地面上的油火不能用水喷射，因为油火漂浮水面会使火势蔓延，只能用干沙来灭地面上的油火。

⑤ 当火势较大、自备消防器材无法扑灭时,应立即通知消防单位,不可贻误时机。

4.6 静电与防静电

静电是一种处于静止状态的电荷或者说不流动的电荷(流动的电荷就形成了电流)。当电荷聚集在某个物体上或表面时就形成了静电,当带静电物体接触零电位物体(接地物体)或与其有电位差的物体时都会发生电荷转移,就是我们日常见到的静电(火花)放电现象。日常生活中的静电放电现象有:见面握手时,手指刚一接触到对方,会突然感到指尖针刺般刺痛;拉门把手、开水龙头时都会"触电",时常发出"啪"的声响;早上起来梳头时,头发会经常"飘"起来,越梳越乱;晚上脱衣服睡觉时,黑暗中常听到"噼啪"的声响,而且伴有蓝光。静电的电量不高,电压很高,脱毛衣时发出的火花电压高达几万伏,但没有形成持续电流,所以不会致命。

4.6.1 静电的特征与危害

静电是物质电子分布不平衡的产物,摩擦起电、感应起电、传导起电等都是静电产生的方式。

摩擦起电,当两个不同的物体相互接触并且相互摩擦时,一个物体的电子转移到另一个物体,失去电子的物体就带上了正静电,获得电子的物体就带上了负静电。毛皮摩擦橡胶棒,橡胶棒就会带上负静电,毛皮带上正静电。

感应起电,当带电体靠近不带电导体时,后者的自由电荷在电场力作用下重新分布,两端出现等量正负感应电荷。导体能发生感应起电,而绝缘体不能。

传导起电,针对导电材料而言,因电子能在它的表面自由流动,如与带电物体接触,将发生电荷转移。

静电的放电特性:静电放电是指具有不同静电电位的物体互相靠近或直接接触引起的电荷转移。其特点是:第一,高电压,最少都有几百伏,通常都在几千伏,最高可达数十万伏;第二,释放的能量较低,在几十到几百微焦耳;第三,持续时间短,多数只有几百纳秒;第四,产生强电场和宽带电磁干扰;第五,放电电流的上升时间很短,如常见的人体放电,其电流上升时间短于10 ns。

静电的危害:静电所带来的危害源自静电放电和静电引力。静电火花放电时能量瞬间释放产生瞬时大电流,在存放易燃易爆品的场所极易引起爆炸和火灾;静电放电时产生宽带电磁辐射,会干扰和损坏一些敏感的电子器件和设备;静电放电时产生的高电压会对人体造成伤害;静电引力会影响精密实验的测量结果;使集成电路或半导体元件吸附尘埃,降低产品合格率。

4.6.2　防静电

防静电就是为防止静电积累所引起的人身电击、火灾和爆炸、电子器件失效和损坏，以及为减小对生产的不良影响而采取的防范措施。其防范原则主要是抑制静电的产生，加速静电的泄漏，进行静电中和等。可以采取以下防范措施：

① 抑制静电的产生，对产生静电的主要因素尽量予以排除；使相互接触的物体在带电序列中所处的位置尽量接近；使物体间的接触面积和压力要小，温度要低，接触次数要少，分离速度要小，接触状态不要急剧变化等。

② 接地：将金属导体与大地（接地装置）进行电气上的连接，以便将电荷泄漏到大地。此法不宜用来消除绝缘体上的静电，因为绝缘体的接地容易发生火花放电，引起易燃易爆液体、气体的燃烧或造成对电子设施的干扰。

③ 屏蔽：用接地的金属线或金属网等将带电的物体表面进行包覆，从而将静电危害限制到不发生的程度，屏蔽措施还可防止电子设施受到静电的干扰。

④ 搭接（或跨接）：将两个以上独立的金属导体进行电气上的连接，使其相互间大体上处于相同的电位。

⑤ 对几乎不能泄漏静电的绝缘体用抗静电剂以增大电导率，使静电易于泄漏。

⑥ 采用喷雾、洒水等方法提高环境湿度，抑制静电的产生。

⑦ 使用静电消除器进行静电中和。

参考文献

[1]　崔政斌，范拴红．用电安全技术[M]．3版．北京：化学工业出版社，2021.

[2]　任召峰．静电危害与防护[J]．现代电子技术，2010，322(21)：203-206.

[3]　汤福南．三级和四级生物安全实验室的给排水设计[J]．给水排水，205(8)：68-69.

[4]　曾彦铭．触电急救的原则和方法[J]．农村新技术，2017(8)：61-62.

[5]　中国国家标准化管理委员会．分析实验室用水规格和试验方法：GB/T 6682—2008[S]．北京：中国标准出版社，2008.

[6]　中国国家标准化管理委员会．低压配电设计规范：GB 50054—2011[S]．北京：中国标准出版社，2011.

[7]　中国国家标准化管理委员会．用电安全导则：GB/T 13869—2017[S]．北京：中国标准出版社，2017.

第5章　生物学实验室压力容器安全

压力容器是一种能够承受压力的密闭容器,用途极为广泛,在工业、民用、军工等许多部门以及科学研究的许多领域都具有重要的地位和作用。压力容器结构特殊,类型复杂,操作条件严格。有些压力容器内盛装介质具有爆炸、毒性等特性。容器盛装介质超过一定限度时,如果发生破裂、爆炸,不仅会造成容器设备本身损坏,同时还会引发人员伤亡、环境破坏等。近年来,压力容器事故频发,压力容器安全问题应引起高度重视,为了避免因操作失误导致事故发生,实验人员应了解并掌握压力容器的安全应用知识。

5.1　压力容器的定义

《特种设备安全监察条例》中定义的压力容器是指盛装气体或者液体,承载一定压力的密闭设备。它的范围规定为最高工作压力大于或者等于0.1 MPa(表压),且压力与容积的乘积大于或者等于2.5 MPa•L的气体、液化气体和最高工作温度高于或者等于标准沸点的液体的固定式容器和移动式容器;盛装公称工作压力大于或者等于0.2 MPa(表压),且压力与容积的乘积大于或者等于1.0 MPa•L的气体、液化气体和标准沸点等于或者低于60 ℃液体的气瓶、氧舱等。

压力容器必须同时满足以下三个条件:

① 工作压力大于或者等于0.1 MPa,这里的工作压力是指压力容器在正常工作情况下,其顶部可能达到的最高压力。

② 工作压力与容积的乘积大于或者等于2.5 MPa•L。

③ 盛装的介质为气体、液化气体以及介质最高工作温度高于或者等于其标准沸点的液体。

压力不变,压力容器容积越大,储存能量就越大,一旦发生破裂或爆炸,造成的危害就越大,同时压力容器内储存的有毒、有害、易燃、易爆介质的特性也决定了其危险性。

5.2　压力容器的分类

依据不同的分类标准，压力容器有不同的分类方法，按压力等级可以分为低压、中压、高压、超高压容器；按压力容器在生产中的作用原理可以分为反应压力容器、换热压力容器、分离压力容器、储存压力容器；按安装方式不同可以分为固定式压力容器和移动式压力容器。这些分类方法主要依据的是压力容器的设计参数或使用状况，不能综合反映压力容器的危险程度。

为了便于安全监察和管理，按容器的压力等级、容积、介质的危害程度及生产过程中的作用和用途，把压力容器分为三类。

5.2.1　三类压力容器

具有下列情况之一的压力容器属于三类压力容器：

① 高压容器。

② 中压容器（仅限毒性程度为极高和高度危害介质）。

③ 中压储存容器（仅限易燃或毒性程度为中度危害介质，且PV大于或等于10 MPa·m³）。

④ 中压反应容器（仅限易燃或毒性程度为中度危害介质，且PV大于或等于0.5 MPa·m³）。

⑤ 低压容器（仅限毒性程度为极度和高度危害介质，且PV大于或等于0.2 MPa·m³）。

⑥ 高压、中压管壳式余热锅炉。

⑦ 中压搪玻璃钢容器。

⑧ 使用强度级别较高（指相应标准中抗拉强度规定值下限大于或等于540 MPa）的材料制造的压力容器。

⑨ 移动式压力容器。

⑩ 球形储罐（容积大于或等于50 m³）。

⑪ 低温液体储存容器（容积大于5 m³）。

5.2.2　二类压力容器

具有下列情况之一的压力容器属于二类压力容器：

① 中压容器。

② 低压容器（仅限毒性程度为极度和高度危害介质）。

③ 低压反应容器和低压储存容器（仅限易燃或毒性程度为中度危害介质）。

④ 低压管壳式余热锅炉。

⑤ 低压搪玻璃压力容器。

5.2.3 一类压力容器

除三类、二类之外的压力容器均为一类压力容器。

5.3 压力容器的压力来源

压力容器的压力来源可以分为两大类:

① 气体的压力是在容器外产生(增大)的。容器内的气体压力产生于容器外,它的压力源一般来源于气体压缩机或蒸汽锅炉等。这些压力源一般通过缩小气体的体积、增大气体的密度、加速气体的流动速度来提高气体的压力。这类压力容器可能达到的最高压力一般只限于保持压力源出口的气体压力,除非气体在容器内温度大幅度升高或产生其他物理、化学变化。

② 气体的压力是在容器内产生(增大)的。容器内的气体压力产生(增大)于容器内,一般是由于容器内介质的聚焦状态发生改变,或者是介质在容器内受热使温度剧烈升高,或者是介质在容器内发生体积增大的化学反应等。

5.4 压力容器的常见介质及特性

压力容器盛装的介质,常有不同程度的毒性和易燃易爆性,它们的泄漏、挥发和控制不当都会带来严重的后果。

5.4.1 介质的毒性

实验室操作人员应了解和掌握毒物使人中毒的过程以及压力容器介质毒性程度分类。

(1) 毒物与中毒

毒物是指较小剂量的化学物质,在一定的条件下,作用于机体与细胞成分产生生物化学作用或生物物理变化,扰乱或破坏机体的正常功能,引起功能性或器质性改变,导致暂时性或持久性机体损害,甚至危及生命。

中毒是指毒物经呼吸道、皮肤、消化道进入人体,引起急、慢性中毒或致癌作用。呼吸道是毒物进入人体最重要的途径。因为肺是人体主要的呼吸器官,肺泡面积大,泡壁极薄,表面又为含酸的液体所温润,并有丰富的毛细血管。所以肺泡对毒物极其敏感,且吸收迅速;经皮肤进入时,毒物穿过表皮屏障或通过毛囊和皮脂腺进入人体,经皮肤吸收的毒物不经过肝脏而直接随血液循环分布于全身;毒物单纯从消化道吸收而引起中毒的情况较为少见,有消化道吸收到毒物,先经过静脉系统进入肝脏,在肝脏转化后,才进入循环而至全身的情况。

(2) 压力容器介质毒性程度分类

介质的最高允许浓度是指不会发生危害作用的限量浓度,以每立方米的空气中含毒物的毫克数来表示,单位是mg/m³,按照毒物对人体的危害程度可以分为四级:极度危害(Ⅰ级)<0.1 mg/m³、高度危害(Ⅱ级)0.1~1.0 mg/m³、中度危害(Ⅲ级)1.0~10 mg/m³、轻度危害(Ⅳ级)>10 mg/m³。

5.4.2　压力容器中常见气体的特性

压力容器中盛装的大多数介质具有易燃、易爆、有毒、有害的特性,了解和掌握这些气体的各种特性,对于压力容器的安全运行和事故预防是至关重要的。

(1) 空气

空气是无色、无味、无嗅的气体,在0 ℃、0.101325 MPa下,每升空气重量为1.293 g。用增加压强和降低温度的办法,能使空气变成液态。按体积计算,空气中氧气约占21%,氮气约占78%,惰性气体约占0.94%,二氧化碳约占0.03%,其他气体和杂质约占0.03%。

(2) 氧气

氧气是无色、无味、无嗅的气体,在标准状态下,对空气的相对密度为1.105,临界温度为-118.37 ℃,临界压力为5.05 MPa,氧气微溶于水。氧的化学性质特别活跃,易和其他物质发生氧化反应并放出大量的热量。氧气具有强烈的助燃性,与可燃气体如氢气、乙炔、甲烷、一氧化碳等按一定的比例混合,即成为易燃、易爆的混合气体,一旦有火源或满足引爆条件就能引起爆炸。

(3) 氢气

氢气是无色、无味、无嗅、无毒的可燃窒息性气体。氢气是最轻的气体,具有很大的扩散速度,极易聚集于建筑物的顶部而形成爆炸性的气体。氢气的化学性质特别活跃,是一种强的还原剂,其渗透性和扩散性强。

(4) 氮气

氮气是无色、无味、无嗅的窒息性气体。常温下,氮气的化学性质不活泼,人处在氮含量高于94%的环境中,会因严重缺氧而在数分钟内窒息死亡。

(5) 一氧化碳

一氧化碳是含碳物质不完全燃烧时的产物,是一种无色、无嗅的毒性很强的可燃气体。一氧化碳的毒性作用在于对血红蛋白有很强的结合能力,使人因缺氧中毒。常以急性中毒的方式出现,吸入高浓度一氧化碳时,若抢救不及时则有生命危险。

(6) 二氧化碳

二氧化碳是一种无色、无嗅、无毒、稍有酸味的窒息性气体,能溶于水。二氧化碳能压缩液化成液体,当压力降低时液体二氧化碳会蒸发膨胀,并吸收周围大量的热而凝结成固体二氧化碳(干冰)。液态二氧化碳的膨胀系数较大,超装很容易造成气瓶爆炸。

(7) 乙炔

乙炔是一种无色、易燃、易爆的气体,纯乙炔气体是没有臭味的,用电石制成的工业乙炔气体具有一种难闻的臭味。乙炔很容易溶解在水中和其他溶剂中。纯净的乙炔气体本身是无毒的,但长时间吸入后,人会因为缺氧导致窒息。乙炔的爆炸极限范围很大,空气中乙炔的含量为7%～13%时爆炸能力最强。乙炔在氧气中燃烧的火焰温度可高达3500 ℃,常用于熔融和焊接金属。

5.5 气体钢瓶的安全使用

5.5.1 实验室气体钢瓶使用中存在的问题

实验室气体钢瓶使用中存在的问题主要有以下几种:

① 气瓶安全管理规章制度不健全。管理人员责任分工不明确,没有专人监督管理,导致一些问题无人发现,出现问题不能及时处理,比如气瓶附件丢失、气体泄漏、气瓶残存气体和空瓶处理无人负责等,存在极大的安全隐患。

② 气瓶存放环境复杂,防爆设施不健全。比如气瓶附近有热源或者危险化学试剂、实验室通风状况不良、气瓶自身带静电、缺少相应的灭火设备等。

③ 气体钢瓶外观颜色混乱、没有醒目标志,甚至出现专用气瓶盛装其他气体的现象。

④ 忽视某些气体混合会发生剧烈反应甚至产生爆炸,比如氢气与氧气、乙炔与氧气、乙炔与氯气等。

⑤ 气瓶的减压阀使用混乱,不能按规定做到每种气体使用特定减压阀。

⑥ 使用气瓶的实验室无气体事故应急预案,实验人员对气瓶安全使用不规范,缺乏相应系统的安全培训,不能正确掌握气瓶使用方法。

实验室气瓶的安全使用关乎学校和个人的财产以及生命安全,不可忽视。

5.5.2 气体钢瓶的定义

《特种设备安全监察条例》将气瓶纳入特种设备进行安全监察管理。气瓶的定义为:正常环境温度(-40～60 ℃)下可重复充气使用,公称工作压力大于或等于0.2 MPa(表压)且压力与容积的乘积大于或等于1.0 MPa·L的盛装气体、液化气体和标准沸点等于或低于60 ℃液体的移动式压力容器。气体钢瓶具有压力稳定、使用方便、便于搬运等优点。

5.5.3 气体钢瓶的主要构造

作为贮存和运输气体的专用高压容器,气瓶一般是由无缝钢管制成的圆柱形容器,壁厚在5.0～8.0 mm,底部为钢质平底底座,可以竖放。

1. 瓶帽

瓶帽是瓶阀的保护装置,避免气瓶在搬运或使用过程中因碰撞而损坏瓶阀,同时也可以保护瓶口螺纹不被损坏,防止灰尘、水分或油脂等杂物污染瓶阀。

2. 瓶体

钢质气瓶的瓶体材质为镇静钢,无缝结构(盛装高压气体时);盛装可燃气体的纤维缠绕气瓶为金属材料内胆(钢质或铝合金),外面用玻璃纤维、芳纶纤维或碳纤维缠绕。瓶肩处有钢印标记和气体颜色标志。

(1) 钢印标记

必须经常检查气瓶瓶肩的钢印标记,这是识别气瓶质量和安全使用的依据,无钢印的气瓶不能使用。钢印标记应排列整齐、清晰,钢印字体高度应为5～10 mm,深度为0.5 mm。气瓶钢印标记有两种,一种是制造钢印标记,如图5.1所示,是由气瓶的生产厂家冲打在气瓶肩部的永久性标志,是气瓶的原始标记,包括制造单位代号、气瓶编号、各种技术参数、监督检验标记等符号和数据。第二种是检验钢印标记,如图5.2所示,气瓶检验单位对气瓶进行定期检验后,冲打在气瓶肩部的另一种永久性标志,包括检验单位代号、检验日期和下次校验日期等符号和数据。

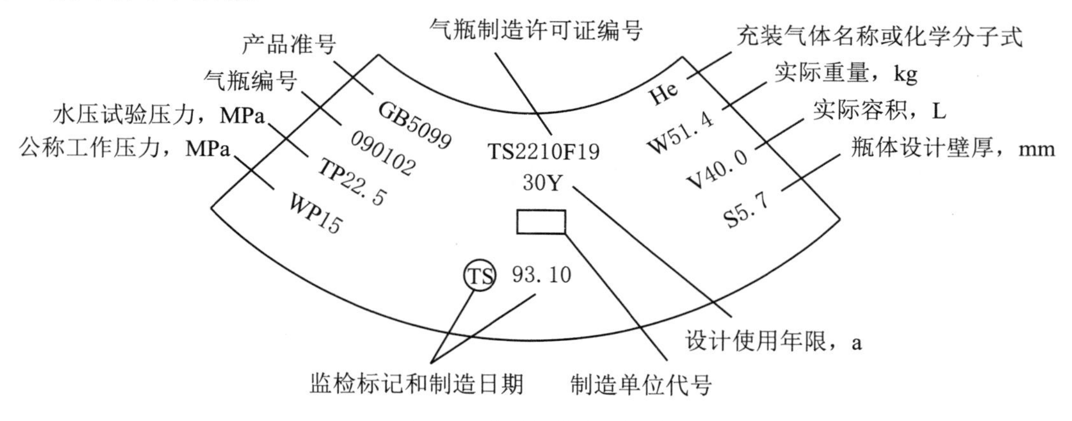

图5.1　气瓶制造钢印标记

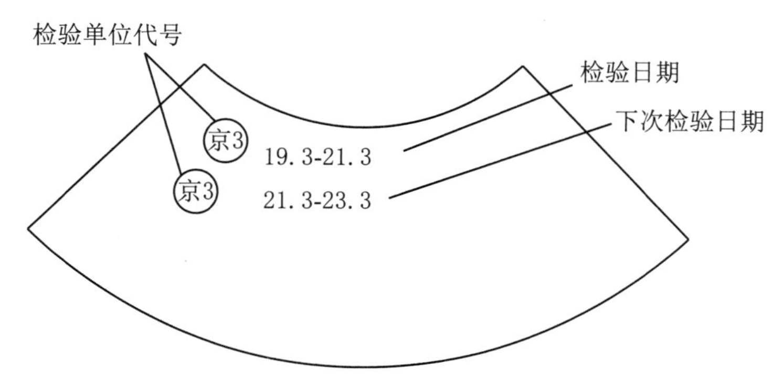

图5.2　气瓶检验钢印标记

检验钢印标记上,还应按检验年份涂检验色标(表5.1)。

表5.1 检验色标的颜色和形状

检验年份	颜色	形状
2010	粉红色(RP01)	椭圆形
2011	铁红色(R01)	椭圆形
2012	铁黄色(R09)	椭圆形
2013	淡紫色(P01)	椭圆形
2014	深绿色(G05)	椭圆形
2015	粉红色(RP01)	矩形
2016	铁红色(R01)	矩形
2017	铁黄色(Y09)	矩形
2018	淡紫色(P01)	矩形
2019	深绿色(G05)	矩形
2020	深红色(RP01)	椭圆形

注:括号内的符号和数字表示该颜色的代号。椭圆形色标长轴约为80 mm,短轴约为40 mm,矩形色标约为80×40 mm。检验色标每10年为一个循环周期。

这里特别要关注一下检验钢印标记上下次检验日期的标记,以防过期使用。

(2) 气瓶颜色标志

包括气瓶瓶体表面的颜色、字样、字色和色环。目的是为了便于识别气瓶内气体的种类和压力范围,避免在充装、运输和使用时混淆而导致事故,所以一定意义上来说颜色标志也具有安全标志特性。另外瓶体表面涂色也可以防止腐蚀。按照国家标准GB/T 7144—2016《气瓶颜色标志》的规定,实验室常用气瓶颜色标志如表5.2所示。

表5.2 实验室常用气瓶颜色标志

序号	气体名称	化学式	瓶色	字样	字色	色环
1	氢气	H_2	淡绿	氢	大红	P=20 MPa,大红单环 $P\geqslant$30 MPa,大红双环
2	氧气	O_2	淡(酞)蓝	氧	黑	P=20 MPa,白色单环 $P\geqslant$30 MPa,白色双环
3	氮气	N_2	黑	氮	白	P=20 MPa,白色单环 $P\geqslant$30 MPa,白色双环
4	氦气	He	银灰	氦	深绿	P=20 MPa,白色单环 $P\geqslant$30 MPa,白色双环
5	空气	—	黑	空气	白	P=20 MPa,白色单环 $P\geqslant$30 MPa,白色双环
6	氨	NH_3	淡黄	液氨	黑	
7	氯	Cl_2	深绿	液氯	白色	
8	硫化氢	H_2S	白	液化硫化氢	大红	
9	二氧化碳	CO_2	铝白	液化二氧化碳	黑	P=20 MPa,黑色单环
10	甲烷	CH_4	棕	甲烷	白	P=20 MPa,白色单环 $P\geqslant$30 MPa,白色双环
11	乙炔	C_2H_2	白	乙炔 不可近火	大红	

3. 安全泄压装置

为使气瓶在意外高温的环境状态下能迅速自动排气泄压,以保护瓶体不致爆炸而装设在气瓶上的泄压装置的总称。主要类型有易熔合金塞装置、爆破片装置、安全阀、爆破片-易熔塞复合装置、爆破片-安全阀复合装置。

① 易熔合金塞装置:由易熔合金塞与塞座组成。塞座与瓶体或阀体连接,当温度达到预定值时,易熔合金熔化,气体排出。

② 爆破片装置:由爆破膜片、夹持圈和紧固件组成。当瓶内气体压力达到预定值时,膜片即破裂,瓶内气体自行排出。个别情况下,膜片也可直接焊在瓶体的开孔处。

③ 安全阀:一种由阀座、阀瓣和弹簧组成的可反复开启和闭合的压力控制装置。当瓶内气体压力达到预定值时,被弹簧紧压的阀瓣离开阀座,瓶内气体排出。压力下降到预定值后,阀瓣又重新闭合。

④ 爆破片-易熔塞复合装置:由爆破片与易熔塞串联组成的安全泄压装置。易熔合金塞设置在爆破片泄放一侧。当爆破片压力达到预定爆破压力,且环境温度也达到预定值时,复合装置即排气泄压。

⑤ 爆破片-安全阀复合装置:由爆破片与安全阀串联组成的泄压装置。当瓶内气体压力达到预定值时,爆破片首先破裂,排出的气体使安全阀开启,高压气体自动排出。

4. 气瓶减压阀

减压阀是将高压气体降为低压气体,并保持输出气体的压力和流量稳定不变的调节装置。由于气瓶内为压缩气体,压力较高,使用时所需压力较小,需要用减压阀把储存在气瓶内的较高压力的气体降为低压气体,并保证所需的工作压力自始至终保持稳定。

减压阀的外观与结构原理如图5.3所示。

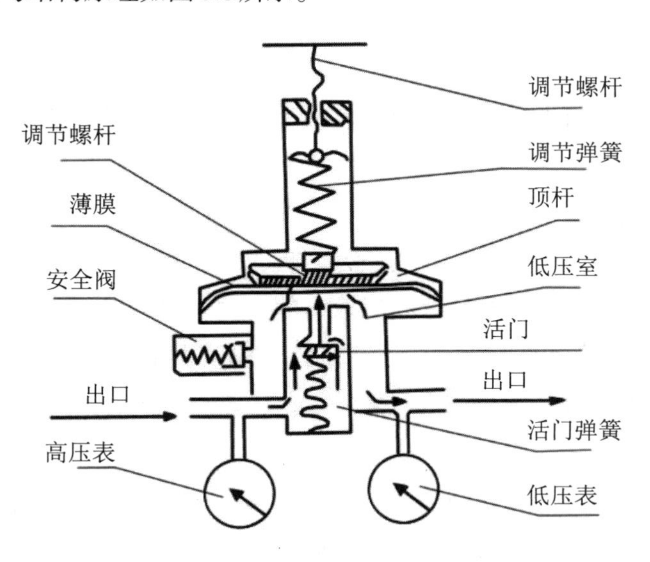

图5.3　减压阀的外观与结构原理

减压阀上高压表的示数为气瓶内储存气体的压力,低压表的示数由调节螺杆控制。将减压阀安装在气瓶上并用扳手拧紧,通过管路连接减压阀出气口与用气设备。先逆时针旋转气瓶总阀2～3圈，然后顺时针转动低压表压力调节螺杆，压缩调节弹簧，传动弹簧垫块，薄膜和顶杆将活门打开，这样进气口的高压气体由高压室经活门和阀座的节流间隙进入低压室扩散减压，经出口输出。

输出气体的压力通过调节螺杆来调节，顺时针或逆时针旋转调节螺杆改变调节弹簧的弹力，使薄膜下面与之平衡的气体压力产生变化达到所需的工作压力。

安全阀是维护减压阀安全使用的泄压装置和减压阀出现故障时的信号装置。当输出压力由于活门密封垫、阀座损坏或其他原因自行上升到超过额定输出压力的1.3倍至2倍时，安全阀会自动打开放气，直到压力降到许可值才会自动关闭。

工作结束后，要旋松调节螺杆，活门在高压气体作用下会关闭、密封。

减压阀安装到气瓶上后要将接口（输入、输出）拧紧；使用减压阀前要确认减压阀完好，检查有无油脂污染，特别是进口处有无污染物或灰尘，如有需要及时清理；打开气瓶阀前，使用者不要站在减压阀的正面或背面，先逆时针旋转减压阀调节螺杆，直至调节弹簧不受压力为止，缓慢开启气瓶总阀至高压表指示气瓶内压力；顺时针方向旋转减压阀调节螺杆使低压表达到所需的工作压力，如果太高则旋松调节螺杆，放出一部分气体后重新调节；实验结束，先关闭气瓶阀，然后将减压阀内的气体全部排出，最后逆时针方向旋转调节螺杆，一直到调节弹簧不受压为止。

需要注意的是，一些可燃性气体的减压阀为专用设备，设计成反向螺纹减压阀，不能与普通减压阀混用。

5. 防震圈

裹在气瓶瓶体上的弹性橡胶圈，为了避免气瓶搬运或使用过程中相互撞击。

5.5.4 气体钢瓶的分类

按照填充介质的性质来区分，气体钢瓶可以分为三类：永久气体气瓶、液化气体气瓶、溶解气体气瓶。

1. 永久气体气瓶

永久气体是指临界温度低于-10 ℃，常温下呈气态的气体，如氢气、氧气、氮气、空气等。永久气体气瓶一般都是通过压缩机以较高的压力压缩充装气体，增加气瓶的单位容积充气量，提高气瓶利用率和运输效率。永久气体气瓶的工作压力通常为15 MPa，也有20～30 MPa的。

2. 液化气体气瓶

液化气体是指临界温度大于等于-10 ℃的各类气体，充装时都以低温液态方式灌装。有些液化气体的临界温度较低，装入瓶内受环境温度的影响而全部汽化，有些液化气体的临界温度较高，装瓶后在瓶内始终保持气液平衡状态，因此，液化气体分为高压液化气体（临界温度较低）和低压液化气体（临界温度较高）。

① 高压液化气体。临界温度为-10～70 ℃的气体称为高压液化气体，如乙烯、乙烷、二氧化碳等，充装压力为12.5～15 MPa，临界温度较低，需要较高压力才能液化。

② 低压液化气体。临界温度大于70 ℃的气体称为低压液化气体，如氨气、氯气、液化石油气、硫化氢等。《气瓶安全监察规程》规定，液化气体气瓶的最高工作温度为60 ℃，低压液化气体在60 ℃时饱和蒸气压都在10 MPa以下，因此低压液化气体的充装压力不能超过10 MPa。

3. 溶解气体气瓶

专门用于盛装乙炔的气瓶，气瓶外壳由钢材焊接而成，内装整体式多孔性硅酸钙填料。装有专用瓶阀、瓶帽，带有安全装置（易熔合金塞），由于乙炔气体极不稳定，必须把它溶解在溶剂中，通常溶剂为丙酮，通过多孔性填料吸收丙酮。充装乙炔气体时，一般要求分两次进行，第一次充装后静置8 h以上，再进行第二次充装。

除了以上分类方法外，还可以按照制造方法分为钢制无缝气瓶、钢制焊接气瓶、缠绕玻璃纤维气瓶等，按照容积分为小容积气瓶（≤12 L）、中容积气瓶（12～150 L）和大容积气瓶（>150 L）。

5.5.5　气体钢瓶危险性警示标签

在气瓶上使用警示标签是为了识别气瓶及瓶内气体性质，并提供基本的危险警示。此标签还可提供其他信息，如瓶装气体名称及化学分子式、混合气体主要成分的名称和化学分子式以及相关预防措施的附加说明。

警示标签由面签和底签两个部分组成，面签和底签可以整体印制，也可分别印制，然后贴在气瓶上。

1. 面签

面签上印有图形符号，用来表示瓶装气体的危险特性。面签的形状为菱形，其尺寸和颜色见表5.3和表5.4（彩表见书后插页）。

表5.3　气体钢瓶面签尺寸

气瓶外径(D)/mm	面签边长(a)/mm
$D<75$	10
$75\leqslant D<180$	15
$D\geqslant 180$	25

表5.4　气体钢瓶面签类型

气体及混合气体特性	危险特性警示面签		
	危险性说明	底色	面签(符号在上半部,危险性说明文字在下半部)
易燃	易燃气体	红	
永久或液化气体,不易燃,无毒		绿	
氧化性	氧化剂	黄	
毒性	有毒气体	白	
腐蚀性	腐蚀性气体	面签上半部为白色,下半部为黑色	

当气瓶气体同时具有几种危险特性时，每种危险特性使用一种面签，次要危险特性警示面签放在主要危险特性警示面签的右边或上边，也可采用其他类似的排列，但应注意将主要危险特性警示面签粘贴在次要危险特性警示面签上面（图5.4）。

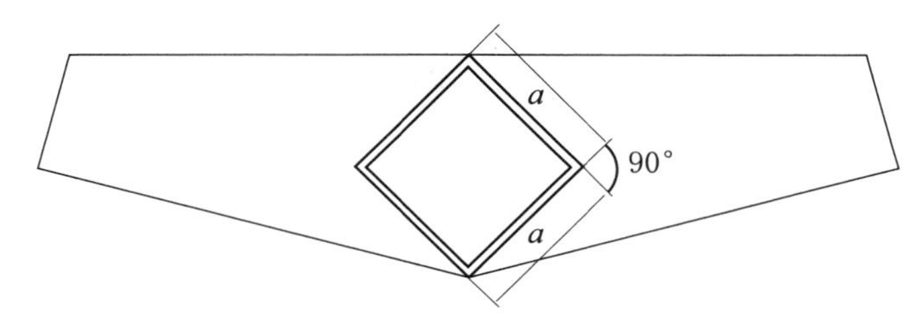

(a) 仅一个危险特性警示面签在底签上

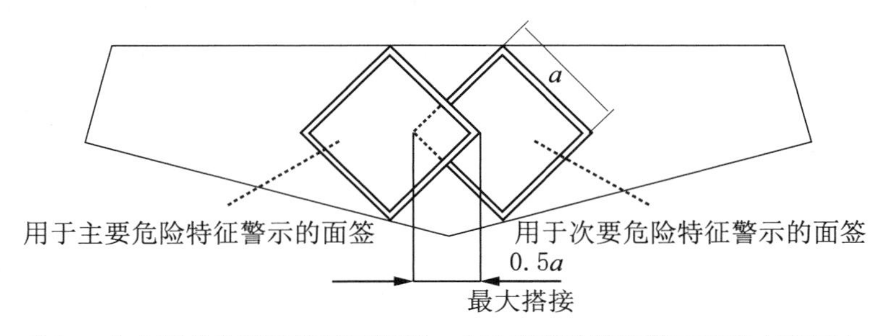

(b) 一个主要危险特性警示面签和一个次要危险特性警示面签在底签上

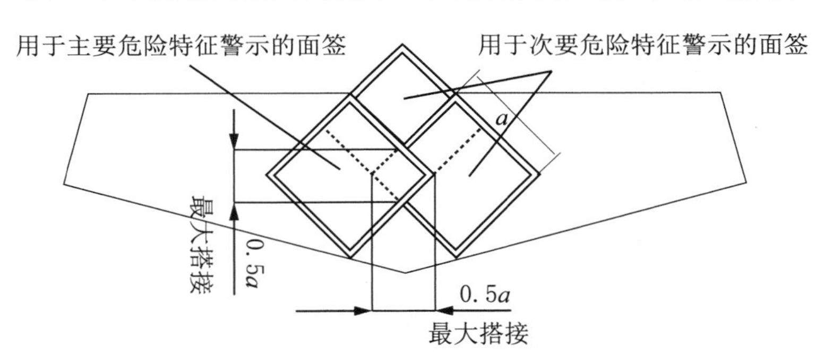

(c) 一个主要危险特性警示面签和两个次要危险特性警示面签在底签上

图5.4　危险特性警示标签

标签的材料选用在运输、储存和使用条件下耐用的不干胶纸印制，将面签规定的符号、颜色和文字印在面签上，文字和符号的尺寸应使其在面签上可容易地识别和辨认。面签上的符号为黑色，文字为黑色印刷体，但对腐蚀性气体，其文字说明“腐蚀性”应以白色字印在面签的黑底上。每个面签上有一条黑色边线，该边线画在边缘内侧，距边缘$0.05a$（a为面签边长，单位是mm）。

2. 底签

底签上印有气瓶盛装气体的名称及化学分子式等文字，并在其上粘贴面签。底签的尺寸应根据面签的数量、大小以及底签上文字的多少来确定。其长度方向最大尺寸可根据需要，按面签边长的倍数选择$5a$、$6a$、$7a$。底签的颜色为白色，字色为黑色，文字的大小应在底签上易于识别和辨认，底签上至少有以下内容：

① 对单一气体,应有化学名称及分子式。

② 对混合气体,应有导致危险性的主要成分的化学名称及分子式。如果主要成分的化学名称或分子式已被标识在气瓶的其他地方,也可只在底签上印上通用术语或商品名称。

③ 气瓶及瓶内充装的气体在运输、储存及使用上应遵守的其他说明及警示。

④ 气瓶充装单位的名称、地址、邮政编码、电话号码。

3. 警示标签的使用

警示标签的使用要点如下:

① 标签的粘贴和更换必须由气瓶充装单位进行。每个气瓶第一次充装时即应粘贴标签。如发现标签脱落、撕裂、污损、字迹模糊不清时,充装单位应及时补贴或更换标签。

② 标签应被牢固地粘贴在气瓶上,且应避免被气瓶上的任何部件或其他标签所遮盖。标签不应被折叠,面签和底签不可分开粘贴。对采用集束方式使用的气瓶及采用木箱运输的小型气瓶,除按上述规定在气瓶上粘贴标签外,还应以类似的方式将标签粘贴在包装箱的外部或将其粘贴在一个有一定强度的板上,然后将该板牢固地拴在包装箱上。在气瓶的整个使用期内标签应保持完好无损、清晰可见。

③ 标签应优先粘贴在瓶肩处,但不可覆盖任何钢印标志。也可将其粘贴在从瓶底往上至瓶阀或瓶帽大约三分之二高度的地方。

④ 更换新标签前,应将旧标签完全揭去。

5.5.6 气体钢瓶安全使用规范

实验室工作人员应当掌握气体钢瓶安全使用规范。

1. 明确安全责任,健全安全制度

制定实验室工作人员岗位职责,明确气体钢瓶安全管理责任。根据国家《气瓶安全监察规程》,按气体性质制定相应的管理制度和安全操作规程,制定详尽的气体采购、存放、使用和处置制度,并对使用人员进行专业安全技术培训,操作人员经考核合格后才可进行气瓶相关操作。

2. 定期组织安全检查,消除安全隐患

作为安全管理工作的重要内容之一,定期安全检查必不可少。检查内容包括实验室气体钢瓶放置、固定情况、有无漏气和未检验的气瓶,“严禁吸烟”和“严禁使用明火”等安全警示标志是否起到警示作用,实验室消防警报设施是否配备齐全,是否及时处理报废、闲置、过期的气体钢瓶,消除安全隐患。

3. 气体钢瓶的运输

气瓶在运输和搬运过程中容易受到震动、冲击、碰撞,导致发生安全事故,为了防止气瓶在搬运或运输过程中发生事故,在运输气瓶时必须注意以下几点:

① 气瓶在搬运前,需要将连接气瓶的一切附件卸去,为防止气瓶受到震动、冲击、碰撞,气瓶在装车后要加以固定,防止气瓶跳动或滚落,搬运气瓶时,气瓶应装上防震圈,旋紧瓶

帽,以保护开关阀。装卸气瓶时应轻装轻卸,不得采用抛装、滑放或滚动的装卸方法,严禁直接捆绑吊运气瓶,而必须放入坚固的吊笼内吊运。使用专用的气瓶推车搬运,近距离移动时,可一手托住瓶帽,使瓶身倾斜少许,另一手转动瓶身沿地面缓慢转动前进。

② 气瓶运输时防止受热或着火,不得长时间在烈日下暴晒。介质相互接触能引起燃烧等剧烈反应的气瓶不得同车运输,可燃气体气瓶或气体易燃品、油脂和沾有污物的物品,不得与氧气瓶同车运输。运输车上严禁烟火,运输可燃或有毒气体的气瓶时,运输车同时还应配备灭火器材或防毒面具。

4. 气体钢瓶的存放

存放气体钢瓶时应注意以下几点:

① 气瓶应放在阴凉、干燥的场所、远离火源和热源的地方,避免阳光直射,防止受热膨胀而引起爆炸。

② 存放气瓶的实验室必须通风良好,防止气体泄漏聚集而发生事故。

③ 气瓶应存放在配置有自动检测与报警装置的气瓶柜中或气瓶固定架上,有条件的实验室可以存放在专门设计的气瓶间或指定房间。

④ 可燃性气瓶必须与氧气瓶分开存放,互相接触可引起燃烧、爆炸的气体气瓶也要隔离存放。

⑤ 不可使油脂或其他易燃性有机物沾在气瓶上,特别是瓶口和减压阀,也不要用棉麻等物品堵漏,以防燃烧爆炸。

5. 气体钢瓶的安全使用

安全使用气体钢瓶应注意以下几点:

① 各种气瓶必须进行定期检验,充装腐蚀性气体两年检验一次,充装一般气体三年检验一次,充装惰性气体五年检验一次。

② 气瓶使用前必须做好检查工作,检查气瓶、减压阀和管路是否有漏气现象,如有任何泄漏,都不能使用。

③ 气瓶减压阀要专气专用,不可混用,以防爆炸,易燃气体所用减压阀一般是左旋开启,其他气体为右旋开启,开关减压阀时,动作必须缓慢,以减少气流摩擦,防止产生静电。

④ 不可将气瓶内的气体全部用完,一定要保留0.05 MPa以上的余压,以备充气单位检验取样所需及防止混入其他气体或杂质,造成事故,可燃性气体应剩余0.2~0.3 MPa,氢气应保留2 MPa余压,以防重新充气时发生危险。

⑤ 使用气瓶时,操作人员应站在与气瓶接口处垂直的位置,操作时严禁敲打撞击,并且要经常检查有无漏气,注意压力表读数。

⑥ 氧气瓶禁止与油脂接触,操作人员不能穿有油污的工作服,不能用手、油手套和油工具接触氧气瓶及其附件,存放氧气瓶时,要与氢气等可燃性气体气瓶和其他可燃物质隔开,氧气瓶应远离明火与热源,使用时距离明火应在10 m以上,与乙炔瓶的距离应不少于3 m,且不能同放一室,氧气瓶内的氧气不能用尽,要求保留0.1 MPa以上的余压以防止其他气体倒流进入瓶内。

⑦ 氢气的密度小,易泄漏,扩散速度快。氢气在空气中的含量在4%~75.6%(体积比)

范围内,遇火即会爆炸,储存和使用氢气瓶的场所应通风良好,不得靠近火源、热源及在太阳下暴晒,不得与强酸、强碱及氧化剂等化学品存放在同一房间内。氢气瓶开启后,用稀肥皂水对接口部位进行检漏,如果漏气,必须紧固至不漏为止。氢气瓶与易燃易爆、可燃物质及氧化性气体气瓶间距应在8 m以上,与明火或普通电气设备的间距应在10 m以上,与其他可燃性气体储存地点间距应在20 m以上。

⑧ 乙炔气瓶存放点一定要通风良好,且在使用、运输、储存时环境温度都不能超过40 ℃。气瓶内充满多孔性固体填料,孔隙中充入溶剂丙酮,乙炔溶解在丙酮之中。气瓶的肩部有易熔塞,当瓶壁温度超过100 ℃时,易熔合金熔化,易熔塞打开放气泄压,防止气瓶爆炸。根据《溶解乙炔气瓶安全监察规程》的规定,每三年要对乙炔气瓶检验一次,未经检验或检验不合格的乙炔气瓶不能使用;乙炔气瓶的放置点不得靠近热源和电气设备,与明火的距离应在10 m以上;使用时安装专用减压阀和回火防止器,防止气瓶内乙炔分解,如果乙炔开始分解,气瓶有发热现象,瓶体表面温度升高,以致无法用手接触,应立即关闭气阀,并用水冷却瓶体;开启时,操作人员应站在气瓶阀的侧面,动作要轻缓。乙炔钢瓶发生火灾时,只能使用干粉灭火器和带喷嘴的二氧化碳灭火器灭火,绝对禁止使用四氯化碳灭火器;另外使用乙炔气瓶时要注意固定,防止倾倒,对于已经倾倒的乙炔气瓶,不能直接开启使用,必须先立起静置15 min后,再接减压阀使用。

5.5.7 气体钢瓶检漏方法

气瓶一旦漏气,除不可燃气体外,其他气体都极易引发火灾和中毒事故,因此,操作人员必须查找气瓶漏气原因以及掌握漏气检测方法。

气瓶漏气主要发生在气瓶阀处,原因有以下几种:

① 气瓶阀开关松动、失灵、断裂。

② 气瓶阀装置和瓶体热胀冷缩不一致形成了裂缝。

③ 减压阀与瓶体连接密封不严。

气瓶检漏的方法有以下几种:

① 感官法:这是最简单的检漏方法,当耳朵听到气瓶发出“嘶嘶”的声音,鼻子闻到强烈刺激性气味,即可判断为气瓶漏气。感官法不适用于有毒气体和某些易燃气体。

② 涂抹法:这种方法使用较为普遍且准确,把肥皂水涂抹在气瓶检漏处,如果有气泡发生,则能判定为漏气。注意此法对氧气瓶的检漏不适用,因为肥皂水中的油脂与氧气接触会发生剧烈的氧化反应。

③ 气球膨胀法:此法适用于有毒气体和易燃气体的检漏。用软胶管套在气瓶的瓶口上,另一端连接气球,如果气球膨胀,则说明气瓶漏气。

④ 化学法:此法仅适用于某些剧毒气体的检漏。通过化学药品与检漏处气体接触,看是否发生化学反应来判断是否漏气。

5.6　高压蒸汽灭菌锅的安全使用

5.6.1　灭菌方法

灭菌方法是指采用剧烈的理化手段使物体内外部所有微生物(包括细菌芽孢在内)永远丧失其生长繁殖能力的方法。灭菌方法可以分为物理灭菌法和化学灭菌法。

(1) 物理灭菌法

物理灭菌法是利用高温、过滤等方法进行灭菌,比如干热灭菌,利用火焰或干热空气达到杀灭微生物或消除热原物质的方法,适用于一些耐高温但不宜湿热灭菌的物品,如纤维制品、金属材质的容器等。过滤除菌,需要在无菌环境下,通过G6或0.22 μm微孔滤膜去除细菌,适用于热敏性药物尤其是生化制剂,另外还有湿热灭菌、射线灭菌等。

(2) 化学灭菌法

化学灭菌法则是用化学药品直接作用于微生物而将其杀死的方法,使用一些对微生物具有杀灭作用的气体灭菌剂或液体灭菌剂,将微生物繁殖体杀灭,但这种方法不能杀灭芽孢,化学灭菌的目的在于减少微生物的数目,以控制一定的无菌状态。根据不同的需求,采用不同的方法,灭菌的彻底程度受灭菌时间和灭菌剂强度的制约。微生物对灭菌剂的抵抗力取决于原始存在的群体密度、菌种或环境赋予菌种的抵抗力。

下面介绍的高压蒸汽灭菌锅,是实验室中常用的灭菌设备,具有效率高、时间短、易于控制等特点。它是依据物理灭菌法中的湿热灭菌方法进行灭菌。

5.6.2　高压蒸汽灭菌锅的安全使用

高压蒸汽灭菌锅是生物学实验室常用的压力容器设备,一般用于培养基、试剂、手术器械以及传染性标本和工作服等实验材料的灭菌,特别是在微生物学实验室,为了防止微生物实验中使用的培养基被污染,排除外源微生物对实验造成的干扰,通过灭菌将培养基或其他目标物中所有微生物的营养细胞及其芽孢(或孢子)杀灭或去除,从而达到无菌的目的。另外实验后带菌废弃物的无害化处理也需要通过高压灭菌来完成,这对于实验室生物安全至关重要。

1. 高压蒸汽灭菌锅的种类

按照冷空气排放方式的不同,高压蒸汽灭菌锅可以分为下排式高压蒸汽灭菌锅和预真空高压蒸汽灭菌锅两大类,下排式高压蒸汽灭菌锅按照样式大小又分为手提式蒸汽灭菌锅、立式蒸汽灭菌锅和卧式蒸汽灭菌锅。

① 下排式高压蒸汽灭菌锅,下部有排气孔,灭菌时利用冷热空气的比重差异,借助容器上部的蒸汽压迫使冷空气自底部排气孔排出。灭菌所需的温度、压力和时间根据灭菌锅类

型、物品性质、包装大小而有所差别，压力上升到102.97～137.30 kPa，温度达到121～126 ℃的时候，只要将温度保持15～30 min就可以达到比较好的灭菌目的。其中手提式蒸汽灭菌锅有18 L、24 L、30 L等不同体积，立式蒸汽灭菌锅的体积通常在30～200 L，有手轮型、翻盖型、智能型等形式，卧式蒸汽灭菌锅跟立式灭菌锅原理一样，但样式不同，灭菌效率高于立式蒸汽灭菌锅。

② 预真空高压蒸汽灭菌锅配有真空泵，在通入蒸汽前先将内部抽成真空，形成负压，以利于蒸汽穿透，在压力上升到105.95 kPa时，温度达132 ℃，4～5 min就有很好的灭菌效果。

2. 高压蒸汽灭菌锅使用过程中的安全问题

操作者在使用高压蒸汽灭菌锅过程中可能会因用水、用电操作不当产生安全问题。

（1）高压蒸汽灭菌锅锅体表面灼伤

无论是哪一种高压蒸汽灭菌锅，灭菌时的温度都超过100 ℃，会导致灭菌锅表面温度升高，在使用过程中操作者有被灼伤的风险。

（2）高压蒸汽灭菌锅蒸汽灼伤

高压蒸汽灭菌锅锅盖多采用上翻式或平行位移式的打开方式，打开时，虽然锅体内外压强差已降为零，但是内外温度差仍然较大，所以在打开锅盖的瞬间仍然有被热蒸汽灼伤的风险。

（3）高压蒸汽灭菌锅放气阀排气灼伤

高压蒸汽灭菌锅在工作时，需要完全排除锅内空气，使锅内的水在密闭环境中不断加热沸腾，蒸汽压逐渐上升产生高压进而形成高温水蒸气，灭菌才能彻底。常用方法是先关闭放气阀，通电后，待压力上升至0.05 MPa时，打开放气阀，放出空气，待压力表指针归零后，再关闭放气阀，压力表上升到0.1 MPa时，开始计时，维持压力在0.1～0.15 MPa，灭菌20 min，随后的自然冷却过程需要较长时间。有些使用者为了快速取出灭菌锅内的物品，会采用打开放气阀放气来释放灭菌锅内的压力，而此时灭菌锅内外压强差较大，因此在用放气阀放气时，高温热蒸汽会通过放气阀沿水平方向快速喷出，可能会伤及使用者的手或面部等，同时有可能出现培养基上涌、喷出的现象。

（4）高压蒸汽灭菌锅用水的水质影响

有些实验室使用高压蒸汽灭菌锅时为图方便，直接添加自来水，导致灭菌锅的加热圈或加热底板积累大量水垢，灭菌锅内部的温度探测器会因污垢累积影响水温的正确显示。另外，有些高压蒸汽灭菌锅在排气管处配有空瓶，用于收集排出气体形成的液化水滴。随着空瓶中收集的水越来越多，导致排气管浸没其中，这种情况下，如果灭菌锅中水温还没有下降到一定温度就盖上锅盖，锅内就会形成密闭环境，随着锅内空气逐渐冷却，压强将低于大气压，造成收集瓶中的水通过排气管倒吸进入灭菌锅，久而久之，锅内排气管中就会积存大量水垢，造成排气管道不畅甚至堵塞，进而影响排气，严重时会造成锅内压强异常升高，存在安全隐患。

（5）高压蒸汽灭菌锅用电风险

高压蒸汽灭菌锅的功率一般随体积增大而增加，体积为30～50 L的高压蒸汽灭菌锅一般接线时使用两相插头，220 V/16 A电源即可，而体积较大、功率较大的高压蒸汽灭菌锅在接线时则需要使用三相插头，380 V/75 A电源，同时还应接有地线，否则可能会造成触电风险。另外，如果实验室内同一区域同时接有多台高压蒸汽灭菌锅，必须考虑用电总负荷是否能够承受，应避免负荷过载。

3. 正确使用高压蒸汽灭菌锅

正确使用高压蒸汽灭菌锅的操作如下：

① 首先检查灭菌锅内蒸馏水是否充足。灭菌锅是通过加热锅内的水产生高压蒸汽以维持灭菌所需的压力和温度，水面至少要漫过加热圈或加热底板，防止加热过程中缺水导致加热圈或加热底板融化发生危险。使用蒸馏水是因为蒸馏水无杂质离子，不会产生水垢，避免堵塞灭菌锅的管路，避免水垢沉积在灭菌锅内的蒸汽传感器，温度传感器表面，保证灭菌锅的正常使用。

② 将待灭菌的物品包好，装溶液的试剂瓶可以用牛皮纸、纱布或者锡纸将瓶口包扎好。目前市场上有商品化的灭菌封口膜，耐高温带透气功能，可以用于培养基灭菌时三角瓶的封口，注意要包裹完整，防止瓶口污染。有裂缝或者刮痕的玻璃容器，在高压下可能破裂，引起爆炸事故，因此要避免使用此类玻璃容器。禁止对可燃物、爆炸性、易挥发性物体进行高压灭菌，否则可能引发爆炸或火灾。

③ 为保证灭菌效果，灭菌锅内不要放置过量的物品，被灭菌物品不要超过钩锁平面，防止堵塞安全阀和排气孔。摆放时被灭菌物品应收纳在灭菌筐内，尽量上下交替垂直叠放，不要平放，以便蒸汽穿透，特别是对一些相对较小的物品进行灭菌时，最好将物品装在小而浅的容器中。

④ 盖紧灭菌锅盖，锅盖和锅体要对齐后才能拧紧螺丝，否则容易漏气。

⑤ 安全阀为常闭状态，使放气阀处于打开状态，接通电源，加热灭菌锅内的水至沸腾，保持放气阀喷气5～8 min，确保灭菌锅内冷空气全部排尽，放气时间过短可能会导致锅内冷空气排除不彻底，影响灭菌效果。可以通过观察排气口的气体是否呈白色雾状，或者在排气管处配一个空瓶，排出的气体液化后变成水，观察水中是否有气泡，如果有表示灭菌锅内空气尚未排尽，则需要继续排气。

⑥ 排气结束后，关闭放气阀，进行增压加热，当压力表显示温度达到121 ℃时，高压灭菌15 min。老式的手提式高压蒸汽灭菌锅因为没有压力和温度的自动控制装置，在温度达到121 ℃(压力为0.11 MPa)时，需要手动切断电源，停止加热。当温度降到115～120 ℃时再接通电源，使温度维持在恒定的范围之内，重复三次。如果温度太低会达不到灭菌效果，太高又有安全隐患。不过现在市场上这种老式的高压蒸汽灭菌锅已经很少见，目前市场上手提式高压蒸汽灭菌锅也实现了自动化控制。

⑦ 灭菌完毕后，不可以放气减压，特别是在进行液体物品灭菌的时候，放气减压会造成瓶内液体重新剧烈沸腾，冲掉瓶塞而外溢，甚至导致容器爆裂，等灭菌锅内压力降到与大气压相等后才能开盖。这是因为在较长的加热和保压过程中，灭菌锅中的盛装液体培养基等液体的容器内外压力是处于相对平衡状态的，当限压阀开启后，灭菌锅的压力短时间内快速下降，使得盛液体的容器形成内外压力差，符合液体沸腾的条件，从而发生沸腾现象，导致容器内的液体溢出甚至出现喷射。所以在液体物品灭菌结束时尽量保持自然降压，保持原有

的平衡，以防产生液体减少或喷溅。这里要注意的是也不能久不放气，放置过久将导致灭菌锅内产生负压，盖子无法打开，这时需要将放气阀打开，大气压入，内外压力平衡，盖子才能够被打开。

⑧ 取出灭菌好的物品时一定要带隔热手套防止烫伤。

⑨ 不同的待灭菌物品灭菌时间有所不同。对高温高压灭菌后不变质的物品，如无菌水、栽培介质、接种用具，可以延长灭菌时间或提高压力以达到更彻底地灭菌的效果。而对培养基进行灭菌时则要求严格遵守灭菌时间，既要灭菌彻底，又要防止培养基中的成分变质或效力降低，故不能随意延长时间。

⑩ 使用灭菌性能良好的灭菌锅是保证物品灭菌效果的关键，要定期对灭菌设备进行监测与维护保养。灭菌锅内部有温度探测器、加热管、水位探测器和排水口，长期不清洁会因污垢累积堵塞覆盖这些地方，所以要定期擦洗灭菌锅。用抹布和中性清洁剂清除污垢，有结块的地方可以用刷子清洁，密封圈也可以用湿抹布擦拭。

为了提高灭菌的有效性、延长高压蒸汽灭菌锅的使用寿命并防止事故发生，一定要严格按照操作规范进行操作。加强高压蒸汽灭菌锅的安全管理，提高实验人员对灭菌工作的认识，加强灭菌知识的学习。

参考文献

[1] 程世红，马旭炅，白德成，等．高校实验室气体钢瓶的安全管理探讨[J]．实验技术与管理，2012，29(4)：216-218.

[2] 刘春宁，范辉．高校实验室压力容器的安全使用及管理[J]．广州化工，2015，43(6)：229-230.

[3] 宁信，张锐，虞俊超，等．高校实验室压力容器定期检验探索与实践[J]．实验室科学，2020，23(6)：218-221.

[4] 王海涛，梅雪松，施虎，等．实验室压力容器管理方法的探索与研究[J]．实验技术与管理，2020，37，(12)：285-287.

[5] 杨玲，徐金荣，高杨．实验室压力容器安全概述[J]．实验室科学，2012，15(2)：164-168.

第6章　生物学实验室危险化学品安全

在生物学实验教学和科研活动中，实验人员会接触和使用大量的危险化学品。教学和科研活动的参与者需要熟悉危险化学品的特性，同时要对危险化学品的采购、贮存、使用等环节进行规范管理，以确保教学和科研活动顺利进行和实验室安全有序运转。本章介绍危险化学品的定义、分类、标签信息的识别、化学品安全技术说明书的获取和使用，以及各类危险化学品的危险特性、安全贮存与使用等与危险化学品安全有关的内容。

6.1　危险化学品的定义

2015年5月1日起实施的《危险化学品目录(2015版)》，对危险化学品和剧毒化学品作如下定义。

6.1.1　危险化学品的定义和确定原则

危险化学品的定义：具有毒害、腐蚀、爆炸、燃烧、助燃等性质，对人体、设施、环境具有危害的剧毒化学品或其他化学品。

危险化学品的确定原则：依据化学品分类和标签国家标准，危险化学品的品种从下列危险和危害特性类别中确定：

① 16个物理危险种类：爆炸物；易燃气体；气溶胶(又称气雾剂)；氧化性气体；加压气体；易燃液体；易燃固体；自反应物质和混合物；自燃液体；自燃固体；自热物质和混合物；遇水放出易燃气体的物质和混合物；氧化性液体；氧化性固体；有机过氧化物；金属腐蚀物。

② 10个健康危害种类：急性毒性；皮肤腐蚀/刺激；严重眼损伤/眼刺激；呼吸道或皮肤致敏；生殖细胞致突变性；致癌性；生殖毒性；特异性靶器官毒性--一次接触；特异性靶器官毒性-反复接触；吸入危害。

③ 2个环境危害种类：危害水生环境；危害臭氧层。

6.1.2　剧毒化学品的定义和判定界限

剧毒化学品的定义和判定界限如下：

1. 剧毒化学品的定义

具有剧烈急性毒性危害的化学品，包括人工合成的化学品及其混合物和天然毒素，还包括具有急性毒性易造成公共安全危害的化学品。

2. 剧烈急性毒性判定界限

急性毒性类别1，即满足下列条件之一：大鼠实验，经口LD_{50}（半数致死量）≤5 mg/kg，经皮LD_{50}≤50 mg/kg，吸入（4 h）LC_{50}（半致死浓度）≤100 mL/m^3（气体）或0.5 mg/L（蒸气）或0.05 mg/L（尘、雾）。经皮LD_{50}的实验数据，也可使用兔实验数据。

《危险化学品目录（2015版）》是由《危险化学品名录（2002版）》与《剧毒化学品名录（2002版）》合并并修订而成，共列明2828个类属条目，这其中包含148个在备注栏做了标注的剧毒化学品类属条目。

6.2 化学品的分类和品名编号

6.2.1 化学品的分类

依据联合国《关于危险货物运输的建议书　规章范本》，我国制定了国家标准《危险货物分类和品名编号》（GB 6944—2012），将危险货物按其具有的危险性或最主要的危险性分为以下九大类，每一类又分为若干项。

第一类：爆炸品

系指在外界作用下（如受热、撞击等），能发生剧烈的化学反应，瞬时产生大量的气体和热量，使周围压力急骤上升，发生爆炸，对周围环境造成破坏的物品，也包括无整体爆炸危险，但具有燃烧、抛射及较小爆炸危险，或仅产生热、光、音响或烟雾等一种或几种作用的烟火物品。爆炸品在国家标准中分为6项：

第1项：有整体爆炸危险的物质和物品。

第2项：有迸射危险，但无整体爆炸危险的物质和物品。

第3项：有燃烧危险并有局部爆炸危险或局部迸射危险或这两种危险都有，但无整体爆炸危险的物质和物品。

第4项：不呈现重大危险的物质和物品。

第5项：有整体爆炸危险的非常不敏感物质。

第6项：无整体爆炸危险的极端不敏感物品。

实验室常见的爆炸品有苦味酸、氯酸钾、叠氮化钠、硝酸铵、硝化甘油等。

第二类：压缩气体和液化气体

指压缩的、液化的或加压溶解的气体。这类物品当受热、撞击或强烈震动时，容器内压力急剧增大，致使容器破裂，物质泄漏、爆炸等，此类分为3项：

第1项：易燃气体，如氨气、一氧化碳、甲烷、氢气、乙烷、乙烯、丙烯等。

第2项：不燃气体(包括助燃气体)，如氮气、氧气、氩气等。

第3项：有毒气体，如氯(液化的)、氨(液化的)、二氧化硫、二氧化氮、氟化氢、氯化氢等。

第三类：易燃液体

本类货物系指易燃的液体、液体混合物或含有固体物质的液体，但不包括由于其危险特性列入其他类别的液体。其闭杯试验闪点不高于60.5 ℃，或开杯试验闪点不高于65.6 ℃，此类分为3项：

第1项：低闪点液体，即闭杯试验闪点低于-18 ℃的液体，如乙醛、丙酮、乙酸甲酯等。

第2项：中闪点液体，即闭杯试验闪点在-18～23 ℃的液体，如苯、甲醇、乙醇等。

第3项：高闪点液体，即闭杯试验闪点在23～61 ℃的液体，如环辛烷、氯苯、苯甲醚、糠醛等。

第四类：易燃固体、自燃物品和遇湿易燃物品

按照燃烧特性分为3项。

第1项：易燃固体，指燃点低，对热、撞击、摩擦敏感，易被外部火源点燃，迅速燃烧，能散发有毒烟雾或有毒气体的固体。如红磷、硫磺等。

第2项：自燃物品，指自燃点低，在空气中易于发生氧化反应放出热量，而自行燃烧的物品，如黄磷、三氯化钛、三乙基铝、保险粉等。

第3项：遇湿易燃物品，指遇水或受潮时，发生剧烈化学反应，放出大量易燃气体和热量的物品，有的不需明火就能燃烧或爆炸，如金属钾、钠、氢化钾等。

第五类：氧化剂和有机过氧化物

这类物品具有强氧化性，易引起燃烧、爆炸，按其组成分为2项。

第1项：氧化剂，指处于高氧化态，易分解放出氧气可能引起或促使其他物质燃烧的无机物，对热、震动和摩擦较为敏感。如氯酸铵、高锰酸钾等。

第2项：有机过氧化物，指分子组成中含有过氧基的有机物，其本身易燃易爆、极易分解，对热、震动和摩擦极为敏感。如过氧化苯甲酰、过氧化甲乙酮等。

第六类：毒害品和感染性物品

毒害品指进入人(动物)肌体后，累积达到一定的量能与体液和组织发生生物化学作用或生物物理作用，扰乱或破坏肌体的正常生理功能，引起暂时或持久性的病理改变，甚至危及生命的物品。如各种氰化物、砷化物、化学农药等。

感染性物品是指含有或有理由相信含有病原体的物质，包括已知或有理由相信会使人或动物引起感染性疾病的微生物(细菌、病毒、立克次氏体、寄生生物、真菌)或微生物重组体(杂交体或突变体)，以及含有或可能含有任何感染性物质的生物制品和诊断试剂。

第七类：放射性物品

它属于危险化学品，但不属于《危险化学品安全管理条例》的管理范围，国家另外有专门的“条例”来管理。

第八类：腐蚀品

指能灼伤人体组织并对金属等物品造成损伤的固体或液体。这类物质按化学性质分为3项。

第1项:酸性腐蚀品,如硫酸、硝酸、盐酸等。

第2项:碱性腐蚀品,如氢氧化钠、硫氢化钙等。

第3项:其他腐蚀品,如二氯乙醛、苯酚钠等。

第九类:杂项危险物质和物品

杂项危险物质和物品是指其他类别中未包括的危险物质和物品,如危害环境物质;在高温下运输或提交运输的物质;锂电池组;以微细粉尘吸入可危害健康的物质;会放出易燃气体的物质等。

6.2.2 化学品的品名编号

危险货物品名编号,国际上通用的《关于危险货物运输的建议书 规章范本》中危险化学品品名表的品名编号是4位数(用UN NO表示)。

我国标准(GB 12268—2012《危险货物品名表》)规定的危险化学品品名编号是5位数(用CN NO表示)。第一位数表示类别号,第二位数表示项别号,第三到第五位数表示顺序号。顺序号小于或等于500号,为Ⅰ级危险化学品;大于500号则为Ⅱ级危险化学品。所以从品名编号本身可直接知道危险化学品的危险类别和危险程度。危险货物品名编号的识别方式是:先看类、项,再看顺序号,例如乙醇的CN NO号为32061,它表明乙醇属于第三类第二项第六十一号易燃液体;硫酸的CN NO号为81008,它表明硫酸属于第八类第一项第八号腐蚀品;氢氧化钠的CN NO号为82001,它表明氢氧化钠属于第八类第二项第一号腐蚀品;氰化钠的CN NO号为61001,它表明氰化钠属于第六类第一项第一号毒害品。

6.3 危险化学品标签、标志

6.3.1 危险化学品标签

《全球化学品统一分类和标签制度》(*Globally Harmonized System of Classification and Labelling of Chemicals*,简称GHS),是由联合国出版的作为指导各国建立统一化学品分类和标签制度的规范性文件,其封面为紫色,又称“紫皮书”。GHS采用两种方式公示化学品的危害信息:安全标签及安全数据单(Safety Data Sheet,SDS)。SDS在我国的标准中常被称为物质安全数据表(Material Safety Data Sheet,MSDS)。

危险化学品种类繁多,使用者不可能对所有的危险化学品都十分了解和熟悉,而危险化学品标签上提供的信息,有助于使用者恰当地对其进行处理,避免误操作所引发的安全事故。根据联合国GHS和我国2011年12月施行的《危险化学品安全管理条例》规范,一份合格的危险化学品安全标签应至少包括6方面内容:

① 产品标识:包括危险化学品的名称、CAS登录号(化学文摘社是美国化学会的下设组织,简称CAS,它为每一种出现在文献中的物质分配一个CAS登录号,是某种物质的唯一的数字识别号码)、危险成分的名称(混合物)。

② 信号词:表明危险的相对严重程度的词语,包括“危险”和“警告”,“危险”用于较为严重的危险类别,“警告”用于较轻的危险类别。

③ 危险说明:描述一种危险化学品危险性质的短语,比如“高度易燃液体和蒸气”“遇热可能会爆炸”“对水生生物毒性极大,并具有长期持续影响”等。

④ 象形图:描述危险化学品危险性质的图形。使用黑色符号加白色背景,红色边框要足够宽,以便醒目(表6.1,彩表见书后插页)。

表6.1　GHS中的9种象形图

象形图	象形图名称	危险性	象形图	象形图名称	危险性
	引爆的炸弹	爆炸		骷髅旗	有毒
	火焰	燃烧		感叹号	有害
	火焰包围圆环	氧化		健康危害	健康危害
	气体钢桶	压力下的气体		环境	环境危害
	腐蚀	腐蚀			

⑤ 防范说明:用短语或图形来说明建议采取的措施,包括预防措施、应急响应、贮藏措施、废弃处置。

⑥ 生产商/供应商标识:包括生产商/供应商名称、地址和电话号码等。

图6.1是根据GHS所制作的危险化学品安全标签设计样本。

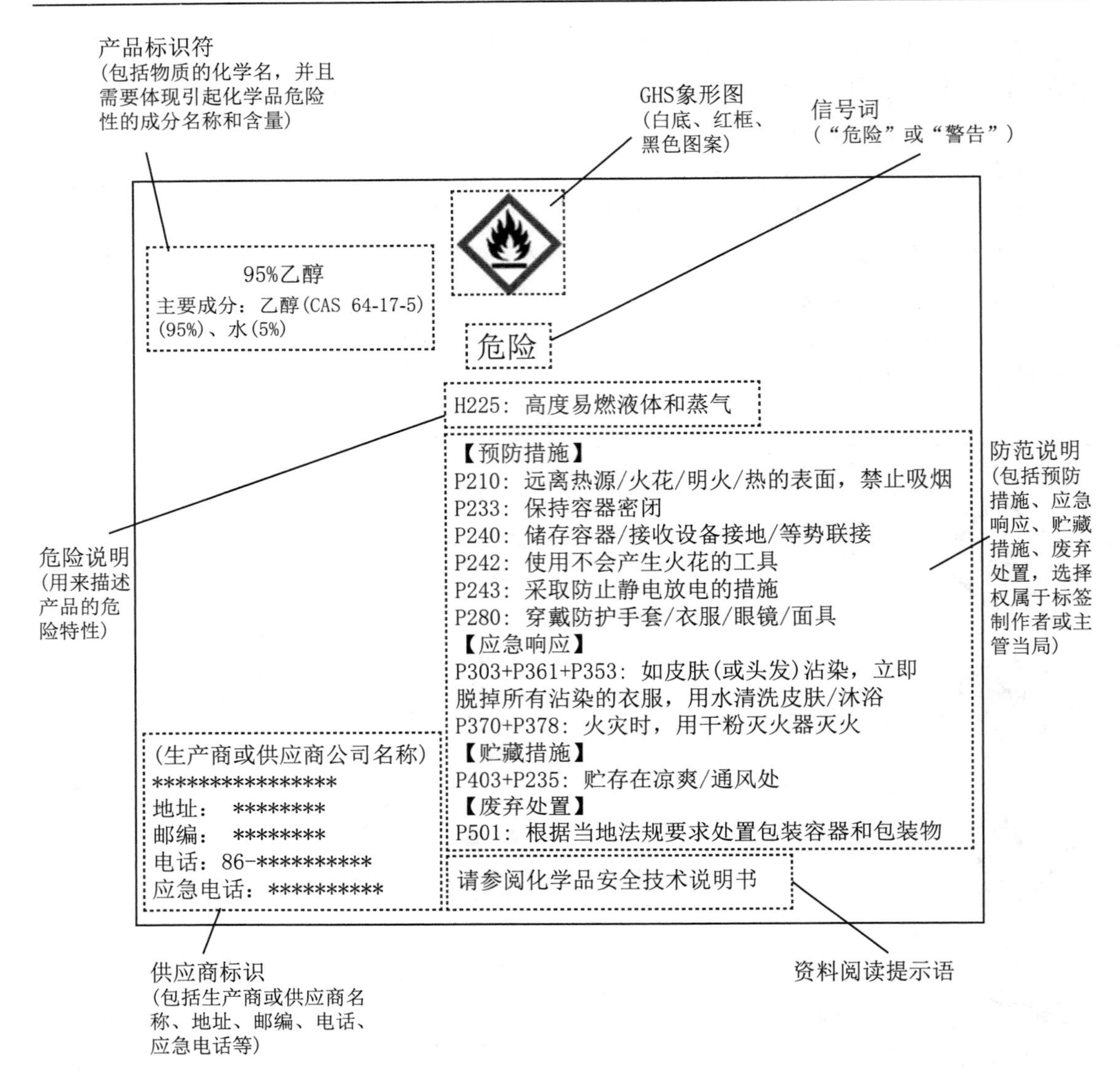

图6.1　依据GHS制作的安全标签设计样本

6.3.2　危险化学品标志

危险化学品标志也叫货物运输象形图，是危险化学品运输时生产销售企业附在化学品包装上的标志，用于提示有关化学品的危险特性，警示作业人员进行安全操作和处置。其象形图与安全标签象形图有一定差异。

《危险货物包装标志》(GB 190—2009)中，使用了26个标签，其图形分别标示了9类危险货物的主要特性(表6.2，彩表见书后插页)。

表6.2　危险化学品标志

序号	标签名称	标签图形
1	爆炸性物质或物品	
2	易燃气体	
	非易燃无毒气体	
	毒性气体	
3	易燃液体	
4	易燃固体	
	易于自燃的物质	
	遇水放出易燃气体的物质	
5	氧化性物质	

续表

序号	标签名称	标签图形
	有机过氧化物	 
6	毒性物质	
	感染性物质	
7	一级放射性物质	
	二级放射性物质	
	三级放射性物质	
	裂变性物质	
8	腐蚀性物质	
9	杂项危险物质和物品	

6.4 化学品安全技术说明书

化学品安全技术说明书也被叫做物质安全数据表，是一份关于危险化学品燃爆、毒性和环境危害以及安全使用、泄漏应急处置、主要理化参数、法律法规等方面信息的综合性文件。通常由化学品生产、贸易、销售企业向下游客户和公司提供。

MSDS是化学品安全生产、安全流通、安全使用的指导性文件，是应急作业人员进行应急作业时的技术指南；为制订危险化学品安全操作规程提供技术信息，是化学品登记管理的重要基础和手段，是企业进行安全教育的重要内容。

(1) 国家标准《化学品安全技术说明书内容和项目顺序》(GB/T 16483—2008)。对安全技术说明书编写有明确规定：

① 安全技术说明书规定的十六大项内容在编写时不能随意删除或合并，其顺序不可随意变更。

② 安全技术说明书的正文应采用简洁明了、通俗易懂的规范汉字编写。

③ 安全技术说明书采用“一个品种一卡”的方式编写，同类物、同系物的技术说明书不能互相替代；混合物要填写有害性组分及其含量范围。一种化学品具有一种以上的危害性时，要综合表述其主、次危害性以及急救、防护措施。

④ 安全技术说明书由化学品的生产供应企业编印，在交付商品时提供给用户，作为提供给用户的一种服务随商品在市场上流通。化学品的用户在接收使用化学品时，要认真阅读安全技术说明书，了解和掌握化学品的危险性，并根据使用的情形制定安全操作规程，选用合适的防护器具，培训作业人员。

⑤ 安全技术说明书的数值和资料来源要准确可靠，系统全面，选用的参考资料要有权威性，必要时可咨询省级以上安全职业卫生专门机构。安全技术说明书要定期保持更新，每5年定期更新一次，并标注修订日期。

(2) 中国的《化学品安全技术说明书内容和项目顺序》(GB/T 16483—2008)与美国标准协会以及国际标准化组织建议实行的MSDS相同，包括以下16项内容(图6.2)：

① 化学品及企业标识：主要标明化学品名称、生产企业名称、地址、邮编、电话、应急电话、传真等信息。

② 成分/组成信息：标明该化学品是纯化学品还是混合物，纯化学品，应给出其化学品名称或商品名和通用名。针对混合物，应给出危害性组分的浓度或浓度范围。

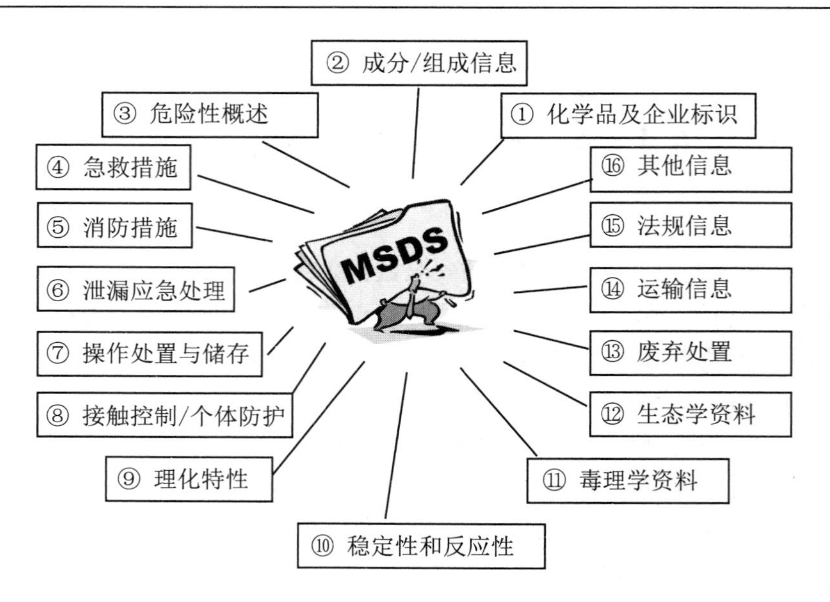

图6.2　安全技术说明书内容

③ 危险性概述:简要概述该化学品最重要的危害和效应,主要包括危险类别、侵入途径、健康危害、环境危害、燃爆危险等信息。

④ 急救措施:指作业人员意外的受到伤害时,所需采取的现场自救或互救的简要的处理方法,包括眼睛接触、皮肤接触、吸入、食入的急救措施。

⑤ 消防措施:主要表示化学品的物理和化学特殊危险性,合适的灭火介质,不合适的灭火介质以及消防人员个体防护等方面的信息,包括危险特性、灭火介质和方法、灭火注意事项等。

⑥ 泄漏应急处理:指化学品泄漏后现场采用的简单有效的应急措施和消除方法,包括应急行动、应急人员防护、环保措施、消除方法等内容。

⑦ 操作处置与储存:主要是指化学品操作处置和安全储存方面的信息资料,包括操作处置作业中的安全注意事项、安全储存条件和注意事项等。

⑧ 接触控制/个体防护:在生产、操作处置、搬运和使用化学品的作业过程中,为保护作业人员免受化学品危害而采取的防护方法和手段。包括最高允许浓度、工程控制、呼吸系统防护、眼睛防护、身体防护、手防护、其他防护要求。

⑨ 理化特性:主要描述化学品的外观及理化性质等方面的信息。包括外观与性状、pH、沸点、熔点、相对密度、相对蒸气密度、饱和蒸气压、燃烧热、临界温度、临界压力、辛醇/水分配系数、闪点、引燃温度、爆炸极限、溶解性、主要用途和其他一些特殊理化性质。

⑩ 稳定性和反应性:主要叙述化学品的稳定性和反应活性方面的信息,包括稳定性、禁配物、应避免接触的条件、聚合危害、分解产物等。

⑪ 毒理学资料:提供化学品的毒理学信息,包括不同接触方式的急性毒性(LD_{50}、LC_{50})、刺激性、致敏性、亚急性和慢性毒性,致突变性、致畸性、致癌性等。

⑫ 生态学资料:主要陈述化学品的环境生态效应、行为和归宿,包括生物效应(如LD_{50}、LC_{50})、生物降解性、生物富集、环境迁移及其他有害的环境影响等。

⑬ 废弃处置:是指被化学品污染的包装和无使用价值的化学品的安全处理方法,包括废弃处置方法和注意事项等。

⑭ 运输信息:主要是指国内、国际化学品包装、运输的要求及运输规定的分类和编号,包括危险货物编号、包装类别、包装标志、包装方法、UN编号及运输注意事项等。

⑮ 法规信息:主要是化学品管理方面的法律条款和标准。

⑯ 其他信息:主要提供其他对安全有重要意义的信息,包括参考文献、填表时间、填表部门、数据审核单位等。

组成MSDS的16项内容可以划分成4部分:

第①②③项:在紧急事态下首先需要知道是什么物质,有什么危害?

第④⑤⑥项:危险情形已经发生,我们应该怎么做?

第⑦⑧⑨⑩项:如何预防和控制危险发生?

第⑪⑫⑬⑭⑮⑯项:其他一些关于危险化学品安全的主要信息。

MSDS在实验室里是一本工具手册,需要的时候,就像“口袋书”一样,随手就能查阅。MSDS的关键就在于一是会使用,二是随手就能找到。

我们平常看一份东西,习惯从头看起,从头讲起,按部就班。但是在看MSDS的时候,心里要有数,要有针对性地查找,要看最重要的信息,要清楚最需要的信息在哪里。

6.5　危险化学品的危险特性

6.5.1　爆炸品危险特性

爆炸品危险特性包括爆炸性、敏感性、毒害性、火灾危险性和破坏性。

① 爆炸性:爆炸品都具有化学不稳定性,在某种外因作用下,能极速发生猛烈的化学反应产生大量的气体和热量,同时又不能马上逸散,从而使周围环境温度迅速升高并产生巨大的压力而引起爆炸。

② 敏感性:爆炸品对热、火花、撞击、摩擦、冲击波等外界作用极为敏感,极易发生爆炸。爆炸品的敏感度是由爆炸品的化学组成、结构和温度、杂质、结晶、密度等外界因素决定的。敏感度与起爆能(外界供给爆炸品使其爆炸所需的能量)成反比,起爆能越低的爆炸品敏感度越高。

③ 毒害性:许多爆炸品具有一定毒性,并且在爆炸发生时还会产生一氧化氮、二氧化氮、一氧化碳、二氧化碳、二氧化硫等有毒或窒息性气体,从呼吸道、食道、甚至皮肤进入人体,引起中毒。

④ 火灾危险性:绝大多数爆炸品在爆炸时会在瞬间形成高温,引燃周围可燃物品引发火灾。火灾伴随着爆炸,加剧了事故的灾难性。

⑤ 破坏性:爆炸品爆炸会产生强大的冲击波、碎片冲击、震荡作用等,并且在瞬间完成,

让人猝不及防，造成人员伤亡、财产损失。

6.5.2　压缩气体和液化气体的危险特性

压缩气体和液化气体的危险特性如下：

① 物理性爆炸：储存压缩气体或液化气体的钢瓶通常具有较高的内部压力，如果受热，则钢瓶内的压缩气体或液化气体会使压力进一步升高。当超过钢瓶的耐压限度时，就会发生钢瓶爆炸。特别是液化气体，在钢瓶内是气态和液态两种状态共存，在运输、使用、储存过程中，如果受热或者撞击，则钢瓶内的液态气体会迅速汽化，导致钢瓶内的压力急速增高，引发爆炸。钢瓶爆炸时，易燃气体及爆炸碎片的冲击能间接引起火灾。

② 化学性质活泼：易燃气体和氧化性气体的化学性质活泼，在普通状态下能与许多物质反应或爆炸燃烧。比如乙炔、乙烯与氯气混合遇日光会发生爆炸；液态氧与有机物接触会发生爆炸；压缩氧与油脂接触会发生自燃。

③ 易燃性：易燃气体遇到火源即会发生燃烧，当与空气混合达到一定浓度还会发生爆炸。爆炸极限宽的气体发生火灾时爆炸的危险性更大。

④ 扩散性：比空气重的易燃气体发生泄漏时，通常漂浮于房间地面或房间死角，长时间聚集，遇明火时，易引发燃烧爆炸；比空气轻的易燃气体泄漏时，在空气中可以迅速扩散，一旦发生火灾会造成火焰快速蔓延。

⑤ 毒害性、腐蚀性、窒息性：很多气体都有毒性，比如硫化氢、氯乙烯、液化石油气等。一些含硫、氮、氟元素的气体还有腐蚀性，比如硫化氢、氨、三氟化氮等，这些气体使人畜中毒的同时，还会使皮肤、呼吸道黏膜等受到严重刺激和灼伤而危及生命。而当大量的压缩气体或液化气体及其燃烧的产物扩散到空气中时，会使空气中的含氧量降低，使人员因缺氧而窒息。所以，在处理或扑救毒害性、腐蚀性、窒息性气体的火灾时，尤其要注意自身的防护。

6.5.3　易燃液体的危险特性

易燃液体的危险特性如下：

① 易燃、易挥发、易爆性：易燃液体的闪点和燃点较低，常温条件下遇火源会着火并持续燃烧。某些易燃液体的蒸气密度比空气大，容易聚集，增加了着火燃烧的危险性。许多易燃液体的分子量较小、沸点较低，通常易挥发，液面蒸气浓度较大，遇明火会发生闪燃，如果蒸气浓度位于爆炸浓度极限范围（爆炸的上限和下限之间）时，遇明火即可发生爆炸。凡是爆炸极限范围越大，爆炸下限越低的物质，它的危险性就越大。

② 受热膨胀性：易燃液体的膨胀系数比较大，受热易膨胀，贮存在密闭容器内的易燃液体，受热后体积膨胀，蒸气压增加，使承装容器的内部压力升高，如果压力持续升高超过容器所能承受的最大压力时，造成“鼓桶”甚至爆裂。容器爆裂时产生的火花还会引起易燃液体的燃烧爆炸。因此，易燃液体灌装时，容器内应留有5%以上的空间，同时存放于阴凉处。

③ 高流动性：液体的流动性取决于其自身的黏度，黏度越小，流动性越大。多数易燃液

体是非极性分子,黏度都较小,一旦泄漏就会很快向低处流淌,还会因渗透、浸润、毛细现象等作用,使得易燃液体能够从容器的极细微裂纹处渗出容器,扩大其表面积,并持续地挥发,使空气中易燃液体的蒸气浓度增加,从而升高了燃烧爆炸的危险性。

④ 忌氧化剂和酸:易燃液体一般含有碳、氢元素,易接受氧元素而被氧化。当易燃液体与氧化剂或有氧化性的酸(特别是硝酸)混存时,能发生剧烈的氧化反应,放出大量的热,进而引起燃烧或爆炸。例如乙醇与高锰酸钾接触时会发生燃烧,与硝酸接触时也会发生燃烧。松节油遇上硝酸会发生剧烈反应甚至马上燃烧。所以,易燃液体不得与氧化剂或有氧化性的酸混存。

⑤ 易产生静电:一般易燃液体的电阻率较大,在灌装、输送、搅拌、混合时,受到摩擦、震荡极易产生和聚集静电,静电积聚到一定程度就会放电产生电火花引起燃烧爆炸事故。

⑥ 毒害性、腐蚀性、麻醉性:绝大多数易燃液体都有不同程度的毒性,会通过皮肤接触或呼吸道进入体内,致人昏迷或窒息,甚至死亡。有的易燃液体还有腐蚀性,皮肤、呼吸道、消化道等接触后会被灼伤,造成机体损伤。有些易燃液体还有麻醉性,吸入后会使人失去知觉,长时间或深度麻醉可导致死亡。

6.5.4　易燃固体、自燃物品和遇湿易燃物品的危险特性

易燃固体、自燃物品和遇湿易燃物品的危险特性如下:

1. 易燃固体的危险特性

① 易燃性:易燃固体的燃点较低,即使只有较小能量的热源或者撞击、摩擦等外力作用下,都能很快达到燃点而导致燃烧。易燃固体与空气接触面积越大,越容易燃烧,燃烧速率也越快,发生火灾的危险性也越大。

② 易爆性:易燃固体多数具有较强的还原性,易于发生氧化反应,当遇到强氧化剂时反应剧烈,能够立即引起着火或爆炸。例如赤磷、硫磺与氯酸钾接触,均易立即发生燃烧爆炸。

③ 毒害性:许多易燃固体有毒,而且燃烧后还会生成有毒或有腐蚀性的产物。

④ 敏感性:易燃固体对明火、热源、摩擦、撞击、震动比较敏感。

⑤ 易分解或升华特性:易燃固体易氧化,受热易分解或升华,遇火源、热源易引起持续、强烈的燃烧。

2. 自燃物品的危险特性

① 无氧自燃性:有些自燃物质在缺氧条件下也能发生危险化学反应,放出热量而自燃起火。

② 有氧自燃性:有些自燃物质化学性质活泼,自燃点低,呈强还原性,一旦接触氧或氧化剂,立即发生氧化反应,并放出大量的热,达到自燃点而自燃甚至爆炸。

③ 积热自燃性:这类自燃物质含有较多的不饱和双键,遇到氧气或氧化剂易发生氧化反应,放出热量。如果处于密闭环境,热量聚集致使温度升高,又会加快氧化速率,产生更多的热,使温度进一步升高,最终因积热而达到自燃点引起自燃。

④ 遇湿易燃性:有些自燃物质,在空气中会发生氧化自燃,当遇水或遇湿后还会发生分

解而自燃爆炸。

3. 遇湿易燃物品的危险特性

① 遇水易燃易爆性：遇水会发生剧烈反应，产生大量的可燃气体和热量。当可燃气体遇明火或放出的热量达到引燃温度时，就会发生着火爆炸。

② 与氧化剂或酸剧烈反应：遇水易燃物质大多呈强还原性，遇到氧化剂或酸时，反应会更加剧烈。

③ 自燃危险性：有些遇湿易燃物质在潮湿空气中能自燃，在高温条件下反应更加强烈，放出易燃气体和热量。

④ 毒害性：很多遇湿易燃物质本身具有毒性，有些遇湿后还会放出有毒气体。

6.5.5 氧化剂和有机过氧化物的危险特性

氧化剂和有机过氧化物的危险特性如下：

① 强氧化性：无机过氧化物含有过氧基，不稳定，易分解，放出氧原子。其余的氧化剂由于含有高价态的氯、溴、氮、锰、铬等元素，具有较强的获取电子和氢的能力，遇易燃物品、可燃物品、有机物、还原剂等会发生剧烈的化学反应引发燃烧爆炸。

② 受热分解性：氧化剂遇高温易分解，释放出氧和热量。特别是有机过氧化物分子组成中的过氧基，很不稳定，易分解放出原子氧。有机过氧化物本身就是可燃物，易着火燃烧，受热分解的产物都是气体，当体系密闭时极易发生爆燃而转为爆轰。因此，有机过氧化物比无机过氧化物有更大的火灾爆炸危险性。

③ 敏感性：很多氧化剂如氯酸盐类、硝酸盐类、有机过氧化物等对摩擦、撞击、振动等极为敏感，储运中要轻装轻卸，以降低储运时的爆炸危险性。

④ 遇酸分解性：大多数氧化剂，特别是碱性氧化剂，遇酸会剧烈反应，甚至发生爆炸。如氯酸钠与硝酸相遇，过氧化钠、氯酸钾、高锰酸钾与硫酸相遇，都会立即发生爆炸。这些氧化剂不得与酸类混存。

⑤ 遇湿分解性：活泼金属的过氧化物，如过氧化钠等，遇水分解，释放出氧气和热量，可使可燃物燃烧，甚至爆炸。这类氧化剂应防止受潮。

⑥ 毒性和腐蚀性：铬酸酐、重铬酸盐等具有毒性，活泼金属的过氧化物有较强的腐蚀性，有机过氧化物容易伤害眼睛，如过氧化环己酮，即使和眼睛只有短暂接触，也会给眼角膜带来严重损伤。

⑦ 氧化剂之间反应：有些氧化剂如亚硝酸盐、次氯酸盐、亚氯酸盐等遇到比它强的氧化剂时显示还原性，会发生复分解反应，放出大量的热而引起燃烧、爆炸。因此，各种氧化剂也不可以任意混储、混运。

6.5.6 毒害品和感染性物品的危险特性

毒害品和感染性物品的危险特性如下：

1. 毒害品的危险特性

① 毒害性：少量剧毒品进入机体即可使人畜中毒或死亡。

② 氧化性：有些无机有毒物品具有氧化性，与还原性强的物质接触，会引起燃烧、爆炸，同时产生毒性极强的气体。

③ 分解性：有些剧毒品遇酸分解释放有毒气体，如氰化物遇酸生成氰化氢；有些剧毒品遇水会水解释放有毒气体，如磷化铝遇水或水雾，生成易燃、剧毒的磷化氢气体。

④ 易燃、易爆性：近九成的毒害品易燃，有火灾危险，有的燃点很低。有些毒害品遇高热、撞击、明火会爆炸。

⑤ 不易识别性：许多剧毒化学品外观上呈白色粉状、块状或无色液体，其中呈粉状、块状的剧毒化学品与常见的糖、面粉、食盐等相似，容易被混淆。

2. 感染性物品的危险特性

① 感染性：直接接触、误服、吸入可致感染，造成相应机体功能的损伤。

② 传染性：若不能及时有效地消灭感染源，切断传播途径，则会导致感染的传播和扩散，增加感染范围。

③ 叠加性：不同类型的感染源作用于同一机体，可造成感染的叠加性，即多重感染。

④ 致病性、致死性：感染源通过不同途径侵入机体，可造成机体不同程度的致病性损伤，正常生理功能遭到破坏，严重者可致死亡。

⑤ 特异性：某些特定的感染源只能在特殊条件下发挥感染机体的作用（如破伤风梭菌只能在厌氧环境中存活），称为特异性感染。

6.5.7　放射性物品的危险特性

放射性物品的危险特性如下：

① 放射性：能自发、不断地放出人们感觉器官不能觉察到的射线。人体受到放射性物质放出的射线照射达到一定剂量时易使人患放射病，甚至死亡。

② 毒害性：许多放射性物品的毒性很大，如钋-210、镭-228等是剧毒的放射性物品，钠-22、钴-60、铅-210等是高毒的放射性物品。

③ 不可抑制性：不能用化学方法和（或）其他方法使放射性物品不放出射线，只能设法把放射性物质清除或者用适当的材料予以吸收屏蔽。

④ 易燃性：多数放射性物品具有易燃性，有的燃烧十分强烈，甚至会引起爆炸。例如：独居石遇明火能燃烧；硝酸铀和硝酸钍遇高温分解，遇有机物、易燃物都能引起燃烧，且燃烧后均可形成放射性灰尘，污染环境，危害人体健康。

⑤ 氧化性：有些放射性物品具有氧化性。例如硝酸铀、硝酸钍都具有氧化剂性质。

6.5.8　腐蚀品的危险特性

腐蚀品的危险特性如下：

① 腐蚀性：这是腐蚀品的最主要特性，因为腐蚀品通常呈酸性、碱性、氧化性、吸水性。腐蚀品的腐蚀作用表现在以下几个方面：

a. 对人体的伤害：当人们接触腐蚀品时，人体细胞和组织遭受破坏形成化学灼伤，比如氢氟酸溅落在皮肤上，会很快使组织坏死，剧痛难忍。如不立即采取正确方法进行处理并就医，将产生严重后果。吸入腐蚀品挥发的蒸气，或沾有腐蚀品的粉尘时，将导致呼吸道黏膜受损，引起咳嗽、呕吐、头痛等症状。所以在储运和使用过程中，相关人员应严格按操作流程进行相关作业，做好防护。

b. 对有机物的腐蚀：腐蚀品能够夺取布匹、皮革、纸张等有机物分子中的水分，使其遭受腐蚀损坏。

c. 对建筑物的腐蚀：酸性腐蚀品能腐蚀库房的墙面和地面，氢氟酸腐蚀玻璃。

d. 对金属的腐蚀：酸性和碱性腐蚀品甚至其盐类都对金属有腐蚀作用，尤其是局部腐蚀危害更大，可能引发突发性的火灾、爆炸等事故。

② 毒害性：多数腐蚀品都有不同程度的毒性，比如即使短时间接触发烟氢氟酸的蒸气也是有害的，还有如发烟硫酸挥发的三氧化硫对人体也有很强的毒害性。

③ 氧化性：浓硫酸、浓硝酸、过氯酸等无机酸性腐蚀品，都具有强氧化性，与可燃物接触时易因氧化发热，引起可燃物燃烧，甚至爆炸。过氯酸浓度低于72%时属腐蚀品，遇还原剂后会发热导致爆炸。过氯酸浓度高于72%时极易爆炸，属爆炸品。

④ 易燃性：多数有机腐蚀品可燃或易燃，遇明火易燃烧，甲醛、苯酚等不仅可燃，还会挥发出有刺激性和毒性的气体。

6.6 危险化学品的安全储存与使用

6.6.1 爆炸品

虽然生物学实验室涉及爆炸品这类试剂不是很多，但是仍需对爆炸品的储存和使用进行严格管控。这是因为爆炸品的爆炸事故一旦发生，会在爆炸瞬间释放出巨大的能量，破坏力极大，使周围的人员受到极大的伤害，使建筑物等财产遭受极大的损失。因此，必须对爆炸品的安全储存和使用予以高度重视。

① 爆炸品应储存于专门的库房，分类存放，最好使用防爆柜储存，专人保管。库房应保持通风，远离火源、热源，避免阳光直射。爆炸品应按需报备购买，避免过量储存。

② 储存爆炸品的库房必须严格执行“五双”管理制度，即双人保管、双人发货、双人领用、双把锁、双本账。爆炸品要配置相应的安全警示标签和警示词。

③ 使用爆炸品时要格外小心，轻拿轻放，避免摩擦、撞击和震动。

6.6.2　压缩气体和液化气体

实验室使用的压缩气体或液化气体通常储存于钢瓶中，对于钢瓶的储存和使用，需要注意以下几个方面：

① 远离火源、热源，避免受热膨胀而引起爆炸。性质相互抵触的要分开存放，例如氢气钢瓶和氧气钢瓶严禁混储。压缩气体和液化气体严禁超量灌装。有毒和易燃易爆气体钢瓶应放在室外阴凉通风处。

② 钢瓶在搬运过程中，必须拧紧钢瓶阀门，配备安全帽、防撞圈，不得撞击或横卧滚动。

③ 接收时要检查标签是否完备，认真核对标签信息，核查钢瓶上的钢印标示的使用期限是否在有效期内，发现超过使用期限没有技术检验的钢瓶应拒绝接收。

④ 使用前要检查钢瓶减压阀等附件是否完好，有无漏气现象。使用过程中如发现钢瓶有严重腐蚀或其他严重损伤现象，应尽快送至有关单位进行检验。不同气体的减压阀不得混用。

6.6.3　易燃液体

安全储存和使用易燃液体应注意以下几个方面：

① 易燃液体通常存放在通风阴凉处，远离火源、热源、氧化剂和氧化性酸类，能专柜分类存放更好。

② 易燃液体不得敞口放置，并定期检查容器有无破损情形，避免造成泄漏事故。

③ 易燃液体在使用时要轻拿轻放，防止相互碰撞导致容器损坏和发生泄漏，并认真了解所使用的易燃液体的理化性质。

6.6.4　易燃固体、自燃物品和遇湿易燃物品

操作人员应当掌握安全储存和使用易燃固体、自燃物品和遇湿易燃物品的方法。

1. 易燃固体的安全储存和使用

① 由于易燃固体的易燃性和易爆性，因此易燃固体应远离火源，存放于阴凉、通风、干燥处，并且不得与酸类、氧化剂等物质混储。

② 使用时应轻拿轻放，避免摩擦和撞击，以免引发火灾。

③ 易燃固体多数有毒，燃烧后会产生有毒物质，因此使用易燃固体这类试剂时应注意做好自身防护。

2. 自燃物品的安全储存和使用

① 自燃物品应单独存放于通风、阴凉、干燥处，远离火源和热源，避免日光直射。

② 避免与氧化剂、酸、碱等接触，对忌水的物品必须密封包装，不得受潮，注意空气湿度。

③ 由于这类物质一旦接触空气就会着火,因此在使用时应小心谨慎,严格规范操作。

3. 遇湿易燃物品的储存和使用

① 金属钾、钠必须保存在煤油或液体石蜡中,盛装的容器必须密封,存放于阴凉处。

② 遇潮易燃物品不得与酸、氧化剂混存,包装要密封完好,不得破损,防止吸潮或与水接触。

③ 不得与其他类别的危险品,特别是酸类、氧化剂、含水物质、潮解性物质等混存、混放,在使用及搬运时避免摩擦、撞击、倾倒。

6.6.5 氧化剂和有机过氧化物

安全储存和使用氧化剂和有机过氧化物应注意以下几个方面:

① 氧化剂和有机过氧化物在使用过程中,应注意控制温度,避免剧烈振动、摩擦。

② 氧化剂遇到易燃物品、可燃物品、有机物、酸等会发生剧烈化学反应,所以氧化剂与这些物质不能同柜储存。

③ 有些氧化剂,特别是活泼金属的过氧化物,如过氧化钠(钾)等,易与水发生反应,所以这类氧化剂在储运中要严密包装,防止受潮、淋雨。

④ 绝大多数氧化剂都具有一定的腐蚀性和毒害性,能毒害人体,烧伤皮肤。如二氧化铬既有毒害性又有腐蚀性,故储运这类物品时应特别注意安全防护。

6.6.6 毒害品和感染性物品

安全储存和使用毒害品和感染性物品应注意以下几个方面:

1. 毒害品的储存和使用

高校实验室要注意加强毒害品,特别是剧毒化学品的安全储存和使用,因其危害性大,许多剧毒化学品外观上不易识别,少量进入人体即可引起中毒甚至死亡。对剧毒化学品的严格管控还可以防止恶性投毒事件的发生,避免造成恶劣的社会影响。

① 剧毒化学品的管理(购买、保管、领取、使用等)要严格执行国务院、公安部、各地方的相关法规标准,如国务院2011年12月起施行的《危险化学品安全管理条例》。

② 剧毒化学品要设专用库房和防盗保险柜,实行严格的“五双”管理制度,即双人保管、双人领取、双人使用、双本账、双把锁。

③ 基层实验管理单位还应根据这些要求并结合本单位实际情况制定具体的管理制度。

2. 感染性物质的储存和使用

(1) 装有感染性物质安瓿的储存

装有感染性物质的安瓿不能浸没到液氮中,因为这样会导致有裂痕或密封不严的安瓿在取出时破碎或爆炸。当需要低温保存时,安瓿应当存放在液氮上面的气相中。此外,感染性物质也可以储存在低温冰箱或干冰中。当从低温环境状态下取出安瓿时，操作者应当进行眼睛和手的防护，再对安瓿的外表面进行消毒。

(2) 装有冻干感染性物质安瓿的开启

安瓿的开启应该在生物安全柜内进行，因为安瓿内部可能处于负压，突然冲入的空气可能会使一些物质扩散进入空气，所以开启安瓿时要特别小心仔细。建议按下列步骤操作：

首先清除安瓿外表面的污染；如果管内有棉花或纤维塞，可以在管上靠近棉花或纤维塞的中部锉出一痕迹；用酒精棉将安瓿包起来以防手被划破，然后手持安瓿从锉痕处打开；将顶部小心移去并按污染材料处理；如果塞子还在安瓿上，可用消毒镊子移除；缓慢向安瓿中加入液体来重悬冻干物，防止出现泡沫。

6.6.7　放射性物品

在国家标准《危险货物分类和品名编号》(GB 6944—2012)中，被定义为危险化学品的放射性物质是指任何含有放射性核素且其活度浓度和放射性总活度都超过国家标准《放射性物品安全运输规程》(GB 11806—2019)规定限值的物质。有关放射性物质的安全知识参考第12章。

6.6.8　腐蚀品

安全储存和使用腐蚀品应注意以下几个方面：

① 腐蚀品应包装完整且包装要耐腐蚀，储存在阴凉、干燥、通风的场所，保证容器密封，远离热源、火源，配备对应的物质安全数据表。

② 酸性腐蚀品应远离氧化剂、遇湿易燃物质、氰化物，有机腐蚀品严禁接触氧化剂或火源，氧化性腐蚀品不得与可燃物和还原剂混存。

③ 漂白粉、次氯酸钠溶液等应避免日光直射，低温易聚合变质的甲醛应避免低温环境储存。

④ 使用腐蚀品时应在通风橱中进行操作，有些腐蚀品同时具有毒性，注意做好个人防护。

参考文献

[1] 范宪周，孟宪敏. 医学与生物学实验室安全技术管理[M]. 北京：北京大学医学出版社，2017.

[2] 国家标准化管理委员会. 危险货物分类和品名编号：GB 6944—2012[S]. 北京：中国标准出版社，2012.

[3] 国家质量监督检验检疫总局. 危险货物包装标志：GB 190—2009[S]. 北京：中国国家标准化管理委员会，2009.

[4] 国家质量技术监督局. 化学品安全技术说明书内容和项目顺序：GB/T 16483—2008[S]. 北京：中国国家标准化管理委员会，2008.

[5] 联合国欧洲经济委员会. 关于危险货物运输的建议书 规章范本:第二十修订版[EB/OL].(2017-04-01).https://unece.org/rev-20-2017.
[6] 联合国. 全球化学品统一分类和标签制度:第八修订版[EB/OL].(2019-07-01).https://www.un-ilibrary.org/content/books/9789210040839.
[7] 原国家安全生产监督管理总局化学品登记中心. 危险化学品目录汇编[M]. 北京:化学工业出版社,2019.

第7章　生物化学与分子生物学实验室安全

生物化学是利用化学和物理化学方法在分子水平上研究生物体内的化学组成及其变化规律。它的主要研究内容包括蛋白质、核酸、糖类、脂质等生物分子的组成、结构、性质、功能和生物分子的转化、更新以及生物体与外界环境进行的物质和能量交换。这些研究对生物学、化学、医学、物理学等领域，特别是对生物技术领域有着至关重要的意义。

生物化学实验技术包括沉淀技术、层析技术、电泳技术、离心技术、膜分离技术、固定化技术、免疫化学技术、分光光度检测技术等。

分子生物学是从生物化学衍生而来的一门新兴学科，它是在分子水平上研究核酸和蛋白质等生物大分子的结构及其在遗传信息和细胞信息传递中的作用。核酸携带着遗传信息，蛋白质则在遗传信息的传递、细胞内及细胞间的通讯过程中发挥着重要作用。由小分子核苷酸或氨基酸排列组合形成生物大分子核酸和蛋白质，不同的排列组合蕴藏着各种信息和复杂的空间结构，进而形成精确的相互作用系统，分子生物学的主要任务就是阐明这些复杂的结构以及结构与功能的关系。

分子生物学实验技术包括目的基因制备技术、分子杂交技术、基因敲除技术、转基因技术、RNA干扰技术、蛋白质组学研究相关技术等。

现代分子生物学的研究方向包括基因工程(重组DNA技术)，基因表达调控，生物大分子的结构功能，基因组、蛋白质组与生物信息学研究。

在应用这些生物化学与分子生物学实验方法和技术的过程中，涉及许多仪器设备的安全操作和试剂的安全使用问题。因此，学习掌握并遵守相关的安全知识和规范，可以有效地防范和降低安全风险，避免财产损失和确保人员安全。

7.1　生物化学与分子生物学实验室安全概述

生物化学与分子生物学实验室的安全问题涉及在实验过程中如何避免实验人员的人身伤害、仪器设备损坏和破坏环境事件的发生，因此认真分析实验室可能存在的安全隐患，建立实验室安全防范机制，加强实验室安全教育是非常重要的。在进行生物化学与分子生物学实验时，需要考虑的安全因素主要有以下几个方面：实验室电、气、水、火的安全使用，微生物的危害及处理，放射性物质的安全使用，紫外线辐射危害及防护，实验仪器设备的安全操作，化学试剂的安全使用，实验废弃物的安全处理。

关于实验室的电、气、水、火、微生物、放射性物质方面的安全知识在相关章节中有详细介绍，这里不再重复。实验仪器设备的安全操作、化学试剂的安全使用、实验废弃物的安全处理等方面涉及的内容较多，将在接下来的几小节中详细介绍。

7.2 紫外线辐射危害及防护

紫外线辐射是指波长范围在100～400 nm的光辐射，根据生物效应的不同，将紫外线按照波长划分为四个波段：

① UVD：波长范围为100～200 nm，又称为真空紫外线。

② UVC：波长范围为200～275 nm，又称为短波灭菌紫外线。穿透力最弱，无法穿透大部分的透明玻璃及塑料。短时间照射即可灼伤皮肤，长时间或高强度照射会导致罹患皮肤癌，紫外线灭菌灯发出的就是UVC短波紫外线。

③ UVB：波长范围为275～320 nm，又称为中波红斑效应紫外线。中等穿透力，它的波长较短的部分会被透明玻璃吸收，紫外线保健灯、植物生长灯就是使用特殊透紫玻璃（不透过254 nm以下的光）和峰值在300 nm附近的荧光粉制成。

④ UVA：波长范围为320～400 nm，又称为长波黑斑效应紫外线。它有很强的穿透力，能穿透大部分透明玻璃和塑料，可以直达真皮层，将皮肤晒黑。

紫外线的有害效应是由于紫外线对脱氧核糖核酸（DNA）的作用。科学研究发现，过量的紫外线辐射会引起光化学反应，可使人体机能发生一系列变化，尤其是对人的眼睛、皮肤以及免疫系统等造成伤害。

紫外线辐射对眼睛的损伤：紫外线辐射是形成白内障的主要诱因，白内障是眼球中的晶状体发生浑浊，引起视力障碍的一种眼科疾病。紫外线照射对晶状体的损伤是一种氧化性损伤，氧化导致晶状体蛋白质发生交联，水溶性下降，使晶状体浑浊，形成白内障。总的说来，紫外线辐射增加，白内障致病率随之增加。

紫外线辐射对皮肤的伤害：过量紫外线照射对皮肤的伤害分为急性损害和慢性损害，急性损害可引起皮肤的日晒伤，表现为红斑效应，症状是潮红、脱皮、水疱。慢性损害包括皮肤光老化和皮肤癌的发病率增加。

紫外线对皮肤造成的最直接的伤害之一就是皮肤光老化，它是皮肤老化的主要原因。过度紫外线照射会导致真皮层胶原蛋白及弹性蛋白合成减少、降解加速，从而使皮肤松弛产生皱纹，诱导DNA突变，如果不能及时修复最终会导致罹患皮肤癌。

紫外线辐射对免疫系统的影响：皮肤中存在免疫系统的一些成分，当皮肤暴露在紫外线下，免疫系统的这些成分受紫外线辐射，使其功能受到干扰。研究表明，紫外线辐射的免疫抑制作用可导致皮肤癌，同时也引起一些传染病和其他一些疾病。

在实验室里常用的紫外光源包括手提式紫外灯、紫外透射仪和凝胶成像系统。使用这些设备时，必须通过能吸收有害波长的滤片或安全玻璃片进行观察，切勿在没有防护装置的紫外光源下用裸眼观察。在紫外线下操作时要戴合适的防护性手套以遮蔽暴露的皮肤，还应佩戴具有防紫外线功能的护目镜或防护面罩。

实验室用于核酸(DNA/RNA)凝胶电泳的结果观测与切胶操作的装置中，常用302 nm或312 nm紫外光源，灵敏度高，适合DNA/RNA的观察和分析。365 nm紫外光源对DNA的破坏较少，适合制备观察以及切割条带。

紫外照射消毒后，由于空气中臭氧富集，不宜立即开展工作，应在停止紫外照射30 min后开始工作，有条件的实验室，可安装无臭氧紫外灯。

对超净工作台进行紫外照射消毒后，需要用强风进行吹扫后再进行工作，以免臭氧危害身体健康。

7.3　生物化学与分子生物学实验仪器设备的安全操作

在生物化学与分子生物学实验室进行教学和科研活动时，为了达成多种多样的实验目的，往往需要使用各种实验仪器设备。使用这些设备时，如果操作不当可能会带来人身伤害和仪器设备的损坏，因此严格按照操作规范和流程使用仪器是确保操作人员的人身安全、确保仪器设备性能正常可靠以及实验室环境安全的前提和保证。下面介绍生物化学与分子生物学实验室中常用的一些仪器设备的安全操作和使用注意事项。

7.3.1　电泳系统的安全操作和使用注意事项

电泳系统是用来对蛋白质和核酸分子进行电泳分离、鉴定和定量分析的设备，包括电泳仪电源和电泳槽两部分。电泳仪电源有常压、高压、脉冲、大电流等类型，电泳槽包括水平电泳槽、垂直电泳槽和转印槽等。

1. 电泳仪的安全操作

① 确认电泳仪电源开关处于关闭状态，把电泳仪的电源线插头插入实验台上的插座。

② 将电泳槽上的两根电极线与电泳仪的直流输出端连接。

③ 正确放置电泳凝胶和电极缓冲液，盖上电泳槽盖板。

④ 打开电泳仪电源开关，设置实验需要的电压、电流、电泳时间等参数，按“开始”键，此时电泳仪开始工作。

⑤ 等到电泳完毕后，按“停止”键，关闭电泳仪电源开关，拔下电泳仪的电源线插头。

⑥ 取出电泳凝胶，倒掉电极缓冲液，清洗电泳槽。有些情况下，电极缓冲液可以重复使用若干次，则可不必倒掉。

2. 使用电泳仪的注意事项

① 电泳槽的电极线与电泳仪的直流输出端要充分接触，并注意正负极不要接反。

② 使用垂直电泳槽时，要确保上槽的电极缓冲液漫过电泳凝胶上端。

③ 电泳仪通电进入工作状态后，禁止人体接触电极、电泳物及其他可能带电部分，也不能到电泳槽内取放东西，如有需要应先断电，以免触电。同时要求仪器必需有良好接地端，以防漏电。

④ 仪器通电后，不要临时增加或拔除输出导线插头，以防短路现象发生，虽然仪器内部附设有保险丝，但短路现象仍有可能导致仪器损坏。

⑤ 在总电流不超过仪器额定电流（最大电流范围）时，可以多槽并联使用，但要注意不能超载，否则容易影响仪器的使用寿命。

⑥ 在电泳过程中，如果需要增减并联的电泳槽，应先按电泳仪电源的“停止”键。

⑦ 通常情况下不允许空载开机。使用过程中发现异常现象，如较大噪音、放电或异常气味，须立即切断电源，进行检修，以免发生意外事故。

7.3.2 移液器的安全操作和使用注意事项

移液器是生物化学与分子生物学实验室实验过程中使用频率最高的设备之一。它是有一定量程范围，用来精确移取水和其他溶液的计量工具。只有正确操作和定期维护保养，才能保证取液准确和避免移液器非正常损坏。

1. 移液器的安全操作

① 设定量程，根据所需移取的液体的量，选取相应量程的移液器，调节移液器至所需量程。

② 安装吸头，微旋安装法：打开与所用移液器匹配的吸头盒的盖子，将移液器套柄插入吸头，稍用力下压并小幅旋转即可使吸头与移液器套柄紧密结合。

③ 润洗吸头，用同一液体对吸头进行润洗，吸取液体再排回原容器或废液槽，重复2～3次。

④ 吸液，拇指按压活塞杆至第一阻力位，将吸头垂直浸入液面下合适的深度，慢慢松开拇指至活塞回弹到原位置，移液器离开取液容器，完成取液。

⑤ 排液，把移液器吸头放入接收容器，拇指按压移液器活塞杆至第二阻力位或通过第二阻力位直到底部，完成排液。

2. 使用移液器的注意事项

① 采用移液器反复撞击吸头来安装吸头的方法是非常不可取的，长期操作会使内部零件松散而损坏移液器。移液器未装吸头时，切莫移液。

② 根据目标体积，一般尽量选择35%～100%量程范围的移液器进行移液操作，以确保移液的准确性和精确性。

③ 旋转移液器手柄设定量程时，如果是从“大”到“小”，则直接旋转手柄调至目标量程即可；如果是从“小”到“大”，则应旋转手柄调节超过目标量程少许，再回调至目标量程。操作时严禁超出移液器最大量程，否则会导致内部机械部件损毁。

④ 吸液时应保持平顺，控制好吸液速度，一定要缓慢平稳地松开拇指，绝不允许突然松开。过快的吸液速度，会使所吸取的溶液形成漩涡，产生气泡；会带入气雾造成样品交叉污

染；会使溶液上冲进入套柄，对活塞和密封圈造成腐蚀和损伤。

⑤ 吸液时，吸头应垂直于液面，切勿倾斜，浸入液面下适当深度，一般情况下：10 μL移液器为1～2 mm、200 μL移液器为2～3 mm、1000 μL移液器为3～6 mm、1000 μL以上移液器为6～10 mm。

⑥ 吸液动作完成前，吸头不可离开液面。如果盛装溶液的容器细长，则吸液时吸头应随液面下降而下移，避免因液面下降过多导致吸液动作未结束吸头就已离开液面。

⑦ 吸液时吸头的浸入时间，吸液后保持吸头浸入液面至少1 s，再平缓移开，这一点对吸取大容量溶液或者高黏度样品尤为重要。

⑧ 在量取高黏度样品时，可采用反向模式取液，即在第二阻力位吸液，在第一阻力位排液。

⑨ 如果采用液面下排液方式，则排液结束后，应待吸头离开液面再松开手柄，以避免溶液倒吸。量取极小体积溶液时，应贴壁排液，观察容器内壁是否有微小液滴，以确保量取溶液的真实可靠。

⑩ 在使用移液器过程中，尽量保持活塞下压力度、吸液速度、移液节奏等的一致性。

⑪ 当天用完后应调回最大量程(让弹簧恢复原形，延长移液器的使用寿命)放置于移液器支架上。

7.3.3　紫外-可见分光光度计的安全操作和使用注意事项

当一束光照射到某种物质的固态物或溶液上时，一部分光会被吸收或被反射，不同物质由于其自身的组成、结构的不同，它们的吸收光谱各不相同，即每种物质都有自己的特征吸收光谱，表现为对某个特定波长的光吸收强烈，而对其余波长的光吸收很少或不吸收。

利用分光光度法进行物质的定量分析，其理论依据是朗伯-比尔(Lambert-Beer)定律。即当一束平行的单色光通过某一均匀溶液时，溶液的吸光度与溶液的浓度和光程的长度的乘积成正比。分光光度法除了用于物质的定量分析外，还可用于物质的定性分析、纯度鉴定、结构分析等。

紫外-可见分光光度计的安全操作(以TU-1810型紫外-可见分光光度计为例)如下：

1. 测量溶液的吸光度值的步骤

① 打开仪器电源开关，仪器开始自检、系统初始化。

② 等仪器初始化完成后，按数字键“1”，进入光度测量界面。

③ 按“GOTO λ”键，用数字键输入测量波长值，按“ENTER”键确认。

④ 将盛有对照组溶液的比色皿放入比色皿架，使比色皿的光面处于光路中，按“ZERO”键，使计数为零。

⑤ 将盛有待测样品的比色皿放入比色皿架，按“START”键，读取并记录实验结果。

⑥ 重复第5步，直到所有待测样品测试完毕。

⑦ 取出比色皿，按“RETURN”“ENTER”键，返回主界面，关闭仪器电源开关，拔下电源线插头，清洁仪器和比色皿。

2. 使用紫外-可见分光光度计的注意事项

① 仪器开机后，需预热20 min左右，以确保钨灯和氘灯光源能正常稳定工作。

② 使用的比色皿必须洁净，并注意配对使用，消除比色皿本身带来的误差。

③ 控制待测样品的浓度，使其吸光度值在0.3～1.0为宜。

④ 每个浓度的样品都应做3管平行，每管的结果对平均值的偏差应在±0.5%以内。

⑤ 拿取比色皿时，手指应握住比色皿的毛玻璃面，使比色皿的透光面位于紫外-可见分光光度计的光路中。

⑥ 每次测试前检查比色皿，如果发现比色皿外壁沾有溶液，要用擦镜纸擦去。

⑦ 比色皿盛装溶液时，以达到比色皿体积的3/4～4/5为度，过多容易溢出，过少可能导致部分光线从溶液上方未经溶液直接透过比色皿，导致测量结果偏低。

⑧ 进行可见光光度测量时，可以使用玻璃比色皿或者石英比色皿，进行紫外光光度测量时，只可以使用石英比色皿。

7.3.4 柱层析系统的安全操作和使用注意事项

柱层析技术又称柱色谱技术，是依据样品混合物中各组分的理化性质如吸附力、分子大小和形状、极性、亲和力等的不同，使各组分在流动相中的移动速度产生差异而相互分开。

柱层析纯化系统主要由恒流泵、检测器、分部收集器、梯度混合器、层析柱等组成，根据所使用的填料的不同，层析方法有：凝胶层析、离子交换层析、亲和层析、疏水层析、反相层析等。

1. 柱层析纯化系统的安全操作（以凝胶层析法为例）

① 将装填有某种型号凝胶的预装柱接入到核酸蛋白纯化系统中，将配制好的流动相（缓冲液）放入贮液瓶。

② 检查系统的各组成部分自贮液瓶至分部收集器的连接顺序是否正确。

③ 接通电源，打开系统的电源开关，仪器开始自检，自检结束后，显示仪器状态正常，进入待机状态。

④ 设置运行参数，包括流速、收集体积等，调整起始收集管至合适位置。

⑤ 启动系统运行，用洗脱液（流动相）平衡层析系统（层析柱）3～5个柱体积。

⑥ 上样和收集，待系统平衡完成后，利用进样器将样品注入层析柱中，继续洗脱进行样品组分的分离和分离组分的收集。

⑦ 层析柱（填料）的再生，当所有样品分离结束后（大约1个柱体积多一点），对层析柱（填料）进行再生处理，根据需要，可以使用含防腐剂的洗脱液过柱，卸下层析柱放到冰箱冷藏室保存。然后关闭系统电源，拔下电源插头。

2. 使用柱层析纯化系统的注意事项（凝胶层析）

① 在核酸蛋白纯化系统中使用的流动相（包括样品），使用前都要过滤或者离心、脱气，去除其中的不溶物，减少溶解在溶液中的空气。

② 如果洗脱液从冷藏室取出，则应待其恢复至室温再进行后续操作。

③ 注意系统各部分的连接顺序：贮液瓶→恒流泵→混合器→进样器→层析柱→检测器→分部收集器。

④ 进样前，使用流动相对整个系统进行充分的平衡，确保各项实验参数的稳定。

⑤ 实验结束后，使用更高离子浓度的缓冲液对层析柱进行冲洗再生，保证滞留在层析柱内的所有成分都被冲洗下来。

7.3.5　离心机的安全操作和使用注意事项

离心机是借离心力分离液相非均一体系的设备。根据物质的沉降系数、质量、密度等的不同，利用离心转子高速旋转时产生的强大离心力，作用于离心管内液体混合物中具有不同沉降系数和浮力密度的颗粒组分，利用它们的沉降速度不同而彼此分开。

根据所能达到的最大转速的不同，离心机分为三类：低速离心机（最高转速<5000 r/min）、高速离心机（最高转速<30000 r/min）、超速离心机（最高转速>30000 r/min）。

离心机配套使用的转子包括角转子和水平转子。角转子相对来说可以允许更高的转速，水平转子相对来说有较大的离心半径。

根据是否配置有制冷单元，离心机可分为常温离心机和冷冻离心机。常温离心机没有制冷单元，离心过程在室温条件下完成，用于对温度没有要求的离心实验。多数情况下生物类样品的离心实验需要控制温度，就要使用带制冷单元的冷冻离心机，低速时，可以沉淀细胞、收集菌体；高速和超速时，可以分离亚细胞器、沉淀蛋白质等。

离心机是高速旋转类设备，发生安全事故的概率相对较高，因此在使用前必须认真阅读仪器的使用说明和操作规程，并经过使用培训后方可操作仪器。

生物类实验要经常使用各种类型离心机，应根据实验目的、样品特性、所需转速、是否需要控温等进行选择。下面介绍三种常用的离心机的安全操作和使用注意事项。

1. 小型台式高速离心机的安全操作

① 确认离心机的各个部件完好无损，转子与定子结合牢固。

② 接通电源，开启电源开关，打开离心机的外盖和内盖。

③ 准备待离心的样品，要求放在对称位置的离心管连同样品等重。

④ 将配平的样品管或平衡管对称放入转子中，盖上内盖和外盖。

⑤ 设置离心所需的时间和转速后，按"开始"键，启动运行。

⑥ 离心结束，待转速归零后，打开外盖和内盖，小心取出样品。

⑦ 关闭电源，清洁离心机，并做好使用记录。

2. 落地式高速冷冻离心机的安全操作

① 仔细检查确认离心机各个部件和转子完整无损。

② 接通电源，打开电源开关，打开离心机仓盖，将选好的转子准确放入腔内的定子上，用手轻转转子，以检验转子是否被正确安装，再合上仓盖。

③ 输入转子型号、转速或离心力、运行温度和离心时间等运行参数，离心机开始预冷。

④ 将待离心的样品管或平衡管用天平称重配平，使其质量误差在允许范围内，而后对

称放入转子内，旋紧转子盖，合上门盖。

⑤ 再次确认所设置的各项参数无误后，按“开始”键启动离心机开始离心操作。在离心过程中特别是离心初始阶段，须观察离心机有无异常振动或声响，直至达到设定的各项离心参数指标并持续稳定运行。

⑥ 离心结束，待转速归零转子完全停止旋转后，打开离心机门盖，旋开转子盖，小心取出离心后的样品。

⑦ 取出转子，用干净软布擦去腔体内的冷凝水，并做好其他清洁工作。关闭电源，填写使用记录。

3. 落地式超速冷冻离心机的安全操作

① 认真仔细检查，确认超速离心机各个部件以及转子完好无损。

② 接通电源，开启离心机电源开关，机器自检。

③ 准备样品，选取超速离心机专用离心管并确认没有裂纹、破损等情形，把盛有样品的离心管或平衡管严格配平，对称放入转子孔腔内，旋紧转子盖。

④ 按一下离心机控制面板的“真空”触摸键，释放真空，然后打开腔体盖，检查腔体内无杂物。

⑤ 将装有离心管的转子放入腔体内，按要求准确安装到定子上，并轻转转子以确认转子是否正确安装在定子上。

⑥ 合上腔门盖，设置转子型号、转速或离心力、运行温度和离心时间等离心参数。

⑦ 按一下离心机控制面板的“真空”触摸键，启动真空系统，当离心机显示腔体内真空值达到离心要求时，再次确认设定的各项离心参数无误后，按一下离心机控制面板的“开始”触摸键，开始离心。在离心过程中特别是离心开始阶段，须观察离心机有无异常振动和响声，并确认达到设定的各项运行参数指标。

⑧ 离心结束，按一下离心机控制面板的“真空”触摸键，释放真空，然后打开腔体盖，取出转子，旋开转子盖，小心取出离心管，清洁转子。

⑨ 清洁离心机腔体，合上腔门盖，按一下离心机控制面板的“真空”触摸键，启动真空系统使离心机保有适当的真空度，关闭电源，详细填写使用记录。

4. 使用离心机的注意事项

① 根据实验目的选择合适的离心机和配套的转子及离心管，并确认离心机状态正常，所使用的转子无锈蚀、裂纹，离心管无变形、破损。

② 离心管内装样量应与所使用的离心机类型和离心条件相适应，对高速离心而言，装得太满可能导致外溢污染转子和腔体并失去平衡；对超速离心而言，装得过少会导致离心管变形。

③ 装有样品的离心管或离心管与平衡管必须严格配平，对称放置的两管之间的质量误差必须在离心机允许范围内。离心转速越高，对平衡的要求也越高。

④ 配平时不仅要考虑静平衡，即对称的两管等重，还要考虑动平衡，即对称放置的两个离心管必须装载密度相近的样品。等重而密度不同的样品体积就会不同，如果放在对称的位置上，体积小（密度大）的样品比体积大（密度小）的样品会产生更大的旋转半径，即会带来

更大的力矩导致不平衡。比如一个水溶液和一个60％蔗糖溶液，即使重量相同，也不可配成一对离心。

⑤ 设定的转速不得高于离心机、转子、离心管中任意一个的允许最高限速。

⑥ 转子必须是离心机配套的，不同品牌、同品牌不同型号之间皆不可互用。

⑦ 超速离心机是在一定真空度下运行，所以离心管、转子盖等必须盖紧密闭，防止因真空导致样品溶液的外溢。使用水平转子时，不允许有空当，即不挂吊篮的现象。

⑧ 离心机使用过程中，一旦发现异常，如不平衡导致的明显振动或异常响声，应立即按下停止键停止离心。但一般不要拔除电源线，断电会使离心机的刹车功能失效，反而增加离心机的停机时间。待离心机转子停稳，确认转速归零后，及时排查故障原因并妥善解决，如果不能解决，则应请专业人员检查和维修。

⑨ 离心操作结束后，必须对离心机、转子进行必要的清洁。此外，还应定期对离心机进行维护和保养，确保离心机处于良好的工作状态、延长机器的使用寿命。

7.3.6　凝胶成像系统的安全操作和使用注意事项

凝胶成像系统是由暗箱、CCD摄像头、紫外光-白光光源、控制软件(电脑)组成，利用紫外线激发带有荧光物质标记的实验样品发出荧光，并进行荧光检测的系统。

凝胶成像系统的白光光源用于蛋白质电泳凝胶的观察和结果处理分析，凝胶成像系统的紫外光光源用于核酸电泳凝胶的观察和结果处理分析。

1. 凝胶成像系统的安全操作

① 接通电源，开启凝胶成像分析系统开关。

② 打开电脑，双击电脑桌面上的凝胶成像分析系统的控制软件。

③ 拉开暗箱门(连接有样品台)，将电泳结束后的凝胶放到样品台上，合上暗箱门。

④ 打开白光灯，观察电脑软件里看到的图像，调整凝胶的位置，使图像位于画面中央。

⑤ 关闭白光灯，打开紫外灯，调节光圈和焦距，使凝胶图像清晰。

⑥ 拍摄并保存结果，关闭紫外灯。

⑦ 拉开暗箱门，取出凝胶，放到指定地点。

⑧ 清洁仪器，合上暗箱门，关闭凝胶成像系统电源，关闭软件窗口，关闭电脑。

2. 使用凝胶成像分析系统的注意事项

① 系统的紫外光源对人的眼睛和皮肤等有伤害，因此在将凝胶放到样品台的过程中和样品台处于开启状态时，不要开启紫外光源。

② 溴化乙锭(EB)是核酸电泳时广泛使用的荧光染料，由于EB可以嵌入DNA双螺旋的碱基对之间，将会使人体产生基因突变而诱发癌变，属于致癌物，在操作含溴化乙锭的核酸电泳凝胶进行拍照时要戴手套，并避免台面、仪器按键、电脑键盘、鼠标等被污染。近年来市面上出现了新型低毒的荧光染料，溴化乙锭已趋于被淘汰。提醒仍在使用EB的实验室，注意安全操作。

③ 将电泳凝胶从电泳槽取出放到样品台上时，尽量避免把电泳缓冲液带到样品台上。

④ 拍摄完毕,尽快关闭系统的紫外光源,并认真清理样品台。

⑤ 切忌使用硬物等触碰仪器的紫外滤光片,防止滤光片被损坏。

7.3.7 水浴锅、低温循环水浴锅的安全操作和使用注意事项

水浴锅是实验室常用的恒温设备,可提供非室温状态的、设定的其他恒定温度的实验环境条件。普通水浴锅通常提供高于室温的恒温实验环境。循环水浴锅里的水(传热媒介)可以循环,使控温更精确,有些循环水浴锅带外循环功能,可以通过管路连接到循环水浴锅附近的其他设备,为后者提供恒温环境。低温循环水浴锅配有制冷单元,除了可以提供高于室温的恒温实验环境,还可以提供低于室温的恒温实验环境。

1. 水浴锅的安全操作(以TW8型水浴锅为例)

① 检查排水口,确认处于关闭状态,向水浴锅内注入干净的自来水,水位高度为箱体二分之一以上,如果是已经在用的水浴锅,只需检查水位即可。

② 接通电源,按下水浴锅电源开关,按“上”“下”箭头键,设置所需实验温度,按回车键确认,温度设置完成。不同品牌的水浴锅的温度设置过程可能会有差异。

③ 水浴锅开始加热升温,待达到所设定的温度并维持稳定后,即可将盛有样品的烧瓶、烧杯、试管等放入水浴锅内进行恒温保温实验。

④ 实验结束后,关闭水浴锅电源开关,拔下电源插头。

2. 低温循环水浴锅的安全操作(以Polystat cc1型低温循环水浴为例)

① 初次使用时,先往低温循环水浴锅内注入干净的自来水至设备要求的水位位置。

② 接通电源,开启仪器的控制器开关和水浴锅主机开关,按控制器面板左侧的“set”键,然后旋转右侧的旋钮设置实验所需的温度,再按“set”键确认。

③ 低温循环水浴锅开始工作,加热(设定温度高于室温)或制冷(设定温度低于室温),待达到设定温度并稳定后即可进行相关恒温保温实验操作。

④ 恒温保温实验完成后,撤走装有样品的器皿,关闭低温循环水浴锅的两个电源开关,拔下电源插头。

3. 使用水浴锅、低温循环水浴锅的注意事项

① 水浴锅是通过电加热管对锅内的水进行加热的,功率较大,要注意用电安全,使用三孔安全插座,有可靠接地,不能过载。

② 锅内的水要求是干净的自来水,最好是蒸馏水,以免产生水垢,影响传热效率,腐蚀腔体和加热管。

③ 通电前应先将水注入锅内至隔板以上,使用过程中加热管绝不能露出水面,否则加热管将会烧毁甚至爆裂或焊锡熔化漏水、触电等。

④ 长时间高温使用时应注意检查水位适时补水,防止长时间挥发导致水位过度下降,出现干烧现象,损坏水浴锅。

⑤ 如需做100 ℃沸水浴实验时,加水不能过多,以免沸腾时溢出。

⑥ 根据情况适时更换锅内的水，保证清洁。如果较长时间不使用，则排净锅内的水，并擦拭干净，以延长使用寿命。

7.3.8　超声波细胞破碎仪的安全操作和使用注意事项

超声波是频率高于2万赫兹的声波，超声波在液体介质中传播时，可产生强烈的冲击和空化现象。空化现象是无数细小的空化气泡破裂而产生的冲击波现象。超声波对细胞的作用主要有热效应、空化效应和机械效应。

超声波细胞破碎仪，由超声波发生器和换能器两大部分组成。超声波发生器将市电转变成18～21 kHz交变电能供给换能器。换能器随之作纵向机械振动。振动波通过浸入在液体介质中的变幅杆，在液体介质中产生一个个密集的小气泡，这些小气泡迅速膨胀、炸裂，即在液体介质中的空化作用，产生大量能量，起到破碎组织、细胞等的作用。另一方面由于超声波在液体中传播时产生剧烈的扰动作用，使颗粒产生很大的加速度，从而发生互相碰撞或与器壁碰撞而破碎。

超声波细胞破碎仪应用于破碎动植物组织、细菌和其他细胞结构。

1. 超声波细胞破碎仪的安全操作（以JY 92-IIN为例）

① 把需要破碎的细菌培养液等样品放入适当容器，并对样品采取冰浴措施，保证样品在超声波破碎过程中处于低温环境，确保菌体破碎后释放出来的蛋白质成分不变性。

② 打开隔音箱门，把被冰浴保护着的待破碎样品放到隔音箱的载物台上，上下调整载物台，使变幅杆的前端深入液面下约1 cm。

③ 接通电源，打开电源开关，按上、下箭头键，使显示窗口闪烁的数字与变幅杆所处档位以及正在使用的变幅杆的规格匹配，按“确定”键。

④ 按上、下箭头键，查找已有的符合本次超声条件的程序，按“确定”键。也可以直接按“确定”对某个超声程序的运行参数进行更改。

⑤ 按“设置”键，按左、右箭头键和上、下箭头键设置超声总时长，重复这个过程，依次设置超声时长、间歇时长、温度、超声功率，按“确定”键，超声参数设置完成。

⑥ 按“on/off”键，仪器开始工作。

⑦ 超声破碎结束后，移走样品，清洁变幅杆和仪器，关闭电源，拔下电源插头。

2. 使用超声波细胞破碎仪的注意事项

① 切忌空超。启动仪器开始超声破碎之前，先把超声波破碎仪的变幅杆插入样品中，然后再启动超声破碎程序。空超会损坏换能器或超声波发生器，超声波细胞粉碎机空超的时间越长，对仪器的伤害越大。

② 超声波破碎仪的变幅杆（超声探头）入水深度为1 cm左右，液面高度最好有3 cm以上，探头要居中，不得贴壁。超声波是垂直纵波，插入太深不容易形成对流，影响破碎效率。

③ 根据样品量的多少，选择合适大小的变幅杆，样品量多时选大尺寸的变幅杆，样品量少时选小尺寸的变幅杆。

④ 使用冰浴维持超声破碎时样品的低温环境，应将样品容器固定好，防止因冰浴融化

导致样品容器位置出现变化，进而可能造成变幅杆贴壁或空超。

⑤ 控制好超声时间和间歇时间，连续超声时间不宜过长，且间歇时间大于或等于超声时间。通常超声1 s，间歇2 s，以确保及时散发超声产生的热量。

⑥ 选择适当的超声功率，功率小影响破碎效果，功率过大会使样品飞溅或起泡沫，致使蛋白变性。

⑦ 选择适当的样品容器，保证样品液有一定的深度，确保超声破碎时样品液的有效对流，提高破碎效率。

⑧ 变幅杆选择开关的使用。变幅杆选择开关是用来匹配不同规格的变幅杆与超声波发生器的频率、阻抗的一致性。使用何种规格的变幅杆就应旋转变幅杆选择开关至相应位置，否则超声波细胞破碎仪不能正常工作。

⑨ 注意保持变幅杆的清洁，每次实验结束后要及时清洗变幅杆，避免不干净的变幅杆污染后续超声破碎时的样品，同时可以延长变幅杆的使用寿命。

⑩ 变幅杆使用一段时间以后，其底部会空化腐蚀出现缺损导致其底面不平，影响超声破碎的效果，可以用锉刀将变幅杆的底面锉平，重新恢复其原有的功能。

7.3.9 PCR仪的安全操作和使用注意事项

PCR(Polymerase Chain Reaction)，中文译为聚合酶链式反应，是一种用于放大扩增特定的DNA片段的分子生物学技术，它可看作是生物体外的特殊DNA复制。就是在适当的体系中(引物、酶、dNTP、模板和Mg^{2+})利用DNA聚合酶对特定基因进行大量复制，使得特定基因的量成指数形式扩增，几个小时就能扩增上千万倍以上。PCR技术的神奇之处在于，被扩增的DNA所需量极少，而扩增的效率极高。这种技术一问世，立刻引起了分子生物学研究的一场革命。这项革命性的技术由美国科学家Mullis发明，他因此获得了1993年的诺贝尔化学奖。

PCR反应由变性、退火(复性)、延伸三个基本反应步骤构成，不断重复循环变性、退火(复性)、延伸三个过程，最终将特定的DNA片段的量扩增放大到原来的上千万倍。

PCR仪是利用PCR技术对特定DNA扩增的一种仪器设备，本质上就是一个精确的温控设备，常用的有：普通PCR仪、梯度PCR仪、原位PCR仪、实时荧光定量PCR仪。

1. 普通PCR仪的安全操作(以2720 Thermal Cycler为例)

① 准备样品，将包括待扩增的目的DNA片断的PCR反应体系放入200 μL的PCR管里。

② 接通PCR仪的电源，打开PCR仪的电源开关，使仪器初始化。

③ 掀开PCR仪的盖板(热盖)，将准备好的PCR反应管放入PCR仪控温板的小孔中，合上热盖。

④ 设置运行程序，按F2按钮进入创建界面，按控制面板右侧的上下左右箭头按钮，选择需要更改的参数，用数字按钮输入相应的数值，包括循环次数、各温度点的温度值和保温时长等。

⑤ 按F1按钮，运行设置的程序。

⑥ 程序运行结束后，取出PCR反应管，关闭电源开关，拔下电源线插头。

2. 使用PCR仪的注意事项

① 定期对PCR仪进行维护，使用95%乙醇或10%清洗液浸泡放置PCR管的金属恒温槽架，然后清洗，最后清除干净清洗液。污染的热盖可以用浸湿清洗剂的棉签擦洗除去污物。

② 为避免压缩机连续工作带来的过度损耗，PCR反应最后一步请设置为16 ℃，2 min，不要设为4 ℃，∞。

③ 实验结束后尽快取样，减少仪器的空跑时间，及时关机，延长使用寿命。因为开机状态下，热盖将持续工作，容易损坏。

④ 取出样品后，及时盖好盖子，防止灰尘落入仪器，影响温度的探测和控制。

⑤ PCR仪不能开机过夜运行，因为过夜长时间运行时，它的压缩机长时间连续工作会缩短它的寿命。

7.4　生物化学与分子生物学实验危险试剂的安全使用

生物化学与分子生物学实验会用到数量繁多的各种化学试剂，这些试剂可能易燃、易爆、毒害等，由于篇幅限制，不能一一介绍，本节选取其中一些使用频率较高的试剂，介绍它们的理化性质、安全操作和急救措施。

7.4.1　苯酚

1. 理化性质

苯酚的分子式为C_6H_6O（图7.1），分子量为94.11；白色晶体，氧化后呈粉红色；有毒且易燃，加热到80 ℃以上时，其蒸气与空气混合形成易燃物；可经呼吸道、皮肤和消化道吸收；一旦吸入或经皮肤吸收会引起头痛、头昏、恶心、虚脱、呼吸困难、失去知觉乃至死亡。

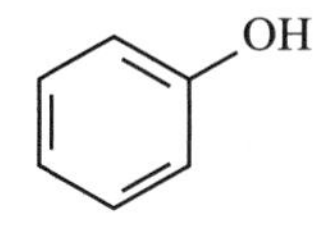

图7.1　苯酚

2. 安全操作

重蒸酚应在通风橱中进行，不宜使用制冷方式冷凝，否则会使苯酚结晶，从而使蒸馏装置内部压力上升产生爆炸，酚溶液在4 ℃条件下迅速氧化，需−20 ℃储存。建议重蒸酚充氮气保存，可用100 mL试剂瓶盛装50 mL苯酚，充氮气数分钟，然后旋紧瓶盖。

3. 急救措施

由于苯酚能局部麻醉，所以皮肤被苯酚灼伤时往往不能迅速察觉，之后会产生剧烈的灼热感。若不慎溅到皮肤上，应立即用大量的水冲洗，切忌使用乙醇。若不慎溅到眼睛上，应该用流水冲洗约15 min并及时就医。

7.4.2 苯甲基磺酰氟(PMSF)

1. 理化性质

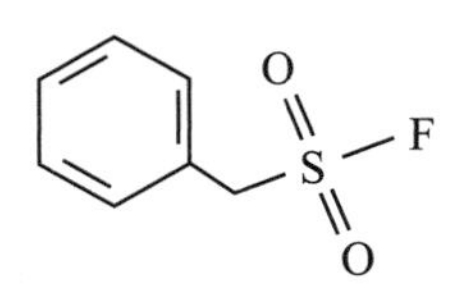

图7.2 苯甲基磺酰氟

苯甲基磺酰氟的分子式为$C_7H_7FO_2S$(图7.2),分子量为174.19;白色或微黄色粉末;难溶于水,在水溶液中不稳定,易分解;可溶于异丙醇、乙醇、二甲苯;燃烧会产生有刺激性、腐蚀性的有毒气体;是一种高毒性的胆碱酯酶抑制剂;可抑制丝氨酸蛋白酶,如胰蛋白酶,也可抑制乙酰胆碱酯酶和半胱氨酸蛋白酶。它对呼吸道黏膜、眼睛和皮肤有非常大的损害,可因吸入、咽下或皮肤吸收而致命。

2. 安全操作

戴合适的手套和安全眼镜,始终在通风橱里使用。避免接触皮肤和眼睛。避免吸入蒸气或雾滴。切勿靠近火源。已污染的工作服应作为有害废物处理。

3. 急救措施

若不慎与皮肤或眼睛接触,立即用大量水冲洗至少15 min,就医。若不慎吸入,立即离开现场转移到空气新鲜处,不能使用人工呼吸。若不慎食入,不要诱导呕吐,立即饮用2~4杯牛奶,就医。

7.4.3 丙烯酰胺

1. 理化性质

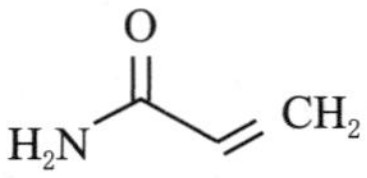

丙烯酰胺的分子式为C_3H_5NO(图7.3),分子量为71.08;白色结晶固体,无气味;可燃,受高热分解释放腐蚀性气体;溶于水、乙醇、丙酮,不溶于苯;遇明火、高热或与氧化剂接触,有引起燃烧爆炸的危险;具有中等毒性,对眼睛和皮肤有一定的刺激作用,在体内有累积作用,主要影响神经系统,表现为周围神经退行性变化和大脑涉及学习、记忆和其他认知功能部位的退行性变化,是一种可能致癌物。长期低剂量接触丙烯酰胺会出现嗜睡、情绪和记忆改变、幻觉和震颤等症状,伴随末梢神经炎如手套样感觉、出汗和肌肉无力。

图7.3 丙烯酰胺

2. 安全操作

穿实验服,戴手套、口罩,在通风橱内进行。

3. 急救措施

若不慎与皮肤或眼睛接触,应用流动清水冲洗,就医。若不慎食入,应饮足量温水,催吐,就医。若不慎吸入,应迅速脱离现场至空气新鲜处,保持呼吸道通畅。

7.4.4　碘乙酸

1. 理化性质

碘乙酸的分子式为$C_2H_3IO_2$（图7.4），分子量为185.96；无色或白色片状结晶；溶于水、热石油醚、乙醇，不溶于醚、氯仿；遇明火、高热可燃；受热分解产生有毒的碘化物烟气；遇潮时对大多数金属有腐蚀性；高毒，对黏膜、上呼吸道、眼睛和皮肤等组织有强烈的刺激作用。碘乙酸是蛋白质中半胱氨酸残基的修饰剂，作为蛋白水解酶抑制剂在蛋白质提取过程中防止蛋白质被水解。

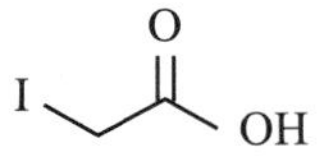

O
I　　　OH

图7.4　碘乙酸

2. 安全操作

穿工作服（防腐材料制作），戴化学安全防护眼镜、橡胶手套。远离火种、热源，避免与氧化剂、还原剂、碱类接触。

3. 急救措施

若不慎与皮肤或眼睛接触，应脱去污染的衣着，用流动清水冲洗15 min。若有灼伤，应就医治疗。若不慎吸入，迅速脱离现场至空气新鲜处，保持呼吸道通畅，必要时进行人工呼吸，就医。若不慎食入，应用水漱口，饮牛奶或蛋清，就医。

7.4.5　叠氮钠

1. 理化性质

$Na^+[N{=}N{\equiv}N]^-$

图7.5　叠氮钠

叠氮钠的分子式为NaN_3（图7.5），分子量为65.01；白色六角结晶性粉末；溶于水、液氨，不溶于乙醚，微溶于乙醇；剧毒，阻断细胞色素电子运送系统；吸入、摄入或经皮肤吸收，可致死；具爆炸性；受热，接触明火，或受到摩擦、震动、撞击时可发生爆炸；与酸类接触会剧烈反应产生爆炸性的叠氮酸。

2. 安全操作

操作应该在通风橱中进行，戴手套、口罩，不能用金属勺或刮刀进行取样称量等操作。禁止震动、撞击和摩擦，避免产生粉尘。避免与氧化剂、酸类、活性金属粉末接触。

3. 急救措施

若不慎与皮肤或眼睛接触，立即用大量流动清水冲洗。若不慎食入，应给误服者饮大量温水，催吐，送医。若不慎吸入，迅速脱离现场至空气新鲜处，保持呼吸道通畅；严重时，给氧、进行人工呼吸，就医。

7.4.6 二甲基亚砜(DMSO)

1. 理化性质

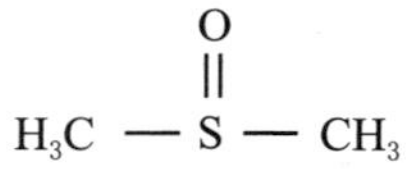

二甲基亚砜简称DMSO,分子式为C_2H_6OS(图7.6),分子量为78.13;无色、无臭、透明吸湿性呈微苦味的液体,它可与许多有机溶剂及水互溶,是重要的极性非质子溶剂。DMSO对人体无毒。但是现代研究表明,DMSO可与蛋白质疏水基团发生作用,导致蛋白质变性,具有血管毒性和肝肾毒性。DMSO是一种渗透型细胞保护剂。能够降低细胞冰点,减少冰晶的形成,是目前最好的细胞冻存保护剂。DMSO与含水的皮肤接触会产生热反应,能够灼伤皮肤并使皮肤有刺痛感,如同皮疹及水泡一样。

图7.6 二甲基亚砜

2. 安全操作

避免吸入其蒸气,避免其与眼睛、皮肤、衣服接触。燃烧DMSO会产生一种有毒气体(氧化硫)。实验中需戴上手套、呼吸器具。要避免接触含有毒性原料或物质的DMSO溶液,因DMSO可能会渗入肌肤,在一定条件下会将有毒物质代入人体。

3. 急救措施

用的时候要避免其挥发,要准备1%~5%的氨水备用,皮肤沾上之后要用大量清水冲洗以及稀氨水洗涤。

7.4.7 放线菌素D

1. 理化性质

放线菌素D,又称更生霉素D,分子式为$C_{62}H_{86}N_{12}O_{16}$(图7.7),分子量为1255.42;鲜红色结晶性粉末,有吸湿性;不溶于石油醚,微溶于水,溶于甲醇、乙醇及乙酸乙酯,易溶于苯、氯仿和丙酮;可燃,燃烧释放有毒氮氧化物烟雾;放线菌素D的溶液对光敏感,光照下逐渐失去活性;有强烈的毒性。动物实验证明它是致癌和致畸变物质,是较为理想的抗肿瘤药物。

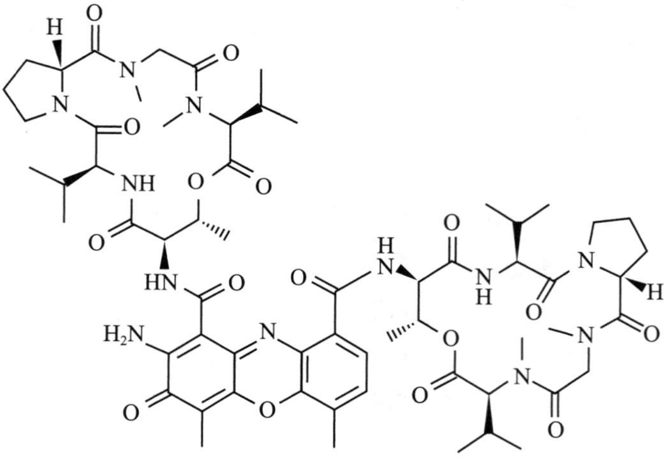

图7.7 放线菌素D

放线菌素D是一种RNA合成抑制剂,主要作用于RNA,作用机理为分子中含有一个苯氧环结构,通过它连接两个等位的环状肽链。此肽链可与DNA分子的脱氧鸟嘌呤发挥特异性结合，使放线菌素D嵌入DNA双螺旋的小沟中，与DNA形成复合体抑制DNA依赖的RNA聚合酶活力，干扰细胞的转录过程，从而抑制mRNA合成，进而阻止蛋白质的合成。

2. 安全操作

戴合适的手套、防尘口罩和安全眼镜，在通风橱或生物安全柜里进行操作。

3. 急救措施

用60%～70%乙醇浸湿泄漏物，以防粉尘扩散，然后放入专用密封容器，待处理。避免吸入其粉末。如果吸入、吞咽或通过皮肤吸收都可能是致命的，也可能引起异常过敏反应。

7.4.8　过硫酸铵

1. 理化性质

过硫酸铵的分子式为$(NH_4)_2S_2O_8$（图7.8），分子量为228.20；无色单斜晶体，有潮解性；易溶于水；吸湿或在水溶液中会分解，与金属接触也会分解，在120 ℃条件下分解放出氧并生成焦硫酸盐；有强氧化性和腐蚀性；与某些有机物或还原剂混合会引起爆炸；助燃，受热产生有毒氮氧化物，硫氧化物和氨气烟雾；眼及皮肤接触可引起强烈刺激、疼痛甚至灼伤，过量吸入可致命。

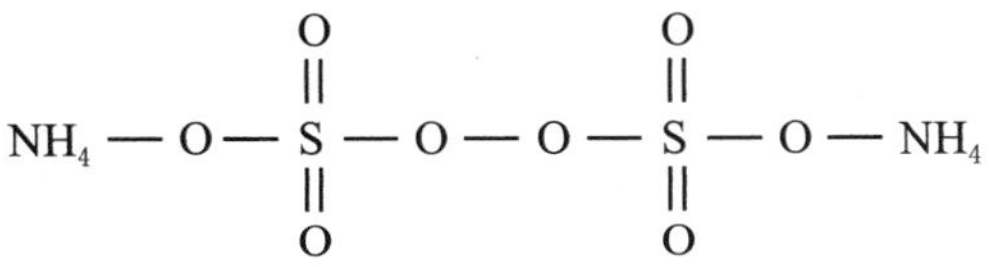

$$NH_4-O-\overset{\overset{O}{\|}}{\underset{\underset{O}{\|}}{S}}-O-O-\overset{\overset{O}{\|}}{\underset{\underset{O}{\|}}{S}}-O-NH_4$$

图7.8　过硫酸铵

2. 安全操作

穿防护服，戴防护眼镜、防护手套，始终在通风橱里操作。远离火源、热源。

3. 急救措施

若不慎与皮肤或眼睛接触，应用流动清水冲洗15 min，及时就医。若不慎食入，立即漱口，饮牛奶或蛋清，及时就医。若不慎吸入，应迅速脱离现场至空气新鲜处，保持呼吸道通畅，必要时进行人工呼吸，及时就医。

7.4.9　过氧化氢

1. 理化性质

$$H-O-O-H$$

图7.9　过氧化氢

过氧化氢的分子式为H_2O_2（图7.9），分子量为34.01；蓝色黏稠状液体；是一种强氧化剂，溶于水、醇、乙醚，不溶于苯、石油醚；水溶液俗称双氧水，为无色透明液体；助燃，与可燃物反应可引起着火爆炸；对呼吸道有强烈刺激性，皮肤接触会引起灼伤，眼睛接触会带来不可逆损伤甚至失明。

2. 安全操作

操作时穿防护服，戴眼睛保护罩、丁腈手套，远离火源、易燃物、可燃物，避免与还原剂、活泼金属粉末接触。

3. 急救措施

若不慎与皮肤或眼睛接触，应用大量流动清水冲洗，必要时应及时就医。若不慎吸入，应迅速脱离现场至空气新鲜处，保持呼吸道通畅，严重时及时就医。若不慎食入，应用水漱口，禁止催吐，及时就医。

7.4.10 甲叉双丙烯酰胺

1. 理化性质

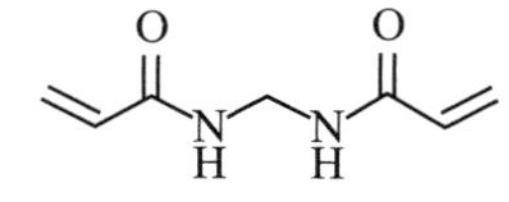

图7.10 甲叉双丙烯酰胺

甲叉双丙烯酰胺的分子式为$C_7H_{10}N_2O_2$(图7.10)，分子量为154.17；白色粉末，无味；微溶于水、乙醇；遇高温或强光则自交联；是一种烈性神经毒剂并可通过皮肤吸收，且效应是累积的，在体内代谢极慢。

2. 安全操作

穿戴适当的防护服和手套，避免长时间接触。甲叉双丙烯酰胺单体具有毒性，很容易通过皮肤吸入，操作时请务必小心谨慎。

3. 急救措施

若不慎与皮肤或眼睛接触，应用流动清水冲洗，就医。若不慎吸入，应脱离现场至空气新鲜处，如感不适及时就医观察。

7.4.11 焦碳酸二乙酯(DEPC)

1. 理化性质

焦炭酸二乙酯简称DEPC，分子式为$C_6H_{10}O_5$(图7.11)，分子量为162.14；无色透明黏稠液体，有水果香；有刺激性，刺激眼睛、呼吸系统和皮肤，低毒，其毒性并不是很强，但吸入的毒性最强；溶于乙醇、乙醚、丙酮和烃，缓溶于水而发生水解，生成乙醇和二氧化碳；可灭活各种蛋白质，是RNA酶的强抑制剂，它和RNA酶的活性基团组氨酸的咪唑环反应而抑制酶活性；是一种潜在的致癌物质，主要是能生成乙酯基衍生物和乙酯类衍生物，其中尿烷是一种已知的致癌物质；在进行RNA实验时，常用DEPC处理实验所用的各种试剂。

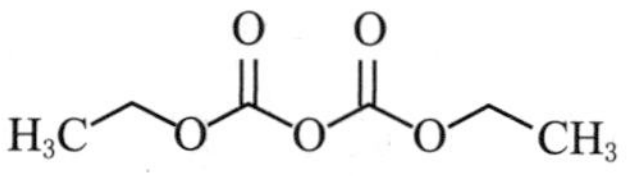

图7.11 焦碳酸二乙酯

2. 安全操作

操作过程尽量在通风橱中进行，并避免接触皮肤。DEPC可能溶解掉某些塑料枪头，量取时要用玻璃器具。DEPC与氨水溶液混合时会产生致癌物质(氨基甲酸乙酯)，使用时需小心。DEPC在Tris和DTT缓冲液中易分解，因此含有Tris和DTT的试剂不能用DEPC处理。要用DEPC水来配制Tris和DTT缓冲液。DEPC水(RNase-free ddH_2O)的配制为在

1000 mL双蒸水中加入DEPC原液1 mL，然后猛烈摇匀，室温静置数小时，再经高压灭菌（121 ℃，20 min），使DEPC降解为二氧化碳和乙醇，失去毒性。

3. 急救措施

使用时戴口罩、手套，若不慎沾到手上应立即用清水冲洗。

7.4.12　肼

1. 理化性质

肼又称联氨，分子式为H_4N_2（图7.12），分子量为32.05；无色油状发烟液体，有类似于氨的刺鼻气味，是一种强极性化合物；能很好地混溶于水、醇等极性溶剂中，不溶于氯仿、乙醚；与卤素、过氧化氢等强氧化剂作用能自燃，长期暴露在空气中或短时间受高温作用会爆炸分解；具有强烈的吸水性，贮存时应用氮气保护并密封；是疑似的人类致癌物；有毒，吸入肼蒸气会出现头痛、头晕、恶心、呕吐、腹泻、眼及上呼吸道刺激症状；能强烈侵蚀皮肤，长期接触可引起神经衰弱综合征，损害眼睛、肝。

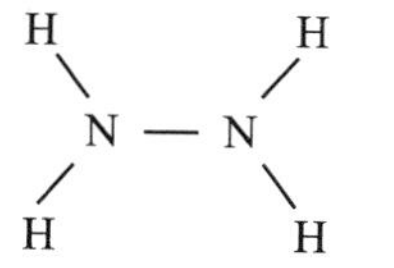

图7.12　肼

2. 安全操作

穿防静电实验服，戴面罩、手套。实验在氮气中操作处置。

3. 急救措施

若不慎与皮肤或眼睛接触，立即用大量流动清水或生理盐水彻底冲洗至少15 min，及时就医。若不慎吸入，应迅速脱离现场至空气新鲜处，保持呼吸道通畅；如呼吸困难，给输氧；如呼吸停止，立即进行人工呼吸，及时就医。若不慎食入，应用水漱口，饮牛奶或蛋清，及时就医。

7.4.13　联苯胺

1. 理化性质

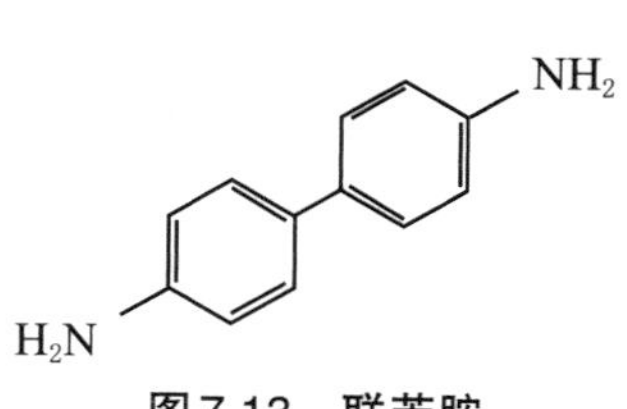

图7.13　联苯胺

联苯胺分子式为$C_{12}H_{12}N_2$（图7.13），分子量为184.24；白色或微带淡黄色的稳定针状结晶或粉末，暴露于空气中光照时颜色加深；微溶于水、乙醚，易溶于乙酸、稀盐酸；可以从热水中重结晶出联苯胺一水合物；可燃，有毒且有强烈的致癌作用；可经呼吸道、胃肠道、皮肤进入人体，引起接触性皮炎，刺激黏膜，损害肝和肾脏，长期接触可引起出血性膀胱炎，膀胱复发性乳头状瘤和膀胱癌 。联苯胺的浓度只要达到6.7 ppb，对人体就有致癌的风险。

2. 安全操作

穿紧袖实验服，戴口罩、手套、防护眼镜。远离火种、热源。

3. 急救措施

若不慎与皮肤或眼睛接触,应用大量清水彻底冲洗。若不慎吸入,应迅速脱离现场至空气新鲜处;如呼吸困难,给输氧;如呼吸停止,立即进行人工呼吸,及时就医。若不慎食入,应给误服者漱口,饮水,洗胃后口服活性炭,再给以导泻,及时就医。

7.4.14 硫酸二甲酯

1. 理化性质

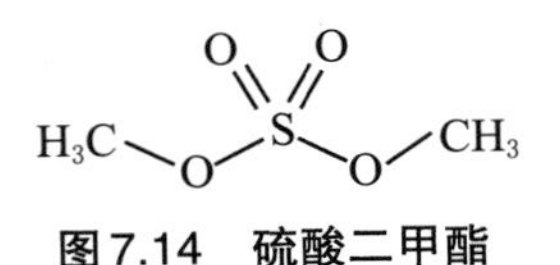

图 7.14 硫酸二甲酯

硫酸二甲酯的分子式为$(CH_3O)_2SO_2$(图 7.14),分子量为126.13;为无色或微黄色,略有葱头气味的油状易燃性液体;18 ℃以上时易溶于水,易溶于乙醚、乙醇、氯仿等有机溶剂;遇水或湿气时水解,遇碱迅速分解;50 ℃时形成的气雾极易水解成硫酸和甲醇;遇热、明火或氧化剂可燃;具有强烈的刺激性和腐蚀性;属于高毒类,损害呼吸系统、神经系统和肝、肾,并产生迟发性生物效应,是人类致癌物;可使DNA甲基化,常作为甲基化试剂使用。

2. 安全操作

穿防护服,戴合适的面罩、安全眼镜和手套,在通风橱中操作。

3. 急救措施

若不慎与皮肤或眼睛接触,应用大量流动清水冲洗20~30 min,如有不适感,及时就医。若不慎吸入,应迅速脱离现场至空气新鲜处,保持呼吸道通畅;如呼吸困难,给输氧;如呼吸、心跳停止,立即进行心肺复苏术,及时就医。若不慎食入,应用水漱口,饮牛奶或蛋清,及时就医。

7.4.15 氯仿

1. 理化性质

氯仿的化学名称是三氯甲烷,分子式为$CHCl_3$(图 7.15),分子量为119.38;无色透明液体;不溶于水,易溶于醇、醚等;易挥发,有特殊气味;对皮肤、眼睛、黏膜和呼吸道有刺激作用,会损害人的肝、肾和中枢神经系统,导致头痛、恶心、食欲不振;长期和慢性暴露能使动物致癌,是人类的可疑致癌物;对光敏感,应贮存于棕色瓶中。氯仿可以使无机相和有机相快速分开,还能抑制RNA酶的活性,所以常用在核酸的提取实验中。

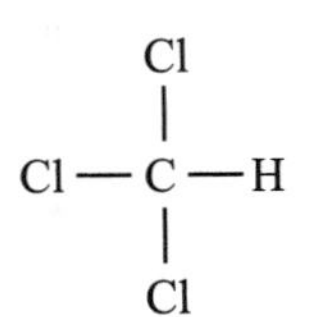

图 7.15 氯仿

2. 安全操作

操作时穿防护服,戴防试剂手套和安全眼镜,在通风橱中操作。

3. 急救措施

若不慎与皮肤或眼睛接触，应用大量流动清水冲洗至少15 min，及时就医。若不慎吸入，应迅速脱离现场至空气新鲜处，保持呼吸道通畅，如仍感不适应及时就医。若不慎食入，应饮足量温水，催吐，及时就医。

7.4.16　β-巯基乙醇

1. 理化性质

β-巯基乙醇的分子式为C_2H_6OS（图7.16），分子量为78.13；为无色透明挥发性液体，具有较强烈的刺激性气味；易溶于水、乙醇和乙醚等有机溶剂，与苯可以任意比例混溶；易吸潮；遇高热、明火或与氧化剂接触，有引起燃烧的危险；受高热分解放出有毒的气体；对眼、皮肤有强烈刺激性，可引起角膜浑浊，吸入、摄入或经皮肤吸收后会中毒。β-巯基乙醇通常用于防止二硫键的氧化，可以作为生物学实验中的抗氧化剂。在SDS-PAGE电泳实验中，β-巯基乙醇用来使蛋白质分子中的二硫键断开。

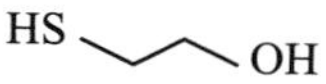

HS　OH

图7.16　β-巯基乙醇

2. 安全操作

避免接触皮肤和眼睛。避免吸入蒸气或雾滴。切勿靠近火源。采取措施防止静电积聚。当使用高浓度储存液时，戴手套和护目镜，在通风橱中操作。

3. 急救措施

当β-巯基乙醇沾染人体或溅入眼内时，应立即用大量清水冲洗，大量接触时应及时就医。若不慎食入或误服，应饮足量温水，催吐，及时就医。若不慎吸入，应迅速脱离现场至空气新鲜处，保持呼吸道畅通。

7.4.17　三羟甲基氨基甲烷(Tris)

1. 理化性质

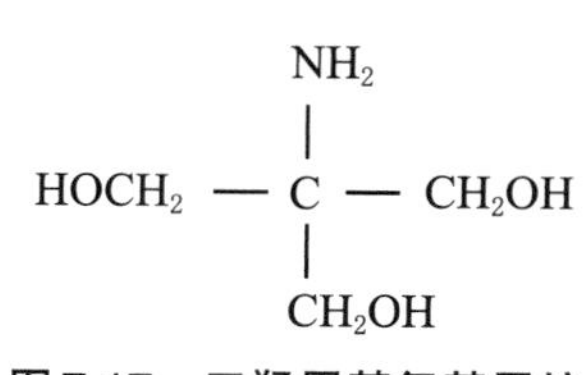

图7.17　三羟甲基氨基甲烷

三羟甲基氨基甲烷的分子式为$C_4H_{11}NO_3$（图7.17），分子量为121.14；是一种白色结晶或粉末；溶于乙醇和水，微溶于乙酸乙酯、苯，不溶于乙醚、四氯化碳；对铜、铝有腐蚀作用；有刺激性；刺激眼睛、呼吸系统和皮肤，吸入、摄入或皮肤吸收可造成伤害；作为生物缓冲剂，用于凝胶电泳配置缓冲液。

2. 安全操作

穿实验服，戴适当的手套、口罩、护目镜或面具。

3. 急救措施

若不慎与皮肤或眼睛接触，应立即用大量清水冲洗，如有必要，及时就医。若不慎吸入，应提供新鲜空气，如有需要则进行人工呼吸，及时就医。若不慎食入，应用水漱口，及时就医。

7.4.18 十二烷基硫酸钠(SDS)

1. 理化性质

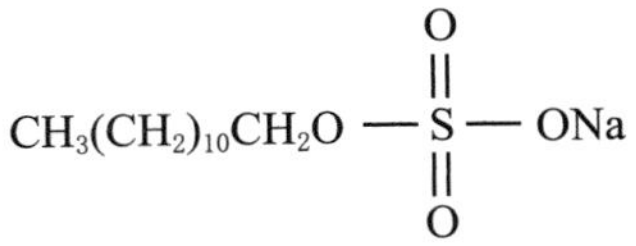

十二烷基硫酸钠的分子式为$C_{12}H_{25}O_4SNa$(图7.18)，分子量为288.38；白色粉末；溶于水，微溶于醇，不溶于氯仿、醚；是一种对人体微毒的阴离子表面活性剂；易损害眼睛；具致敏性、刺激性，可引起呼吸系统过敏性反应；遇明火可燃，受高热分解释放有毒气体；质粒提取时作裂解液，用作破坏细胞膜和Southern杂交时的洗膜液中的去垢剂。

$$CH_3(CH_2)_{10}CH_2O-\overset{\overset{\displaystyle O}{\|}}{\underset{\underset{\displaystyle O}{\|}}{S}}-ONa$$

图7.18 十二烷基硫酸钠

2. 安全操作

穿实验服，戴口罩、手套、防护眼镜。避免吸入其粉末。避免其与氧化剂接触。

3. 急救措施

若不慎与皮肤或眼睛接触，应用流动清水彻底冲洗。若不慎食入，漱口，饮足量温水，催吐，及时就医。

7.4.19 四甲基乙二胺(TEMED)

1. 理化性质

四甲基乙二胺简称TEMED，分子式为$C_6H_{16}N_2$(图7.19)，分子量为116.21；无色透明液体，稍有氨气味；与水混溶，可混溶于乙醇、多数有机溶剂，是极性非质子溶剂；强神经毒性；易燃；对皮肤有刺激性，可致灼伤，可致严重眼损害；遇高热、明火、或与氧化剂接触，有引起燃烧的危险。TEMED可以催化APs产生自由基，从而加速丙烯酰胺的聚合。

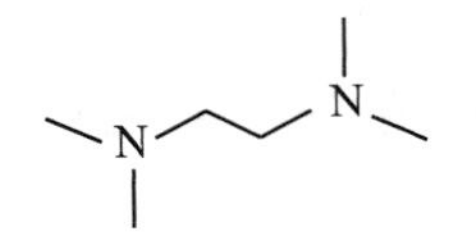

图7.19 四甲基乙二胺

2. 安全操作

穿防静电实验服，戴防护口罩、手套，可能接触其蒸气时，应佩戴防毒面具。

3. 急救措施

若不慎与皮肤或眼睛接触，应立即用大量流动清水冲洗，应及时就医。若不慎吸入，应迅速脱离现场至空气新鲜处，保持呼吸道通畅。若不慎食入，应饮牛奶或蛋清，及时就医。

7.4.20　溴化乙锭(EB)

1. 理化性质

溴化乙锭简称EB，分子式为$C_{21}H_{20}N_3Br$(图7.20)，分子量为394.32；红色或紫色粉末；芳香族荧光化合物，强诱变剂，有高致癌性；可以嵌入DNA分子中，导致错配；当吸入时有极高毒性，皮肤接触及吞食有害；与强氧化剂会剧烈反应；加热时，分解生成含有溴化氢和氮氧化物的有毒气体。

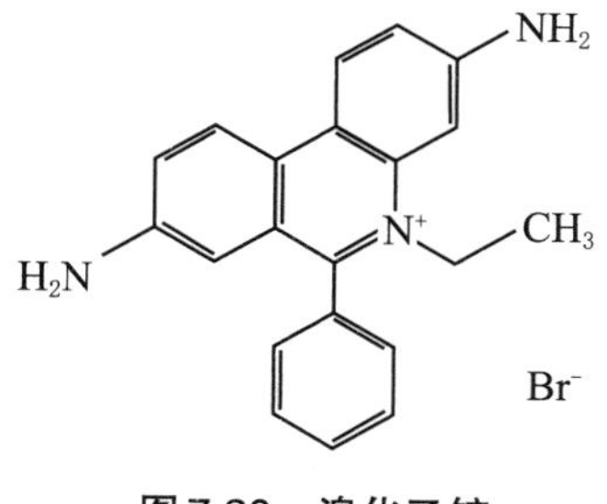

图7.20　溴化乙锭

EB在302 nm紫外光照射下能发射出590 nm的橙色光，是一种高度灵敏的荧光染色剂，观察琼脂糖凝胶中DNA就是利用荧光染料EB进行染色的，它与DNA的结合几乎没有碱基序列特异性。

2. 安全操作

专区操作，避免交叉污染。做好个人防护，称量时要戴口罩和手套，使用含EB的溶液务必戴上手套。由于EB在高温时会蒸发，因此不能在胶太热的时候加入，以防其蒸发而被吸入。被EB污染的桌面和其他物体表面，可用活性炭进行处理。

3. 急救措施

若不慎与皮肤或眼睛接触，应立即用大量清水冲洗。若不慎吸入，应迅速脱离现场至空气新鲜处，注意休息。

7.4.21　乙腈

1. 理化性质

$H_3C—C≡N$

图7.21　乙腈

乙腈的分子式为C_2H_3N(图7.21)，分子量为41.05；无色液体，极易挥发，有刺激性气味；与水混溶，溶于醇等多数有机溶剂；高毒；易燃，其蒸气与空气可形成爆炸性混合物，遇明火、高热能引起燃烧爆炸；与氧化剂能发生强烈反应；作为流动相，应用于高效液相色谱。

2. 安全操作

穿防护服，戴防护眼镜、防护手套。在通风橱中操作。

3. 急救措施

若不慎与皮肤或眼睛接触，应用流动清水彻底冲洗。若不慎吸入，应迅速脱离现场至空气新鲜处，给输氧，进行人工呼吸(勿口对口)。若不慎食入，如患者意志清醒，应催吐，用1:5000高锰酸钾或5%硫代硫酸钠洗胃，立即就医。

7.4.22 异丙基-β-D-硫代半乳糖苷(IPTG)

1. 理化性质

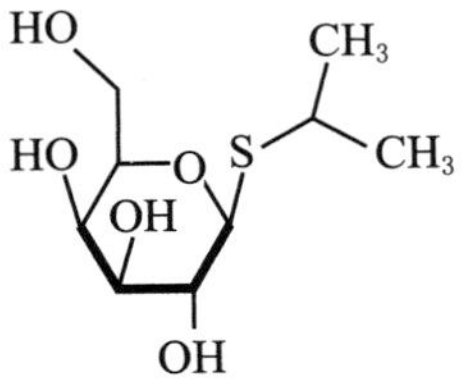

图7.22 异丙基-β-D-硫代半乳糖苷

异丙基-β-D-硫代半乳糖苷的分子式为$C_9H_{18}O_5S$(图7.22),分子量为238.30;白色结晶粉末;易溶于水、甲醇、乙醇,可溶于丙酮、氯仿,不溶于乙醚;可能会造成严重眼刺激;作为常用分子生物学试剂,是β-半乳糖苷酶和β-半乳糖透酶的诱导剂;常用于蓝白斑筛选及IPTG诱导的细菌内的蛋白表达等。

2. 安全操作

操作中应戴合适的手套和安全眼镜,戴防护面具,操作后彻底清洗皮肤。

3. 急救措施

如不慎吸入,应迅速脱离现场至空气新鲜处,如呼吸困难,给输氧。若不慎沾到手上应立即用清水冲洗。

7.5 生物化学与分子生物学实验废弃物的收集与处理

在实验过程中必然产生一定量的固废、废液等废弃物(固体、液体废弃物),这其中既有一般性的废弃物,也有有毒有害的废弃物。如何对这些废弃物进行收集与处理,在第15章中有详细的介绍,这里要补充的是,对一些有毒有害废弃物进行无害化处理,以期达到减少废弃物的输出量和降低后期废弃物处理难度的目的。

对有毒有害废弃物的处理应遵循有效除害、分类收集、集中处理的原则。下面介绍一些实验室有毒有害废弃物的处理办法。

7.5.1 废酸、废碱等废液的处理

实验过程中产生的废酸、废碱等废液可采用中和法、稀释法进行处理。强酸废液用弱碱溶液中和,强碱废液用弱酸溶液中和,使废液最终的pH为中性,然后直接排入下水道。

7.5.2 实验室中失效的铬酸洗液的处理

实验室中失效的铬酸洗液的处理参考第15.4节。

7.5.3 含EB废液的处理

溴化乙锭(EB)是从事生命科学尤其是分子生物学教学和科研活动时经常要接触的化学试剂,是强诱变剂,并有中度毒性。取用含有这一染料的溶液时务必戴上手套。实验结束后,对含EB的溶液应进行净化处理再行弃置,以防止污染环境和危害人体健康。

(1) EB含量大于0.5 mg/mL的废液的处理方法

① 将EB溶液用水稀释至浓度低于0.5 mg/mL。

② 加入与待处理溶液等体积的0.5 mol/L 高锰酸钾,混匀,再加入与待处理溶液等体积的2.5 mol/L 盐酸,混匀,置室温数小时。

③ 加入与待处理溶液等体积的2.5 mol/L 氢氧化钠,混匀并废弃。

(2) EB含量小于0.5 mg/mL的废液的处理方法

① 按1 mg/mL的量加入活性炭,不时轻摇混匀,室温放置1 h。

② 用滤纸过滤并将活性炭与滤纸密封后作为有害废弃物进行处理。

③ 含有EB的凝胶、沾染EB的吸头、手套、清理洒落EB所用的材料、实验室中其他被EB污染的物品,装入指定的袋子并做好标记,再交由相关部门处理。

7.5.4 含叠氮钠废液的处理

叠氮钠属剧毒化学品,具爆炸性。配制溶液时作为防腐剂使用。含有叠氮钠的废液可用以下方法处理:

在通风橱中,将含有叠氮钠的废液慢慢滴入碱性的10%次氯酸钠溶液中(可加入少量氢氧化钠使溶液维持碱性条件)。注意通风橱保持通风。叠氮钠与次氯酸钠发生氧化还原反应,叠氮钠被氧化分解。可用5%氯化铁溶液检测,无血红色证明叠氮钠已被完全氧化分解。

7.5.5 含联苯胺废液的处理

联苯胺作为过氧化物酶最敏感的显色底物,被用于蛋白质印迹、免疫组化、生物芯片等的染色和显色反应。联苯胺的毒性较大,尤其是对泌尿系统,可致膀胱癌。因此在使用联苯胺时要注意防护,使用后的含联苯胺的废液要进行去毒化处理,避免对环境造成影响。

含有联苯胺的废液的处理方法:每升废液(联苯胺的浓度应低于0.9 mg/mL),加入500 mL 0.2 mol/L高锰酸钾水溶液和500 mL 2.0 mol/L的硫酸水溶液,混合后静置至少10 h或过夜。加入草酸脱色,边加边搅拌至废液呈无色。加入碳酸氢钠中和,至废液的pH在6~8(可用pH试纸检测)。最后再混合大量自来水排入下水道。

7.5.6 含氯化汞废液的处理

含氯化汞的废液处理参考第15.4节。

参 考 文 献

[1] 陈彦杰. 实验室废弃DAB去毒性处理方法[J]. 中国现代药物应用,2010,4(15):212-213.
[2] 格林.萨姆布鲁克. 分子克隆实验指南[M]. 贺福初,译. 4版. 北京:科学出版社,2017.
[3] 孙万付. 危险化学品安全技术全书[M]. 3版. 北京:化学工业出版社,2018.
[4] 王敏,郑素芹,段颖. 实验室中对汞及其含汞废液的处理[J]. 黑龙江医药科学,2001(3):85-85.

第8章　遗传学与微生物学实验室安全

遗传学与微生物学实验室，主要从事遗传学及微生物学相关实验教学和研究。遗传学实验主要涉及传统经典实验，是在细胞染色体水平上的研究；微生物学实验也是细胞水平的培养及相关的生化生理研究。在实验过程中，会涉及仪器设备使用安全、药品使用安全、废液处理安全、实验过程操作安全、实验室突发应急处理等方面的安全问题，具体内容详述如下。

8.1　遗传学与微生物学实验室常用仪器及工具使用安全

8.1.1　遗传学与微生物学实验相关的仪器设备使用安全

实验操作人员应当了解和掌握遗传学与微生物学实验相关的仪器设备的安全操作和使用注意事项。

1. 培养箱使用安全

培养箱种类较多，常见的有生化培养箱、光照培养箱及恒温恒湿培养箱。生化培养箱用于培养霉菌、细菌、真菌等微生物，光照培养箱一般用于培养需要光照的植物，而恒温恒湿培养箱则用于长期培养并对湿度有要求的实验对象，如模式动物果蝇或动物受精卵孵化。

(1) 生化培养箱的安全操作和使用注意事项

生化培养箱的安全操作：

① 打开箱门，将待处理物件放入箱内搁板上，关上箱门。

② 接通电源，将三芯插头插入电源插座，将面板上的电源开关置于“开”的位置，此时仪表出现数字显示，表示设备进入工作状态。

③ 通过操作控制面板上的温度控制按钮设定所需要的箱内温度。

④ 仪器开始工作，箱内温度逐渐达到设定值，经过所需的处理时间后，处理工作完成。

⑤ 关闭电源，待箱内温度接近环境温度后，打开箱门，取出物件。

使用生化培养箱的注意事项：

① 生化培养箱需要的工作环境为：相对湿度为≤80%、环境温度为5～32 ℃、气压为86～106 KPa，培养箱周围要保证有10 cm以上的间隔以利散热，并且不能有强烈震动及腐蚀性气体的存在，同时避免阳光直射和其他冷热源的影响。

② 培养箱应接通与本仪器相匹配的电源，一般使用墙上插座供电，如果使用插线板，插线板不能直接放地上，防止地面有水漏电短路。同时保证插线板接地端可靠接地。

③ 培养箱内箱体底层不能放置实验材料，搁板上的物品也不能放的过多，以免影响气流循环。

④ 培养箱首次使用或久置后重新使用前，必须打开空载6～8 h，观察其温控是否稳定，防止因为温控装置故障造成教学科研损失。

⑤ 培养箱要定期清洁消毒，防止微生物滋生影响实验结果，清洁时不能用酸碱及其他腐蚀性溶液，可用中性洗涤剂擦洗，并用干布擦净。如果必须用乙醇消毒时，一定要在消毒结束后敞开培养箱门让乙醇充分挥发，防止箱内乙醇浓度过高而在仪器工作时造成爆炸事故。

⑥ 当生化培养箱不用时应断开电源，并保持箱内干净干燥。

(2) 光照培养箱的安全操作和使用注意事项

光照培养箱的安全操作：

① 用光照培养箱箱体底部调节螺钉调节高度使箱体安置平稳。

② 插上电源插座，按下电源开关，显示屏亮，此时显示屏所显示的是培养箱箱内的实际温度。

③ 设定温度，按下温度设定数字按钮，此时如果培养箱内的实际温度比设定温度低，加热指示灯亮，加热器开始工作；如果培养箱内的实际温度比设定温度高，制冷指示灯亮，制冷系统开始工作；如果加热指示灯与制冷指示灯均暗，则培养箱处于恒温状态。

④ 光照强度由箱内日光灯控制，使用时可根据需要选择光照培养箱面板光强数字调节光照强度。

⑤ 昼夜运行时间控制，可根据需要设定白天及黑夜工作时长参数。

⑥ 当仪器停止使用时，应拔掉电源插头。

使用光照培养箱的注意事项：

① 光照培养箱比普通生化培养箱多了光照系统及制冷压缩机系统，通常整个箱体要大些。放置时为确保冷凝器散热效果，箱体后侧与墙壁距离应大于10 cm，箱体侧面应有5 cm间隙，箱体顶部至少应有30 cm空间。

② 光照培养箱箱内不需要照明时，应将照明灯关掉以免影响上层温度。

③ 光照培养箱背后有一出水管，当使用温度较低时会有少量水排出，用皮管接入容器或下水道。

(3) 恒温恒湿培养箱的安全操作和使用注意事项

恒温恒湿培养箱的安全操作：

① 打开加湿器水箱，注入4～5 L纯水，旋紧水箱盖，平稳地放在机座上，将加湿器的软管连接到箱体进气口。

② 将电源开关打开，通过控制面板设定温度、湿度及时间参数。

③ 各运行参数达到设定值并稳定后方可进行恒温恒湿培养。

使用恒温恒湿培养箱的注意事项：

恒温恒湿培养箱是一类对温度、湿度要求精度比较高的培养箱，这类培养箱在前两种培养箱基础上增加了恒湿功能，所以它配备了水箱和内置加湿器，水箱内通常贮存的是纯水，以防止产生水垢，水温在40 ℃以下。当水箱水位低于保护开关时应及时补水，每周更换箱内存水，并用毛刷清洁污垢。

2. 烘箱使用安全

烘箱是一类实验室常用实验仪器，当用于干热灭菌时，需要较高的温度，因而使用时要特别注意安全。

(1) 烘箱的安全操作

① 把需要干燥处理的物品放入烘箱内，关好箱门。

② 打开电源开关。

③ 设定需要的温度和时间，启动烘箱。

④ 使用结束后关闭电源，取出干燥的物品。

(2) 使用烘箱的注意事项

① 烘箱应安放在室内干燥和水平处，防止振动和腐蚀。设备周围要留有一定空间以便散热。

② 注意用电安全，最好使用墙上插座，并保证有可靠接地。

③ 烘箱周围不得放置或堆积易燃、易爆、易挥发性物品，如纸类、汽油、乙醚等。

④ 严禁将易燃、易爆、易挥发性物品放到烘箱内烘烤，以免发生爆炸事故。平时烘烤清洗后的玻璃器皿时，也要充分沥干流水再放入烘箱内烘烤。

⑤ 严禁将不耐高温的塑料制品，如塑料烧杯、塑料量筒等放入烘箱内高温烘烤，防止塑料制品受热变形甚至融化。

⑥ 放入实验用品时不能过分拥挤，以免影响热气流向上流动，特别是干热灭菌时，会导致灭菌不彻底。

⑦ 干热灭菌时一般将温度调到160～170 ℃为宜，达到设定温度后持续2 h。温度过高，纸和棉花会被烤焦，甚至达到纸类燃点造成火灾。灭菌物品不能直接放在烘箱底板上，防止包裹灭菌物品的报纸被烤焦。一般玻璃培养皿灭菌是将玻璃培养皿装在不锈钢灭菌桶里灭菌。

⑧ 使用鼓风干燥箱时必须将鼓风机打开，否则会影响工作室温度的均匀性分布和损坏加热元件。

⑨ 使用烘箱时，不要超过烘箱的最高使用温度。当使用温度超过60 ℃时，要在烘箱上贴上“高温”标识。

⑩ 烘箱内温度较高时，不要立即打开烘箱门，防止热气流灼伤自己，可以先关闭电源，开启烘箱门露出一条缝隙散热。取放实验用品时要佩戴专门的防烫伤手套。

⑪ 烘箱在干热灭菌时要有专人在旁边巡视，并在烘箱门上挂上“高温”“使用中”的警示标识。一般烘箱不能过夜使用，防止长时间加热无人看管引起火灾。

⑫ 烘箱使用一段时间后，要清洁处理，如果使用乙醇等挥发性消毒剂，必须在消毒处理工作完成后打开烘箱门，使易燃性消毒剂充分挥发消散后，才能关闭烘箱门，待下次使用。

3. 实验室冰箱使用安全

实验室冰箱种类较多，常用的有普通冰箱、防爆冰箱和超低温冰箱。

（1）普通冰箱的安全操作和使用注意事项

普通冰箱的安全操作：

① 平稳摆放冰箱，插上电源，将温度设定到所需要的数值。

② 如果移机的话，需要放置24 h，再通电使用。

③ 放入样品，关上冰箱门。

使用普通冰箱的注意事项：

① 普通冰箱内部的机械温控器、风扇、照明灯等设施在启动时易产生电火花，而往往实验室冰箱存放的试剂材料中会有挥发性易燃有机溶液，如果因为容器密封不严产生泄漏，其蒸气在冰箱中积聚，达到一定浓度时，一旦遇到电火花就会燃烧爆炸。因此如果非防爆冰箱中存放化学用品，应将冰箱改造后使用，主要措施是将可能产生电火花的部件移到箱体外。对于像乙醚这类极易挥发且易燃的液体严禁放入冰箱内。

② 冰箱应放置在通风良好、非阳光直射，同时上下左右都有散热空间的地方，周围没有热源、易燃易爆物品及气体钢瓶等。插座应当单独配置。

③ 存放强酸、强碱以及腐蚀性物品必须选用耐腐蚀性的容器，并且存放在托盘内，以免器皿被腐蚀后药品外泄。

④ 冰箱内存放的各种药品必须贴上标签，标签上写明名称、浓度、责任人、日期等信息，并定期对冰箱进行清理。

⑤ 存放试剂瓶、烧瓶一类重心较高的玻璃器皿时应加以固定，防止打开冰箱门时发生倒伏。

⑥ 冰箱内严禁存放与实验无关的食品、饮料等物品。

⑦ 冰箱内部要定期清洁，防止滋生霉菌等微生物，对有霜型冰箱要定期除霜。

⑧ 冰箱原则上使用年限为10年，超过10年应当报安全部门检查并审批后才能继续使用，否则应予以报废。

（2）防爆冰箱的安全操作和使用注意事项

防爆冰箱属于特种冰箱，用来存储低温环境下易燃、易爆、易挥发的物品，比如酒精、医用药品试剂。遗传与微生物学实验室通常需要存放70%乙醇浸泡的实验材料，应采取密封保存措施，然后再放入防爆冰箱内。防爆冰箱采用的是电子温控、除霜传感器，设置封闭型内胆，更加可靠、安全。通过可导内胆和可导抽屉防止静电产生，安全系数高。

防爆冰箱的安全操作：

① 防爆冰箱移机后应静置24 h再通电开机，避免电路故障。

② 初次使用或重新启用前，先将温控器调至强停档，再将温控器旋钮调至3档发动，避免烧坏压缩机。

③ 空箱（不存放任何物品）运行一段时间，一般最短1 h，最长6 h。

④ 放入样品，关上冰箱门。

使用防爆冰箱的注意事项：

防爆冰箱首次使用要注意应空箱运行一段时间，一般最短1 h，最长6 h，确定设备能够正常运行后，再将物品放进去。平时使用时应注意查看说明书，分清哪些物品可以存放，哪些物品不能存放。另外在使用中停机了，需要等待至少5 min以上才能再开机，以免短时间开关机损坏压缩机。

(3) 超低温冰箱的安全操作和使用注意事项

超低温冰箱主要用于生物样本、药品、细胞以及菌种的保存，在遗传学与微生物学实验室中多用于保存菌种。超低温冰箱温度范围大致从−40 ℃至−150 ℃，其中−80 ℃超低温冰箱最为常用。

超低温冰箱的安全操作：

① 超低温冰箱移机后应静置24 h再通电开机。

② 使用控制面板设定温度参数。

③ 戴上防冻伤手套按分配的空间有序存放样品。

④ 放好样品后，关好门，扣紧搭扣。

使用超低温冰箱的注意事项：

① 使用环境温度要在32 ℃以下，因为超低温冰箱散热多，所在房间应配置空调，防止环境温度过高导致压缩机持续工作造成损坏。

② 在搬运冰箱过程中，冰箱倾斜不能超过45度。

③ 不要靠近热源，避免阳光直射。

④ 超低温冰箱放置环境要干燥通风，周围无腐蚀性气体。

⑤ 不得靠墙，机身距离墙壁要在30 cm以上。

⑥ 使用正常合适的电源，要有单独的插座，合适的保险丝。

⑦ 断电或搬运后，必须静置24 h才能通电。

⑧ 存放样品要迅速，不得长时间在箱门打开的状态下翻找物品。

⑨ 冰箱内为−80 ℃超低温环境，取放样品时，应戴上手套防止冻伤。严禁一次性放入过多相对较热的物品，不然将会造成压缩机长时间运转，很容易烧毁压缩机。物品一定要分批放入，阶梯式降温到所需要的低温。

⑩ 超低温箱内不得存放易燃、易爆、易挥发的危险品以及强腐蚀性的酸碱物品。

⑪ 当发生意外停电时，应依次关闭电池开关、电源开关、外部电源。来电后，依次反向打开所有开关。

⑫ 除霜时必须切断冰箱电源然后把门打开自然化霜，严禁用硬物撬除冰霜，严禁用热水冲洗冰霜。

4. 摇床使用安全

摇床是微生物学实验中用于培养、制备生物样品的常用生化仪器设备，广泛用于对温度和振荡频率有较高要求的细菌培养、发酵等。

摇床在安装及使用过程中都要严格遵守安全操作规程，以避免设备出现不必要的故障。

(1) 摇床的安装及安全操作

① 将摇床放在平坦、坚固的地面上。

② 检查摇板上的固定螺钉，发现松动要及时紧固。

③ 放入三角瓶，以摇板几何中心为中心，对称平衡均匀分布，确保三角瓶不得超出摇板，关上工作腔门。

④ 通电并设置温度和转速。

⑤ 进行微生物样品的振荡培养。

⑥ 取样时，要先打开腔门，等摇床停止摇动，再将三角瓶拿出取样，取样完毕后，将三角瓶放回并重新关上腔门，待摇床工作正常后才能离开。

(2) 使用摇床的注意事项

① 将摇床放置在能够支撑摇床以及所有相关零部件重量的水平地面或工作台上，如果地面不平，应调整摇床四个角的螺丝使摇床处于水平状态，否则摇床工作时会出现异常震动。

② 请在使用前确认当地电源、电压是否符合要求，建议将设备连接到已安装接地保护的专用电源。

③ 将气泡水平仪放置在中心顶部的驱动轴承壳上，进行设备的调平。

④ 摇床高速旋转工作时，为避免仪器产生大的振动，培养瓶应在摇板上对称放置，各瓶的培养液体积应大致相等。

⑤ 应将三角瓶牢固地固定于摇床上，需确保摇床工作时，三角瓶不会甩动。

⑥ 取样过程中，如发现有样品缺少(包括塞子掉落)应关闭总电源，尽可能用镊子等将杂物去除，必要时需拆卸部分零件进行清理，切勿在摇床工作时用手直接处理。

⑦ 禁止将塑料泡沫制成的管架放入摇床，以免泡沫粒子吸入风机转轴，导致风机过热而烧毁。

⑧ 取样时，需等摇床速度降为0时才能操作。

⑨ 在使用过程中，严禁将手指伸入卡槽的间隙中。

⑩ 摇床在运行过程中严禁移动。

⑪ 摆放摇床的工作平台不能过于平滑(如瓷砖等)。

⑫ 摇床在高处使用时，应有人看管。

⑬ 为了摇床平稳工作，启动时速度应慢慢上调，切勿突然高速启动，最高速度切勿超过仪器限定的最大转速。

(3) 摇床的维护保养

① 摇床表面应经常擦洗，以保持清洁，擦洗时应避开仪表控制箱的侧面，以免水滴落入仪器内，损坏仪器。

② 仪器经常使用时，每几个月应加注一次适量的润滑脂，定期检查保险丝盒、控制元件是否正常及仪器各处紧固螺钉是否松动。

③ 摇床长期使用后，如果出现故障，应由专业维修人员进行维修，不能轻易拆卸。

④ 当摇床夹具过紧，玻璃器皿破裂导致培养液流入摇床时，应立即停止摇床运行，待摇床转速降为0后，断开电源，小心清理污染物。

⑤ 摇床长期不用时(特别是雨季或潮湿季节)，应定期(每隔1个月)通电运行5～8 h以

去除设备电气元件吸附的水分。

5. 微波炉的使用安全

微波炉是实验室常见的加热设备，功率较大，应注意使用安全。

微波炉采用的是电磁波加热，这种电磁波的能量比通常的无线电波大得多，能使物品快速升温，但它只能穿过陶瓷、玻璃和塑料等绝缘体材料，不能穿过金属，一旦遇到金属就发生反射，金属不能吸收和传导它。在加热含水分的物品时，微波炉中的磁控管发出微波，它能产生每秒24.5亿次振动频率的微波，这种肉眼看不见的微波能穿透待加热物品达5 cm深，并使物品中的水分子也随之运动，剧烈的运动产生了大量的热能，使物品变热。

使用微波炉的注意事项：

① 使用微波炉加热培养基时，操作者不要靠近微波炉。微波炉有较强的辐射，对人体有害，一般工作时不要打开炉门，同时要密切注视微波炉内培养基加热情况，防止液体沸腾进而流进炉舱内。

② 停止加热后要静置1 min再打开炉门，防止液体突然滚沸。

③ 微波炉内禁止加热密封性材料和锡纸之类的金属材料；禁止空载，空载会损坏磁控管，引发自燃。

④ 微波炉在加热时散热口处不能放置任何密封性材料，这样容易引起微波炉着火。

6. 电磁炉的使用安全

电磁炉也是实验中常用的加热工具，电磁炉是利用电磁感应加热原理，交变电流通过陶瓷板下方的线圈产生磁场，磁场内的磁力线穿过铁锅、不锈钢锅等底部时，产生涡流，令锅底迅速发热，达到加热物品的目的。

使用电磁炉的注意事项：

① 使用电磁炉加热时，器具内的水如果装的太满，加热后可能会溢出，造成电器短路，烧坏电磁炉。

② 加热操作时，应有人值守。使用电磁炉时，严禁干烧，干烧会损害电路板，可能引发火灾。

③ 电磁炉在使用后，炉板会有余热，不要用手去触摸炉板，避免被烫伤。

④ 电磁炉在使用后，不要马上拔掉电源，以便风扇继续工作，使电磁炉降温。

⑤ 电磁炉平时要注意清理，炉面炉内要保持干净干燥，远离水气。

⑥ 清洁电磁炉时，应待其完全冷却，可用少许中性洗涤剂，切忌使用强洗涤剂，也不要用金属刷子刷面板，更不允许用水直接冲洗。

7. 高压灭菌锅的使用安全

高压灭菌锅的使用安全请参考第5.6节。

8. 显微镜的使用安全

显微镜的使用安全请参考第9.3节。

8.1.2 遗传学与微生物学实验相关的工具材料使用安全

实验操作人员应当了解和掌握遗传学与微生物学实验相关的工具材料使用安全。

1. 酒精灯的使用安全

酒精灯是微生物学实验室常用的加热工具,因为使用明火,所以必须规范操作才能保证安全,下面列举几点安全使用规范:

(1) 酒精灯使用前检查

使用前先拧松、取下灯芯管,检查灯身有无裂痕、有无酒精外漏,外漏酒精要擦拭干净,防止点火后引燃周边物品;检查灯芯高低、松紧、是否平整,灯芯的高度为0.3~0.5 cm。

(2) 添加酒精

添加酒精时,不要超过酒精灯容积的三分之二,使用过程中酒精不少于容积的三分之一。绝对禁止向燃着的酒精灯里添加酒精,以免失火。

(3) 点火

左手扶灯身,右手取下灯帽,等1~2 min后用燃着的火柴点燃酒精灯,尽量不要使用打火机,防止局部可燃气体浓度过高引起爆炸。禁止用酒精灯点燃另一个酒精灯。

(4) 加热

保证被加热的玻璃容器外壁没有水;使用酒精灯外焰加热;不允许手持物品加热;不可用纸张等易燃物品将酒精灯围住;不允许任何东西触碰燃着的酒精灯芯。

(5) 熄灭

熄灭酒精灯时,左手扶灯身,右手拿灯帽,灯帽倾斜,快而轻地盖上,盖灭后,马上再打开,让灯芯周围的水蒸气散发出去,避免灯芯周围水蒸气积留,以便再次使用酒精灯时,容易被点燃,最后盖上酒精灯帽。禁止用嘴吹灭酒精灯。

(6) 其他注意事项

① 中途添加酒精时,必须先熄灭酒精灯火焰,再添加酒精;添加酒精时借助小漏斗,以免酒精洒落出来,如果不慎洒落出来,应用湿布擦净。

② 酒精灯内的酒精切不可装的太满,否则灯芯的燃烧点离酒精太近容易导致酒精灯爆炸。

③ 酒精灯如果不慎倾倒,此时只能用湿布、灭火毯或砂土盖灭,不可用水灭火。

④ 拿酒精灯时要使用双手,一手拿灯身,一手托着酒精灯底部,不可以拿点着的酒精灯到处走动。

⑤ 使用酒精灯时要穿长袖实验服,长发者头发应束于脑后。

⑥ 酒精灯不用时要盖上灯帽。如果灯芯直接暴露在空气中,会使酒精灯内的酒精通过灯芯持续挥发,倘若酒精灯周围通风不良,挥发的气体就会积聚在周围,点火时很容易产生气爆现象,容易灼伤操作者。

⑦ 在生物安全柜中用酒精棉球擦过的物品,酒精没有完全挥发之前不要靠近酒精灯。另外生物安全柜或超净台内的空气是流动的,普通的酒精灯常被烧裂,如不及时更换,易引

起酒精溢出，甚至直接引燃酒精灯内酒精与空气的混合气体导致爆炸。

2. 接种环的使用安全

接种环是微生物实验中常用的工具，如果操作不规范，不但在接种时容易染菌，而且容易产生微生物气溶胶污染。微生物气溶胶是指悬浮于空气中的微生物所形成的胶体体系，它包括分散相的微生物粒子和连续相的空气介质。微生物气溶胶可以通过黏膜、皮肤伤口、消化道及呼吸道侵入机体，但主要是通过呼吸道感染机体，其中1～5 μm的微生物气溶胶粒子可直接进入肺泡，最易感染人体。

当接种环上菌体较多时，假如直接进行高温灼烧，会使菌体急速受热形成气溶胶喷溅，污染空气和操作台面，影响无菌操作的效果，还可能引起操作者的感染。为避免这一现象的发生，可先将接种环置于酒精灯内焰附近进行加热(也可将接种环置于离外焰一定距离处烘烤)，此处温度相对较低，不会引起菌体快速受热形成气溶胶喷溅；待菌体受热完全干燥以后(根据经验估计时间)，再将接种环移至外焰，利用高温彻底消灭菌体，金属环部分要烧至通红，最后再对接种环和手柄之间金属丝部位进行一次过火灼烧灭菌即可。值得注意的是，当接种环蘸取菌液后，由于液体较多，受热后液滴炸裂更易形成微生物气溶胶，通常需要先用吸水纸吸干，再灼烧灭菌。

3. 气体钢瓶的使用安全

气体钢瓶的使用安全请参考第5.5节。

4. 锐器的使用安全

锐器是指具有锋利刃口或(和)锐利尖端作为致伤物的器物。锐器大多是金属制作的，但具有以上特点的玻璃片、骨针、竹矛、木刺等也是锐器。生物学实验中常用到的锐器有一次性注射器针头、输液针头、解剖刀、眼科镊、手术剪、载玻片、盖玻片等。这些器械在实验过程中能够刺穿或割伤皮肤，下面介绍遗传学和微生物学实验中常出现的锐器的安全操作和处理方式。

(1) 一次性使用无菌注射器

一次性使用无菌注射器由注射器外套、芯杆、橡胶活塞及注射针组成。在生物学实验中经常使用一次性注射器，例如遗传学实验中常使用注射器给小鼠等实验动物注射药物，果蝇伴性遗传实验中使用注射器吸取乙醚麻醉果蝇。学生使用一次性注射品时，如果操作不规范，例如一边拿着使用中的注射器一边四处走动，使用过后忘记套上针头帽等，都可能导致自己或他人被针头刺伤。如果不慎被针头刺伤，先用肥皂和清水冲洗伤口，挤出伤口血液，再用消毒液(75%乙醇或0.5%碘伏等)涂抹消毒，并立刻去医院进行后续治疗，必要时要注射相应的疫苗防止感染血源性传染病。

使用注射器进行注射操作时，应先将注射器针头部位朝上，推动注射器活塞，并用手指轻弹，把注射器及针头内的空气排出，然后将针头呈45度角扎入皮下注射试验药剂。使用结束后禁止用手分离注射器针头，应使用止血钳去除针头，避免意外刺伤。用过的一次性注射针头必须迅速丢弃在锐器桶，锐器桶必须防渗漏、防穿透。如果锐器桶中的废弃物具有感染性，实验结束后应立即连桶一起高压灭菌，然后再作为实验室废弃物处理。

（2）金属类锐器

在遗传学实验中经常用到解剖针和尖头镊子处理实验材料，经常有学生手持锐器走动或与他人交流，发生刺伤自己和他人的情况，因此手持锐器时不要来回走动，确需走动则必须将锐器放在腰盘中。如果不慎刺伤，一定要用流水冲洗并涂上碘伏消毒，然后去医院就诊。

（3）破碎玻璃器皿的处理

遗传学和微生物学实验中经常用到三角瓶、培养皿等玻璃器皿，如果操作不慎打碎玻璃器皿或因高温灭菌引起玻璃器皿碎裂，注意不能徒手拿取这些碎玻璃以防割伤。如果碎在地面，内容物无害，要第一时间提醒周围做实验的同学注意碎玻璃，同时用扫帚簸箕、夹子、镊子等将散落的玻璃碴清理至锐器桶，并检查角落里是否还有碎玻璃残留，防止扎伤别人。如果玻璃碎在灭菌筐或桌面且内容物无害，应用毛刷将碎玻璃清理干净，放入锐器桶中。如果内容物有害，特别是挥发性的液体（如乙醚），应当第一时间通知他人从事故现场外围小心撤出，现场处理人员要及时戴上防毒面具，打开实验室强排风系统排出有害挥发性液体。待液体挥发干净后，再清理碎玻璃。如果器皿中是腐蚀性液体（如盐酸），要及时用弱碱中和后再清理。

8.2 遗传学与微生物学实验危险化学品的安全使用

遗传学与微生物学实验室需要用到一些化学试剂，不少属于危险化学品。危化品是指有毒害、腐蚀、爆炸、燃烧、助燃等性质，对人体、设施、环境具有危害的剧毒化学品和其他化学品。

下面介绍遗传学与微生物学实验常用的危险化学品及有毒生物制剂。

8.2.1 丙酸

1. 理化性质

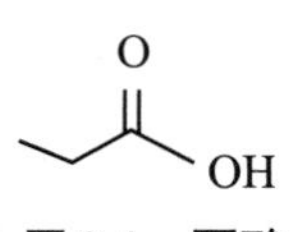

图8.1 丙酸

丙酸分子式为$C_3H_6O_2$（图8.1），分子量为74.08，丙酸又称初油酸，是三个碳的羧酸，具有一般羧酸的化学性质。纯丙酸是无色、有腐蚀性的易燃液体，有刺激性气味，常用作防腐剂。吸入丙酸对呼吸道有强烈刺激性，可发生肺水肿。其蒸气对眼睛有强烈刺激性，液体可致严重眼损害，皮肤接触可致灼伤。误服会致恶心、呕吐和腹泻。

2. 安全操作

丙酸在遗传学实验中主要用于制备防腐剂，例如饲养果蝇时，培养基中必须加入丙酸，防止霉菌侵染。实验操作应在通风橱内进行，并佩戴安全防护镜防止丙酸溅出灼伤眼睛。丙酸易燃，其蒸气可与空气混合形成爆炸性混合物，与氧化剂能发生强烈反应。因此储存时应通风，并避免与碱类、强氧化剂、强还原剂混合放置。

3. 急救措施

如果实验操作时，皮肤接触到丙酸，要用清水冲洗；眼睛不慎溅入时应当立刻用清水或生理盐水冲洗；如果不慎发生火灾，应用水喷射溢出的液体，使其稀释成不燃性混合物以达到灭火目的。也可使用抗溶性泡沫、干粉、二氧化碳、砂土。防腐剂一般用量比较少，产生的废液应当按照化学废液规范倒入废液桶，不能直接倒入下水道，防止污染环境。

8.2.2　甲醇

1. 理化性质

甲醇分子式为CH_4O（图8.2），分子量为32.04，甲醇是一种无色、透明、易燃、易挥发的有机液体，略有酒精气味。它能与水、乙醇、乙醚、苯、酮、卤代烃和其他许多有机溶剂相混溶，遇热、明火、或氧化剂易燃烧，甲醇燃烧时无烟，火焰呈蓝色。

$H_3C — OH$

图8.2　甲醇

2. 安全操作

甲醇在实验中常用于配制溶液，因为具有较强的挥发性，当甲醇蒸气和空气混合达到甲醇的爆炸浓度范围（6%～36%）时，遇火源就会爆炸。此外由于甲醇的引爆能量小，绝大多数的潜在引爆源，如明火、电气设备点火源、静电火花放电等具有的能量一般都大于该值，因此决定了甲醇蒸气的易爆性。

甲醇应存储于阴凉、通风的库房里，远离火种、热源。库房温度不宜超过30 ℃，保持容器密封。应与氧化剂、酸类、碱金属等分开存放，切记勿混储。应采用防爆型照明、通风设施。如遇火灾，常使用二氧化碳灭火器、干粉灭火器等进行灭火。

3. 急救措施

甲醇具有低毒性，经呼吸道、胃肠道和皮肤吸收可使人中毒，皮肤接触时，应立刻脱去被污染的衣物，用清水清洗被污染的皮肤；眼睛接触时，要立刻提起眼睑，用清水或生理盐水冲洗后及时就医；不慎吸入时，要迅速脱离现场到空气清新处，保持呼吸道通畅，如果呼吸困难要立刻输氧，及时就医。如果进入胃肠道，应当立刻使用碳酸氢钠洗胃，喝肥皂水导吐，从而减少甲醇在体内的含量，然后去医院就治。

8.2.3　甲醛

1. 理化性质

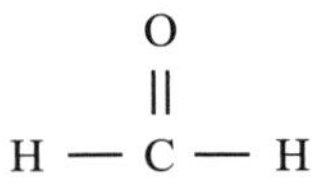

O
||
H — C — H

图8.3　甲醛

甲醛分子式为CH_2O（图8.3），分子量为30.03，甲醛又称蚁醛，无色、有刺激性气味，易溶于水和乙醇。甲醛水溶液中甲醛的浓度最高可达55%，一般是35%～40%，通常为37%，称作甲醛水，俗称福尔马林。对人眼、鼻等有刺激作用，长期接触容易引发癌症。

甲醛具有还原性，尤其在碱性溶液中，还原能力更强，与氧化剂接触反应猛烈。能燃烧，在遇到明火、高热时易引发爆炸。甲醛蒸气与空气可形成爆炸性混合物，爆炸极限为7%～73%(体积)，闪点约83 ℃。

在遗传学和微生物学实验中使用甲醛水溶液配制生物染色剂和保存动植物材料标本(防腐剂)，比如改良苯酚品红。

2. 安全操作

甲醛对人体有害，在配制甲醛溶液或使用甲醛溶液时，应当在通风橱内操作。在储存时应当与还原剂、酸类、碱类分开放置，并放在由局部排风功能的柜子里。取用时要避免包装破损，以防泄漏。

3. 急救措施

若不慎与皮肤接触，应立即脱去污染的衣服，用大量的流动清水冲洗20～30 min，如有不适立即就医。若不慎与眼睛接触，应立即提起眼睑，用大量的流动清水或生理盐水冲洗10～15 min，如有不适立即就医。若不慎吸入，迅速脱离现场至空气新鲜处，保持呼吸道畅通。如遇呼吸困难立即输氧就医。若不慎食入，应口服牛奶、醋酸铵水溶液等用于消化道吸附、清除消化道毒素，同时立刻就医。引起火灾时，灭火要用雾状水、抗溶性泡沫、干粉、二氧化碳、砂土。少量泄漏用砂土或其他不燃材料吸收。

8.2.4 氢氧化钠

1. 理化性质

氢氧化钠分子式为NaOH，分子量为40.01，氢氧化钠又名烧碱、火碱、苛性碱，白色不透明固体，易潮解。氢氧化钠不会燃烧，遇水或水蒸气大量放热，形成腐蚀性溶液。与酸发生中和反应并放热。具有强腐蚀性。

2. 安全操作

氢氧化钠通常用于配制溶液、调节pH、中和废酸。操作时应戴防护头罩，穿橡胶耐酸碱服和戴橡胶耐酸碱手套。稀释或制备氢氧化钠溶液时，应把氢氧化钠缓慢加入水中，避免沸腾和液体飞溅。氢氧化钠存储时，应防潮和防雨水侵入，应与易燃、可燃物及酸类分开存放。

3. 急救措施

如果皮肤不慎接触到氢氧化钠溶液，应立即用大量清水冲洗，再涂上3%～5%的硼酸溶液。如果溶液溅入眼睛，立即用流动清水或生理盐水冲洗至少15 min，就医。如果不慎食入，应用水漱口，禁止催吐，饮牛奶、蛋清，或口服稀释的醋或柠檬汁，就医。

8.2.5 秋水仙素

1. 理化性质

秋水仙素分子式为$C_{22}H_{25}NO_6$(图8.4)，分子量为399.44，秋水仙素是一种生物碱，最初是从百合科植物秋水仙中提取出来的，故称秋水仙碱。纯秋水仙素呈黄色针状结晶，有毒，熔点为157 ℃。易溶于水、乙醇和氯仿。味苦，有毒。秋水仙素可与微管蛋白二聚体结合，抑制微管装配，从而抑制有丝分裂，破坏纺锤体，使染色体停滞在分裂中期。细胞不分裂，不能形成两个子细胞，因而使染色体加倍。自1937年美国学者布莱克斯利(A. F. Blakeslee)等用秋水仙素加倍曼陀罗等植物的染色体数获得成功以后，秋水仙素就被广泛应用于细胞学、遗传学的研究和植物育种。

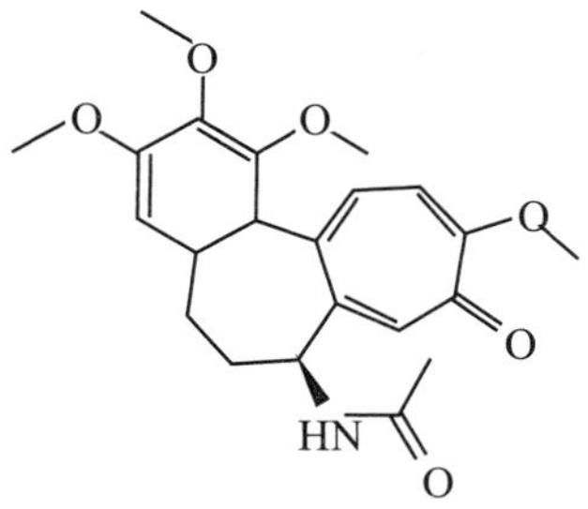

图8.4　秋水仙素

2. 安全操作

秋水仙碱的毒性较大，误食后中毒症状与砷中毒类似，中毒后2～5 h出现症状，包括口渴和喉咙有烧灼感、发热、呕吐、腹泻、腹疼和肾衰竭，随后伴有呼吸衰竭并引起死亡。虽然存在各种各样的治疗方法，但现阶段还没有能够应用于临床的解毒剂。因此在该试剂的管理上应当采取双人领取、双人监督方式，做好审批、领用、进出库、收发存根等台账记录。使用时在试剂瓶上贴上剧毒标识，尽量用多少就购入多少，不要长时间存放。操作时要带上橡胶手套、防护眼罩等，防止直接接触。

3. 急救措施

当秋水仙素接触皮肤或眼睛时，应当用大量清水冲洗，如果发生误食情况，应立刻送医救治。

8.2.6　硝酸钾

1. 理化性质

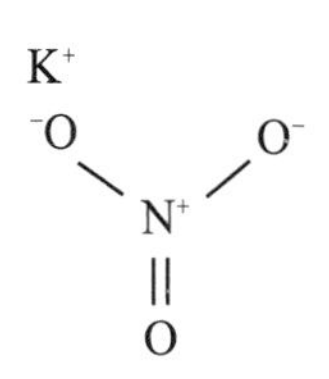

图8.5　硝酸钾

硝酸钾分子式为KNO_3(图8.5)，分子量为101.10，硝酸钾是一种无机物，俗称火硝或土硝，为无色透明斜方晶体或菱形晶体或白色粉末，无臭、无毒，有咸味和清凉感。在空气中不易吸湿，不易结块，易溶于水，能溶于液氨和甘油，不溶于无水乙醇和乙醚。

2. 安全操作

微生物学实验中制作高氏一号培养基时，硝酸钾作为成分之一，提供微生物生长所需的氮源。硝酸钾属于强氧化剂，与有机物接触能引起燃烧和爆炸。因此硝酸钾使用时应当远离火种、热源。切忌与还原剂、酸类、易(可)燃物、金属粉末接触。单独将此类爆炸品存储于带锁的试剂柜中，防止他人误操作引起爆炸。

3. 急救措施

如果硝酸钾不慎泄漏，应隔离泄漏污染区，限制出入。建议应急处理人员戴防尘面具(全面罩)，穿防毒服。不要直接接触泄漏物。勿使泄漏物与有机物、还原剂、易燃物接触。

8.2.7 盐酸

1. 理化性质

盐酸分子式为HCl,分子量为36.46,盐酸是无色液体(工业用盐酸含有杂质三价铁盐而略显黄色),为氯化氢的水溶液,具有刺激性气味。由于浓盐酸具有挥发性,挥发出的氯化氢气体与空气中的水蒸气作用形成盐酸小液滴,所以会看到白雾。盐酸与水、乙醇能任意混溶,浓盐酸稀释有热量放出。盐酸具有还原性,可以和一些强氧化剂反应,放出氯气。

2. 安全操作

盐酸在遗传学与微生物学实验中主要用于配制相关的溶液、水解植物性材料以及配制培养基时调pH。盐酸具有强腐蚀性和强挥发性,对人的皮肤、黏膜等组织有强烈的刺激和腐蚀作用。其蒸气和雾可引起结膜水肿,角膜混浊,以致失明。也会引起呼吸道刺激,严重者发生呼吸困难和肺水肿。溅入眼内可造成灼伤,甚至角膜穿孔、以致失明。因此务必规范操作,比如稀释盐酸时,要先做好个人防护,穿戴长袖工作服,袖口和衣领扣要系好,不穿裸露腿脚的鞋子,戴上耐酸碱橡胶手套,接触酸雾时必须佩戴防护口罩和护目镜,必要时应佩戴空气呼吸器。所有操作应在通风橱内进行。先准备好蒸馏水,将浓盐酸沿杯壁缓缓倒入水中时,应用玻璃棒沿一个方向搅动蒸馏水,使其保持流动状态,防止倒入盐酸时因局部受热发生喷溅。严禁将水倒入浓盐酸中,防止发生飞溅事故。

盐酸一般要存放在酸柜中,专人登记管理,环境应阴凉通风,室温不超过30 ℃,相对湿度不超过85%,保持容器密封。应与碱类、胺类、碱金属易燃物分开存放,间距不小于1 m。

3. 急救措施

如果盐酸发生泄漏,特别是配制盐酸时皮肤接触到盐酸,应立即脱去被污染的衣物,用大量流水冲洗至少15 min。大面积灼伤用5%碳酸氢钠溶液或10%氨水和清水冲洗,再用氧化镁、甘油糊剂外涂。如果眼睛溅入盐酸,应立即提起眼睑,用大量流动清水或生理盐水冲洗至少15 min。如果不慎吸入浓盐酸时,应迅速脱离现场至空气新鲜处,保持呼吸道畅通;如果呼吸困难应立即输氧,就医。如盐酸泄漏到地上要立即擦拭,用清水清洗。

8.2.8 乙醇

1. 理化性质

$H_3C—CH_2—OH$

图8.6 乙醇

乙醇分子式为C_2H_6O(图8.6),分子量为46.07,乙醇又称酒精,是无色透明液体,有较强的酒气味,在室温下易挥发。可燃烧,火焰为淡蓝色。它能与水、甘油、氯仿或乙醚按任意比例混合。乙醇是一种应用广泛、效果可靠的中效消毒药物,对其他消毒药物如戊二醛、碘、氯己定等有增效和协同杀菌作用。乙醇还具有较强脱水作用,能将细胞表面和内部的水分脱掉,具有防腐固定作用。

2. 安全操作

乙醇和甲醇同为醇类,化学性质有很多相似之处,遗传学与微生物学实验中经常大量使用乙醇处理和存储生物材料,也常用它作为燃料添加在微生物无菌操作的酒精灯里。其使用和存储与甲醇基本一致。

3. 急救措施

与甲醇基本一致。

8.2.9　乙醚

1. 理化性质

乙醚分子式为$C_4H_{14}O$(图8.7),分子量为74.12,乙醚是一种无色、透明、有芳香刺激性气味的液体,极易挥发。其蒸气重于空气。在空气的作用下能氧化成过氧化物、醛和乙酸,暴露于光线下能促进其氧化。闪点为−45 ℃;自燃温度为160～180 ℃。爆炸极限为1.7%～39.0%。用作溶剂、麻醉剂、试剂、萃取剂。

$$H_3C - CH_2 - O - CH_2 - CH_3$$

图8.7　乙醚

乙醚蒸气和空气可形成爆炸性混合物,遇热、明火极易燃烧爆炸。与氧化剂能发生强烈反应。在空气中久置后能生成有爆炸性的过氧化物。在火场中,盛装乙醚的容器受热后有爆炸性危险,其蒸气比空气重,能在较低处扩散到很远的地方,遇火源会着火回燃。

乙醚对人体有麻醉作用。当吸入含量为3.5%的乙醚蒸气时,30～40 min就会失去知觉,短期暴露(当浓度达7%～10%时)能引起呼吸系统和循环系统的麻痹,最后致死。长期暴露能使人体过量吸入,会引起严重的急性中毒。呼气中带醚味,并出现呕吐、流涎、出汗、喷嚏、咳嗽、头痛、记忆力减退、无力、兴奋,常并发肾炎、支气管炎、肺炎。

乙醚应储存于阴凉、干燥、通风处,环境温度最好控制在25 ℃以下。远离热源、火种,避免阳光直射。乙醚在空气中震动摩擦,会产生静电也有自燃的危险。与可燃物、氧化剂隔离储运。乙醚不宜久储,防止变质。

2. 安全操作

乙醚在遗传学实验中常用作果蝇和小鼠的麻醉剂,使用时应在通风橱内操作,一般开瓶暴露时间不宜过久,乙醚极易挥发,形成的蒸气有引起爆炸的风险,同时对人体有害。如遇火灾,不能用水灭火,应用抗溶性泡沫、二氧化碳、干粉、砂土灭火。

3. 急救措施

如果乙醚发生泄漏,泄漏污染区人员应迅速疏散至安全区,严格限制出入。尽可能切断泄漏源,防止流入下水道。切断火源,建议应急处理人员戴自给正压式呼吸器,穿防静电工作服。小量泄漏,用活性炭或其他惰性材料吸收,也可以用大量水冲洗。如果在场人员有大量吸入其蒸气的,应及时让患者脱离污染区,安置休息并保暖,如果眼睛及皮肤接触,应立即用水冲洗,严重患者应就医诊治。

8.3 遗传学与微生物学实验操作安全

8.3.1 微生物学实验操作安全

微生物学实验操作人员应了解和掌握相关安全操作和废弃物处理方式。

1. 配制无菌培养基时的操作安全

微生物学实验中所使用的玻璃培养皿、移液管、试管等，在使用之前要先灭菌，通常采用干热灭菌的方法。

干热灭菌是利用高温热空气杀灭微生物达到灭菌的目的，预先将需要灭菌的器皿装入金属制的培养皿筒，然后放入烘箱内，加热至160～170 ℃，维持2 h进行灭菌。在使用烘箱过程中要注意安全，防止加热控制器失灵造成温度过高引起火灾。灭菌结束后要及时关闭电源，不要立刻打开烘箱，防止身体被热气灼伤，也避免温差过大造成培养皿破裂。如果使用过程中打开烘箱，箱内仍然很热，此时应用厚纱手套取出金属桶，让它自然冷却后再打开。金属桶在灭菌前不能盖得太严实，防止桶内因温度变化产生负压不易打开。打开金属桶后，应将桶横放，一只手将培养皿金属架轻轻抽出，另一只手辅助防止玻璃培养皿整体掉落刺伤自己或他人。干热灭菌通常用于对金属、玻璃、瓷器等耐高温材料的灭菌，对不耐高温的塑料制品严禁使用，如果不慎将塑料制品放入烘箱内高温灭菌，会引起塑料融化甚至发生火灾。由于纸类在干热灭菌的高温条件下可能会燃烧，一般干热灭菌都不使用纸包装材料。

对培养基进行灭菌，多采用高压蒸汽灭菌，高压蒸汽灭菌是湿热灭菌，湿热灭菌的杀菌效力高于干热灭菌，其原因有三：一是湿热灭菌中细菌菌体吸收水分，蛋白质较易凝固，因为蛋白质含水量增加，所需凝固温度降低；二是湿热蒸汽的穿透力比干热空气强；三是湿热蒸汽有潜热存在，1 g水在100 ℃时由气态变为液态可放出2.26 kJ的热量，这种潜热能迅速提高被灭菌物品的温度，从而提高灭菌效力。在进行高压蒸汽灭菌时，灭菌锅内冷空气的排除是否完全极为重要，因为空气的膨胀压大于水蒸气的膨胀压，所以，当水蒸气中含有空气时，在同一压力下，含空气蒸汽的温度低于饱和蒸汽的温度。由于气体是被加热排出的，人不能靠近排气口，防止被高温气体灼伤。在灭菌时装有培养基的试管应竖立放置，防止因热胀冷缩导致试管塞松动，培养基流出污染灭菌锅。灭菌结束后，不能直接放气减压，否则容器内液体会剧烈沸腾，冲掉瓶塞而外溢导致容器爆裂。待灭菌锅内压力降至与大气压相等后才能开盖，开盖时也要注意，防止蒸汽冲出灼伤取样人，拿灭菌篮时应戴厚纱手套防止烫伤。

2. 接种时的无菌操作安全

无论是在生物安全柜还是在实验台面上进行接种操作，都需要使用酒精灯，它采用的是火焰灼烧灭菌法，适用于接种环、接种针、镊子等的灭菌。无菌操作时，试管口和瓶口应在火焰上作短暂灼烧灭菌。试管口和瓶口灼烧时间不能过长，防止烧到手套而引起烫伤或火灾。

长发者应将头发扎紧束于脑后或者带上一次性实验帽。接种时应佩戴口罩，尽量避免空气流动。如果在普通实验台面进行无菌操作，应避免空调风对着接种处吹，防止空气流动导致杂菌污染，同时防止酒精灯火焰摇摆烧伤实验者。手握挑取细菌的接种环时，手不能随意晃动，取细菌时培养皿盖子不能完全打开，试管塞不能直接放在桌上，接种完的涂布棒或接种环、接种针应放在火焰处灼烧至火红，冷却后放在指定位置，不能随意放在桌上污染台面。若接种环上有菌液，需先在火焰旁烤干后再灼烧，防止飞溅。如果含有细菌的培养皿或试管打碎了，要立刻喷洒消毒液于污染面，在消毒30 min后打扫。

接种操作完成后，将接种后的培养皿放入培养箱内，设置合适的温度进行培养。最后要将生物安全柜或实验台面进行消毒杀菌。可以采用两种方式：

(1) 紫外线灭菌法

波长在200～300 nm的紫外线都有杀菌作用，其中以波长265～266 nm的紫外线杀菌力最强。另外，紫外线还可使空气中的分子氧变成臭氧(O_3)，臭氧不稳定，易分解，放出氧化力强的新生态氧[O]，也有杀菌作用。紫外线穿透力弱，只能作表面消毒或空气灭菌。在使用紫外线灯照射消毒时，禁止有人在场，以避免因紫外线直接照射伤害人的眼睛和皮肤，消毒时间30～60 min为宜，不提倡长时间开着紫外线灯。消毒完成后，要通风5 min以上。

(2)化学药品灭菌法

常用的化学药品有2%煤酚皂溶液(来苏尔)、0.25%新洁尔灭、1%升汞、3%～5%甲醛溶液、75%乙醇溶液等，可用它们擦拭整个台面。

3. 微生物类废弃物的处理

培养结束后的细菌培养液或固体、半固体培养基应连同器皿一起放入灭菌袋内灭菌，灭菌后将器皿统一清洗回收。微生物类废弃物在灭菌前不可直接扔到垃圾桶导致环境污染，尤其是一些改造过的实验室菌种对环境影响特别大，是超级细菌的来源之一，所以严禁流入环境。即使是破碎的菌液试剂瓶也要经过包装灭菌才能当普通碎玻璃回收。

8.3.2　遗传学实验操作安全

遗传学实验常用到果蝇，果蝇在传代换瓶和杂交实验中常用到乙醚，乙醚易燃且对人体伤害很大，所以一定要在通风橱内进行操作。用1 mL注射器吸取0.1～0.2 mL乙醚溶液注射到瓶塞贴壁的两侧海绵上，然后把瓶子横过来轻拍，将轻度麻醉的果蝇收集到一起，再进行转瓶操作。这个过程时间要把握好，不能太长，麻醉时间过长会使果蝇死亡，也不能太短，否则果蝇麻醉程度不够，飞出后污染环境。废弃果蝇不能随意丢弃垃圾桶，一定要先杀死。若有果蝇不慎逃逸，要对下水道、水池等隐秘点喷洒杀虫剂处理，防止其产卵，造成实验室环境污染。

遗传学实验还有诸如人类ABO血型检查等血液采样实验，实验时一定要做好采血器具消毒，尽量使用一次性无菌采血器具，谨防交叉感染。

人类ABO血型检查实验时用70%酒精药棉消毒手指采血部位(一般为无名指末端)，再用此药棉消毒一次性采血针；用采血针刺手指，挤出血液；将一滴血液滴在加抗A血清处，另一滴血液滴在抗B血清处；分别用采血针调匀，调匀一处血液后揩擦采血针，再调另一处；最后用洁净的医用棉球按压手指采血点。

在研究染色体加倍实验中，需要使用秋水仙素处理洋葱根尖或者小白鼠骨髓细胞，秋水仙素有毒，操作时要格外谨慎。用秋水仙素处理后的洋葱一定要在培养器皿上贴上有毒标识，不能将含有药液的废水倒入下水道，应当倒入专门的废液桶。在给小白鼠进行秋水仙素处理时，应提前3～4 h，取健康小鼠，每只腹腔注射0.01％秋水仙素0.3～0.4 mL。注意不要伤及内脏，更不要让针头扎到自己或他人。实验过程中要正确抓握小鼠，防止动物抓伤、咬伤。

在人体外周血淋巴细胞培养及染色体制片实验时，要进行接血培养。接血时，注射器先用肝素湿润，然后抽静脉血0.3 mL，7号针头15滴滴入培养基。血培养时，用37 ℃恒温培养66～72 h，不时摇动，抽静脉血要做好消毒处理，用一次性医用注射针头抽取，操作者在进行抽血操作前，要专门进行医学采血训练，防止人体感染疾病。

8.4 遗传学与微生物学实验室突发情况应急处理

8.4.1 实验过程中出现火情

切勿使酒精、乙醚、丙酮等易燃药品接近火源。如遇火险，应先关掉电源，再用湿布或砂土掩盖灭火，必要时使用灭火器灭火。

8.4.2 实验动物抓咬伤处理

遗传学实验过程中，如果操作不慎，会发生被动物咬伤、抓伤等意外事件。一旦发生此类事件，应尽快用流水反复冲洗受伤部位，尽量去除伤口处残留的动物体液，挤出污血。冲洗后，用乙醇及碘酒反复擦拭消毒，并尽早到医院做进一步处理。

8.4.3 烫伤处理

由于实验室经常用到加热工具，如果出现火焰、蒸气、高温液体、金属浴等导致的烫伤，应立即用大量水冲淋或浸泡伤口，以便迅速降温避免深度烫伤。伤口一般用高浓度酒精(90％～95％)消毒后，涂抹苦味酸软膏。如果伤处红痛或红肿(一级灼伤)，可擦拭医用橄榄油或使用棉花蘸酒精敷盖伤处；若皮肤起疱(二级灼伤)，应避免水疱破损，防止继发感染；若伤处皮肤呈棕色或黑色(三级灼伤)，应用无菌干燥的消毒纱布轻轻包扎，并立即送医治疗。

参 考 文 献

[1]　陈献雄.基础医学实验室安全知识教程[M].北京:科学出版社,2018.
[2]　孟博.生物实验室安全故事手记[M].北京:科学出版社,2009.
[3]　苏莉,曾小美,王珍.生命科学实验室安全与操作规范[M].武汉:华中科技大学出版社,2017.
[4]　魏峥曦,肖素平,吴静,等.实验室甲醛废液处理[J].实验室研究与探索,2009,28(5):44-46.
[5]　余上斌,陈晓轩.医学实验室安全与操作规范[M].武汉:华中科技大学出版社,2019.

第9章　细胞生物学与免疫生物学实验室安全

细胞是生物体结构与功能的基本单位,绝大多数生命现象都是以细胞为基本单位呈现的。细胞生物学是研究细胞的形态、结构和功能以及与细胞生长、分化、进化等相关内容的生物学科,任何生命现象都源自细胞的功能。细胞生物学作为生命科学四大基础学科之一,从显微、超微和分子水平三个层次上,以动态的观点,研究细胞的结构和功能、细胞的增殖、分化、代谢、运动、衰老、死亡以及细胞信号转导、细胞基因表达与调控、细胞的起源与进化等重大生命过程。它是现代生命科学的前沿分支学科之一,从生命结构层次看,细胞生物学位于分子生物学与发育生物学之间,三者相互衔接、互相渗透。

免疫学是研究生物体对抗原物质免疫应答性及其方法的生物-医学科学。免疫应答是机体对抗原刺激的反应,也是对抗原物质进行识别和排除的一种生物学过程。免疫生物学是用生物学规律解释免疫现象的学科。免疫系统的种系发育和个体发育是免疫生物学的主要研究课题,一切生物都有识别自己和排除非己以维持机体正常生理活动的能力。

细胞生物学是免疫学研究的基础,在细胞免疫、识别和分泌各种物质以及胞间运输等各方面都与人类个体息息相关。

细胞生物学和免疫生物学实验是细胞生物学和免疫生物学的重要组成部分,通过实验操作学习细胞生物学和免疫生物学的实验技术,巩固和加深对细胞生物学和免疫生物学知识的理解。目前细胞生物学技术包含细胞形态结构观察技术、细胞化学技术、细胞组分分析技术、细胞工程技术、细胞分子生物学技术等。免疫生物学技术是指将免疫学中抗原与抗体结合的特异性和定量指示系统的敏感性、可测性有机结合在一起,所建立的检测分析方法,是在免疫学长期发展过程中形成的一套独特的研究手段和技术,包括人工免疫防治技术(疫苗和血清)和免疫检测技术(抗原抗体检测和机体免疫功能检测)。其可用于医学诊断、预防、治疗,同时用于动物检疫检验、植物病毒检测、物种的分类鉴定,以及基因工程中的一些免疫印迹、免疫亲和层析等免疫分析和分离技术。

9.1　细胞生物学与免疫生物学实验室安全概述

细胞生物学与免疫生物学实验室的安全与防护除了与其他实验室相同的水、电、火、气安全使用外,遵循相关章节的规则,另外主要涉及细胞培养间的正确使用,有毒有害化学试剂、微生物和血液等生物材料安全使用、手术器械的安全使用以及压力容器、超净台和生物安全柜、培养箱、显微镜、流式细胞仪等各种仪器设备的正确使用，涉及动物实验安全、活体细胞管理以及废弃物的处理等。

9.2　细胞生物学与免疫生物学实验室的布局

细胞培养技术也叫细胞克隆技术，是生命科学研究领域中一种最基本、最重要、应用最广泛的研究技术，主要通过体外模拟细胞在体内的特定生长环境，使得单个或者细胞群能够在体外生存、繁殖，维持其结构和功能的完整性。细胞培养是细胞生物学与免疫生物学实验室的重要实验内容，也是从事生物学研究的科研技术人员所必须掌握的一项技术。细胞培养必须在细胞培养间中无菌操作条件下完成，这也决定了细胞生物学与免疫生物学实验室的布局及维护管理有别于一般实验室。

细胞培养技术要求保持无菌操作，尽可能减小微生物及其他有害因素的影响。因此，细胞生物学与免疫生物学实验室的总体设计原则是实验室必须单独设立细胞培养间，细胞培养间与其他辅助实验室必须分开，各实验室之间要合理布局，便于实验操作，尽量减少交叉干扰。

9.2.1　细胞培养间

细胞培养间(图9.1)是进行细胞培养和其他无菌操作的区域，最好能单独设立房间，不允许穿行或受其他干扰。理想的细胞培养间应有内外两间，内间是无菌操作间，外间是缓冲间，房间容积不宜过大，以便于空气的紫外消毒灭菌。

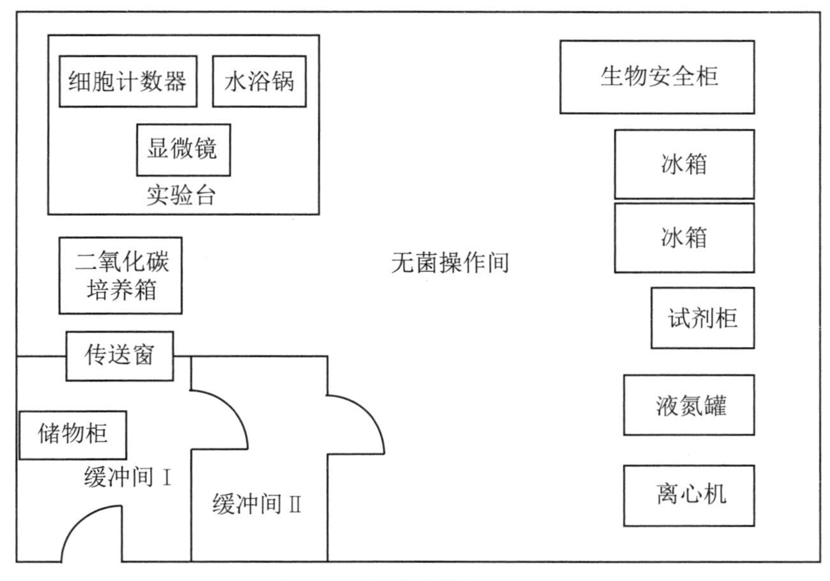

图9.1　细胞培养间布局图

缓冲间用于准备工作兼防止污染，以保证无菌操作间的无菌环境，设有鞋帽架、柜子和紫外灯，备有消毒服装、鞋、帽、口罩、手持喷雾器等。缓冲间有传送窗，所有向细胞培养间运送的物品通过传送窗传送，缓冲间的门最好用拉门，且应与操作间的门错开，设在距操作间最远的位置。

无菌操作间用于无菌操作、细胞培养，房间顶部不宜过高，以保证紫外线的灭菌效果。内壁应当用塑钢板或瓷砖装修，墙壁光滑无死角，以便清洗和消毒。无菌操作间的门也应当设拉门，以减少空气的波动，拉门应设在离工作台最远的位置上，无菌操作间的门和缓冲间的门不要同时开启，以保证细胞培养间不因开门和人的进出带进杂菌。另外细胞培养间容积小且严密，使用一段时间后，室内温度升高，应设置通气窗。

实验人员应在进缓冲间时换鞋。在细胞培养期间，除缓冲间专用鞋，其他鞋一律不得穿入细胞培养间。同时应换上无菌操作间专用工作服，并戴上帽子、口罩和手套。进入无菌操作间前，先关闭操作间紫外灯，等待5 min，待臭氧泯灭后，再进入操作间。进入无菌操作间后，先关闭生物安全柜的紫外灯，再打开日光灯，把生物安全柜的挡板升到指定位置，所有需要用到的试剂放在生物安全柜的无菌区，不得用手触碰灭菌盒中的任何器具，戴上手套后立即用75%酒精消毒，等手套上的酒精挥发后再用打火机点燃酒精灯。任何已灭菌容器在打开瓶塞后，应将瓶口对准酒精灯火焰。旋紧时，必须先灼烧瓶口，对准酒精灯火焰，在酒精灯无菌区完成旋紧操作。完成实验后，应熄灭酒精灯，并用75%酒精喷洗并擦净生物安全柜台面，关闭玻璃门，打开紫外灯灭菌。离开操作间之前，应脱下工作服放在操作间，不得穿出操作间，最后打开操作间紫外灯灭菌。

9.2.2 培养区

培养区为组织细胞的培养增殖提供适宜的温度，主要设立在细胞培养间内，需要保持清洁、无尘、无菌。小规模的培养在恒温培养箱中进行，大规模的培养需要在可控制温度的培养室中进行。培养室的建设成本较高，一般实验室多采用恒温培养箱进行培养，在培养区设置生化培养箱、二氧化碳培养箱等。

9.2.3 准备区

准备区用于配制细胞培养液和有关培养用的溶液，应设有试剂柜、实验台、上水道、电源等，配备的主要仪器设备有纯水装置、天平、微波炉、pH计、各种规格的培养瓶、培养皿、移液管、烧杯、量筒等。细胞培养液和其他培养溶液需要在无菌操作台进行过滤除菌，溶液制备直接关系组织细胞培养的成败，因此必须严格进行无菌操作。

9.2.4 清洗区

清洗区主要进行培养器皿的清洗，在实验室的一侧应设置专用的洗涤水池，用来清洗玻璃器皿，备有各种瓶刷、去污粉、肥皂、洗衣粉等。中央实验台还应配置小水槽，用来清洗小型玻璃器皿。此外还应配置沥水架、干燥箱、超声清洗设备等，地面设置地漏并排水良好。

9.2.5　消毒灭菌区

消毒灭菌区主要用于培养器皿的灭菌以及细胞培养废液的后续处理等，应配有高压蒸汽灭菌锅、细菌过滤设备、电热干燥箱、消毒柜等。清洗区和消毒灭菌区应与其他区域分开。

9.2.6　储存区

储存区主要存放无菌培养液、试剂、样品以及各类实验耗材等，也需要保持清洁无尘。保存细胞特别是不易获得的突变型细胞或细胞株，必须将细胞冻存。细胞冻存需缓慢冻存，先放置4 ℃冰箱1 h，然后放置−20 ℃冰箱2 h，再置于−80 ℃冰箱过夜，最后置于液氮罐中保存，液氮温度一般为−196 ℃。因此储存区必须配备冰箱、低温冰箱、超低温冰箱和液氮罐等设备。

一个完整的细胞生物学与免疫生物学实验室必须具备上述这六大功能区。细胞培养间需要单独设置，其他区域分别与各个房间相连，如果各操作区域都设计在一个大实验室内，清洗、消毒灭菌区应位于两端，而准备、储存和培养区应位于清洁、消毒区之间，且实验室的房间要宽敞明亮，墙面、地面要便于清洁，地面要防滑，仪器设备布局合理，方便操作。

9.3　细胞生物学与免疫生物学实验仪器设备的安全操作

9.3.1　生物安全柜的安全操作和使用注意事项

生物安全柜的安全操作和使用注意事项参考第11.3节。

9.3.2　二氧化碳培养箱的安全操作和使用注意事项

细胞培养间使用的培养箱多为二氧化碳培养箱，通过在培养箱箱体内模拟形成一个类似细胞/组织在生物体内的生长环境，为细胞/组织提供一定浓度的二氧化碳气体，使细胞的培养环境中的温度、二氧化碳水平、酸碱度保持相对恒定，保持较高的相对湿度。同时能够对培养箱内的微生物污染进行有效防范，并且能够定期进行污染消除。

1. 二氧化碳培养箱工作原理

二氧化碳培养箱通过二氧化碳传感器来检测箱体内的二氧化碳浓度，将检测结果传递给控制电路及电磁阀等控制器件，如果检测到箱内二氧化碳浓度偏低，则电磁阀打开，二氧化碳进入箱体,当二氧化碳浓度达到所设置浓度时电磁阀关闭,切断箱内二氧化碳供应,达到稳定状态。用二氧化碳采样器对箱内二氧化碳和空气混合后的气体进行取样,再将样本放到机器外部面板的采样口,以便随时用二氧化碳浓度测定仪来检测二氧化碳的浓度是否达到要求。微处理控制系统以及其他各种功能附件,如高低温自动调节和警报装置、二氧化碳警报装置、密码保护设置等,可维持培养箱内温度、湿度和二氧化碳浓度的稳态。

2. 二氧化碳培养箱分类

按二氧化碳培养箱的加热系统分类,可以分为水套式二氧化碳培养箱和气套式二氧化碳培养箱。两种加热系统都精准可靠。

① 水套式二氧化碳培养箱的温度是通过一个独立的水套层包围内部的箱体来维持温度恒定的。通过电热丝给水套内的水加热,再通过箱内温度传感器来检测温度变化,使箱内的温度保持恒定。由于水的比热容很高,水套式二氧化碳培养箱的优点是有助于均匀散热和避免形成冷区,以及在断电后能够比较好地减缓培养箱内温度的降低。水套式因四周环水,所以温度均匀性很好。

② 气套式二氧化碳培养箱的加热是通过遍布箱体气套层内的加热器直接对内箱体进行加热,又叫六面直接加热,采用隔热系统和表面散热元件使培养箱内温度均衡。气套式与水套式相比,具有加热快、温度恢复迅速的特点,特别有利于短期培养以及需要箱门频繁开关的培养。箱内温度一般设定在37 ℃左右。此外,气套式设计比水套式更简单化,无需加水、清空和清洗。

3. 二氧化碳培养箱的特点

① 占用空间小,可堆叠放置两层;不锈钢内胆与隔板,四角半圆弧过渡,隔板支架可以自由拆卸,便于清洗;大屏幕液晶显示,多组数据一屏显示,菜单式操作界面,简单易懂,便于操作。

② 防止污染:二氧化碳培养箱箱门可加热使内玻璃升温,有效防止玻璃门产生冷凝水,避免玻璃门冷凝水带来微生物污染。

③ 微生物高效过滤:二氧化碳进气口配备有高效微生物过滤器,针对直径大于等于0.3 μm的颗粒,过滤效率高达99.99%,有效过滤二氧化碳气体中细菌及灰尘颗粒。

④ 二氧化碳浓度实时监测:在实验过程中经常需要频繁打开培养箱箱门,培养箱的红外传感器可以监测二氧化碳浓度,并将监测结果传递给控制电器及电磁阀等控制器件,如果箱体内二氧化碳浓度偏低,就会自动打开电磁阀,二氧化碳进入箱体,直到二氧化碳浓度达到所设置的浓度,此时,电磁阀才会关闭,切断箱体内二氧化碳供应,达到稳定状态。

4. 使用二氧化碳培养箱的注意事项

① 二氧化碳培养箱应安装在平整且坚实的地面上,以防翻倒引起人员受伤,要有良好的接地装置,保证安全。

② 不要将设备安装在靠近窗户和阳光直射的地方,并且要远离热源,以免受到其他设备排出的热量的影响。另外不要将设备放置在直接对着空调出风口的地方,因为空调吹出的冷气会引起冷凝作用,可能造成污染。

③ 保证环境温度比培养箱内温度低至少5 ℃。例如培养箱工作温度设定为37 ℃,那么此时环境温度应低于32 ℃。

④ 为了保证二氧化碳培养箱中的气体为无菌,要定期进行紫外线消毒,但是不要在细胞培养过程中进行。开关培养箱时要尽量减少外界暴露时间,且不可粗鲁关闭箱门,否则会造成箱门与箱体之间气体泄漏、门关不紧、门封条损坏等。

⑤ 隔几个月用二氧化碳测试仪对二氧化碳培养箱内气压进行测试,并且进行零点调整,防止出现二氧化碳气压零点漂移。

⑥ 用螺口培养瓶培养细胞的时候,需要将瓶口稍微旋开一些,保证瓶子能透气,能与培养箱中的气体进行交换。但是也不宜太松,太松容易导致空气中的细菌落入,导致细胞污染。培养皿或培养瓶之间保持充分隔开状态,保证充分的气流循环,如果间隔过小,温度和二氧化碳浓度分布状态可能不均匀。

⑦ 不要将强酸、强碱溶液或者会挥发腐蚀性气体的物质放入培养箱内,可能会引起箱体内壁变色或腐蚀。

⑧ 保证所有供气管道都正确连接,使用二氧化碳气体供给培养箱进行细胞培养时,室内一定要保持通风,二氧化碳气体在封闭的室内将会增加,浓度越高对人体危害越大,可能造成窒息甚至死亡的严重后果。

⑨ 二氧化碳气瓶上需安装减压阀,其进气压力量程为0～25 MPa,出气压力量程为0～0.4 MPa,打开气瓶开关,旋转减压阀控制旋钮,使出气压力指针指向0.08～0.1 MPa。出气压力过高会造成与培养箱进气口相连的软管脱落,从而引起二氧化碳泄漏。检查管子与减压阀、管子与设备进气口、管子与过滤器的连接点是否漏气。另外更换气瓶时不要旋转减压阀的调节压杆,否则会引起减压阀出气压力的变化,压力过高可能会引起二氧化碳培养箱内管子脱落。应该定期对管道进行检查以保证安全,如果检查发现管道有损坏或老化现象,应及时更换。硅胶管与过滤器连接时用扎带扎紧,以免脱落或漏气。

⑩ 当培养箱箱体被污染时,应及时进行清洗和无菌消毒处理,用浸泡酒精的纱布擦拭培养箱内壁,然后用干纱布将残余的酒精擦除干净,不得用氯化钠溶液或其他卤化物溶液清洗设备内壁,否则有可能导致箱体生锈。

9.3.3　显微镜的安全操作和使用注意事项

显微镜是由一个透镜或几个透镜的组合构成的一种光学仪器,是人类进入原子时代的标志,主要用于将人眼不能分辨的微小物体放大成像并对细微结构进行观察分析。按照显微原理进行分类,可分为偏光显微镜、光学显微镜、电子显微镜和数码显微镜。对于细胞生物学与免疫学实验室来说,常用显微镜为光学显微镜。

1. 光学显微镜的结构

光学显微镜的结构包括机械部分、照明部分和光学部分。

(1) 机械部分

① 镜座:作为显微镜的底座,用于支撑整个镜体。

② 镜柱:直立于镜座上面,用于连接镜座和镜臂。

③ 镜臂:一端连于镜柱,一端连于镜筒,是取放显微镜时的手握部位。

④ 镜筒:连在镜臂前上方,上端装有目镜,下端装有物镜转换器。

⑤ 物镜转换器:简称旋转器,接于棱镜壳的下方,可自由转动,盘上有3~4个圆孔,是安装物镜的部位,转动转换器可以调换不同倍数的物镜,当听到碰叩声时,方可进行观察,此时物镜光轴恰好对准通光孔中心,光路接通。转换物镜后,不允许使用粗调节器,只能用细调节器,使物像清晰。

⑥ 载物台:在镜筒下方,形状有方、圆两种,用以放置玻片标本,中央有一通光孔。我们所用的显微镜其载物台上装有玻片标本推进器(推片器),推进器左侧有弹簧夹,用以夹持玻片标本,载物台下有推进器调节轮,可使玻片标本作左右、前后方向的移动,但是倒置显微镜的载物台位于物镜镜筒上方,多用于观察活体细胞,方便操作人员随时对样品标本进行操作。

⑦ 调节器:是装在镜柱上的大小两种螺旋,调节时使镜台作上下方向的移动。移动粗准焦螺旋时可使载物台作快速和较大幅度地升降,能迅速调节物镜和标本之间的距离使物像呈现于视野中。通常在使用低倍镜时,先用粗调节器迅速找到物像,再移动细准焦螺旋使载物台缓慢地升降,多在运用高倍镜时使用,从而得到更清晰的物像,并借此观察标本不同层次和不同深度的结构。

(2) 照明部分

① 反光镜:装在镜座上面,可向任意方向转动,它有平、凹两面,其作用是将光源、光线反射到聚光器上,再经通光孔照射标本。凹面镜聚光作用强,适于光线较弱的时候使用;平面镜聚光作用弱,适于光线较强时使用。

② 聚光器:位于镜台下方的聚光器架上,由聚光镜和光圈组成,其作用是把光线集中到所要观察的标本上。聚光镜,由一片或数片透镜组成,起汇聚光线的作用,加强对标本的照明,并使光线射入物镜内,镜柱旁有一调节螺旋,转动它可升降聚光器,以调节视野中光亮度的强弱。光圈,在聚光镜下方,由十几张金属薄片组成,其外侧伸出一柄,推动它可调节其开孔的大小,以调节光量。

(3) 光学部分

① 目镜:装在镜筒的上端,通常备有2~3个,上面刻有5×、10×或15×符号以表示其放大倍数,一般装的是10×的目镜。

② 物镜:装在镜筒下端的旋转器上,一般有3~4个物镜,其中最短的刻有"10×"符号的为低倍镜,较长的刻有"40×"符号的为高倍镜,最长的刻有"100×"符号的为油镜。此外,在高倍镜和油镜上还常加有一圈不同颜色的线,以示区别。

显微镜的放大倍数是物镜的放大倍数与目镜的放大倍数的乘积,如物镜为10×,目镜为10×,其放大倍数就为10×10=100。显微镜目镜长度与放大倍数呈负相关,物镜长度与放大倍数呈正相关。即目镜长度越长,放大倍数越低;物镜长度越长,放大倍数越高。

2. 光学显微镜成像原理

光学显微镜主要由目镜、物镜、载物台和反光镜组成,其目镜和物镜都是凸透镜,焦距不同。物镜所用的凸透镜焦距小于目镜所用的凸透镜的焦距。物镜相当于投影仪的镜头，物体通过物镜成倒立、放大的实像。目镜相当于普通的放大镜，物镜所成的实像通过目镜成正立、放大的虚像。经显微镜到人眼的物像都是倒立放大的虚像。反光镜用来反射，照亮被观察的物体。反光镜一般有两个反射面：一个是平面镜，在光线较强时使用；一个是凹面镜，在光线较弱时使用，可汇聚光线。

3. 光学显微镜的种类

光学显微镜的种类很多，主要有普通光学显微镜（明视野显微镜）、暗视野显微镜、荧光显微镜、相差显微镜、激光扫描共聚焦显微镜、微分干涉差显微镜、倒置显微镜等，这些都是细胞生物学与免疫学实验室的常用显微镜。

4. 普通光学显微镜的安全操作和使用注意事项

普通光学显微镜的安全操作如下：

（1）对光

① 将低倍镜转至镜筒下方与镜筒成一直线。

② 拨动反光镜，调节至视野最亮，无阴影。需要强光时，将聚光器提高，光圈放大；需要弱光时，将聚光器降低，或光圈适当缩小。

③ 将待观察的标本置载物台上，转动粗调节器使镜筒下降至物镜接近标本。转动粗调节器，同时俯身在镜旁仔细观察物镜与标本之间的距离。

④ 左眼于目镜观察（右眼睁开，便于同时画图），同时左手转动粗调节器，使镜筒缓慢上升以调节焦距至看清楚物像为止，再调节细调节器，使看到的物像更加清晰。

（2）物镜的使用

观察标本时，先使用低倍物镜，低倍物镜最短，镜头前面的镜孔也是最大。此时视野较大，标本较易查出，但放大倍数较小（一般放大100倍），对较小的物体而言，不易观察其结构。高倍物镜比低倍物镜长，镜头前面的镜孔比低倍物镜小。高倍物镜放大的倍数较大（一般放大400倍），能观察微小的物体或结构。

① 光线对好后，移动推进器寻找需要观察的标本。

② 如标本的体积较大，不能清楚观察其构造因而不能确认时，则将标本移至视野中央，再旋转高倍物镜于镜筒下方。

③ 旋转细调节器至物像清晰为止。

④ 调节聚光器及光圈，使视野内的物像达到最清晰的程度。

油镜的使用方法与低倍物镜和高倍物镜又有所不同：

油镜比低倍物镜和高倍物镜长，镜头前面的镜孔也最小。油镜头上常刻有黑色环圈，或“油”字，并标明放大倍数100×，或100/1.25。

使用油镜观察时，需在玻片上滴加香柏油，这是因为油镜的放大倍数较高，而透镜很小，光线通过不同密度的介质（玻片-空气-物镜）时，部分光线会发生折射而散失，进入镜筒的光线少，视野较暗，物体观察不清。如果在物镜和玻片之间滴加和玻璃折射率相仿的香柏油，则使进入油镜的光线增多，视野亮度增强，物像就更加清晰。

① 将光线调至最强程度（聚光器提高，光圈全部放开）。

② 转动粗调节器使镜筒上升，滴一小滴香柏油（不要过多，不要涂开）于物镜正下方标本上。

③ 转动物镜转换盘，使油镜镜头位于镜筒下方。

④ 俯身镜旁，从侧面观察，转动粗调节器使油镜镜头徐徐下降至浸入香柏油内，轻轻接触玻片。

⑤ 慢慢转动粗调节器，使油镜镜头徐徐上升至见到标本的物像为止。

⑥ 转动细调节器，使视野内物像达到最清晰的程度。

⑦ 左手徐徐移动推进器，并转动细调节器以观察标本。

⑧ 标本观察完毕后，转动粗调节器将镜筒升起，取下标本，立即用擦镜纸将镜头上的香柏油擦净。

（3）目镜的使用

不同倍数的物镜转换时，用两个目镜分别进行调焦，叫齐焦。先将视度圈转至最低位置，当右眼看清楚时，再用左眼视度圈调整左眼图像。

使用光学显微镜的注意事项如下：

① 显微镜不能在阳光下暴晒和使用，应放在干燥环境中以防长霉。

② 持镜时必须是右手握臂、左手托座的姿势，不可单手提取，以免零件脱落或碰撞到其他地方，轻拿轻放。显微镜放到实验台上时，先放镜座的一端，再将镜座全部放稳，切不可使整个镜座同时与台面接触，这样震动过大，透镜和微调节器的装置易损坏。另外不可把显微镜放置在实验台的边缘，以免碰翻坠地。

③ 所有镜头表面必须保持清洁，落在镜头表面的灰尘，可用洗耳球吹去，也可用软毛刷轻轻地掸掉。

④ 当镜头表面沾有油污或指纹时，可用脱脂棉蘸少许无水乙醇和乙醚的混合液(3:7)轻轻擦拭。不能用有机溶液清擦其他部件表面，特别是塑料零件，可用软布蘸少量中性洗涤剂擦拭。在任何情况下操作人员都不能用棉团、干布块或干镜头纸擦试镜头表面，否则会刮伤镜头表面，严重损坏镜头，也不要用水清洗镜头，这样会在镜头表面残留水迹，因而可能滋生霉菌，严重损坏显微镜。

⑤ 放置玻片标本时要对准通光孔中央，且不能反放玻片，防止压坏玻片或碰坏物镜。

⑥ 要养成两眼同时睁开观察的习惯，以左眼观察视野，右眼用以绘图。

⑦ 不要随意取下目镜，以防尘土落入物镜，抽取目镜时必须将镜筒上方用布遮盖，避免灰尘落入镜筒内。更换物镜时，卸下后的物镜应倒置在清洁的台面上，并随即装入放置物镜的盒中。

⑧ 使用完毕后，取下标本片，转动旋转器使镜头离开通光孔，下降镜台，平放反光镜（反光镜通常应垂直放置，但有时因集光器没提至应有高度，镜台下降时会碰坏光圈，所以可以平放），下降集光器（但不要接触反光镜）、关闭光圈，推片器回位，盖上绸布和外罩，放回实验台柜内。

⑨ 不允许随意拆卸仪器，特别是中间光学系统或重要的机械部件，以免降低仪器的使用性能。

5. 倒置显微镜的安全操作和使用注意事项

倒置显微镜是一种光学显微镜，主要用于体外活细胞培养形态观察，它是在透镜成像原理基础上发展起来的显微观察系统。利用卤素灯为光源，光线经过聚光镜汇聚后透过标本，通过物镜对标本进行聚焦放大成像，最后通过目镜把物镜所成的像再次放大，从而使实验者能够清晰地分辨体外培养的细胞的形态以及内部结构。根据实验需求配置明场、暗场、相差、荧光等技术模块，其中最常用的观察方法是相差，这种方法不要求染色，是观察活细胞和微生物的理想方法。

其操作步骤如下：

① 打开光源开关，调节光强至合适大小。

② 旋转物镜转换器，使低倍镜正对载物台上的通光孔。先把镜头调节至距载物台1～2 cm处，将待观察对象置于载物台上，正对通光孔的中央。

③ 调节光源：调节聚光器的高度，把孔径光栅调至最大，使光线通过聚光器入射到镜筒内，左眼注视目镜。

④ 调节像距：先用低倍镜观察，旋转物镜转换器，选择合适倍数的物镜；同时调节升降，以消除或减小图像周围的光晕，提高图像的清晰度。

⑤ 观察：通过目镜观察结果，调整载物台，选择观察视野。

⑥ 关机，旋转物镜转换器，使镜头转到低倍镜，取下观察对象，推拉光源亮度调节器至最暗。关闭镜体下端的开关，并断开电源。

6. 荧光显微镜的安全操作和使用注意事项

荧光显微镜是由光源、滤板系统和光学系统等主要部件组成，是利用一定波长的光激发标本发射荧光，通过物镜和目镜系统放大以观察标本的荧光图像。常被用于研究细胞内物质的吸收、运输、化学物质的分布及定位等。无论正置显微镜还是倒置显微镜都可以使用荧光观察。

荧光显微镜的安全操作步骤如下：

① 打开光源，超高压汞灯要预热15 min才能达到最亮点。

② 透射式荧光显微镜需在光源与暗视野聚光器之间装上所要求的激发滤片，在物镜的后面装上相应的压制滤片。落射式荧光显微镜需在光路的插槽中插入所要求的激发滤片、双色束分离器、压制滤片的插块。

③ 用低倍镜观察，根据不同型号荧光显微镜的调节装置，调整光源中心，使其位于整个照明光斑的中央。放置标本片，调焦后即可观察。

④ 观察。例如在荧光显微镜下用蓝紫光滤光片，观察到经0.01％吖啶橙荧光染料染色的细胞，细胞核和细胞质被激发产生两种不同颜色的荧光（暗绿色和橙红色）。

使用荧光显微镜的注意事项如下：

① 严格按照荧光显微镜出厂说明书要求进行操作，不要随意改变程序。

② 应在暗室中对荧光显微镜进行检查。进入暗室后，接上电源，开启超高压汞灯5～15 min，待光源发出强光并稳定后，眼睛完全适应暗室，再开始观察标本。

③ 预防紫外线对眼睛的损害，在调整光源时应戴上防护眼镜，未装滤光片不能用眼直

接观察。

④ 检查时间每次以1～2 h为宜，超过90 min，超高压汞灯发光强度逐渐下降，荧光减弱；标本受紫外线照射3～5 min后，荧光也明显减弱。所以，最多不得超过2～3 h。高压汞灯关闭后不能立即重新打开，需待汞灯完全冷却后才能再启动，否则会不稳定，影响汞灯寿命。

⑤ 荧光显微镜光源寿命有限，标本应集中观察，以节省时间，保护光源。天热时，应使用电扇散热降温，新换灯泡应从开始就记录使用时间。

⑥ 标本染色后立即观察，因时间久了荧光会逐渐减弱。若将标本放在聚乙烯塑料袋中在4 ℃下保存，可延缓荧光减弱时间，防止封裱剂蒸发。长时间的激发光照射标本，会使得标本荧光衰减和消失，故应尽可能缩短照射时间。暂时不观察时可用挡光板遮盖激发光。

⑦ 用油镜观察标本时，必须用无荧光的特殊镜油。

⑧ 电源应安装稳压器，电压不稳会降低荧光灯的寿命。

9.3.4 细胞计数设备的安全操作和使用注意事项

实验人员应当了解并掌握细胞计数设备的安全操作和使用注意事项。

1. 血球计数板

血球计数板，又叫血细胞计数板，是常用的细胞计数工具，因医学上常用来计数红细胞、白细胞等而得名，也常用于计算一些细菌、真菌、酵母等微生物的数量，是一种常见的生物学工具。

（1）血球计数板结构

血球计数板被H形凹槽分为2个同样的计数池。计数池两侧各有一支持柱，将特制的专用盖玻片覆盖其上，形成高0.1 mm的计数池。计数池划有长、宽各3.0 mm的方格，分为9个大方格，每个大格面积为1.0 mm×1.0 mm＝1.0 mm^2；容积为1.0 mm^2×0.1 mm＝0.1 mm^3。

其中，中央大方格用双线分成25个中方格，位于正中及四角5个中方格是红细胞计数区域（图9.2，浅红色区域，彩图见书后插页），每个中方格用单线划分为16个小方格。四角的4个大方格是白细胞计数区域（图9.2，浅蓝色区域），每个大方格用单线划分为16个中方格。根据国际标准局（NBS）规定，大方格每边长度允许的误差为±1%。

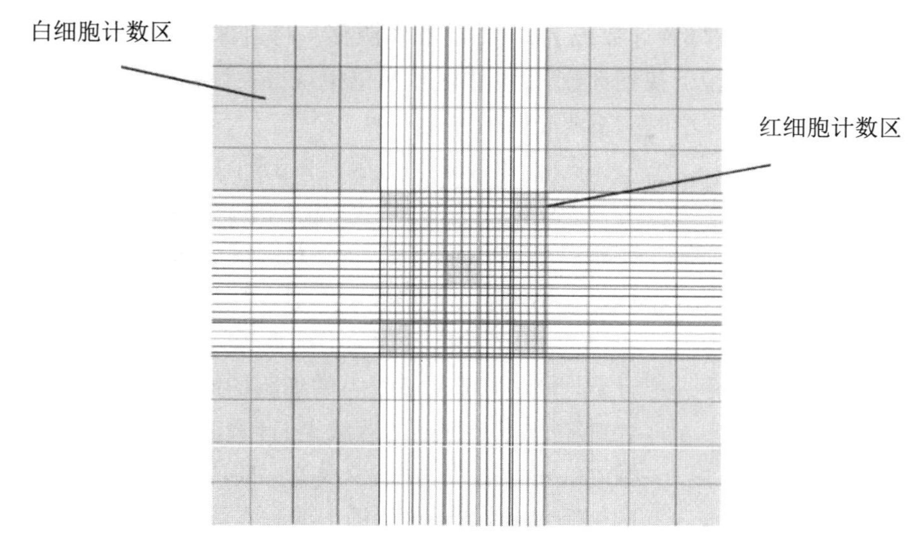

图9.2　血球计数板

计数池分为两种类型：一种是大方格内分为16中格，每一中格又分为25小格，即16×25型(希利格式)(图9.3)；另一种是大方格内分为25中格，每一中格又分为16小格，即25×16型(汤麦式)(图9.3)。但是不管计数室是哪一种构造，它们都有一个共同的特点，即每一大方格都是由16×25=25×16=400个小方格组成。

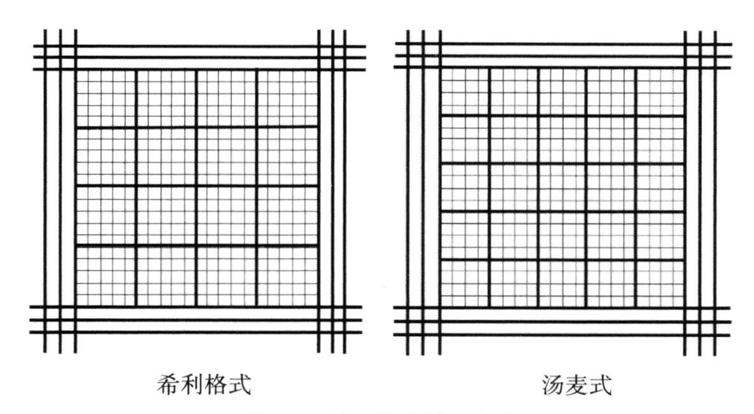

图9.3　希利格式的汤麦式

使用血球计数板计数时，先要测定每个小方格中微生物的数量，再换算成每毫升菌液(或每克样品)中微生物细胞的数量。

(2) 血球计数板的安全操作

① 将待测细胞样品加无菌水适当稀释，以每小格的细胞数可数为度。

② 取洁净的血球计数板一块，在计数区上盖上一块盖玻片。

③ 将细胞样品悬液摇匀，用滴管吸取少许，从计数板中间平台两侧的沟槽内沿盖玻片的下边缘滴入一小滴(不宜过多)，让细胞悬液利用液体的表面张力充满计数区，勿使其产生气泡，并用吸水纸吸去沟槽中流出的多余悬液。也可以将悬液直接滴加在计数区上(不要使计数区两边平台沾上悬液，以免加盖盖玻片后，造成计数区深度的升高)，然后加盖盖玻片(勿使其产生气泡)。

④ 静置片刻,使细胞沉降到计数板上,不再随液体漂移。将血球计数板放置于显微镜的载物台上夹稳,先在低倍镜下找到计数区后,再转换高倍镜观察并计数。由于生活细胞的折光率和水的折光率相近,观察时应减弱光照的强度。

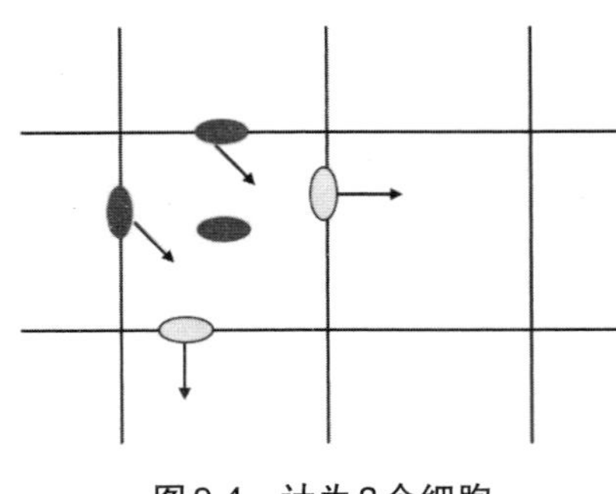

图9.4 计为3个细胞

⑤ 计数时若计数区是由16个中方格组成,按对角线方位,数左上、左下、右上、右下的4个中方格(即100小格)的细胞数。如果是25个中方格组成的计数区,除数上述四个中方格外,还需数中央1个中方格的细胞数(即80个小格)。为了保证计数的准确性,避免重复计数和漏记,在计数时,对沉降在格线上的细胞的统计应有统一的规定。如细胞位于大方格的双线上,计数时则数上线不数下线,数左线不数右线,以减少误差。即位于本格上线和左线上的细胞计入本格,本格的下线和右线上的细胞按规定计入相应的格中,即本格中计数细胞为3个(图9.4)。

⑥ 测数完毕,取下盖玻片,用水将血球计数板冲洗干净,切勿用硬物洗刷或抹擦,以免损坏网格刻度。洗净后自行晾干或用吹风机吹干,放入盒内保存。

(3) 使用血球计数板的注意事项

① 镜检计数室:每次使用血球计数板之前都需要先镜检计数室,如发现计数室有污染物,则需按要求清洗并吹干后再进行实验,否则对实验计数有极大影响。污染多数因清洗不到位或保存操作不当造成。

② 摇匀后取液:在吸出培养液进行计数之前,需轻轻震荡试管,使细胞分布均匀,防止聚集沉淀,从而提高计数的代表性和准确性,细胞稀释液应等渗、新鲜、无杂质颗粒。

③ 先盖盖玻片后加细胞悬液:应先在血球计数板上盖上盖玻片,再从计数区中间平台沿盖玻片边缘滴入一小滴悬液,充入细胞悬液的量以不超过计数室台面与盖玻片之间的矩形边缘为宜,利用液体的表面张力一次性充满计数区。若先加细胞悬液再覆盖盖玻片,则容易因为悬液加入过多,盖玻片浮于悬液上方,未与血球计数板支持柱接触而导致最后计数偏大,同时也会因为有气泡产生而导致计数偏小。

④ 静置片刻再计数:静置5 min,待悬液不再漂浮流动,细胞全部沉降后再将血球计数板放到显微镜下进行计数。先在低倍镜下找到需要观察计数的大方格及中方格,将中方格移到视野中央,然后拨动转换器移至高倍镜进行计数。

⑤ 掌握计数原则:一般选择观察的细胞浓度控制在每个小方格内有4或5个细胞为宜,若其浓度太高,可适当稀释;并采用“计上不计下,计左不计右”的计数原则。

2. 细胞计数仪

细胞计数仪是一种常用的细胞自动计数工具。目前市面上有多种品牌的自动细胞计数仪,有基于细胞图像的,也有基于库尔特原理的,主要目的是将人们从繁冗无聊的手工计数中解放出来,提供快速、简便和精确的细胞计数和存活率计数,从而无需使用血球计数板,克服手工计数的繁琐和主观性,极大地节约实验时间,并能减少主观判断,避免产生误差。

(1) 细胞计数仪的原理(以CountessⅡ自动细胞计数仪为例)

台盼蓝排斥法：正常的活细胞，胞膜结构完整，能够排斥台盼蓝，使之不能够进入胞内；而丧失活性或细胞膜不完整的细胞，胞膜的通透性增加，可被台盼蓝染成蓝色。

(2) 细胞计数仪的特点

① 操作便捷快速，约10 s即可完成细胞计数，并提供细胞总数、活细胞数、死细胞数、细胞活率、细胞直径、直径分布图和细胞图片等数据。

② 有自动对焦和手动对焦两种方式供实验操作者选择。

③ 可调节细胞的亮度、直径、圆度等参数，对感兴趣的细胞群进行计数。

④ 细胞样品适用范围广。浓度为1×10^4～1×10^7个细胞/mL，大小为5～60 μm，样品量为10 μL。

⑤ 细胞计数仪一般配有摄像头(2.5×光学放大和500万像素)。

(3) 细胞计数仪的安全操作(以HeLa细胞计数为例)

① 把计数玻片从保存盒中取出，甩干待用。

② 打开细胞计数仪电源，仪器自检完成后开始染色操作。

③ 取20 μL细胞悬浮液与20 μL台盼蓝染色液等体积均匀混合于1.5 mL离心管中；用移液器吸取10 μL的混合液，立即转移到计数玻片小室半圆形的边缘。

④ 把计数玻片插入到细胞计数仪中检测。

⑤ 记录实验结果，包括细胞总数及活细胞比例。

⑥ 尽快在水龙头下冲洗计数区域，冲洗结束甩干后再放回保存盒中备用。

(4) 使用细胞计数仪的注意事项

① 细胞计数仪日常维护简单，仅需日常清洁，不需要定期保养。

② 一次性计数玻片在使用前不需要清洗，以避免交叉污染。

9.3.5　纯水仪的安全操作和使用注意事项

水是细胞赖以生存的主要环境，营养物质和代谢产物都必须溶解在水中，才能被细胞吸收和排泄。对于体外培养的细胞来说，水是所有细胞培养液和试剂中最简单却又最重要的组分。所以，细胞培养对水的质量要求较高，细胞培养用水如果含有一些杂质，即使含量极微，有时也会影响细胞的存活和生长，甚至导致细胞死亡。不仅细胞生物学与免疫生物学实验室，其他生物学实验室的正常运作都需要不同纯度等级的水。

1. 评价水质的常用指标

① 电阻率(electrical resistivity)：衡量实验室用水导电性能的指标，单位为MΩ•cm，随着水中无机离子的减少，电阻加大则数值逐渐变大。

② 总有机碳(total organic carbon，TOC)：水中碳的浓度，反映水中氧化的有机化合物的含量，可间接反映水中细菌和内毒素含量的高低，单位为μg/L或ppb。

③ 内毒素(endotoxin)：革兰氏阴性细菌的脂多糖细胞壁碎片，又称为“热原”，单位为EU/mL。

④ 异体菌落数(heterotrophic bacteria count，HBC)：衡量实验室用水微生物的指标，单

位为cfu/mL。

按照GB/T 6682—2008的标准,把纯水分为三级(表9.1)。

表9.1 纯水级别

纯水级别	pH范围(25℃)	电导率(25℃)/(mS/m)	吸光度(254 nm,1 cm光程)	应用领域
一级	—	≤0.01	≤0.001	高效液相色谱(HPLC)、细胞培养、流式细胞仪、分子生物学实验用水等
二级	—	≤0.10	≤0.01	制备常用试剂溶液、制备缓冲液、微生物培养、组织培养
三级	5.0~7.5	≤0.5	—	水浴用水,冲洗玻璃器皿

2. 水中的杂质对细胞培养有哪些影响

① 离子:平衡渗透压;一些重金属即便剂量很低(<0.1 ppb)对细胞毒害也较大。

② 微生物:污染,改变微环境如pH,影响增殖,微生物死后释放内毒素等。

③ 内毒素:改变细胞外形、活化细胞、促进或抑制细胞分裂、影响细胞附着等。

④ 有机物:影响细胞的生长状态。

3. 细胞培养用水

细胞培养用水的污染来源有很多种,比如细菌、酵母或霉菌等。这些污染物通常肉眼可见,或者在光学显微镜下可见。然而,化学来源的污染物或其他生物媒介也可能会影响所培养细胞的生长、形态或细胞行为,但是无法用裸眼检测。

细胞培养用水必需不含微生物,尤其是不能含有内毒素、无机离子(重金属,如铅、锌等)或有机复合物(腐殖酸,单宁酸,杀虫剂等),主要是因为细胞繁殖所需营养是细胞培养基或者培养液,如果存在一些污染细菌,则会抑制细胞的生长,更有甚者,可能会引起细胞的死亡。还有一些细胞的生长会受到水中离子浓度的影响,因此,经过超纯水系统进行严格处理去除水中的杂质和微生物、细菌等的超纯水才能被用到细胞培养实验之中。一般情况下,细胞培养对水质要求大致如下:无菌,HBC<0.01 cfu/mL;无内毒素或无热源,内毒素<0.03 EU/mL;抑制细胞生长的有机物含量,TOC<5 ppb;电阻率≥18 MΩ•cm。

细胞培养过程中,各种培养液和试剂的配制用水均需要经过严格的纯化处理,不含离子和其他的杂质,即使是储存试剂的玻璃器皿,先用自来水冲洗,再用超纯水漂洗三次以上。

4. 纯水仪的安全操作

目前市场上纯水装置种类较多,不同品牌使用操作步骤类似,大致可以分为以下几个步骤:

(1) 运行参数设置

① 菜单参数设置:打开纯水仪电源,最初控制参数设置。

② 自动/手动再启动:自动再启动表示断电后恢复电力供应时设备会自动开机启动,而手动再启动模式,纯水装置处于等待状态,需人工再启动。

③ 有声报警/无声报警:纯水仪报警会有相应图标闪烁,同时可选择是否需要声音

报警。

④ 水质单位设置和水质报警设置。

⑤ 易耗品更换时间设置。

(2) 仪器启动

① 打开进水阀门,调整进水压力。确认进水压力在4～6 bar之间,进水压力不足时可添加增压泵加压。

② 检查管道连接口有无渗漏。

③ 打开纯水仪的电源开关。

④ 设备冲洗完毕装入离子交换滤芯。

⑤ 按下按钮启动纯水仪,经过纯化的纯水注入水箱。

(3) 运行(取水)

纯水仪启动完毕,开始运行制备高品质的纯水,可根据实验需要随时取水。

使用纯水仪的注意事项如下:

① 对纯水仪进行常规维护,清洁仪器表面。

② 纯水仪定期更换易耗品:预处理滤芯、离子交换滤芯、UV灯、反渗透膜等。

③ 纯水仪每隔6个月滤网过滤器应检查和清洗一次,保证滤网没有堵塞。

④ 超纯水应当注意使用时间,应该"即取即用"。防止超纯水吸收外界的杂质。

⑤ 在合适的环境使用超纯水,环境中的VOC(挥发性有机物),细菌等都会影响细胞培养。

⑥ 培养细胞的容器应当洁净无污染。

9.3.6　液氮罐的安全操作和使用注意事项

细胞生物学和免疫生物学实验中经常需要保存各种细胞以供实验需要,特别是一些不易获得的突变细胞。这就需要通过细胞冻存技术将细胞置于−196 ℃液氮中保存。作为储存和运输液氮的容器,液氮罐就成为细胞生物学和免疫学实验室必不可少的仪器设备。它具有良好的隔热性能,能够使液氮长时间保持在−196 ℃的低温状态下。

1. 液氮罐的种类

按用途分,液氮罐可分为储存液氮罐、运输液氮罐、储存-运输两用液氮罐。按大小分,液氮罐可分为小型液氮罐,有5 L、10 L、15 L等规格,既可以短时间储存,也可以少量运输液氮;中型液氮罐,有30 L、35 L等规格,小口径的主要用来运送和储存液氮,大口径的主要用来储存;大型液氮罐,有50 L、100 L、200 L、450 L等规格,大口径的多用来储存,因体积较大,缺少防撞击保护装置,不适合运送液氮使用。

2. 液氮罐的结构和性能

液氮罐多为铝合金或不锈钢制造,分内外两层,即内胆和外壳。

① 外壳:液氮罐外面一层为外壳,其上部为罐口。

② 内胆:液氮罐内层中的空间称为内胆,一般为耐腐蚀性的铝合金,内胆的底部有底

座，供固定提筒用，可将液氮及样品储存于内胆中。

③ 夹层：夹层指罐内外两层间的空隙，呈真空状态。抽成真空的目的是为了增进罐体的绝热性能，同时在夹层中装有绝热材料和吸附剂。

④ 颈管：颈管通常是玻璃钢材料，将内外两层连接，并保持有一定的长度，在颈管的周围和底部夹层装有吸附剂。顶部的颈口设计特殊，其结构既要有孔隙能排出液氮蒸发出来的氮气，以保证安全，又要有绝热性能，以尽量减少液氮的汽化量。

⑤ 盖塞：盖塞由绝热性能良好的塑料制成，以阻止液氮的蒸发，同时固定提筒的手柄。

⑥ 提桶：提桶置于罐内胆中，其中可以储放细管。提桶的手柄挂于颈口上，用盖塞固定住。

3. 液氮罐的安全运输

液氮罐运输时必须装在木架内，垫好软垫并固定好。罐与罐之间要用填充物隔开，防止颠簸撞击，防止倾倒。装卸时要严防液氮罐碰击，更不能在地上随意拖拉，以免缩短液氮罐的使用寿命。

4. 液氮罐的放置

液氮罐要存放在通风阴凉处，避免阳光直晒。无论是存放还是使用，液氮罐都不能倾斜、横放、倒置、堆压、相互撞击或与其他物件碰撞，要始终保持直立。

5. 液氮罐使用前的检查

液氮罐在充填液氮之前，首先要检查外壳有无凹陷，真空排气口是否完好，如有损坏，真空度则会降低，保温效果就会下降，罐上部会结霜，液氮损耗大，不能再使用，还要检查罐内部是否清洁干燥，如有异物，必须取出，防止内胆被腐蚀。

6. 液氮的充填

液氮罐只能用于盛装液氮，不能盛装其他液体，充填液氮要小心谨慎，缓慢填充。如果是新罐或干燥状态的罐一定要缓慢填充进行预冷，以防降温太快损坏内胆。充填液氮时不要将液氮倒在真空排气口上，以免造成真空度下降。盖塞使用绝热材料制成，既能防止液氮蒸发，也能起到固定提桶的作用，所以打开和关闭时都要尽量减少磨损，以延长寿命。不同体积液氮罐的盖塞不能混用，以防封闭过紧造成内压过高而损坏罐体，或者缝隙过大使液氮消耗过快。液氮储存在液氮罐中时，要注意将罐口保留一定缝隙，避免液氮汽化时气体无法及时排出，造成爆炸事故。一般液氮罐的盖塞都留有一定的缝隙，在使用时千万不要将其堵塞。在室内对液氮罐补充液氮时，请注意要打开门窗，防止操作环境缺氧。

7. 液氮的使用

使用液氮过程中可以用肉眼观察或者用手触摸外壳，如果发现外表结霜，应立即停止使用，特别是颈管内壁附霜结冰时严禁用硬物去刮，以防颈管内壁受到破坏，造成真空不良。应将液氮取出，让其自然融化；液氮属于低温液体，使用中注意不要滴洒到裸露的皮肤上，尤其不能触及眼睛或滴入衣领和鞋内，否则可能造成严重冻伤。检查液氮罐内液位高度时，应用塑料小棒或实心小木棒插入底部，过 5～10 s 后取出，结霜的长度即是液位高度。液氮罐属仪器仪表类，使用时应轻拿轻放，开启液氮罐各阀门时力道要适中，不宜过大，速度也不能过快;特别是将液氮罐金属软管与进/排液阀处的接头进行联结时,不能拧得过紧,稍微用力拧到位,能密封即可(球头结构容易密封),避免将液氮罐连接管拧斜甚至拧断,旋拧时用一只手扶住液氮罐。

8. 液氮罐的清洗

当液氮罐内的液氮完全挥发后,一些洒漏在罐内的物质会很快融化,变成液态物质而附在内胆上,会对铝合金的内胆造成腐蚀。若形成空洞,液氮罐就要报废,因此液氮罐内液氮耗尽后对罐子进行刷洗是十分必要的。一般液氮罐使用一年后,要清洗消毒一次。清洗时首先把液氮罐内提筒取出,液氮移出,放置2～3天,待罐内温度上升到0 ℃左右,再倒入30 ℃左右的温水,用布擦洗。若发现个别融化物质粘在内胆上,要先用中性洗涤剂洗刷,再用不高于40 ℃的温水冲洗干净,最后用清水冲洗数次,将水排净,用鼓风机吹干,待内胆充分干燥后,才可再充装液氮。

9. 液氮罐冻存细胞

首先,将所需冻存细胞放在冻存盒内,做好标记,放置于冻存架上,插好固定插销,一定要确保插销位置正确固定,防止冻存盒脱落。然后,将液氮罐内装好液氮,确定液位到所需的位置。目前市面上有液氮液位报警装置,用来作为超温报警以及低于设定液位声光报警等。将报警装置的探头固定在其中一个冻存架上,探头的位置一般在最上面冻存盒的上方,这样,当液位低于探头的位置,报警装置发出报警声,提示添加液氮,确保细胞冻存效果。

细胞冻存及复苏要求:需要冻存的细胞样品,需经复苏证明冻存的效果,效果不好的细胞样品或未经证明有效性的细胞不得入液氮罐进行保存,以免造成空间浪费及影响后续实验质量和进度。需要复苏细胞时,请将实验设计好后,在记录本上填写所需复苏细胞的种类、数量、培养时间等,等待统一复苏。使用完毕后,尽快将液氮罐口盖好,上锁,做好记录。液氮罐口部有一突起的部分请格外保护,不要碰撞,那是罐体抽真空后的密封处,类似于热水瓶底部的小尖部位。

9.3.7　流式细胞仪的安全操作和使用注意事项

实验人员应当了解并掌握流式细胞仪的安全操作和使用注意事项。

1. 流式细胞仪的基本概念

流式细胞术是在细胞分子水平上通过单克隆抗体对单个细胞或其他生物粒子进行多参数、快速定量分析的技术。它可以高速分析上万个细胞,并能同时从一个细胞中检测细胞大小、内部颗粒复杂度、细胞表面抗原和细胞质抗原,细胞内DNA、RNA含量等多个参数,具有速度快、精度高、准确性好的优点,是当代较先进的细胞定量分析技术之一。

流式细胞仪以流式细胞术为理论基础,是流体力学、激光技术、电子工程学、分子免疫学、细胞荧光化学和计算机等学科知识综合运用的结晶。它是对细胞进行自动分析和分选的装置。它可以快速测量、存贮、显示悬浮在液体中的分散细胞的一系列重要的生物物理、生物化学方面的特征参量,并可以根据预选的参量范围把指定的细胞亚群分选出来。

2. 流式细胞仪的工作原理

将待测细胞经特异性荧光染料染色后放入样品管中，在气体的压力下进入充满鞘液的流动室。在鞘液的约束下细胞排成单列由流动室的喷嘴喷出，形成细胞柱。以激光作为发光源，经过聚焦整形后的光束，垂直照射在样品流上，被荧光染色的细胞在激光束的照射下，产生散射光和激发荧光。这两种信号同时被前向光电二极管和90度方向的光电倍增管接收。在前向小角度进行光散射信号检测，这种信号基本上反映了细胞体积的大小；荧光信号的接收方向与激光束垂直，经过一系列双色性反射镜和带通滤光片的分离，形成多个不同波长的荧光信号。这些荧光信号的强度代表了所测细胞膜表面抗原的强度或其核内物质的浓度，经光电倍增管接收后可转换为电信号，再通过模/数转换器，将连续的电信号转换为可被计算机识别的数字信号。计算机把所测量到的各种信号进行处理，以数据文件的形式存储下来，以供进一步分析。

3. 流式细胞仪的基本构成

流式细胞仪主要由四部分组成：流动室和液流系统、激光源和光学系统、光电管和检测系统、计算机和分析系统。

（1）流动室和液流系统

流动室由样品管、鞘液管和喷嘴等组成，常用光学玻璃、石英玻璃等透明、稳定的材料制作。设计和制作均很精细，是液流系统的心脏。样品管贮放样品，单个细胞悬液在液流压力作用下从样品管射出；鞘液由鞘液管从四周流向喷孔，包围在样品外周后从喷嘴射出。为了保证液流是稳液，一般限制液流速度小于10 m/s。由于鞘液的作用，被检测细胞被限制在液流的轴线上。流动室上装有超声压电晶体，通电后超声压电晶体发生高频震动，可带动流动室高频震动。

（2）激光源和光学系统

经特异荧光染色的细胞需要合适的光源照射激发才能发出荧光供收集检测。常用的光源有弧光灯和激光器。汞灯是最常用的弧光灯，其发射光谱大部分集中于300～400 nm，很适合需要用紫外光激发的场合。激光器又以氩离子激光器为常见，也有氪离子激光器或染料激光器。光源的选择主要根据被激发物质的激发光谱而定。氩离子激光器的发射光谱中，绿光514 nm和蓝光488 nm的谱线最强，约占总光强的80%；氪离子激光器光谱多集中在可见光部分，647 nm的谱线最强。

免疫学上使用的一些荧光染料激发光波长在550 nm以上，可使用染料激光器。将有机染料作为激光器泵浦的一种成分，可使原激光器的光谱发生改变以适应需要，即构成染料激光器。

（3）光电管和检测系统

经荧光染色的细胞受到合适的光激发后所产生的荧光是通过光电转换器转变成电信号而进行测量的。光电倍增管（PMT）最为常用。各种荧光信号由各自的PMT接收并转变为电信号后储存在流式细胞仪的计算机硬盘或软盘内。从PMT输出的电信号仍然较弱，需要经过放大后才能输入分析仪器。流式细胞仪中一般备有两类放大器。一类是线性放大器，其输出信号幅度与输入信号呈线性关系。线性放大器适用于在较小范围内变化的信号以及代表生物学线性过程的信号,比如DNA测量等。另一类是对数放大器,其输出信号和输入信号之间成常用对数关系。在免疫学测量中常使用对数放大器。因为在免疫分析时常要同时显示阴性、阳性和强阳性三个亚群,它们的荧光强度相差1～2个数量级,而且在多色免疫荧光测量中,用对数放大器采集数据易于解释。此外还有调节便利、细胞群体分布形状不易受外界工作条件影响等优点。

流式细胞仪测定常用的荧光染料有多种,它们分子结构不同,激发光谱和发射光谱也各异。必须依据流式细胞仪所配备的激光光源的发射光波长选择荧光染料,比如氩离子气体激光管的激发光波长为488 nm,氦氖离子气体激光管的激发光波长为633 nm。488 nm激光光源常用的荧光染料有FITC(异硫氰酸荧光素)、PE(藻红蛋白)、PI(碘化丙啶)、ECD(藻红蛋白-德克萨斯红)、PE-CY5(青色素)、PerCP(叶绿素蛋白)等。它们的激发光和发射光波长如表9.2所示。

表9.2　流式细胞仪常用荧光染料的激发光和发射光波长

荧光染料	激发光波长(nm)	发射光波长(nm)
FITC	488	525
PE	488	575
PI	488	630
ECD	488	610
PE-CY5	488	667
PerCP	488	675

(4) 计算机和分析系统

荧光信号由光电接收器接收转变为电信号,表征为电压脉冲的高度、面积和宽度。电脉冲信号转换成数字信号并传送到计算机,进行储存、作图和统计分析。存储在计算机硬盘或软盘内的数据一般是以列表方式存入的,可以节约内存和磁盘空间,同时又易于加工处理分析。但是以列表排队方式存储的数据也有弊端,缺乏直观性,数据的显示和分析一般还是要采用一维直方图、二维点阵图、等高线图或密度图表示。计算机的存储容量较大,可存储同一细胞的6～8个参数。存储于计算机内的数据可以在实测后脱机重现,进行数据处理和分析,最后给出结果。

4. 流式细胞仪性能指标

反映流式细胞仪性能的技术指标主要有荧光分辨率、荧光灵敏度、适用样品浓度、分选纯度等。荧光分辨率是指分辨两个相邻峰的最小距离,通常用变异系数(CV值)来表示。现在市场上主流型号出厂时的荧光分辨率应该小于2.0%。荧光灵敏度反映仪器探测最小荧光光强的能力。一般用荧光微球上可测出的FITC的最少分子数来表示。目前仪器均可达到1000左右。仪器工作时样品浓度一般在每毫升105～107个细胞。分析速度/分选速度是指流式细胞仪每秒钟可分析或分选的颗粒数目。一般分析速度为5000～10000,分选速度控制在1000以下。

5. 流式细胞仪的调试和校准

流式细胞仪在使用前,甚至在使用过程中都要进行精心调试,以保证工作的可靠性和最佳性。调试的项目主要是激光强度、液流速度和测量区的光路等。

① 激光强度:调整反射镜的角度得到所需波长的激光输出,同时结合显示屏上的光谱曲线使激光输出的强度最大。

② 液流速度:可通过仪器软件程序实时观察,调节气体压力大小以获得稳定的液流速度。

③ 测量区光路调节:这是调试工作的关键。需要保证在测量区的液流、激光束、90°散射测量光电系统垂直正交,而且交点较小。一般用标准荧光微球等校准来完成。

流式细胞术中所测得的量是相对值,因此需要在使用前或使用中对系统进行校准或标定,这样才能赋予测量出的相对值以绝对意义。因而流式细胞术中的校准具有双重功能:仪器的校准和定量标度。标准样品应该稳定,成分形状应是大小比较一致的球形,样品分散性能良好,且经济、容易获得。常用标准荧光微球作为非生物学标准样品,鸡血红细胞作为生物学标准样品。微球用树脂材料制作,或标记荧光素,或不标记荧光素。所用的鸡血红细胞标准样品制作过程如下:取3.8%枸橼酸或肝素抗凝的鸡血(抗凝剂:鸡血=1:4),经PBS清洗3次,再用5~10 mL的1.0%戊二醛与清洗后的鸡血红细胞混合,室温下振荡醛化24 h,最后经PBS再清洗,存放于4 ℃冰箱中备用。需要指出的是因为未经荧光染色,所测光信号为鸡血红蛋白的自发荧光。

6. 流式细胞仪的安全操作

① 打开电源,对系统进行预热。

② 打开气体阈,调节压力,获得适宜的液流速度。

③ 开启光源冷却系统。

④ 在样品管中加入去离子水,冲洗液流的喷嘴系统。

⑤ 利用校准标准样品,调整仪器,使其在激光功率、光电倍增管电压、放大器电路增益调定的基础上,0°和90°散射的荧光强度最强,并要求变异系数为最小;选定流速、测量细胞数、测量参数等,在同样的工作条件下测量样品和对照样品;同时选择数据的显示方式,从而能直观掌握测量进程。

⑥ 样品测量完毕后,再用去离子水冲洗液流系统。

⑦ 关闭气体、测量装置,进行数据处理。

7. 使用流式细胞仪的注意事项

① 光电倍增管要求稳定的工作条件,如果暴露于较强的光线下,需要较长时间的“暗适应”以消除或降低部分暗电流本底才能工作。

② 光源不得在短时间内(一般要求开、关间隔1 h以上)频繁开关;使用光源必须预热并注意冷却系统工作是否正常。

③ 必须随时保持液流系统畅通,避免气泡栓塞,鞘流液使用前要经过过滤、消毒。

④ 注意根据测量对象的不同选用合适的滤片系统、合适的放大器类型等。

⑤ 各种液体和悬浮细胞样本要新鲜,尽快完成样本制备和检测。

⑥ 针对不同的细胞样本进行适当洗涤、酶消化或EDTA处理,以清除杂质,使黏附的细胞彼此分离而形成单细胞状态。

⑦ 对新鲜实体瘤组织可选用或联用酶消化法，机械打散法和化学分散法来获得足够数量的单细胞悬液。

⑧单细胞悬液的细胞数不应少于10000个。

9.4　细胞生物学与免疫生物学实验危险试剂的安全使用

9.4.1　二甲苯

1. 理化性质

二甲苯分子式为C_8H_{10}（图9.5），分子量为106.17，无色透明液体。有芳香烃的特殊气味。系由45％～70％的间二甲苯、15％～25％的对二甲苯和10％～15％的邻二甲苯三种异构体所组成的混合物，易流动，能与无水乙醇、乙醚和其他许多有机溶剂混溶。二甲苯属于低毒类化学物质，美国政府工业卫生学家会议（ACGIH）将其归类为A4级，即缺乏对人体、动物致癌性证据的物质。二甲苯存在于塑料、燃料、橡胶，各种涂料的添加剂以及各种胶粘剂、防水材料中，还可来自燃料和烟叶的燃烧气体。

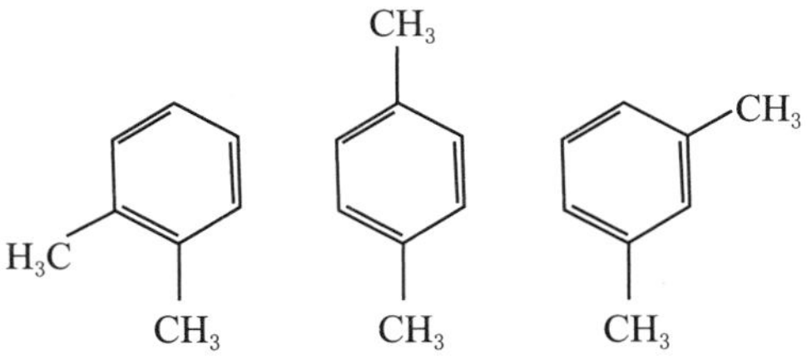

图9.5　二甲苯

2. 安全操作

密闭操作，加强通风。操作人员佩戴过滤式防毒面具（半面罩），戴化学安全防护眼镜，穿防毒物渗透工作服，戴橡胶耐油手套。远离火种、热源。工作场所严禁吸烟。使用防爆型的通风系统和设备。防止蒸气泄漏到工作场所空气中，避免与氧化剂接触。配备相应品种和数量的消防器材及泄漏应急处理设备。倒空的容器可能残留有害物，应妥善处置。

3. 急救措施

如皮肤接触，应立即脱去被污染的衣着，用肥皂水和清水彻底冲洗皮肤。如眼睛接触，应提起眼睑，用流动清水或生理盐水冲洗，就医。如吸入，应迅速脱离现场至空气新鲜处，保持呼吸道通畅。如呼吸困难，应给输氧，如呼吸停止，立即进行人工呼吸，就医。如食入，应饮足量水，催吐，及时就医。

9.4.2　4’,6-二脒基-2-苯基吲哚

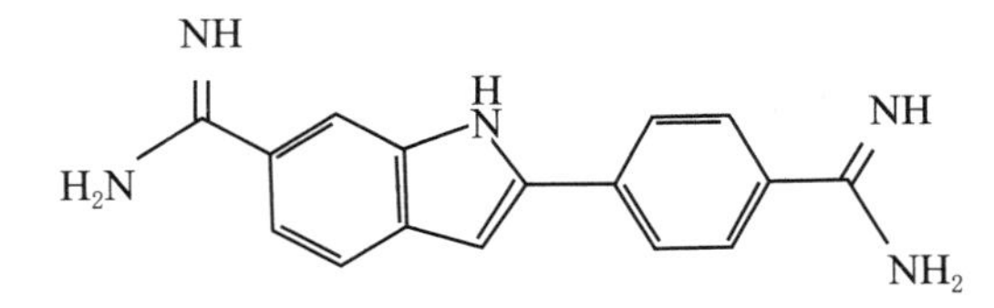

图9.6　4’,6-二脒基-2-苯基吲哚

1. 理化性质

4’,6-二脒基-2-苯基吲哚即DAPI的分子式为$C_{16}H_{15}N_5$（图9.6），分子量为277.32，是能够与DNA强力结合的荧光染料，常用于荧光

显微镜观测。可以透过完整的细胞膜,用于细胞染色,但是因为活细胞染色对DAPI浓度有严格要求,因而很少被用于活细胞染色。DAPI能快速进入活细胞中与DNA结合,对生物体而言会被视为一种毒性物质与致癌物。

2. 安全操作

DAPI对人体有一定刺激性,请注意适当防护,操作过程应佩戴手套,穿着实验服。荧光染料都存在淬灭的问题,建议染色后尽量当天完成检测。为减缓荧光淬灭可以使用抗荧光淬灭封片液。低浓度的DAPI不容易穿透细胞膜。

3. 急救措施

实验过程中一旦接触皮肤,应用大量清水冲洗。

9.4.3 姬姆萨染液

1. 理化性质

姬姆萨染液为天青色素、伊红、次甲蓝的混合物,最适于血液涂抹标本、血球、疟原虫、立克次体以及骨髓细胞、脊髓细胞等的染色。细胞染色前用蛋白酶等进行处理,然后再用姬姆萨染液染色,在染色体上,可以出现不同深浅的横纹样着色。姬姆萨染液可将细胞核染成紫红色或蓝紫色,胞浆染成粉红色,在光镜下呈现出清晰的细胞及染色体图像。

2. 安全操作

染色时请佩戴一次性手套和安全护目镜。姬姆萨染色过程中,pH对染色有一定影响,载玻片应清洁、无酸碱污染,以免影响染色结果。染液淡,温度低,细胞多则染色时间较长;反之,可减少时间,必要时可增加染液量或增加染色时间。冲洗前,需要在低倍显微镜下观察染色是否核质分明,是否染色清楚。

3. 急救措施

染料咽下可致命或引起眼睛失明,通过吸入和皮肤吸收是有毒的,其可能的危险具有不可逆的效应。

9.4.4 甲基绿

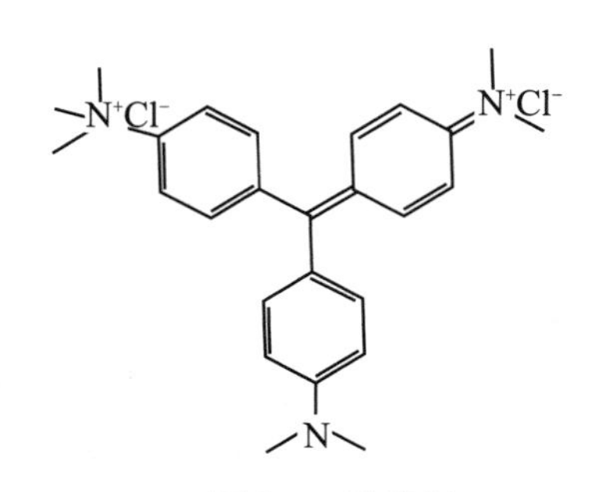

图9.7 甲基绿

1. 理化性质

甲基绿分子式为$C_{26}H_{33}Cl_2N_3$(图9.7),分子量为458.47,是具有金属光泽的绿色微结晶或亮绿色粉末。溶于水,显蓝绿色,为碱性染料,易与聚合程度高的DNA结合呈现绿色,又称双绿SF。微溶于乙醇,不溶于乙醚、戊醇。

2. 安全操作

储存于阴凉通风库房,室温不宜超过37 ℃,应与氧化剂、食用化学品分开存放,切忌混储,远离火种、热源,采用防爆型照明、通风装置,禁止使用易产生火花的设备和工具,储存区应备有泄漏应急处理设备和合适的收容材料。

3. 急救措施

如吸入,请将吸入人员移到新鲜空气处。如皮肤接触,应脱去污染的衣着,用肥皂水和清水彻底冲洗皮肤,如有不适感须就医。如眼睛接触,应分开眼睑,用流动清水或生理盐水冲洗并立即就医。如食入,应漱口,禁止催吐,立即就医。

9.4.5　三氯乙酸

1. 理化性质

三氯乙酸分子式为$C_2HCl_3O_2$(图9.8),分子量为163.40,无色结晶,有刺激性气味,易潮解,可燃,溶于水、乙醇、乙醚,微溶于四氯化碳,其粉体与空气混合,能形成爆炸性混合物。

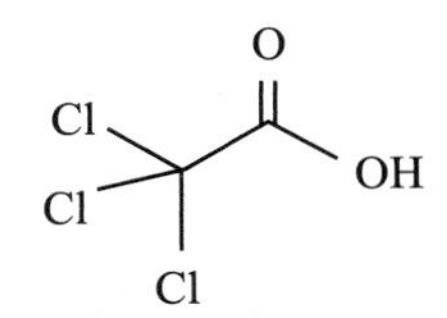

图9.8　三氯乙酸

2. 安全操作

密闭操作,局部排风。操作人员佩戴导管式防毒面具,戴化学安全防护眼镜,穿防酸碱工作服,戴橡胶耐酸碱手套。远离火种、热源。工作场所严禁吸烟。使用防爆型的通风设备,避免产生粉尘,避免与氧化剂、碱类接触。

3. 急救措施

如皮肤接触,应立即脱去污染的衣着,并用水冲洗至少15 min。若有灼伤,应就医治疗。如眼睛接触,应立即提起眼睑,用流动清水或生理盐水冲洗至少15 min,就医。如吸入,应迅速脱离现场至空气新鲜处,保持呼吸道通畅,必要时进行人工呼吸,就医。如食入,误服者应立即漱口,饮牛奶或蛋清,就医。如引发火灾,应用雾状水、泡沫、二氧化碳、砂土灭火。

9.4.6　异戊醇

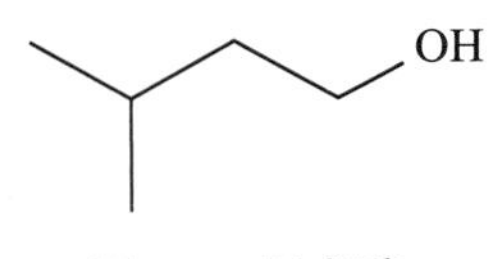

图9.9　异戊醇

1. 理化性质

异戊醇分子式为$C_5H_{12}O$(图9.9),分子量为88.15,无色透明液体,微溶于水,可混溶于醇、醚等有机溶剂。用作于照相化学药品、香精、分析试剂的制备,以及用于有机合成、制药。

2. 安全操作

密闭操作,全面通风。操作人员佩戴自吸过滤式防毒面具(半面罩),戴安全防护眼镜,穿防静电工作服。远离火种、热源,工作场所严禁吸烟。使用防爆型的通风系统和设备。防止蒸气泄漏到工作场所空气中。避免与氧化剂、酸类接触。配备相应品种和数量的消防器材及泄漏应急处理设备。倒空的容器可能残留有害物。

3. 急救措施

如皮肤接触，应脱去污染的衣着，用肥皂水和清水彻底冲洗皮肤。如眼睛接触，应提起眼睑，用流动清水或生理盐水冲洗并就医。如吸入，应迅速脱离现场至空气新鲜处，保持呼吸道通畅；如呼吸困难，应及时输氧；如呼吸停止，应立即进行人工呼吸并及时就医。如食入，应饮足量温水，催吐，及时就医。

9.5 活体细胞管理

9.5.1 细胞原代培养和传代培养

细胞原代培养和传代培养的不同点和注意事项如下：

1. 原代培养和传代培养定义不同

原代培养：直接从生物体获取组织或器官的一部分进行培养，也称初代培养。将培养物放置在体外生长环境中持续培养，中途不分割培养物的培养过程。原代培养中的代并非细胞的代数，因为培养过程中细胞经多次分裂已经产生多代子细胞。

传代培养：需要将培养物分割成小的部分，重新接种到另外的培养器皿（瓶）内，再进行培养的过程。

2. 原代培养和传代培养原理不同

原代培养：将动物机体的各种组织从机体中取出，经各种酶（常用胰蛋白酶）、螯合剂（常用EDTA）或机械方法处理，分散成单细胞，放到合适的培养基中培养，使细胞得以生存、生长和繁殖的过程。

传代培养：当细胞在培养瓶中长满后就需要将其稀释分种成多瓶，细胞才能继续生长。这一过程就叫传代。传代培养可获得大量细胞供实验所需。传代要在严格的无菌条件下进行，每一步都需要严格规范的无菌操作。

3. 原代培养和传代培养特点不同

原代培养：与体内原组织在形态结构和功能活动上相似性大。由于培养的细胞刚刚从活体组织分离出来，故更接近于生物体内的生活状态。这一方法可为研究生物体细胞的生长、代谢、繁殖提供有力的手段。同时也为以后传代培养创造条件。

传代培养：当原代培养成功以后，随着培养时间的延长和细胞不断分裂，一方面细胞之间相互接触而发生接触性抑制，使其生长速度减慢甚至停止；另一方面也会因营养物不足和代谢物积累而不利于生长，或发生中毒。

4. 原代培养和传代培养过程不同

原代培养的基本过程包括取材、培养材料的制备、接种、加培养液、置于培养条件下培养等步骤，在所有的操作过程中，都必须保持培养物及生长环境的无菌。

传代培养时要注意无菌操作并防止细胞之间的交叉污染。取出长成单层的原代培养细胞，倒掉瓶内培养液，加入消化液。当细胞变圆，相互之间不再连片时将消化液倒掉，加入新鲜培养液，吹打，制成细胞悬液。

5. 原代培养和传代培养结果不同

原代培养细胞会分裂。原代培养的细胞一般传至10代左右就不容易传下去了，细胞的生长就会出现停滞，大部分细胞衰老死亡。细胞接种后一般几小时内就能贴壁，并开始生长，如接种的细胞密度适宜，5～7天即可形成单层。

传代培养一般可传到40到50代。一般情况下，传代后的细胞在2 h左右就能附着在培养瓶壁上，2～4天就可在瓶内形成单层，需要再次进行传代。

6. 原代培养和传代培养的注意事项

① 取各种已消毒的培养用品置于生物安全柜或超净工作台台面，紫外线消毒20 min。实验开始前请先洗手，用75%酒精或0.2%新洁尔灭擦拭手部。

② 所有无菌操作要尽量靠近酒精灯火焰。每次最好只进行一种细胞的操作。耐热物品要经常在火焰上灼烧，金属器械烧灼时间不能太长，以免退火，冷却后才能夹取组织，取过培养液的用具不能灼烧，以免烧焦形成碳膜。

③ 操作动作要准确敏捷，但又不能太快，以防空气流动，增加污染机会。

④ 不能用手接触已消毒器皿的工作部分，工作台面上的用品要布局合理。

⑤ 瓶子开口要尽量保持45度斜位。

⑥ 注意移液器吸头不可混用。

9.5.2　细胞冻存和复苏

细胞冻存是细胞保存的主要方法之一。利用冻存技术将细胞置于-196 ℃液氮中低温保存，可以使细胞暂时脱离生长状态而将其细胞特性保存起来，在需要的时候再复苏细胞用于实验。而且适度地保存一定量的细胞，可以防止因正在培养的细胞被污染或其他意外事件而使细胞丢种，起到了细胞保种的作用。

1. 细胞冻存和复苏原理

在不加任何物质的条件下直接冻存细胞时，细胞内外环境中的水都会形成冰晶，能导致细胞内发生机械损伤、电解质升高、渗透压改变、脱水、pH改变、蛋白质变性等，引起细胞死亡。如果在培养基中加入保护剂二甲基亚砜(DMSO)，就可以降低溶液的冰点，缓慢降温，细胞内的水分析出，减少了冰晶形成，从而避免细胞受损。二甲基亚砜(DMSO)具有对细胞无毒性，分子量小，溶解度大，易穿透细胞的特点，常用的浓度范围在5%～15%，一般用10%。

细胞冻存与复苏的原则是慢冻快融，这样可以较好地保证细胞的存活率。标准的冷冻速度开始为每分钟1～2 ℃，当温度低于-25 ℃时可加速，冷冻速度可增至每分钟5～10 ℃，温度降到-80 ℃时，保存24 h后即可直接投入液氮内。

细胞复苏,把装有细胞的冻存管从超低温冰箱或者液氮中拿出后,直接转移到37 ℃水浴中快速解冻,以防止小冰晶转变为大冰晶而对细胞造成损害。

2. 细胞冻存和复苏操作步骤

(1) 细胞冻存

① 消化细胞,将细胞悬液收集至离心管中。

② 1000 r/min离心10 min,弃上清液。

③ 用1 mL冻存液(10% DMSO+90%完全培养基)重悬细胞。

④ 将含有细胞的冻存液转移到冻存管中,旋紧管盖,并在管上标明细胞株名称、冻存日期和操作人,把冻存管转入冻存盒。

⑤ 按下列顺序降温:4 ℃,30 min→低温冰箱−20 ℃,2 h→超低温冰箱−80 ℃,24 h→液氮。

⑥ 操作时应小心,避免液氮冻伤。定期检查液氮,随时补充,不能让液氮挥发干净。

(2) 细胞复苏

① 从液氮罐中取出冻存管,立即投入37 ℃水浴中,使细胞在1 min内融化。

② 用75%酒精对冻存管消毒,旋开盖子,把冻存液转移到15 mL离心管中,加入10倍体积的完全培养基(稀释DMSO),混匀后1000 r/min离心5 min。

③ 弃上清,加入5 mL新鲜培养基,用移液管轻轻吹打以重悬细胞。

④ 将细胞悬液转移到培养瓶中,放在二氧化碳培养箱中37 ℃培养,可以取少量细胞悬液用台盼蓝染色法粗略计算细胞存活率。

⑤ 细胞培养24 h后更换培养基继续培养。

3. 细胞冻存和复苏注意事项

① 取细胞的过程中注意戴好防冻手套,护目镜。因细胞冻存管可能漏入液氮,解冻时冻存管中的气温急剧上升,可导致爆炸。

② 二甲基亚砜(DMSO)对细胞不是完全无毒副作用。常温下,DMSO对细胞的毒副作用大,因此,必须在1~2 min内使冻存液完全融化。如果复苏温度太慢,会造成细胞的损伤;DMSO加入溶液时会有发热效应,所以冻存液要提前配制,不能在细胞悬液中直接加入。

③ 离心前须加入少量培养液。细胞解冻后DMSO浓度较高,注意加入少量培养液,可稀释其浓度,以减少对细胞的损伤。

④ 用酒精对冻存管消毒时可能会把冻存管上的标记擦除,在做多种细胞复苏时,一定要分开操作,以免把不同的细胞混淆。

⑤ 复苏细胞分装。复苏一管细胞一般可分装到1~2只培养瓶中,分装过多会使细胞浓度过低,不利于细胞的贴壁。

9.5.3 细胞培养的污染及防治

细胞培养过程中避免不了细胞培养物的污染,常见的细胞污染包括杂质污染、混杂污染、细菌污染(杆菌和球菌)、真菌污染(霉菌和酵母菌)、支原体以及黑胶虫污染等。判断是否存在细胞污染最直观的方式是观察形态，当培养体系出现细菌污染时，会出现培养基变浑浊，有异味，镜下观察有明显自由行动的颗粒或念珠状菌落。真菌通常倾向于聚集生长，在培养体系内形成"毛茸茸"的菌落，或丝状菌体，但一般不出现培养基变酸等现象。至于支原体污染，大部分没有任何异常情况，培养体系、细胞生长都正常，往往容易被忽视，但若不及时处理，容易造成交叉污染。

一旦发现细胞被污染，首先做好污染细胞与正常细胞的隔离；其次用大量含高浓度双抗的培养基、缓冲液冲洗；然后，联用多种支原体清除剂；最后，定时复检。

细胞污染后最好的处理方式是丢弃，除非是特别有价值的细胞才值得"抢救"，可以尝试用大浓度的双抗来杀死污染微生物。支原体污染后，可以选择支原体清除剂进行处理，但要注意的是，即使是最好的清除剂也只能清除几种或者某些类别的支原体，没有一种清除剂能够完全清除自然界中所有的支原体。抗生素也是一把双刃剑，一方面，使用抗生素能起到一定的预防污染作用；另一方面，它并不能保证百分百避免污染。而且要注意的是，使用不当可能会对细胞的生长状态有影响，甚至培养出"超级细菌"，所以对于细胞污染的预防至关重要，严格做好实验室环境管理工作，培养根深蒂固的无菌意识，再就是降低对抗生素的依赖。

9.6　其　　他

9.6.1　免疫细胞分离

免疫细胞提取纯化实验多使用动物血液、淋巴结和脾脏标本。这些组织可能含有病原体，需要按照血液标本和实验动物安全最高防护等级进行防护。如手部有破损或皮肤疾病，不能操作血液标本实验，实验过程中应戴双层橡胶手套。实验等待过程中，应脱下外层手套，减少接触标本手套的其他触碰。如手套破损，应立即更换。实验过程中如果有标本溅洒，应及时清理消毒。实验室需要使用注射器时，尤其需要集中注意力，以免接触标本的针头意外扎伤自己或他人。

9.6.2　抗原抗体检测

抗原、抗体检测实验多涉及动物血清或其他体液，应按血液标本和实验动物安全最高防护等级进行防护；涉及病原体抗原按病原体最高防护标准予以防护，可参考第11.4节。

9.6.3　动物免疫

动物免疫实验中涉及抗原可能来自病原体，并涉及动物，应按最高生物防护标准予以防护,可参考第13.3节。

参 考 文 献

[1] 郭振. 细胞生物学实验[M]. 合肥:中国科学技术大学出版社,2012.

[2] 刘爱萍,郭振,王琦琛. 细胞生物学荧光技术原理和应用[M]. 合肥:中国科学技术大学出版社,2012.

[3] 汤家勇,赵华,斯小东. 细胞培养室的建设与管理[J]. 实验科学与技术,2018,16(6):147-150.

[4] 左琴华,薛巍. 细胞培养实验平台的管理经验探索[J]. 实验技术与管理,2020,37(2):233-236.

第10章　生理学与神经生物学实验室安全

在诺贝尔奖奖项设立中，为了强调生理学的重要性，专门设立有生理学或医学奖，这说明生理学在自然科学领域中具有非常重要的地位。生理学实验是生理学理论知识的来源和依据。通过生理学实验课的学习，不仅可以验证和巩固在课堂上学习到的生理学基本理论和规律，而且还可以学习生理学研究的实验方法。生理学实验是生命科学和基础医学专业学生的基础课程。生理学与神经生物学实验室是培养生命科学与医学拔尖创新人才和科学研究的重要场所，涉及实验动物、实验器械、专业设备、试剂药品等，因此实验室安全与规范操作显得尤为重要。

2020年2月法国里昂大学(University of Lyon)Sebastien Vidal教授在美国化学学会的ACS Central Science上发表的一份特别报告，详细地讲述了他的学生Nicolas在2018年6月用注射器将二氯甲烷移入反应烧瓶后，不小心将针头刺到手指上，残留不足100 μL的二氯甲烷一瞬间进入到Nicolas体内，使得Nicolas一根手指差点被截肢。所以实验室安全问题是很重要的问题，要引起重视，要随时保持安全的意识。

10.1　生理学与神经生物学实验室安全概述

生理学与神经生物学实验室的布局应合理、得当，以保障实验室通风、水电安全和消防安全。

1. 生理学与神经生物学实验室环境布局

① 进门处的储物柜：实验人员把与实验无关的东西放入储物柜，穿上实验服。

② 实验台：要防水、耐腐蚀、耐热和坚固，同时要区分放置仪器区域和实验操作区域。

③ 设立独立的配制试剂的空间：防止交叉污染。

④ 设立实验动物放置区域(实验前暂时放置)、动物称量处、实验后实验动物尸体和组织等放置区域。

⑤ 水池集中(远离仪器设备)，在水池边安装洗眼装置(定期打开放水，保证出水的清洁)。

2. 通风

虽然生理学与神经生物学实验室是BSL-1级实验室，属普通的生物学实验室，但当实验室内多人同时实验时，通风也是很重要的，可以开窗(要带纱窗)通风，需要时采用新风系统和排风系统。

3. 水电、消防安全

为保障实验室水电、消防安全，应做到以下方面：

① 实验后清理水池下水口，当使用家兔作为实验对象时，要特别注意实验结束后，及时进行清理，避免兔毛等堵住水池下水口，下水应有放回流设计。

② 总配电盒上标记醒目标志，并标记出电源总开关位置，保证实验室内所有电源插座上火线、零线和地线正常连接，避免多台仪器使用共同的电源插座，注意使用安全，不能用潮湿的手去开关电源。

③ 在实验室固定位置配置灭火器和灭火毯。

10.2 生理学与神经生物学实验室中的个人防护

生理学实验中会接触到实验动物的皮屑、毛发、粪便以及携带的病原体，同时可能出现抓伤、咬伤和机械性损伤，所以要做好个人防护，保证安全。同时，也防止实验人员对实验动物的污染，造成实验动物的伤害。实验完成后，在离开实验室前要洗手。

① 要穿实验服，佩戴口罩、手套，必要时还要戴护目镜，可参考第14.1节。

② 实验室内配备急救箱，内有药棉、纱布、创可贴、75%医用酒精、碘伏、眼睛清洗药水等。如果实验人员在实验中受伤，可以使用急救箱里的相关物品对受伤人员进行初步的处理。

10.3 生理学与神经生物学实验室实验动物的安全使用

在生理学实验和神经生物学实验中会涉及实验动物，对实验动物的要求是经人工培育，对其携带的微生物和寄生虫实行控制，遗传背景明确或者来源清楚。要从国家认可的具有实验动物生产许可资质的公司购买所需的实验动物，有SPF级的，实验中务必使用SPF级实验动物；如果没有，如家兔等，要从国家认可的具有实验动物生产许可资质的公司购买，购买的动物要有检疫证明，防止人兽共患病对实验人员的健康造成威胁。在生理学与神经生物学实验中会用到蛙类、大小鼠、豚鼠、家兔等。实验动物的安全使用是生物学实验安全的一个重要环节。

我们不仅要保护实验人员的安全，也要关爱动物，注重动物福利和伦理。

10.3.1　蛙类抓取

左手握住蛙，用食指和中指夹住蛙的前肢，无名指和小指夹住蛙的后肢，拇指按在蛙的背部(图10.1)。

牛蛙个体比较大，也可以用小毛巾包裹起来，露出头部，但要注意不要裹得太紧，以免影响呼吸。

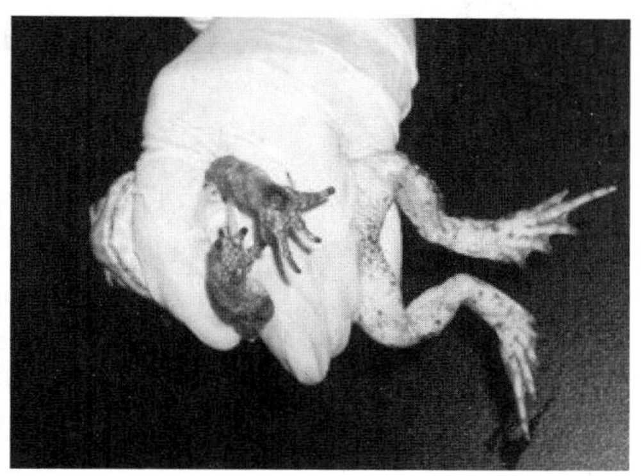

图10.1　蛙类抓取

10.3.2　大鼠、小鼠抓取

1. 小鼠抓取

在很多实验中都会用到小鼠，如果操作不好，极易被小鼠咬伤，采取正确的抓取小鼠方法，可以避免被其咬伤，而且也便于后续的实验操作。

如图10.2所示，首先用右手抓住小鼠尾巴中部位置并提起(提起时间不宜过长)，将其放到鼠笼盖子上，右手一直抓住小鼠尾巴轻轻向后拉，在小鼠向前爬时，用左手拇指和食指捏住小鼠耳朵之间颈部皮肤，在保证捏住小鼠颈部皮肤，并确认小鼠头部不能转动后提起小鼠，转动手腕，使小鼠腹面朝上，将小鼠尾部向下压，使整个小鼠背部贴向左手手心，用左手的无名指和小指夹住小鼠背部皮肤和尾部，完成小鼠的抓取后就可以进行皮内注射、皮下注射、肌肉注射、腹腔注射、灌胃等实验操作。

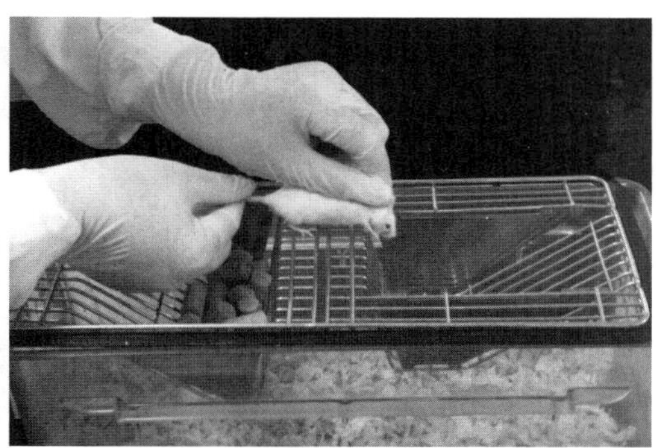

图10.2　小鼠抓取

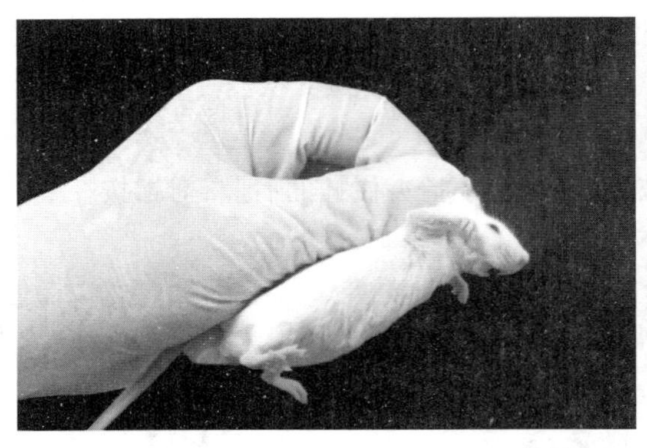
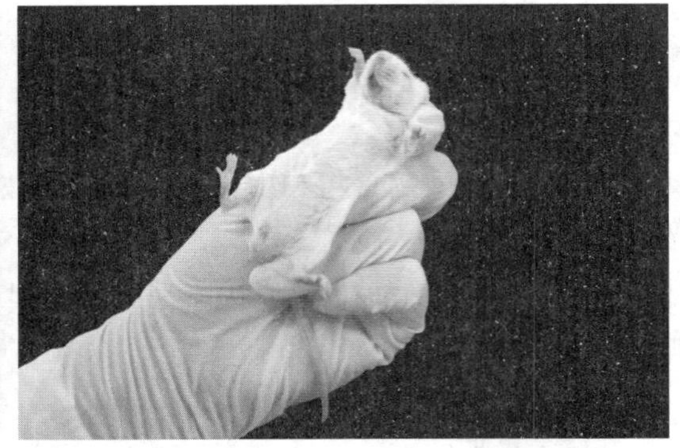

续图 10.2　小鼠抓取

2. 大鼠抓取

相对于小鼠，大鼠个体较大，性情凶猛，牙齿锋利，为避免在抓取时被咬伤，实验前要观察大鼠的情绪状态，要等大鼠的恐惧感消失后，才能进行操作，抓取大鼠前可再戴上一层防护手套。大鼠的抓取，开始时与抓取小鼠一样，右手抓住大鼠尾巴中部位置并提起（图 10.3），迅速放到鼠笼盖上，右手一直抓住大鼠尾巴轻轻向后拉，大鼠会试图挣脱向前爬，这时用左手拇指和食指捏住大鼠两耳处的颈部皮肤，其余手指弯向手掌部握住大鼠背部皮肤，完成大鼠的抓取固定。

由于大鼠的力气比较大，单手操作不容易抓牢，所以可以采用大鼠固定器辅助相关实验操作。

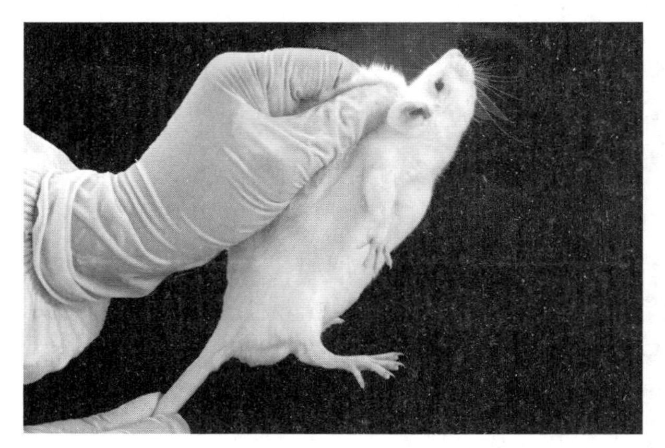

图 10.3　大鼠抓取

10.3.3　豚鼠抓取

豚鼠一般不会咬人，性情比较温顺，但胆子很小，容易受到惊吓，抓取豚鼠时动作要轻、慢，并且避免环境中有大的声响，防止豚鼠受到惊吓而紧张。

捉取豚鼠比较容易，实验人员可先用手轻轻按住豚鼠背部，顺势拇指和食指环绕豚鼠颈部，轻轻抓起豚鼠，用另一只手轻轻托住其臀部，即可将豚鼠抓取固定（图 10.4）。

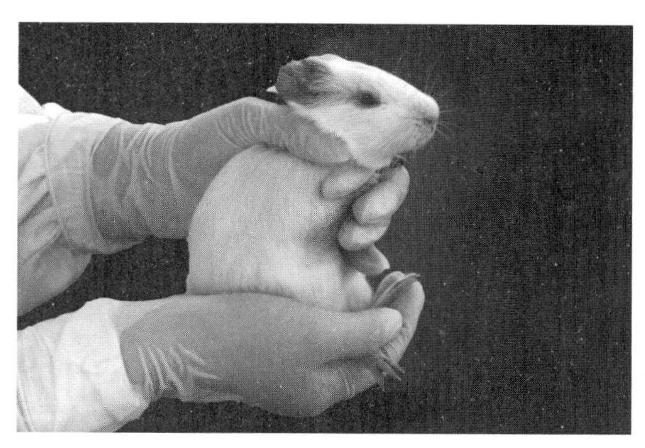

图10.4　豚鼠抓取

10.3.4　家兔抓取

家兔一般不会咬人,但爪子比较锐利。抓取时要防止被抓伤,抓取家兔时不要过激,避免家兔的应激反应,家兔紧张时,可以抚摸和按摩其耳朵和背部之间的颈部皮肤,使家兔消除紧张安静下来。

抓取家兔时,用左手抓住家兔耳朵与背部之间的颈部皮肤,提起家兔颈部皮肤,然后用右手托住家兔臀部(图10.5)。

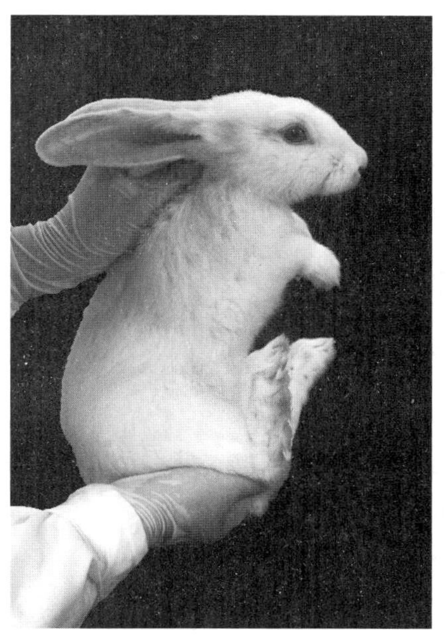

图10.5　家兔的抓取

固定家兔可以使用专门的兔笼,打开兔笼的盖子,抓取家兔放进兔笼,用手抓住家兔耳朵将头部穿过兔笼的前孔,迅速合上盖子,这样整个兔头和耳朵就固定在兔笼外,方便耳缘注射麻醉。

10.3.5 动物实验后的处理

动物实验结束后,实验动物的尸体和动物的脏器组织等要放到实验室内固定的位置,统一放置在专用包装袋中,扎好袋口,放入冰柜,然后交由国家认可的有动物处理资质的公司统一处理。

10.4 生理学与神经生物学实验常用麻醉药物和麻醉方法

麻醉是动物实验的基本技术之一,也是保障动物福利的一项重要内容,动物经麻醉后可使其在实验或手术过程中安静,不挣扎,并减少痛苦。麻醉药物的种类繁多,作用原理不尽相同,应用时要根据动物的种类以及实验或手术的性质,慎重选择。麻醉的深浅可以从呼吸的速度、深度、角膜反射的有无、四肢和肌肉的紧张程度,以及皮肤或四肢对夹捏的反应等进行判断。适合于进行实验或手术的麻醉状态应该是呼吸深而平稳,角膜反射消失,运动反应消失,肌肉松弛。实验中动物如果逐渐醒来,可补注麻醉药,但剂量要把控好,如果注射过量,会造成动物死亡。

10.4.1 常用麻醉药

麻醉药有局部麻醉药和全身麻醉药。局部麻醉药适用于浅表的局部小手术。全身性麻醉药可使动物全身暂时失去痛觉;包括挥发性麻醉药(如乙醚、异氟烷等)和非挥发性麻醉药(如巴比妥类、氨基甲酸乙酯等)两类。挥发性的麻醉药容易麻醉,也容易苏醒,麻醉深度容易掌握,在实验过程中随时注意动物的反应,避免过早苏醒或麻醉过量。非挥发性的麻醉药作用时间较长,麻醉后苏醒较慢,也不大容易掌握麻醉的深度。常用的麻醉药有以下几种:

1. 乙醚

一种呼吸性麻醉药,有强烈的刺激性气味,是一种易燃、易爆的液体。适用于时间短的手术或实验,吸入后15~20 min开始发挥作用。

2. 异氟烷

化学名称为1-氯-2,2,2-三氟乙基二氟甲基醚,分子式为$C_3H_2ClF_5O$,分子量为184.49,无色透明液体,易挥发,具有轻微气味;能够快速地诱导、恢复和达到麻醉水平,不进入代谢,几乎完全随空气排出,不会影响到动物的生理指标,对药物代谢和毒理实验产生的干扰微小。同时不易燃、不易爆。异氟烷在动物麻醉实验中应用广泛。

3. 戊巴比妥钠

巴比妥类药品中以戊巴比妥钠、异戊巴比妥钠及硫喷妥钠最为常用。

戊巴比妥钠化学式为$C_{11}H_{17}N_2NaO_3$，分子量为248.25，白色粉末，无臭，易燃，易溶于水，起效快，麻醉持续时间不太长。给药途径多，如静脉注射、腹腔注射、皮下注射或肌肉注射都可以。

4. 氨基甲酸乙酯

氨基甲酸乙酯，别名为乌拉坦，分子式为$C_3H_7NO_2$，分子量为89.09，无色透明结晶或白色粉末，易溶于水，易被胃肠道吸收，麻醉后不易苏醒，一次麻醉可以维持4～5 h，多用于急性实验。

10.4.2　常用的麻醉方法

常用的麻醉方法有以下几种：

1. 吸入麻醉方法

吸入麻醉法就是将挥发性麻醉剂或气体麻醉剂经过呼吸道吸入，从而产生全身麻醉的效果。常用的麻醉剂有乙醚、异氟烷、七氟烷、安氟醚等。吸入麻醉方法对实验动物来说更安全、稳定、可控性强，并且麻醉后动物容易恢复。

根据实验动物的个体大小，准备大小适中、带盖的、可密封的容器，将蘸有麻醉剂的棉球或纱布放入容器内，再放入待麻醉的实验动物，盖上容器盖，观察动物行为，当动物倒下，肌肉紧张度降低时，即可取出动物。如果动物肌肉紧张逐渐开始恢复，按上述方法重复麻醉，待其完全平静下来，完成麻醉，再进行实验。这种麻醉方法，容易造成麻醉剂挥发到环境中，导致实验人员伤害，所以要做好防护，每步操作后都要盖好容器，操作要快。现在多用麻醉机来完成动物麻醉，这样可有效避免麻醉剂的挥发对实验人员的伤害。

2. 非吸入麻醉方法

常用的非吸入麻醉方法有腹腔注射、静脉注射、皮下注射、肌肉注射等。

（1）腹腔注射

大鼠、小鼠多采用腹腔注射法麻醉。如图10.6所示，左手抓取小鼠固定好，头部略向下，右手持注射器，在小鼠下腹部腹白线稍左或右的地方，注射器和皮肤呈45°角，使针头刺入皮肤，再刺入腹肌，感觉阻力较少时停止，回抽注射器活塞，如无回流物，就可注入麻醉剂，如有回流物时，表明针头刺到了内脏，需重新进针。

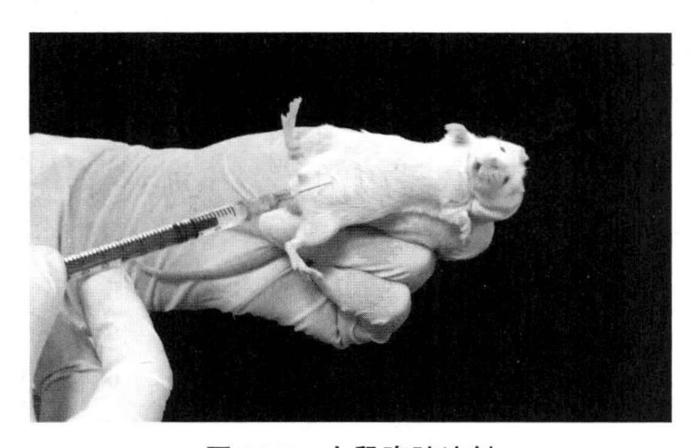

图10.6　小鼠腹腔注射

(2) 耳缘静脉注射法(图10.7)

家兔一般采用从耳缘静脉注射的方法麻醉,麻醉前要对家兔进行称重,由于家兔体积较大,不易放到称量天平上,可以先称量固定家兔的空兔笼,再称量固定好家兔的兔笼,用后者的重量减去前者的重量,这样就可以精确算出家兔的重量。

耳缘静脉注射麻醉过程如图10.7所示,用镊子夹取75%酒精棉球擦拭注射处(不要接近耳根处,为再次注射留出注射位置),剪去此处的兔毛,注射前轻拍此处,使血流增加,以便能清楚地看清血管,手持注射器(或头皮针针头),针头斜口向上贴着皮肤,向耳根方向顺着血管插入耳缘静脉,注射针头插入1~1.5 cm,注射麻醉药品。

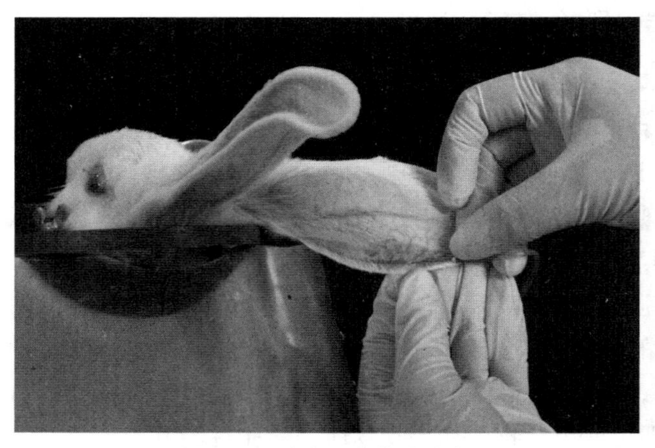

图10.7　家兔耳缘静脉注射

10.5　生理学与神经生物学实验器械和实验仪器的安全使用

10.5.1　手术器械及其使用

实验中,经常要对实验动物进行手术操作,为了完成不同的实验内容,就会根据需要选择不同的手术器械,选择合适的器械和正确操作这些器械是顺利完成手术操作实验的重要保证,同时规范正确的操作也能防止尖锐器械对实验人员造成伤害。

1. 手术刀

手术刀分为两种:一种是固定刀柄手术刀(手术刀片和刀柄一体);一种是可拆卸手术刀(由手术刀柄和手术刀片组成)(图10.8),手术刀柄可反复使用,手术刀片是一次性使用。刀柄和刀片都有不同的型号,常用的手术刀柄有3号刀柄(全长12.5 cm)、4号刀柄(全长14 cm)、7号刀柄(全长16 cm);其中3号刀柄和7号刀柄,同9号到16号手术刀片配合使用;4号刀柄同18号到27号、34号、36号手术刀片配合使用。在手术中根据需要选择合适的刀柄和刀片,我们一般使用4号刀柄和23号刀片。

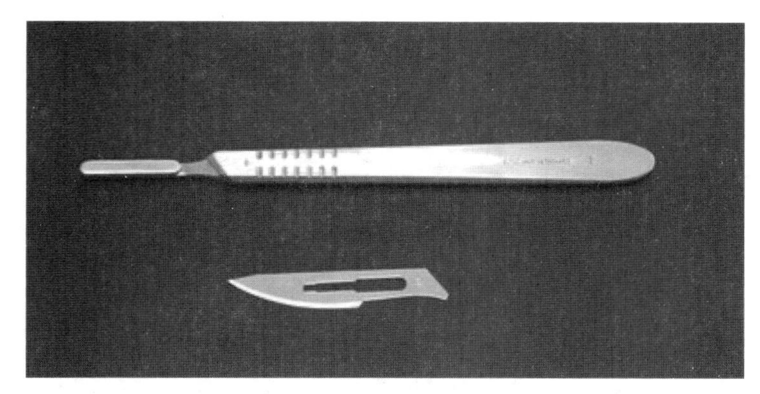

图10.8　刀柄与刀片

安装手术刀片的方法：用持针钳从刀片背面上方的位置夹持住刀片，将刀片与手术刀柄的槽口对上，向下一推，刀片就顺势插入到刀柄槽口中（图10.9）。

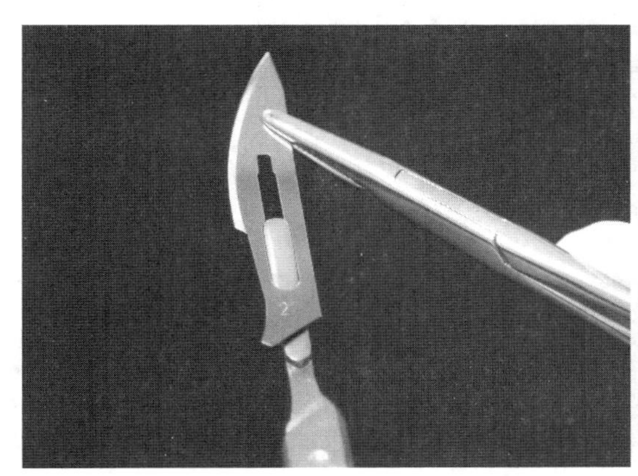

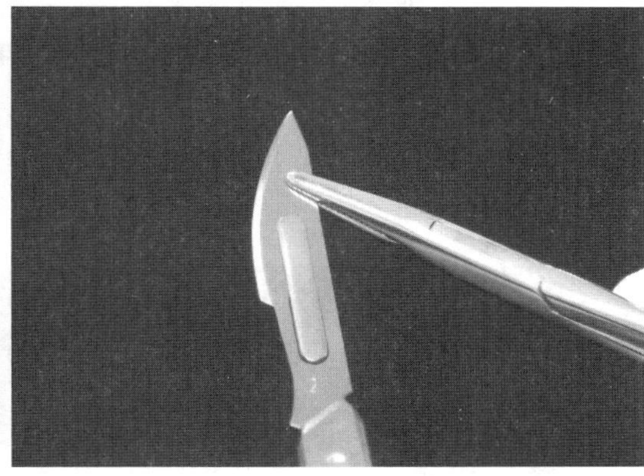

图10.9　安装手术刀片

取下手术刀片的方法：用持针钳从刀片背面下方的位置夹持住刀片，略微提起刀片下部，向上一推，顺势推出刀片（图10.10）。

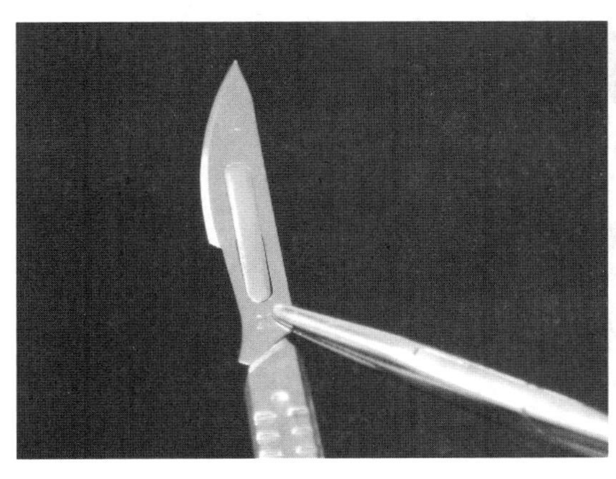

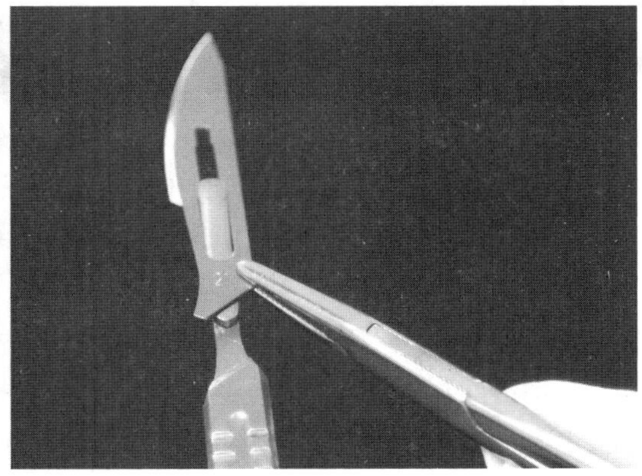

图10.10　取下手术刀片

安装手术刀片和取下手术刀片时，禁止徒手操作，用器械操作时也不要用力过猛，防止伤到自己和身边其他人员，实验中要安全操作，以免造成伤害。

手术刀使用方法：执弓式、执笔式、握持式和反挑式，生理学与神经生物学实验中常用执弓式（图10.11），用于切开皮肤和肌肉组织。

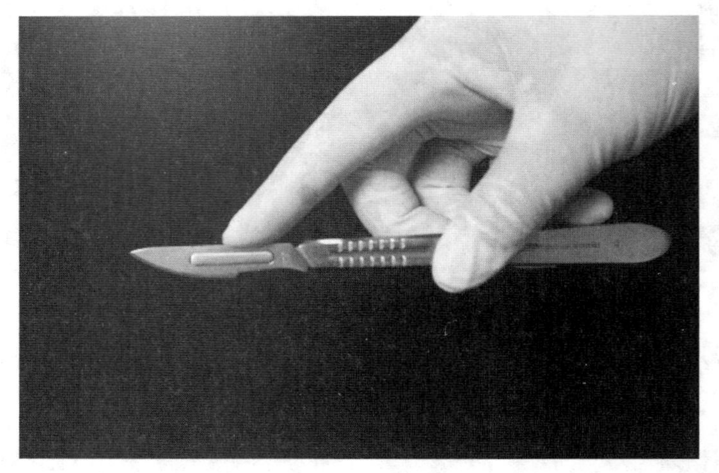

图10.11　常用执手术刀方法：执弓式

2. 手术剪

手术剪根据用途分为多种类型，包括直尖头、弯尖头、直圆头、弯圆头，并且有长有短（图10.12）。

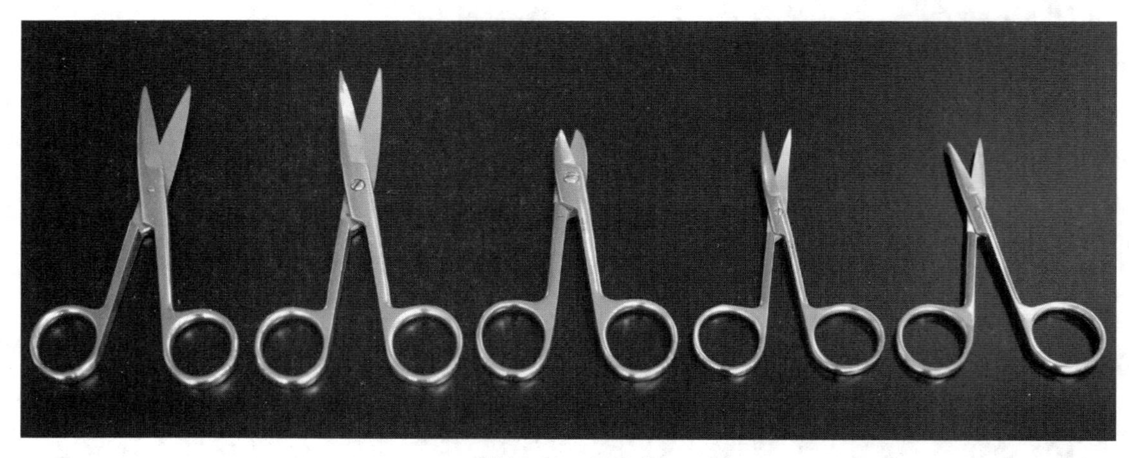

图10.12　手术剪

在生理学与神经生物学实验中常用到的手术剪有以下几种：

① 直手术剪：用于皮肤、肌肉组织等软组织的相关操作。

② 弯手术剪：用于去除兔毛等。

③ 金冠剪：用于皮肤、肌肉组织、骨骼、手术线等相关操作。

④ 眼科剪：用于血管、神经等软组织相关操作。

正确的执剪方法是拇指和无名指持手术剪环中，食指置于手术剪上方（图10.13）。

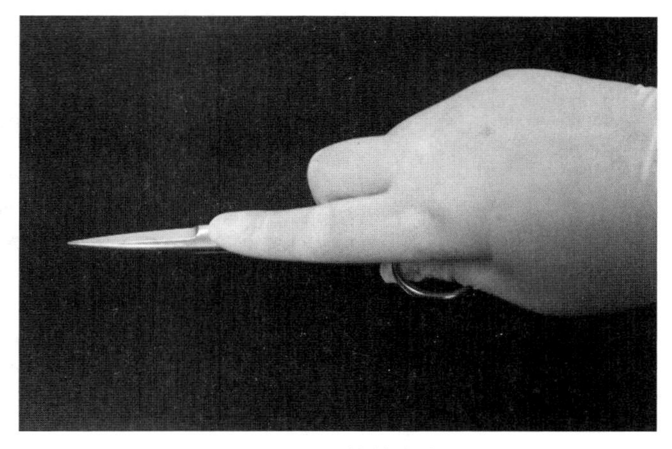

图10.13　执剪方法

3. 手术镊

手术镊用于夹持或提起组织，也可夹持敷料、线等，种类有有齿、无齿，并且有圆头、尖头，有直的、弯的，有不同长短、大小。根据实验需求，粗齿镊一般用来夹持坚韧组织，细齿镊用于精细操作，无齿镊其尖端无钩齿，对组织的损伤较小，用于夹持细软的组织和脏器。

常规的持镊方法是用拇指对食指和中指，把持镊子的中部、上部位置(图10.14)。

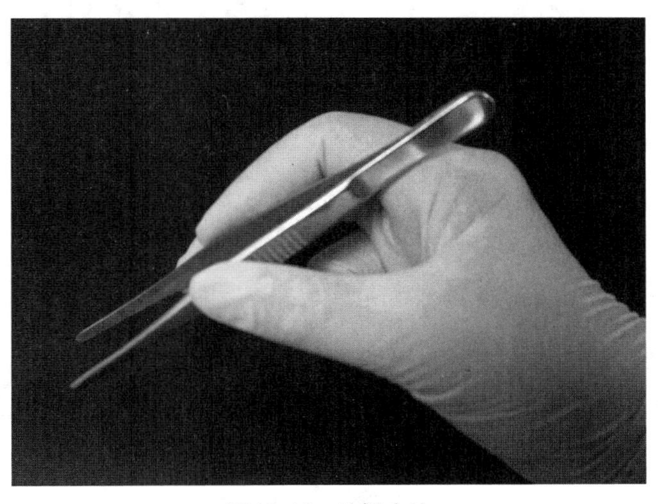

图10.14　执镊方法

4. 止血钳

止血钳(图10.15)主要用于夹住出血部位的血管或夹持出血点，还可用于钝性分离，钝性分离组织可防止出血，在手术中用途广泛。

止血钳有直的、弯的，长短不同的各种型号，持止血钳方法与持手术剪方法相同，拇指和无名指持止血钳环中，食指置于止血钳上方，拇指和无名指对夹，止血钳就卡住，打开止血钳，要拇指和无名指对夹，同时垂直方向错开一点，即可松开。

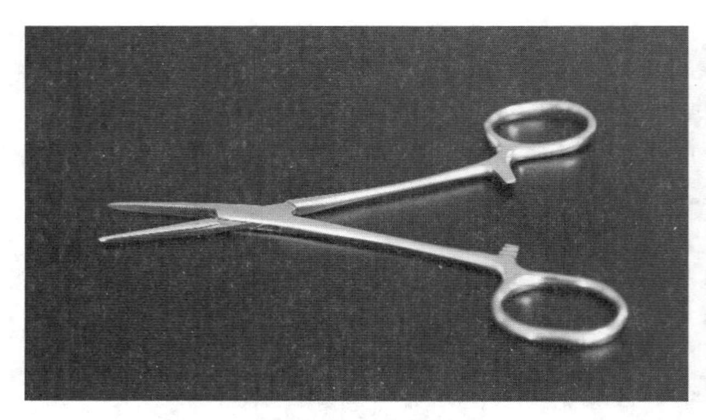

图10.15　止血钳

5. 持针钳

持针钳(图10.16)用于夹持缝合针,完成组织缝合或持线打结,外观和止血钳很像,容易混淆,仔细看两者有很大区别,持针钳头部比止血钳要短粗,钳头内侧为网格状纹理,止血钳钳头内侧是横纹。卡住和松开持针钳的方法与止血钳相同。

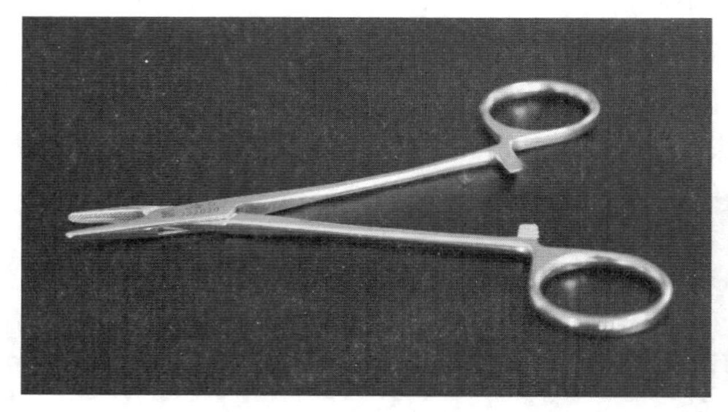

图10.16　持针钳

6. 缝合针和缝合线

缝合针(图10.17)由针尖、针体和针孔构成,缝合针的针尖有圆锥形和三角形之分,常用的针体有直针和弯针,每种又有长短、粗细之分,根据缝合的组织不同选用不同的缝合针。使用时针体用持针钳夹持,配合使用缝合线,完成对组织的缝合。在实验中常用的缝合线规格有:6-0#(0.07 mm)、5-0#(0.10 mm)、4-0#(0.15 mm)、3-0#(0.20 mm)、2-0#(0.25 mm)。

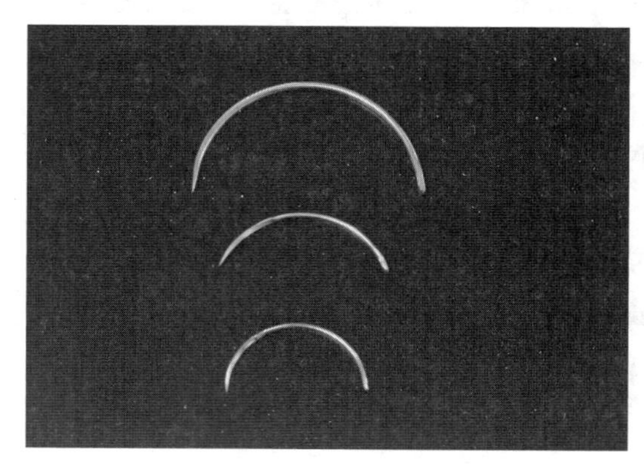

图10.17　缝合针

7. 金属探针

金属探针(图10.18)也就是毁髓针,是用于毁坏蛙类脑和脊髓的器械。

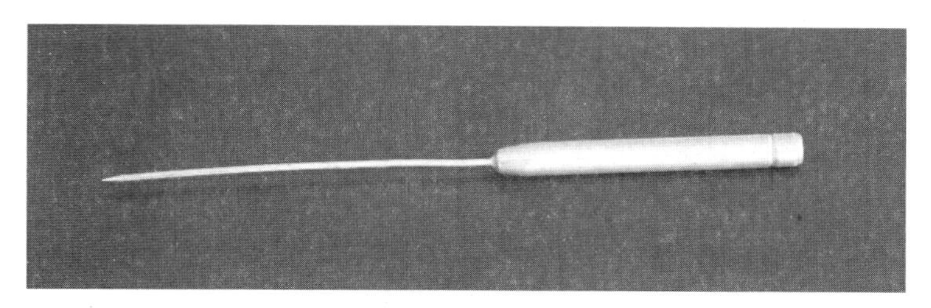

图10.18　金属探针

8. 玻璃分针

玻璃分针(图10.19)在钝性分离神经或血管时使用,不会对分离的血管和神经造成损伤。玻璃分针由玻璃制成,分针的头部相对较细,易碎,所以要单独放置和清洗,不能与金属类器械混放,要轻拿、轻放,防止破损。在使用前要仔细检查玻璃分针的头部是否圆滑无损坏,如有损坏则无法做到钝性分离,破损的玻璃分针会划破血管,或损伤神经。检查玻璃分针是否破损时,不能用手去试摸,以免划伤。

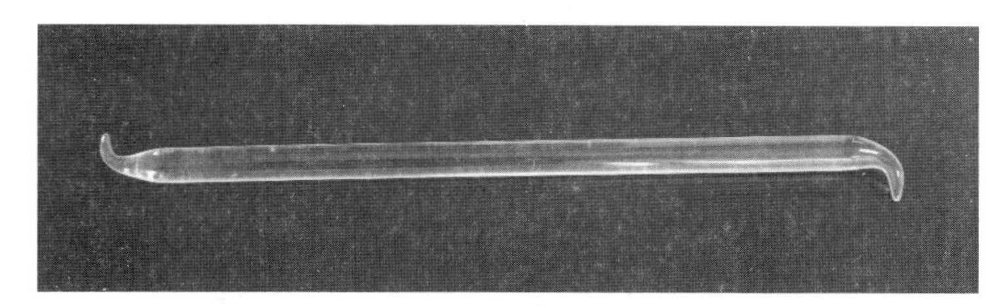

图10.19　玻璃分针

9. 注射器及注射器针头

注射器和注射针头(图10.20)配合使用,是实验中常用的医疗器械,可用在皮下注射、皮内注射、肌肉注射、静脉注射、静脉采血等实验方法中。在实验器械中,注射器针头是存在安全隐患较大的器械之一,针头长、细、尖,使用过的针头,里面还会留有注射的试剂药品或动物血液等有害源,在使用过程中,要引起高度重视,操作既要规范又要仔细,否则极易扎伤自己,造成不必要的伤害。

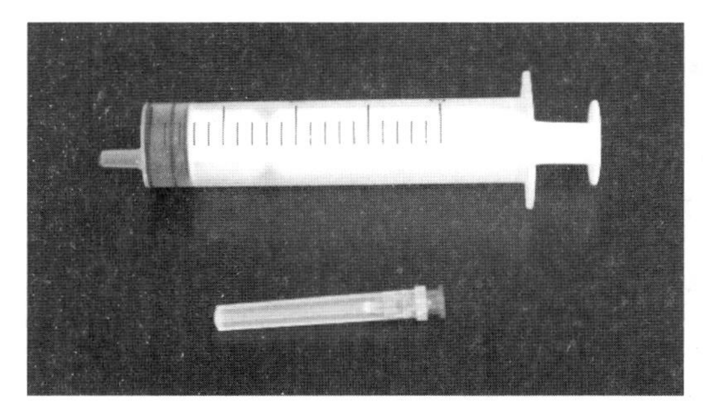

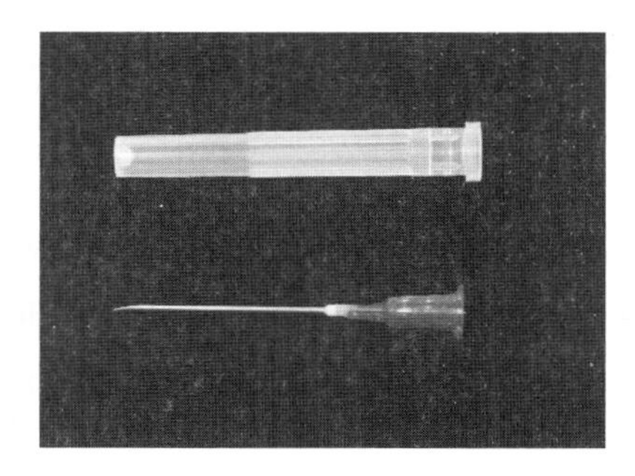

图10.20　注射器、针头及针头套

目前实验中多采用的是一次性注射器,注射器由外套、芯杆和活塞组成,常用到的规格有1 mL、2.5 mL、3 mL、5 mL、10 mL、20 mL、50 mL;注射器针由注射针头和注射针头保护套组成，规格有0.3×13 mm、0.36×13 mm、0.4×13 mm、0.55×25 mm、0.6×25 mm、0.7×32 mm、0.8×30 mm、0.9×30 mm、1.1×38 mm、1.2×38 mm。实验中根据需要完成的实验内容选择合适容量的注射器和注射针头。

在使用一次性注射器和注射器针头时要做到在使用前不要拿下注射器针头保护套，在使用过程中需要移动时或者使用间隙要把注射器针头保护套安装上，禁止不带保护套移动注射器，以免扎伤。注射器吸入试剂后，在注射前取下针头保护套，把注射器针头向上排空注射器上端及针头内的空气，在取下注射器保护套时，不要用力过猛，防止扎伤自己。注射器使用完成后要立刻套上注射器针头保护套，以免造成伤害。注射器针头使用完毕，要套上注射器保护套后再放入专用的利器回收盒中。

10. 废弃器械的处理

在生理学与神经生物学实验室中，实验结束后会有一些要处理的器械，如一次性注射器及注射器针头、刀片、缝合针以及损坏的其他手术器械等物品，根据处理的物品的特点进行区分，尖锐的器械如注射器针头、刀片、缝合针、手术剪、金属探针、镊子等要统一放置到专用的利器回收盒(图10.21)中，玻璃用品如玻璃分针、打碎的玻璃器械和容器等放到专门存放碎玻璃的回收盒内，所有回收盒要清楚的做好标记，标记出所放物品名称。

图10.21　利器回收盒

10.5.2　其他器械和仪器设备及其使用

1. 锌铜弓

锌铜弓(图10.22)有两极，一极为铜丝，一极为锌丝，通过焊锡连接起来。使用时将它的两极与神经或肌肉相接触。由于铜锌的电化学势不同，在两极间产生刺激电流。因此在解剖标本时，常用它来检验神经肌肉的活性。

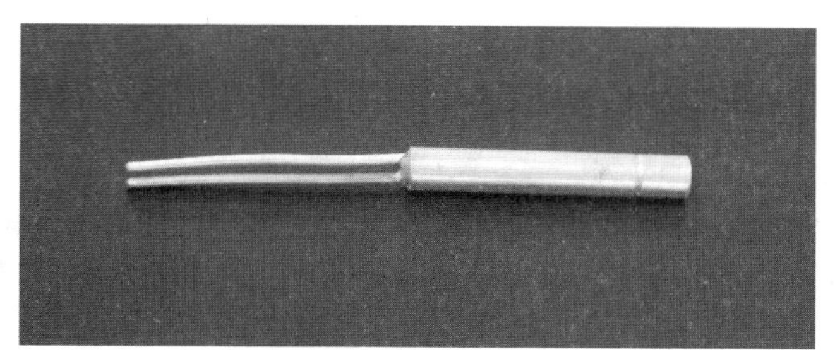

图10.22　锌铜弓

2. 换能器

生理学实验中常用的换能器有两类：张力换能器(图10.23)和压力换能器。换能器通过应变片把张力或压力转换成电信号，是一个能量转换的过程。当应变片受到力的作用时变形，其电阻值就会发生改变，由这个应变片所组成的桥式电路就失去平衡，产生电流输出，完成了能量转变，输出的电信号经放大后，就可进行信号的采集分析。

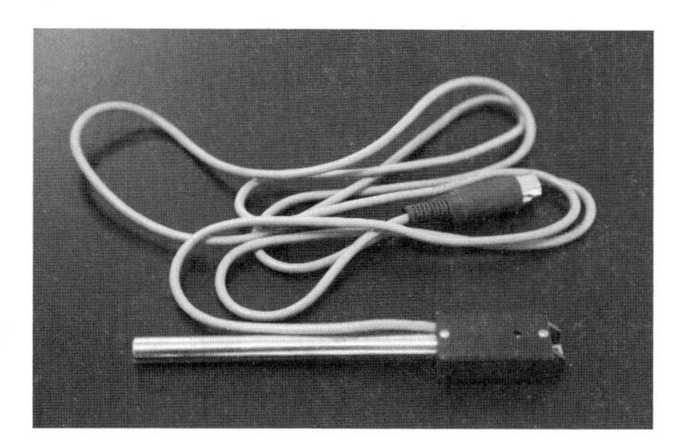

图10.23　张力换能器

由于换能器的这个特点，所以在使用过程中不要用力去触压张力换能器前面与应变片连接的敏感梁，以免造成应变片变形，影响换能器的灵敏度或造成换能器的损坏。

3. 脑立体定位仪

脑立体定位仪是固定实验动物头部的仪器设备，利用颅骨外面的标志为参考点，通过三维坐标系统，来确定皮层下某些神经结构的位置，完成对其进行定向的刺激、药物注射、引导电位等研究。是光遗传技术、在体膜片钳技术、多通道电生理技术、病毒注射等领域内的重要设备。

脑立体定位仪的安全操作步骤：

① 拧松固定上颌的装置按钮，向上移动一点，再拧紧旋钮(有的直接旋转移动旋钮，不同品牌的仪器使用上有所不同)。

② 固定耳杆：动物麻醉好后，使其腹面向下，松开两侧耳杆固定旋钮，把实验动物的外耳道分别对准两侧耳杆后，将耳杆紧贴双耳分别插入外耳道，调节位置，旋转耳杆固定旋钮，固定耳杆，并使两侧耳杆的读数相同。耳郭对称外展，耳杆适配器固定且不能移动，动物躯干舒展，可在动物身体下面垫些刀切纸。

③ 固定上颌：旋开门齿夹使门齿夹打开，将动物上门齿勾住门齿夹前杆的上缘，旋开门

齿夹杆上的固定旋钮,前后移动门齿夹使头部自然伸展,固定门齿夹杆,旋紧门齿夹,夹住头部。

4. 小动物颅骨钻

将动物头部固定到脑立体定位仪上面之后,要进行开颅操作,来完成定向刺激、药物注射、引导电位等实验内容,开颅是实验成功与否的一个重要环节,正确操作既保证了实验成功,也保证了实验安全。作为开颅工具,小动物颅骨钻包括变速调节主机、手柄、手柄支架、钻头、脚踏开关。

小动物颅骨钻的安全操作步骤:

① 打开变速调节主机电源开关。

② 旋转手柄上的开关,手柄机头孔打开,将钻头插入手柄的机头孔中(注意钻头要插到位),旋紧机头孔开关,将调速旋钮调到最低速,踩下脚踏开关,看钻头转动是否正常,是否平稳。如果正常,将调速旋钮调到所需转速挡位。

③ 使用过程中如果需要暂停,松开脚踏开关即可,利用脚踏开关控制钻头的工作与否。不使用时手柄要放到手柄支架上,以免损坏钻头或伤害到实验人员。

④ 实验结束后,松开脚踏板,将调速旋钮调到最小,关闭电源。

⑤ 取下钻头,进行清洗并消毒处理后,放入钻头盒。

5. 切片机

形态学技术是神经生物学研究中最常用的技术之一,而组织切片是形态学技术的一个重要环节;膜片钳技术中,脑片制备是实验中的关键环节。制片技术包括石蜡切片、冰冻切片、振动切片等。

(1) 石蜡切片技术

石蜡切片技术是组织学制片技术中常用的技术,在切片前要经过取材、固定、脱水、透明、浸蜡、包埋等步骤。动物的灌注固定会使用到4%的多聚甲醛溶液,多聚甲醛是有毒物质,在使用中要做好个人防护,灌流在通风橱中完成。

石蜡切片机的安全操作步骤(使用前务必培训,培训合格才能操作仪器):

① 开机。

② 将包埋了组织的石蜡块放到样品夹上(注意蜡块的硬度),固定并调整好位置。

③ 打开刀片护刀架(不切片时,护刀架要合上,避免刀片误伤实验人员),将刀片安装在支架上,确保刀片已经固定。

④ 设置刀片的角度和修片的切片厚度。

⑤ 扳动锁杆解开手轮,开始修片。

⑥ 完成修整后,设置切片厚度进行切片。

⑦ 用毛笔轻托切片,放入40 ℃水浴中。

⑧ 切片完成后扳动锁杆锁定手轮(为了保护实验人员安全,在非工作状态下或使用完成时一定要锁定手轮),取出刀片。

⑨关机,按照操作手册的要求对仪器进行清理和消毒。

(2) 冰冻切片技术

冰冻切片技术是使组织在低温状态下快速冷冻达到一定硬度后，再进行切片的方法。切片前的制作过程比石蜡切片快捷和简便。

冰冻切片机的安全操作步骤(使用前务必培训，培训合格才能操作仪器)：

① 开机，设置温度，开启快速制冷，将样本放到快速冷冻台上，开始冷冻样本(冷冻时冷冻台上温度非常低，要小心操作，做好防护，不要徒手接触，以免造成伤害)。

② 样本冰冻后放到样本夹上，将样本固定好。

③ 打开刀片护刀架(不切片时，护刀架要合上，避免刀片误伤实验人员)，将刀片安装在支架上，确保刀片固定完好。

④ 调节刀片和样本的角度，调节修片和切片厚度。

⑤ 解锁手轮，转动手轮，开始修片。

⑥ 组织修整后，放下卷扳，打开展片功能。

⑦ 若手动切片，匀速转动手轮，开始切片。

⑧ 若电动切片，按电动切片按钮开始切片。

⑨ 工作完成后，为保障实验人员安全，要将手轮上锁，然后取出刀片。

⑩ 关机，按照操作手册的要求对仪器进行清理和消毒。

(3) 振动切片

振动切片是把新鲜的组织(不经固定或冰冻)，用振动的方法切成不经过任何处理和不被污染的具有生物活性的切片，根据不同的实验要求确定切片的厚度，完成后进行染色或用电生理信号记录实验过程和结果。

振动切片机的安全操作步骤(使用前务必培训，培训合格才能操作仪器)：

① 切片机要放置平稳，防止振动，开机，预热。

② 将刀片固定到刀片固定器上。

③ 安装缓冲液盘，在盘内加入缓冲液，小心不要漫过盘子。

④ 将样品用专用黏合剂固定在样品座上，将样品座放入缓冲液盘，防止液面漫过盘子。

⑤ 调整缓冲液盘中组织块和刀片之间的相对位置，然后固定。

⑥ 设置切片参数，开始切片。

⑦ 切片完成后，取下刀片，关闭电源。

⑧ 关机，按操作手册的要求对仪器进行清理和消毒。

切片机的刀片要进行清洁和消毒处理。不用时要放入刀片盒中，切勿将切片机刀片或卸下的带着刀片的刀架随意放置。使用过的废弃刀片要放入专用利器盒中。

6. 麻醉机

吸入式小动物麻醉机的原理是：将麻醉剂由液态转化为气态，并与氧气(或空气)进行一定比例的混合后经动物的呼吸道进入动物体内，从而产生麻醉效果，这种麻醉方法起效快，复苏也快，麻醉深度易控制，动物的发病和死亡率低，能减少动物的疼痛并保证手术后实验的顺利进行，同时也能很好的控制汽化后的麻醉剂不致外泄，保证了实验人员的安全。

使用麻醉机时涉及高压气源和麻醉剂等危险物质，为避免在使用过程中对实验动物和实验人员造成伤害，要正确操作仪器，使用前要经过培训，合格后才可操作使用麻醉机系统。

同时要保持实验室内良好的通风和做好个人防护。

吸入式小动物麻醉系统包括五部分：气源、流量计、麻醉机、诱导盒（或面罩）和回收系统。

① 气源可以选择医用氧气或空气泵，在实验中常用的是空气泵，在实验前确保气源处于关闭状态，气流的输出压力根据麻醉机的要求进行调节，压力过大，易造成连接管崩脱，压力过小，气量不足，则无法使动物达到麻醉状态。

② 流量计用于气源连入麻醉机前，对氧气或空气流量的控制和监测。

③ 麻醉机的主要部件是蒸发器（或挥发罐），把液态的麻醉剂汽化后与氧气（或空气）混合成麻醉气体供动物麻醉，可以做到麻醉气体浓度的精确控制；因为不同麻醉剂的沸点不同，所以不同类型的蒸发器（或挥发罐）只能对应专门的麻醉剂，一定要根据麻醉机的使用要求使用麻醉剂。在使用前要把蒸发器（或挥发罐）调节至关闭状态。加入麻醉剂的方法是将蒸发器（或挥发罐）上的加注密封盖拧开取下，检查密封盖上的密封圈是否完好，小心地从注入口倒入规定的麻醉剂，观察液面观察窗上的液面位置，要求液面在规定的刻度之间，最后放回密封盖并拧紧。

④ 在手术操作前，需要先对动物进行诱导麻醉。将实验动物放入诱导盒内快速麻醉，诱导盒要透明并且密封良好，透明可方便观察动物的麻醉状态，密封性好可避免麻醉剂外泄，防止麻醉气体排放到环境中，确保实验人员的安全。根据不同的实验要求，还可以选择使用面罩，面罩有多种，如圆形面罩、定位仪面罩等。圆形面罩可将实验动物的口鼻固定，贴合紧密，麻醉呼出的气体不会随意外泄。定位仪面罩可将麻醉与动物脑立体定位仪结合使用，既可将动物头部固定，又可以提供麻醉。在使用诱导盒前，应先检查其密封性是否完好。

⑤ 麻醉机在使用过程中都要配合使用回收器，回收动物实验中动物呼出的气体和实验后的麻醉废气，保证一个安全的实验环境，回收器有过滤罐吸收饱和提醒功能，当过滤罐饱和时要及时更换。先关闭麻醉系统电源，然后将新的气体过滤罐安装到过滤罐安装口上，安装过滤罐时不需要用力按压。

麻醉系统连接，如图10.24所示。

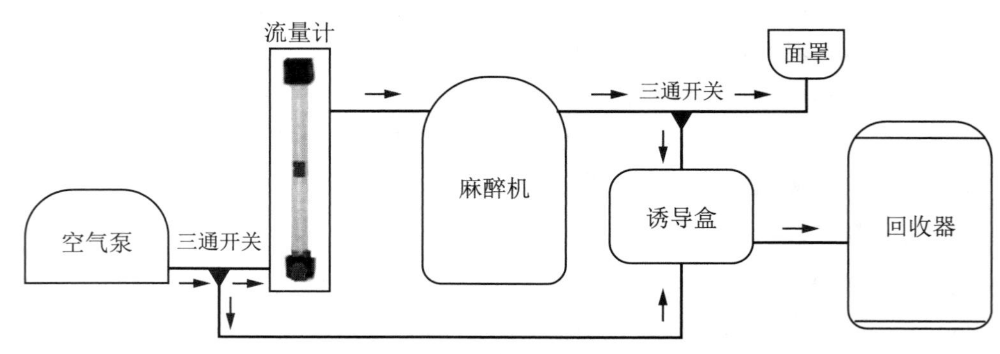

图10.24　麻醉系统连接示意图

吸入式小动物麻醉系统的安全操作步骤如下：

（1）使用前的检查

① 在使用前仔细检查各部分连接管路是否连接正确并且各连接点是否连接到位（确保

不漏气)。

② 检查仪器电源线是否连接好,确认仪器开关都处于关闭状态,麻醉机蒸发器(或挥发罐)处于关闭状态。

③ 检查麻醉机蒸发器(或挥发罐)内是否有麻醉剂,确保麻醉剂的液面在正常的使用刻度范围内,如不在两个刻度线之间,按要求正确倒入麻醉剂,达到规定位置,拧紧密封盖。

④ 检查管路连接,确保从麻醉机蒸发器(或挥发罐)出来的麻醉气体与麻醉诱导盒相通。

(2) 动物麻醉时的安全操作

① 打开氧气气源(或空气泵)。

② 调节氧气流量计调节阀到合适位置。

③ 将动物放入诱导盒内,关闭诱导盒,调节气流开关(三通开关),使麻醉剂流向诱导盒,打开麻醉机蒸发器(或挥发罐),调节麻醉气体浓度值,大鼠的诱导浓度通常为3%~3.5%,小鼠的诱导浓度通常为2%~2.5%。观察动物的麻醉状态。

④ 诱导麻醉完成后,关闭麻醉机蒸发器(或挥发罐),调节三通开关,使管路里快速通氧,几秒钟后诱导盒内麻醉气体即可排尽。

⑤ 通过面罩持续麻醉时,把动物放置到带有麻醉面罩的手术台上或立体定位仪装置上。把头和鼻固定到麻醉面罩中。

⑥ 调节三通开关使气流通向麻醉面罩,调节麻醉气体浓度,麻醉大鼠时一般维持浓度在2%~2.5%,麻醉小鼠时一般维持浓度在1%~1.5%。打开麻醉机蒸发器(或挥发器)。

⑦ 检查实验动物的麻醉状态,当动物无反应(捏压动物四肢或尾巴)时,则表明实验动物已处于麻醉状态,即可根据实验要求开始进行实验操作。

(3) 实验完成后的安全操作

① 将麻醉机蒸发器关闭。

② 调节氧气流量计调节阀到“0”。

③ 调节快速通氧开关,使管路里快速通氧,排尽诱导盒内麻醉气体。

④ 关闭气源。

7. 生理学实验计算机数据采集系统

生理学实验计算机数据采集系统包括三个部分:刺激模块、放大模块和数据采集模块。

① 刺激模块:能产生一定刺激幅度、波宽和频率的电脉冲信号,根据实验要求设置刺激幅度、波宽和频率,多数情况下使用的波形是方波。同时电刺激模块还能输出同步信号,利用它来触发数据采集系统进行数据采集。刺激输出线包含正极端和负极端,在使用中,应避免刺激输出线连接到一起,以免造成输出短路,损坏刺激模块的输出电路。

② 放大模块:生物电信号不同,信号的强度也不一样,有微伏级的、毫伏级的,由于生物电信号比较微弱,采集系统无法采集到这些微弱信号,则需要通过放大器,把生物电信号放大到能精确采集的信号范围内进行数据采集。根据采集的生物电信号的强度不同,设置放大倍数等参数。由于生物电信号很微弱,周围的市电会对采集的生物电信号造成很大的干扰,所以实验中要注意干扰的排除。

③ 数据采集模块:由于记录到的生物电信号有不同的反应时间,所以要根据信号的反应时间调节采样的频率。

生理学实验计算机数据采集系统操作步骤如下:

① 打开计算机电源。

② 打开生理学实验计算机数据采集系统仪器电源。

③ 打开生理学实验计算机数据采集系统软件。

④ 设置参数,进行实验,采集所需数据并保持软件运行。

⑤ 实验结束后,退出生理学实验计算机数据采集系统软件。

⑥ 关闭生理学实验计算机数据采集系统仪器电源。

⑦ 关闭计算机。

参考文献

[1] 陈聚涛,孙红荣,程新萍,等. 生理学与神经生物学实验[M]. 合肥:中国科学技术大学出版社,2012.

[2] 陈聚涛,周江宁. 综合性大学生理学课程持续建设与改革:以中国科学技术大学为例[J]. 高校生物学教学研究(电子版),2016,6(4):13-17.

[3] 李根平,陈振文,孙德明,等. 初级动物实验专业技术人员考试参考材料[M]. 北京:中国农业大学出版社,2011.

[4] 徐善东. 医学与医学生物学实验室安全[M]. 3版. 北京:北京大学医学出版社,2019.

[5] VIDAL S. Safety first: a recent case of a dichloromethane injection injury[J]. ACS Central Science, 2020,6(2):83-86.

第11章　病原微生物学实验室安全

11.1　病原微生物学实验室概述

能够使人或者动物致病的微生物称为病原微生物。包括细菌、病毒、真菌、支原体、衣原体、立克次体、螺旋体、寄生虫等。从事与病原微生物菌(毒)种、样本有关的研究、教学、检测、诊断等活动的实验室统称为病原微生物学实验室。国家对病原微生物实行分类管理,对病原微生物实验室实行分级管理。国家实行统一的实验室生物安全标准,实验室条件应当符合国家标准和要求。

11.1.1　生物安全实验室相关基本概念、术语和定义

生物安全实验室相关基本概念、术语和定义如下:

1. 生物危害(biological hazard)

广义的生物危害:有害或有潜在危害的生物因子(指那些能够对人、环境或社会造成危害作用的生物因子,如病原微生物、来自高等动植物的毒素和过敏原、来自微生物代谢产物的毒素和过敏原、基因结构和生物体等)对人、环境、生态和社会造成的危害或潜在危害。

狭义的实验室生物危害:在实验室进行感染性致病因子的科学研究过程中,对实验室人员造成的危害和对环境的污染。

2. 生物安全(biological safety)

广义的生物安全主要包括三个方面:人类的健康安全,人类赖以生存的农业生物安全,与人类生存有关的环境生物安全。涉及预防医学、环境保护、植物保护、野生动物保护、生态、农药、林业等多个学科和领域。

狭义的实验室生物安全:以实验室为科研和工作场所时,避免危险生物因子造成实验室人员暴露,向实验室外扩散并导致危害的综合措施。

实验室生物安全主要考虑:通过在实验室设计建造、使用个体防护设施、严格遵从标准化的工作及操作程序和规程等方面采取综合措施,确保实验室工作人员不受实验对象的感染,确保周围环境不受实验对象的污染。

3. 生物安全相关术语和定义

① 生物因子(biological agents):微生物和生物活性物质。

② 病原体(pathogens):能使人、动物和植物致病的各种生物因子的统称,包括细菌、病毒、真菌、支原体、衣原体、立克次体、螺旋体、寄生虫等。

③ 危险(hazard):可能导致死亡、伤害、疾病、财产损失、工作环境破坏或这些情况的组合状态。

④ 危险识别(hazard identification):识别存在的危险并确定其特性的过程。

⑤ 危险废弃物(hazardous waste):具有潜在生物危害、危害特性列入《国家危险废物名录》或者根据国家规定的危险废物鉴定标准和鉴定方法认定的具有危险废物特性的废物。危害特性是指腐蚀性,急性毒性,浸出毒性,反应性和污染性等。

⑥ 风险(risk):危险发生的概率及其后果严重性。

⑦ 风险评估(risk assessment):评估风险大小以及确定是否可接受的全过程。

⑧ 风险控制(risk control):为降低风险而采取的综合措施。

⑨ 事件(incident):导致或可能导致事故的情况。

⑩ 事故(accident):造成死亡、疾病、伤害、损坏以及其他损失的意外情况。

⑪ 气溶胶(aerosols):悬浮于气体介质中的粒径一般为0.001～100 μm的固态或液态微小粒子形成的相对稳定的分散体系。

⑫ 气锁(air lock):具备机械送排风系统、整体消毒灭菌条件、化学喷淋(适用时)和压力可监控的气密室,其门具有互锁功能,不能同时处于开启状态。

⑬ 生物安全柜(biological safety cabinet,BSC):具备气流控制及高效空气过滤装置的操作柜,可有效降低实验过程中产生的有害气溶胶对操作者和环境的危害。

⑭ 安全罩(safety hood):置于实验室工作台或仪器设备上的负压排风罩,经高效过滤排风以降低实验室工作者的暴露危险系数。

⑮ 定向气流(directional airflow):特指从污染概率小区域流向污染概率大区域的受控制的气流。

⑯ 高效空气过滤器(high efficiency particulate air filter,HEPA):通常以0.3 μm微粒为测试物,在规定的条件下滤除效率高于99.97%的空气过滤器。

⑰ 实验室防护区(laboratory containment area):实验室的物理分区,该区域内生物风险相对较大,需对实验室的平面设计、围护结构的密闭性、气流,以及人员进入、个体防护等进行区域的控制。

⑱ 个人防护装备(personal protective equipment,PPE):保护操作人员免受生物性、化学性或物理性等伤害的防护器材和用品。

⑲ 生物安全实验室(biosafety laboratory):通过防护屏障和配套管理措施,达到生物安全要求的生物实验室和动物实验室。

⑳ 一级屏障(primary barrier):操作者和被操作对象之间的隔离,也称一级隔离。主要包括生物安全柜和隔离器、系列生物安全柜和罩式防护衣等方式。

㉑ 二级屏障(secondary barrier):生物安全实验室和外部环境的隔离,也称二级隔离。

㉒ 三级屏障(thirdly barrier):严格的管理制度和标准化的操作程序及规程。

㉓ 缓冲间(buffer room):设置在被污染概率不同的实验室区域间的密闭室,需要时,设

置机械通风系统，其门具有互锁功能，不能同时处于开启状态。

11.1.2　生物安全相关法律、法规、标准和指南

本节列举部分中国、国际组织及国外生物安全相关法律、法规、标准和指南，供读者学习参考。

1. 中国生物安全法律、法规和行业标准

（1）国家法律

①《中华人民共和国生物安全法》

《中华人民共和国生物安全法》由中华人民共和国第十三届全国人民代表大会常务委员会第二十二次会议于2020年10月17日通过，自2021年4月15日起施行（中华人民共和国主席令第五十六号）。

②《中华人民共和国传染病防治法》

《中华人民共和国传染病防治法》由中华人民共和国第七届全国人民代表大会常务委员会第六次会议于1989年2月21日通过，自1989年9月1日起施行。

最新修订是2004年8月28日第十届全国人民代表大会常务委员会第十一次会议修订，自2004年12月1日起施行。

2020年10月2日，国家卫健委发布《中华人民共和国传染病防治法》（修订草案征求意见稿），明确提出甲乙丙三类传染病的特征。乙类传染病新增人感染H7N9禽流感和新型冠状病毒两种。此次草案提出，任何单位和个人发现传染病患者或者疑似传染病患者时，应当及时向附近的疾病预防控制机构或者医疗机构报告，可按照国家有关规定予以奖励；对经确认排除传染病疫情的情况，不予追究相关单位和个人责任。

（2）国务院条例

①《病原微生物实验室生物安全管理条例》

《病原微生物实验室生物安全管理条例》是为加强病原微生物实验室生物安全管理，保护实验室工作人员和公众的健康制定。于2004年11月12日中华人民共和国国务院令第424号公布，是我国第一个具有法律效力的病原微生物生物安全方面的法规。根据2016年2月6日《国务院关于修改部分行政法规的决定》第一次修订。根据2018年3月19日《国务院关于修改和废止部分行政法规的决定》第二次修订。

②《医疗废物管理条例》

2003年中华人民共和国国务院令（第380号）公布。

③《突发公共卫生事件应急条例》

2003年中华人民共和国国务院令（第376号）公布。

（3）部门规章（表11.1）

表11.1　部门规章、年份及发布机构

名称	年份	发布机构
《可感染人类的高致病性病原微生物菌（毒）种或样本运输管理规定》	2005	中华人民共和国卫生部令（第45号）
《人间传染的病原微生物目录》	2023	中华人民共和国卫生部文件（卫科教发[2023]24号）
《人间传染的高致病性病原微生物实验室和实验室活动生物安全审批管理办法》	2006	中华人民共和国卫生部令（第50号）
《病原微生物实验室生物安全环境管理办法》	2006	国家环境保护总局令（第32号）
《人间传染的病原微生物菌（毒）种保藏机构管理办法》	2009	中华人民共和国卫生部令（第68号）
《人间传染的病原微生物菌（毒）种保藏机构设置技术规范》	2010	中华人民共和国卫生部
《医疗卫生机构医疗废物管理办法》	2003	中华人民共和国卫生部令（第36号）
《医疗废物管理行政处罚办法》	2004	中华人民共和国卫生部、环境保护总局令（第21号）
《医疗废物分类目录》	2003	中华人民共和国卫生部、环境保护总局（卫医发[2003]287号）
《医疗废物专用包装物、容器标准和警示标识规定》	2003	国家环境保护总局（环发[2003]188号）
《医疗废物集中处置技术规范》（试行）	2003	国家环境保护总局（环发[2003]206号）

（4）国家行业标准

《实验室生物安全通用要求》（GB 19489—2008）。

《生物安全实验室建筑技术规范》（GB 50346—2011）。

《微生物和生物医学实验室生物安全通用准则》（WS 233—2002）。

《实验室生物安全认可规则》（CNAS—RL05：2008）。

2. 国际组织及国外生物安全法规指南

世界卫生组织（WHO）：《实验室生物安全手册（第3版）》，《实验室生物风险管理：生物安全与生物安保》，《感染性物质运输指南》。

国际标准化组织（ISO）：《医学实验室——质量与能力的要求》（ISO15189），《医学实验室——安全要求》（ISO15190）。

美国国立卫生研究院和国家疾病预防控制中心：《微生物和生物医学实验室的生物安全》。

11.2　病原微生物学实验室生物危害程度分类和生物安全防护水平分级

11.2.1　病原微生物危害程度分类

根据我国和世界卫生组织相关标准，可对病原微生物危害程度分别进行如下分类：

1. 病原微生物危害程度分类

根据我国《病原微生物实验室生物安全管理条例》第七条，国家根据病原微生物的传染性、感染后对个体或者群体的危害程度，将病原微生物分为四类：

① 第一类病原微生物：指能够引起人类或者动物非常严重疾病的微生物，以及我国尚未发现的或者已经宣布消灭的微生物。

② 第二类病原微生物：能够引起人类或者动物严重疾病，比较容易在人与人、动物与人、动物与动物间直接或者间接传播的微生物。

③ 第三类病原微生物：能够引起人类或者动物疾病，但一般情况下对人、动物或者环境不构成严重危害，传播风险有限，实验室感染后很少引起严重疾病，并且具备有效治疗和预防措施的微生物。

④ 第四类病原微生物：在通常情况下不会引起人类或者动物疾病的微生物。

其中，第四类病原微生物危险程度最低，第一类病原微生物危险程度最高。第一类、第二类病原微生物被统称为高致病性病原微生物。

2. 病原微生物危害等级分类

根据世界卫生组织《实验室生物安全手册》：按照感染性微生物的危险度等级分类。1级危险程度最低，4级危险程度最高。

① 危险度1级（无或极低的个体和群体危险）：不太可能引起人或动物致病的微生物。

② 危险度2级（个体危险中等，群体危险低）：病原体能够对人或动物致病，但对实验室工作人员、社区、牲畜或环境不易导致严重危害。实验室暴露也许会引起严重病原体感染，但对感染有有效预防和治疗的措施，并且疾病传播的危险性有限。

③ 危险度3级（个体危险度高，群体危险低）：病原体通常能引起人或动物的严重疾病，但一般不会发生感染个体向其他个体的传播，并且对感染有有效预防和治疗的措施。

④ 危险度4级（个体和群体的危险均高）：病原体通常能引起人或动物的严重疾病，并且很容易发生个体之间的直接或间接传播，对感染一般没有有效预防和治疗的措施。

11.2.2　实验室生物安全防护水平分级

WHO和国标对实验室生物安全防护水平的分级标准是一致的，将实验室生物安全防护水平从低到高分为一级、二级、三级、四级四个等级。以BSL-1、BSL-2、BSL-3、BSL-4（biosafety level，BSL）表示仅从事体外操作的实验室相应的生物安全防护水平，以ABSL-1、ABSL-2、ABSL-3、ABSL-4（animal biosafety level，ABSL）表示包括从事动物活体操作的实验室相应的生物安全防护水平。凡是涉及人体组织或人间传染的病原微生物相关样本的操作，应依据《人间传染的病原微生物目录》（表11.2），在风险评估的基础上，确定实验室的生物安全防护水平。

表 11.2　人间传染的病原微生物目录示例图

病毒名称		危害程度分类	实验活动所需生物安全实验室级别				
中文名	英文名		病毒培养	动物感染实验	未经培养的感染材料的操作	灭活材料的操作	无感染性材料的操作
埃博拉病毒	Ebola virus	第一类	BSL-4	ABSL-4	BSL-3	BSL-2	BSL-1
高致病性禽流感病毒	High pathogenic avian influenza virus	第二类	BSL-3	ABSL-3	BSL-2	BSL-1	BSL-1
乙型肝炎病毒	Hepatitis B virus	第三类	BSL-2	ABSL-2	BSL-2	BSL-1	BSL-1
小鼠白血病病毒	Mouse leukemia virus	第四类	BSL-1	ABSL-1	BSL-1	BSL-1	BSL-1

《人间传染的病原微生物目录》包含了病毒160类，细菌、放线菌、衣原体、支原体、立克次体、螺旋体190类，真菌151类，朊病毒6种。对病原体的名称、危害程度、实验活动所需生物安全实验室的防护水平以及运输的包装要求进行了具体规定。

11.2.3　生物安全实验室分级

基于不同实验室面临的生物安全性将生物安全实验室由低到高分为四个等级。

1. P1 实验室

生物安全防护水平为一级的实验室(BSL-1/ABSL-1或称P1实验室)的结构、设施、安全操作规程、安全设备适用于如大肠埃希氏菌、枯草芽孢杆菌等第四类病原微生物的实验操作，如可用于教学的普通微生物实验室等。

P1实验室设计建造特殊要求：

① 门口应设置存衣或挂衣装置。

② 门应有可视窗并可锁闭，门锁和门的开启方向不妨碍逃生。

③ 如有可开启的窗户，应设置纱窗。

④ 墙壁、天花板、地面等应易清洁、防水，耐腐蚀。

⑤ 地面平整、防滑、不能铺设地毯。

⑥ 有足够的空间和台柜等摆放设备和物品。

⑦ 台柜摆放应便于清洁，避免交叉污染，不妨碍逃生和急救。

⑧ 台面应防水，耐腐蚀，耐热和坚固。

⑨ 在靠近出口处设置洗手池。

⑩ 如操作刺激或腐蚀性物质，应设有洗眼装置及紧急喷淋装置。

⑪ 如操作有毒、刺激性、挥发性物质应配备适当的负压排风柜。

⑫ 如使用高毒性、放射性、可燃气体等，应配备相应安全设施。

⑬ 应保证照明和充足的电力供应，设置应急照明装置。

⑭ 供水和排水管道不渗漏，下水有防回流做设计。

⑮ 应配备灭火器、呼吸器等消防、急救、通讯器材。

⑯ 必要时，应配备生物废弃物容器、消毒灭菌设备。

2. P2实验室

生物安全防护水平为二级的实验室（BSL-2/ABSL-2或称P2实验室）的结构、设施、安全操作规程、设备适用于操作如沙门氏菌、麻疹病毒、肝炎病毒等危害等级为二级的第三类病原微生物的实验。

P2实验室设计建造特殊要求：

① 应满足P1实验室要求。

② 主入口的门、放置生物安全柜实验间的门可以自动关闭。

③ 主入口的门应有进入控制措施。

④ 工作区域外应有存放备用物品的条件。

⑤ 室内应具备通风换气条件或独立的通风管道。

⑥ 应有可靠电力保障，必要时，重要设备应配备备用电源。

其他注意事项：出入要制定程序；张贴生物危害警示标识；制定针对实验室的生物安全手册；每年开展培训；工作人员应接受必要的免疫接种和检测（如乙型肝炎疫苗、卡介苗等）；必要时收集从事危险性工作人员的本底血清。

3. P3实验室

生物安全防护水平为三级的实验室（BSL-3/ABSL-3或称P3实验室）的结构、设施、安全操作规程、安全设备适用于主要操作如SARS、MERS等第二类病原微生物的实验。

P3实验室设计建造特殊要求：

① 应满足P2实验室要求。

② 平面布局：在建筑物中应自成隔离区或独立建筑物，出入应有人控制；应设核心间、缓冲间、监控室、传递窗等结构。

③ 围护结构：应符合国家相关要求，接缝应密封，易清洁。

④ 通风空调：应安装独立送排风系统（不应在防护区安装分体空调），确保气流由低风险区向高风险区流动且通过高效过滤器过滤后排出，关键节点安装生物型密闭阀；风机和生物安全柜启动自动联锁装置。

⑤ 供水和供气：应设立防回流装置，关键节点安装截止阀等；清洁区设立淋浴装置。

⑥ 污物处理及消毒灭菌：宜安装专用的双扉高压灭菌锅，应具备对实验室设备、安全隔离装置、防护区等消毒灭菌的条件，下水应直接通往专用系统。

⑦ 电力供应：应满足用电要求，重要设备配备不间断电源。

⑧ 照明系统：应设不少于30 min的应急照明系统。

⑨ 监控系统：应设有门禁系统，保证授权人员才能出入；应设有中央控制系统，对送排风、负压状况、HEPA等进行监控。

⑩ 通讯系统：实验区应设有向外部传输语音、资料等的设备。

⑪ 其他参数:核心间-30～-40 Pa,缓冲间-15～-20 Pa;换气次数不少于每小时12次。

4. P4实验室

生物安全防护水平为四级的实验室(BSL-4/ABSL-4或称P4实验室)的结构、设施、安全操作规程、安全设备适用于主要操作如埃博拉病毒、马尔堡病毒等第一类病原微生物的实验。

P4实验室设计建造特殊要求:

① 应满足P3实验室要求。

② 应为独立建筑物或独立隔离区,设两重门,严格限制出入。

③ 辅助区应包括监控室和衣物更换间。

④ 防护区应包括外更衣室、内更衣室、淋浴间和化学淋浴间(气锁,可使用生命支持供气系统)、防护走廊、核心工作间。

⑤ 传递窗应符合气锁要求,且具备消毒灭菌条件。

⑥ 围护结构的气密性应达标(到500 Pa后,20 min内衰减<250 Pa)。

P3和P4实验室为高级别生物安全实验室,必须通过国家的认证认可。《实验室生物安全通用要求》是我国生物安全实验室认证认可的国家标准。规定了对不同生物安全防护级别实验室的设施、设备和安全管理的基本要求。

11.3 实验室生物安全防护设备

11.3.1 超净台

超净台(clean bench)属于正压柜,以确保工作区域内洁净度为目的,避免来自柜外的污染。气流从顶部或底部经过过滤器后从操作区正面流向工作台面,被样品污染的气流排出柜外,无循环气流(图11.1)。超净台保护样品不受污染,不能保护操作人员和环境,适用于对操作人员和环境无保护要求的实验。

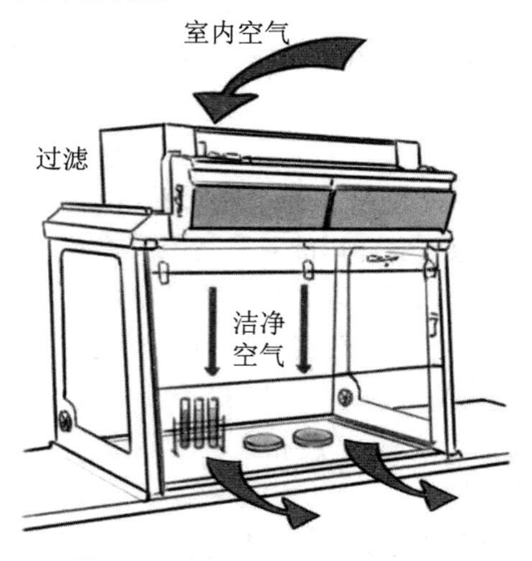

图11.1 超净工作台气流走向图

11.3.2　通风橱

通风橱(stink cupboard)又称烟橱或通风柜(图11.2),是化学实验室为减少实验者和有害气体的接触,保证实验安全可靠的常用设备。分无管通风型和全通风型。无管通风型的空气由柜内前上方的排风扇抽走后,先用泡沫塑料过滤除尘,再用活性炭过滤,吸附掉很多化学物质,之后重新循环使用。优点是不需要外连管道,不污染外部环境,而且对实验室温度影响小;缺点是必须定期更换过滤材料,实验者接触有害气体的可能性比使用抽气通风柜大,而且多装的排风扇离实验者很近会造成噪音。全通风型空气由柜内前上方的排风扇抽走后,经管道引到别处。优点是比无管通风能更有效地除去实验室有害气体,噪音小,而且维护简单;缺点是要安装专用的排风管道,在室内外温度不同的情况下可能妨碍实验室维持恒温,而且对环境卫生不利。

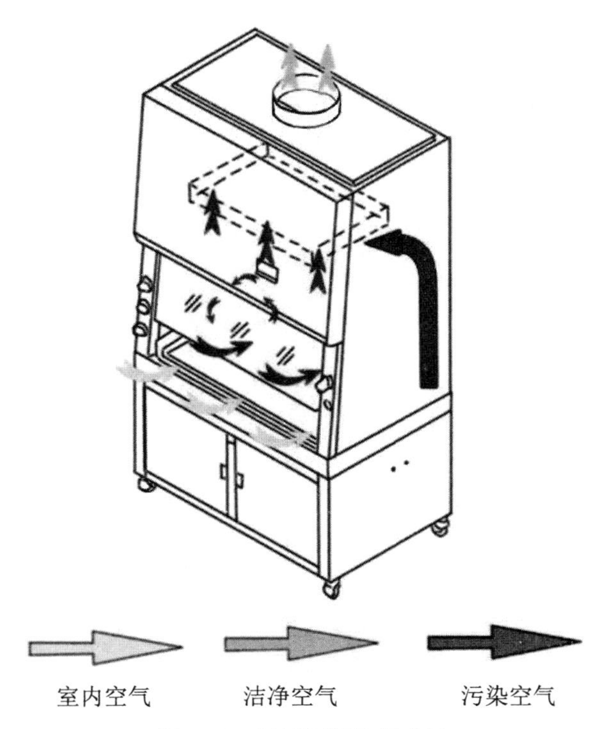

图11.2　通风橱气流模式图

11.3.3　生物安全柜

生物安全柜(biological safety cabinets)属于负压柜,将柜内空气向外抽吸,使柜内保持负压状态,通过垂直气流来保护工作人员,人为控制气流走向,通过专用通道,外界空气经高效空气过滤器(HEPA)过滤后进入安全柜内,以避免处理样品被污染;柜内的空气也需经过HEPA过滤后才能排放到大气中,从而保护环境(气流走向如图11.3所示)。

图11.3　生物安全柜气流走向图

1. 生物安全柜类型

根据生物安全防护水平的差异,生物安全柜等级可分为一级、二级、三级。

(1) 一级生物安全柜

一级生物安全柜(图11.4)从其前面开口吸入空气,表面风速在0.38 m/s以上,经排风口将由HEPA过滤处理后的空气排出,可保护操作人员和环境,适用于样品不需保护的实验工作,但不能进行无菌洁净的操作。

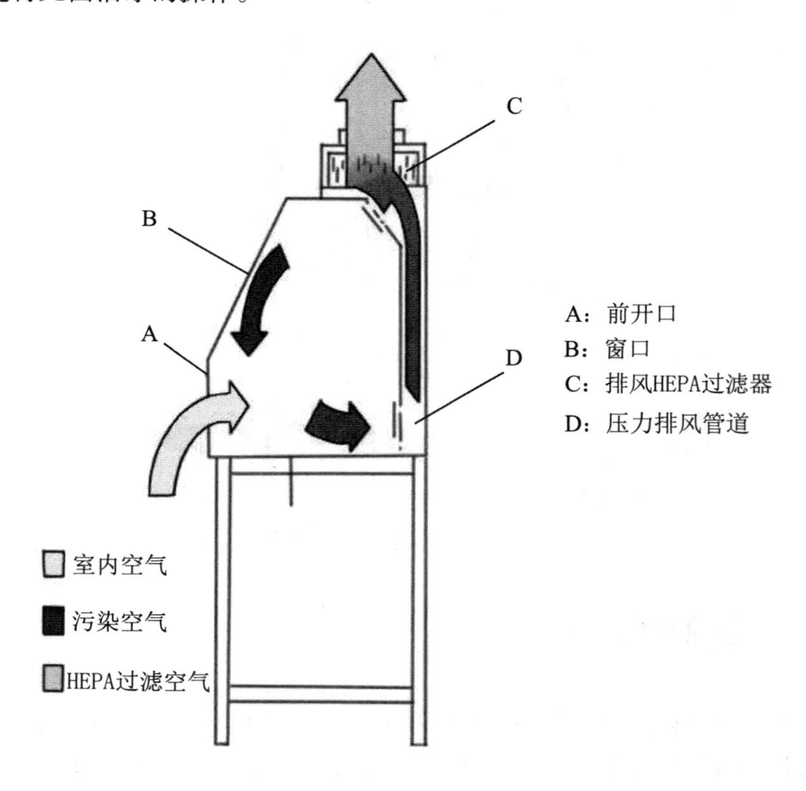

图11.4　一级生物安全柜气流图

一级生物安全柜本身无风机,依赖外接通风管中的风机带动气流,由于不能保护柜内样品，目前已经较少使用。

（2）二级生物安全柜

二级生物安全柜（图11.5）是目前应用最为广泛的柜型。按照中华人民共和国医药行业标准《Ⅱ级生物安全柜》（YY 0569—2011）中的规定，二级生物安全柜依照入口气流风速、排气方式和循环方式可分为四个级别：A1型、A2型、B1型和B2型（图11.6）。所有的二级生物安全柜都可提供对工作人员、环境和样品的保护。

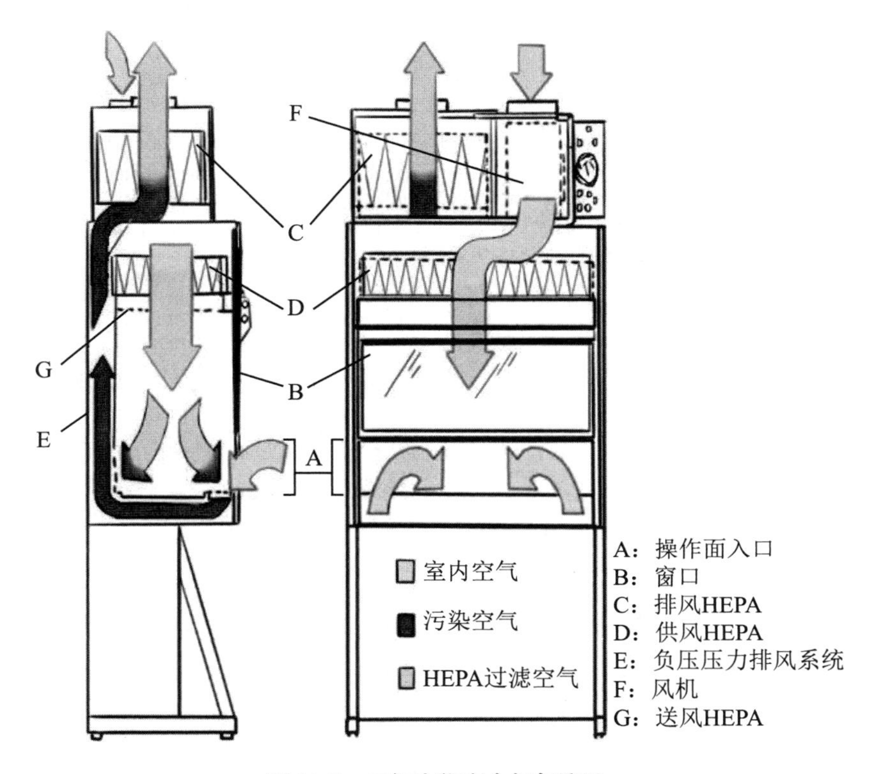

图11.5　二级生物安全柜气流图

① A1型安全柜前窗气流速度最小量或测量平均值应至少为0.38 m/s。70%的气体通过HEPA过滤器再循环至工作区，30%气体通过排气口过滤排出。

② A2型安全柜前窗气流速度最小量或测量平均值应至少为0.5 m/s。70%的气体通过HEPA过滤器再循环至工作区，30%的气体通过排气口过滤排出。

③ 二级B型生物安全柜均为连接排气系统的安全柜。连接安全柜排气导管的风机连接紧急供应电源，目的是在断电情况下仍可保持安全柜负压，以免危险气体泄漏至实验室。其前窗气流速度最小量或测量平均值应至少为0.5 m/s。B1型70%的气体通过排气口HEPA过滤器排出，30%的气体通过供气口HEPA过滤器再循环至工作区；B2型为100%全排型安全柜，无内部循环气流，可同时提供生物性和化学性的安全控制，可以操作挥发性化学品和挥发性核放射物作为辅助剂的微生物实验。

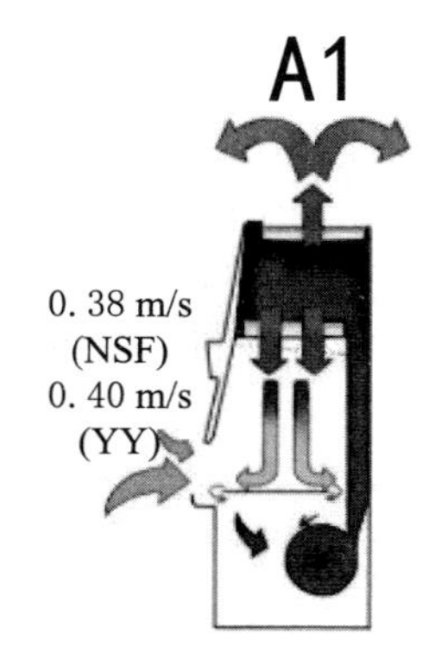

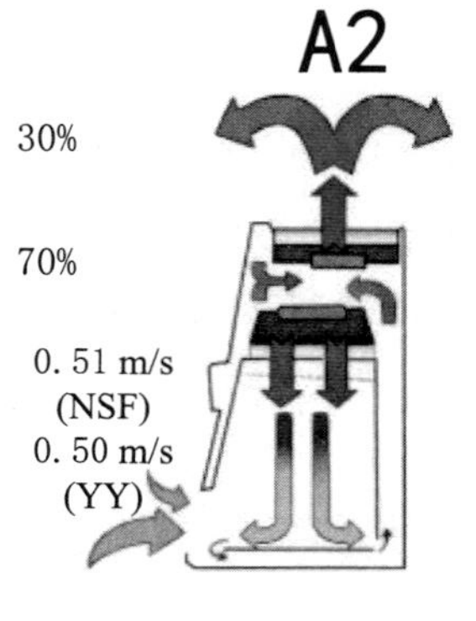

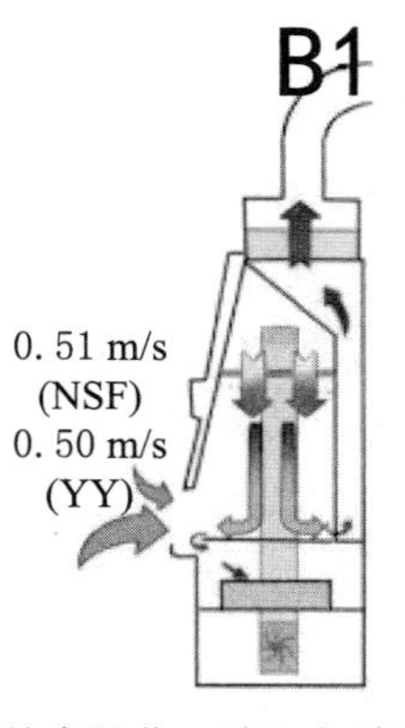

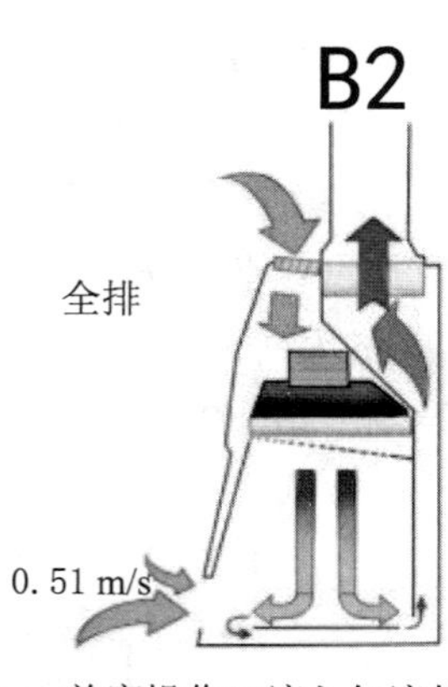

A1：

- 前窗操作口流入气流的最低平均流速为0. 38 m/s
- 安全柜的污染部位处于正压状态，并且这些正压区域可以没有负压区域包围
- 不能操作放射性核素和挥发性有毒化学品

A2：

- 前窗操作口流入气流的最低平均流速为0. 51 m/s
- 安全栏内所有生物学污染部位处于负压状态或者被负压管道和负压通风系统环绕
- A2可用于进行微量挥发性有毒化学品和微量放射性核素为辅助剂的生物实验室，必须连接功能合造的排气罩

B1：

- 前窗操作口流入气流的最低平均流速为0. 51 m/s
- 安全柜内所有生物学污染部位处于负压状态或者被负压管道和负压通风系统环绕
- 如果挥发性有毒化学品或放射性核素随空气循环不影响实验操作或实验在安全柜的直接排气区域进行，B1可以用于微量挥发性放射性核素以及挥发性有毒化学品的操作

B2：

- 前窗操作口流入气流的最低平均流速为0. 51 m/s
- 安全柜内所有生物学污染部位处于负压状态或者被负压管道和负压通风系统环绕
- 可用于挥发性有毒化学品和放射性核素为辅助剂的微生物实验室

图11.6　二级生物安全柜分类介绍

A2与B2的不同之处(图11.7)：A2具有在工作舱内循环空气的特性。来自外部环境或样品工作区域的污染的空气与在高压区域内经HEPA过滤的空气混合。部分空气经过滤后排出柜外，其余部分则经过过滤后在工作区域内再循环，可使在样品区内的空气快速稀释。A2型为部分内循环，B2则没有在工作区域内的再循环。来自外部环境污染的空气通过电机高压吹送和过滤后进入工作区。空气是“完全排空”，避免了样品或操作者暴露在有害空气中的风险。由于B2是非循环气流和全排气系统，因此提供了更高水平的产品和人员保护，但是对实验室排气系统要求更高。

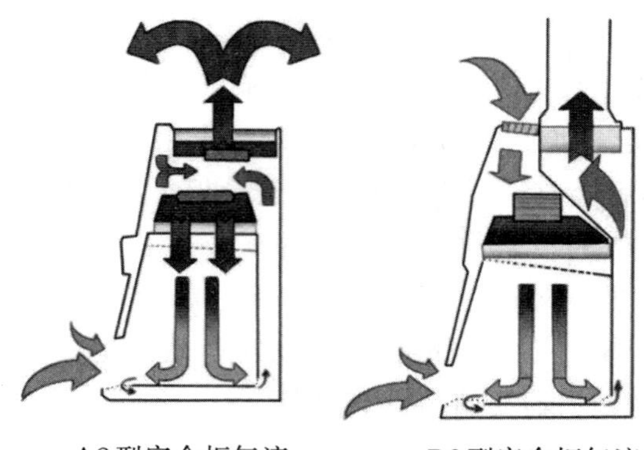

图11.7　A2型和B2型生物安全柜气流图

一般情况下，A2型安全柜多用于病原微生物的操作，B2型安全柜多用于有刺激性气

味、核素等的操作,使用时应充分考虑安全柜排风与实验室负压联动问题。

(3) 三级生物安全柜

三级生物安全柜(图11.8)是为生物安全防护等级为四级的实验室而设计的,柜体完全气密,工作人员通过连接在柜体的手套进行操作,俗称手套箱(glove box)。实验品通过双门的传递箱进出安全柜以确保不受污染,适用于高风险的生物实验,如进行埃博拉病毒、马尔堡病毒分离培养等实验操作。三级生物安全柜可提供一级、二级安全柜无法提供的绝对安全保障。所有三级生物安全柜全部采用完全密闭设计。实验操作完全通过前窗的手套进行。在日常操作过程中,安全柜内部将一直保持至少120 Pa的负压状态。即使在物理防污染系统出现故障的情况下,它也能达到很好的保护作用。经HEPA过滤器过滤后的洁净空气为三级生物安全柜内的样品提供保护,并且防止样品交叉污染的情况出现。外排的气流经过双层HEPA过滤或经HEPA后再经燃烧处理。实验所需的物品通过安置在安全柜侧面的隔离通道送进柜内。三级安全柜通常直接将废气排到实验室,也可以通过外接的排气管道直接排到外界环境。当使用排气管道系统的时候,三级安全柜也适用于在实验中需要添加有毒化学品的微生物操作。

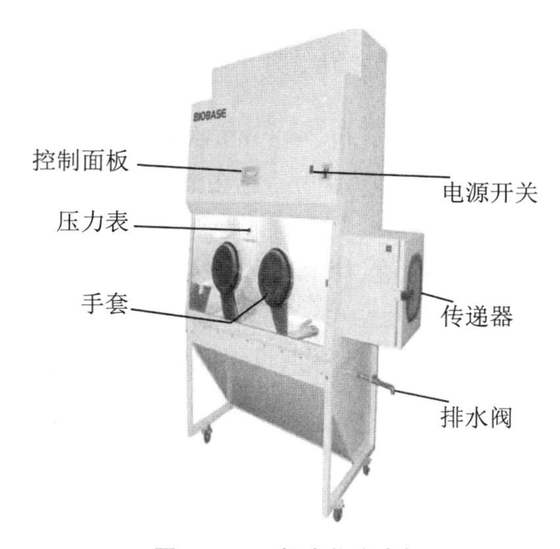

图11.8　三级生物安全柜

2. 生物安全柜的使用

生物安全柜的放置要避免可能会影响气流的地方,远离门、风扇、空调、开着的窗户、人员活动频繁的区域。摆放在稳固的平台或支架上,两侧、后面和上端留30 cm。它的使用步骤如下:

① 开机:穿好个人防护用品,检查出风口是否有障碍物。登记生物安全柜开始使用的时间。开机,风机启动,可听见风机运行的声音,将前窗打开到工作位置,状态指示灯亮起。等待直到绿色状态指示灯“气流稳定”亮起,说明气流已稳定。一般情况下,安全柜稳定运行15 min后再开始操作。

② 清洁:用70%的乙醇溶液或适当的消毒剂擦拭工作区域的内壁。

③ 上样:安全柜内只放本次实验所需的物品,干净和被污染的物品分开放置;柜内物品

摆放应做到相对清洁区(左)、操作区(中)与污染区(右)基本分开,操作过程中物品取用方便,且三区之间无交叉。物品应尽量靠后放置,但不得挡住气道口,以免干扰气流正常流动。

④ 检查:气流、风速、负压等指标是否正常。

⑤ 操作:

a. 动作宜缓慢。将双臂缓缓伸入安全柜内,至少静止1 min,使柜内气流稳定后再进行操作。操作时应按照从相对清洁区到污染区进行,以避免交叉污染。为防止可能溅出的液滴,可在台面上铺一层隔水垫(上表面吸水,下表面隔水),但不能覆盖住安全柜格栅。在柜内操作时动作应轻柔、舒缓,防止影响柜内气流。

b. 避免扰乱气流、气幕。工作时尽量减少背后人员走动以及快速开关房门,以防止安全柜内气流不稳定。在实验操作时,不可打开玻璃视窗,应保证操作者脸部在工作窗口之上。

c. 不使用明火。柜内操作期间,严禁使用酒精灯等明火,以避免产生的热量产生气流,干扰柜内气流稳定,且明火可能损坏HEPA过滤器,还有失火的隐患。

d. 避免阻挡气道和回风。

e. 手臂和物品移出生物安全柜前应先消毒,更换外层手套。如有遗洒,所有物品被拿走前必须去污。

f. 工作中一旦发现安全柜工作异常,应立即停止工作,采取相应处理措施,并通知实验室管理人员。

⑥ 吹扫:工作结束后,安全柜继续开机2~3 min吹扫工作区的污染物。

⑦ 下样:工作完成后,柜内使用的所有物品应在消毒后再取出,以防止将病原微生物带出而污染环境。

⑧ 清洁:用消毒剂清洁所有内壁,待其干燥。必须处于工作状态时,才能彻底消毒内壁。

⑨ 关机:关闭灯、风机、前窗,打开紫外灯,设置照射30 min。登记生物安全柜结束使用的时间。

3. 生物安全柜的检测

生物安全柜每年至少一次年检,另外在新安装后、移动过、更换过HEPA后,也必须进行检测。检测要求包括水平风速测定、垂直风速测定、气流流向测定、洁净度测定、照度、噪声测定等全项目检测,其中送、排风HEPA必须进行检测。

11.4 病原微生物学实验室的个人防护

病原微生物实验室的个人防护装备以生物防护装备为主,个人防护装备防护主要包括呼吸道防护;眼睛、头面部防护;躯干四肢防护;手部、足部防护;听力防护等。其装备主要有口罩和呼吸器、眼镜、防护衣、靴、手套以及护耳器等。

11.4.1　呼吸防护装备

呼吸防护装备的佩戴应完全覆盖口鼻部位，目的是保护口、鼻免受空气中的微粒、气溶胶或飞沫的污染，包括医用外科口罩、医用防护口罩(N95及以上)、自吸过滤式呼吸器、动力送风过滤式呼吸器等。

医用外科口罩应符合《医用外科口罩技术要求》(YY 0469—2004)。不能应用于可能存在感染性病原体气溶胶场所。一次性产品如口罩等受到液体喷溅时应及时更换。使用时应分清口罩内外面，一般鼻夹结构在外面。

注：医用外科口罩不属于呼吸防护装备。

呼吸防护装备(图11.9)包括医用防护口罩(N95及以上)、自吸过滤式呼吸器和动力送风过滤式呼吸器，应符合《医用防护口罩技术要求》(GB 19083—2010)。

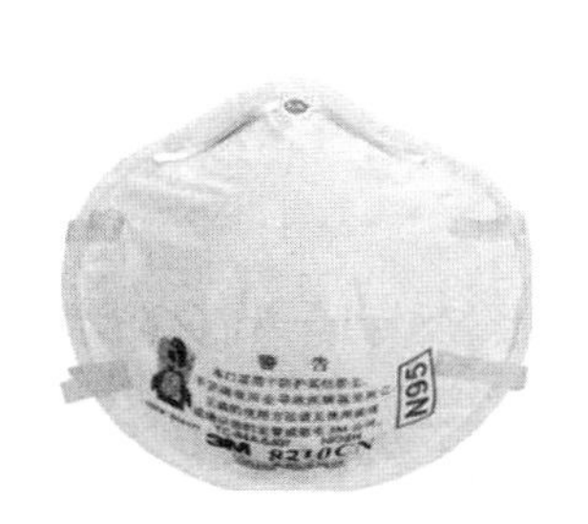

图11.9　呼吸防护装备

呼吸防护装备的气密性检查：为了给使用者提供可靠的安全防护，呼吸防护装备在使用前应针对每个使用者进行气密性检查(图11.10)。针对个人选择合适的呼吸防护装备，按正确的方式佩戴，且每次都应该进行气密性检查。

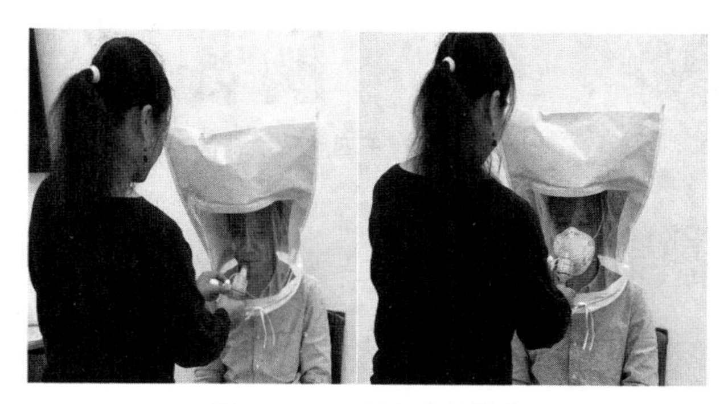

图11.10　口罩气密性检查

气密性检查：分为"定性"检测和"定量"检测。定性法应使用测试头套，喷苦味酸后，受测试者模拟各种工作体位，检验苦味酸是否通过口罩。定量法应使用专用的测试仪器，同时测量佩戴呼吸防护装备后，待测试物在呼吸器内外的浓度。

每次佩戴N95口罩时均应进行气密性检查：双手捂住口罩快速吸气、呼气，应感觉口罩略微有鼓起或塌陷，若感觉有气体从鼻梁处泄漏，应重新调整鼻夹，若感觉气体从口罩两侧泄漏，应进一步调整头带位置。若无法实现N95口罩与面部的密合，则不能进入实验区域。

11.4.2　眼面部防护装备

眼面部防护的目的是保护操作者的脸、口、鼻、眼睛等，避免受到喷溅物的污染，其装备包括防护眼罩或护目镜、防护面屏、防护头套（面罩）等（图 11.11）。

图 11.11　眼面部防护装备

11.4.3　躯干四肢防护装备

躯干四肢防护装备（图 11.12）包括医学防护服、化学防护服、反穿隔离衣、防水围裙、一次性工作服等。

  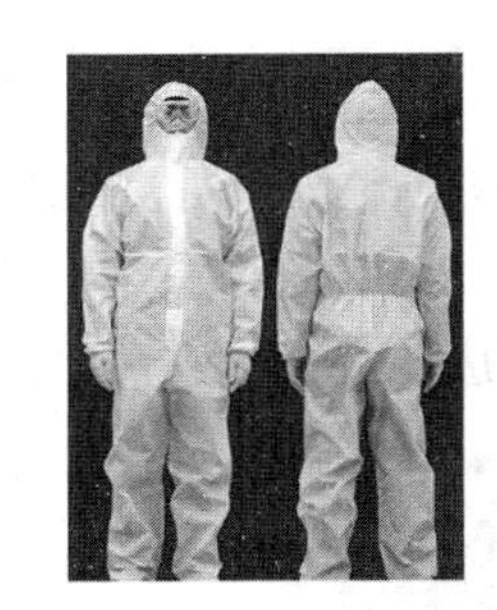 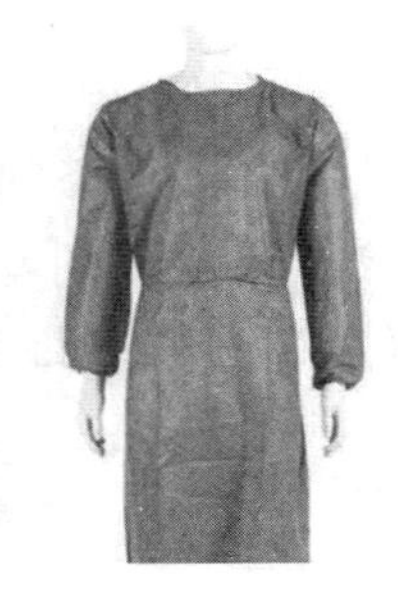

图 11.12　躯干四肢防护装备

11.4.4　手部、足部防护装备

手部、足部防护装备（图 11.13）包括防护手套（医用一次性乳胶手套、长袖橡胶手套）、防水靴、防水靴套等。

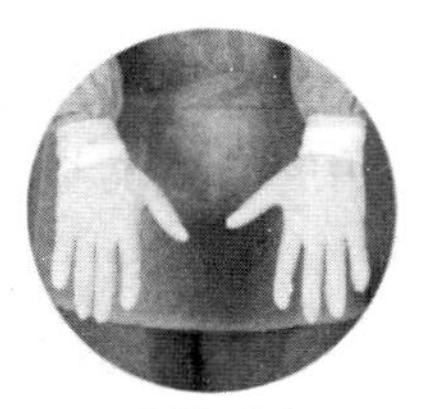

一次性手套

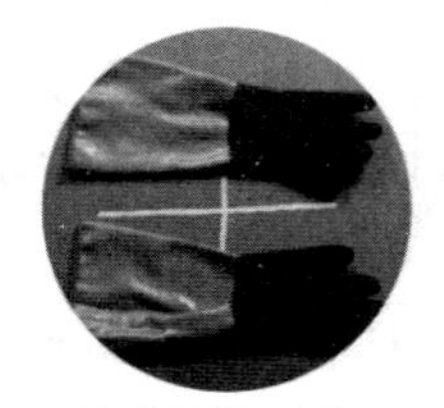

长袖橡胶手套

防水靴

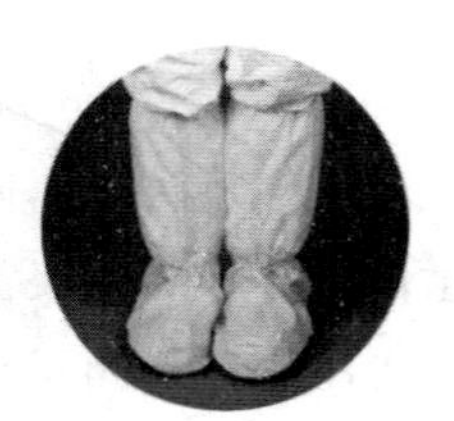

防水靴套

图 11.13　手部、足部防护装备

11.4.5 PPE 的选择

依据所操作病原的一般生物学特性、具体实验设施的防护条件、具体实验活动的风险评估结果、穿戴的舒适性、不同PPE同时穿戴的匹配性、操作的便利性、穿戴者的适合性等,选择、选配适宜的个人防护装备。

各级生物安全实验室的个人防护选择:

① P1实验室个体防护:在实验室工作时,应穿着连体服、隔离服或工作服;在进行可能直接或意外接触有毒有害试剂或血液等感染性物质时,应戴上合适的手套、一次性帽子、一次性医用口罩。手套用完后,应先消毒再摘除,随后必须洗手。可能引发喷溅和大量气溶胶的操作时必须戴安全眼镜、面罩(面具)或其他防护设备;禁止穿着防护服离开实验室,不得在实验室穿露脚趾的鞋;禁止在工作区域进行进食、饮水等无关工作。

② P2实验室个体防护:应使用专门的工作服;戴乳胶手套、一次性帽子、一次性医用外科口罩。在操作第三类经呼吸道、黏膜传播的病原微生物样本检测时,戴医用防护口罩、穿防护服、戴双层手套。需要在生物安全柜以外进行的操作或检测活动,可能涉及感染性样本或有毒有害试剂,引发直接接触、喷溅的操作还应戴防护眼镜或面屏。

③ P3实验室个体防护:应穿两到三层防护服、戴双层乳胶手套(或丁腈手套)、医用防护口罩(N95以上)、穿防水靴套、戴护目镜。涉及第二类经呼吸道、黏膜传播的病原微生物样本检测,需要在生物安全柜以外进行的操作或检测活动,可能涉及感染性样本或有毒有害试剂,引发直接接触、喷溅的操作应戴正压送风型面罩呼吸器。

④ P4实验室个体防护:穿正压防护服、戴正压送风型面罩呼吸器。

11.4.6 PPE 使用

PPE使用原则:进入污染区前穿戴;在规定的区域脱除和丢弃;及时清洁手部。

穿戴PPE原则:适合、舒适、方便。顺序:内层防护服—防护口罩—内层手套—外层防护服—胶靴—鞋套—防护眼镜—外层手套。

脱卸PPE原则:首先脱去“污染”最严重的用品,避免接触“污染”外表,避免对自己、他人以及周围环境的污染。顺序:外层手套—外层防护服—防护鞋套—防护眼镜—内层防护服—胶靴—防护口罩—内层手套。

PPE使用注意事项:

① PPE在使用前确保各种PPE应妥善保存,并在有效期内;定时校正和测试相关的PPE;准备足够的PPE及相关配套用品。

② 进入污染区域前检查PPE种类是否正确、运作是否正常、外观是否破损、是否在有效期内;动力设备的电池电力是否充足,穿戴后应再次确认可靠后方可进入染污区域工作。

③ 在污染区域内工作时注意手套的消毒和更换,以及意外事故的处理。

④ PPE使用后的清洁维护或消毒处理。一次性PPE使用后应按规定进行消毒处理,不

允许重复使用。可重复使用的PPE应及时进行消毒处理方可再次使用,且使用前应检测其可靠性。

1. 防护服的穿脱程序

穿:选择合适的类型和尺寸;外层防护服开口不宜在前面;颈部和腰部固定。

脱:污染面向内,洁净面向外;外侧翻向内侧,折叠或卷成一团后丢弃。

外层防护服脱衣方法(图11.14):解开腰带,在前面打一活结;解开颈后带子;右手伸入左手腕部袖内,拉下袖子过手;用遮盖着的左手握住右手隔离衣袖子的外面,拉下右侧袖子;双手转换逐渐从袖管中退出,脱下隔离衣;左手握住领子,右手将隔离衣两边对齐,污染面向内,卷成包裹状,放入专用高压灭菌袋中灭菌。连体防护服穿脱程序如图11.15所示。

图11.14　外层防护服脱衣方法

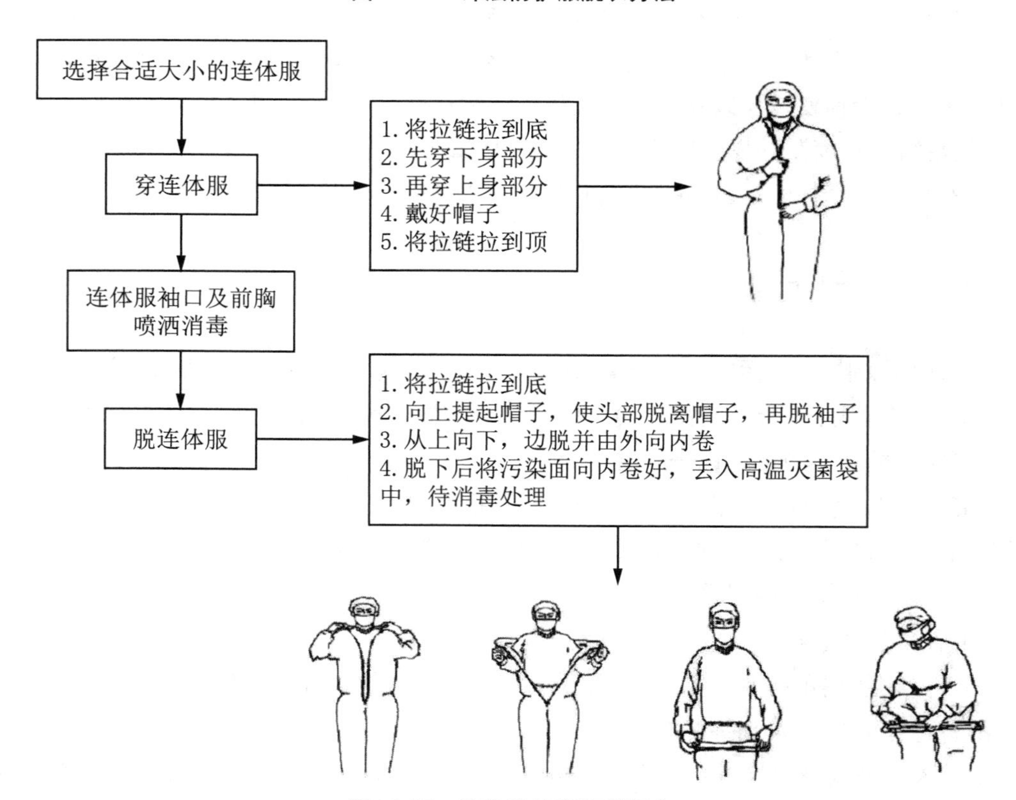

图11.15　连体防护服穿脱程序

2. 防护口罩穿脱程序

防护口罩穿脱程序如图11.16所示。

穿:选择适合自己的防护口罩;使鼻夹适合鼻梁形状;用松紧带固定在头部,调整合适;同时进行气密性检查。

脱:避免接触口罩外表面。

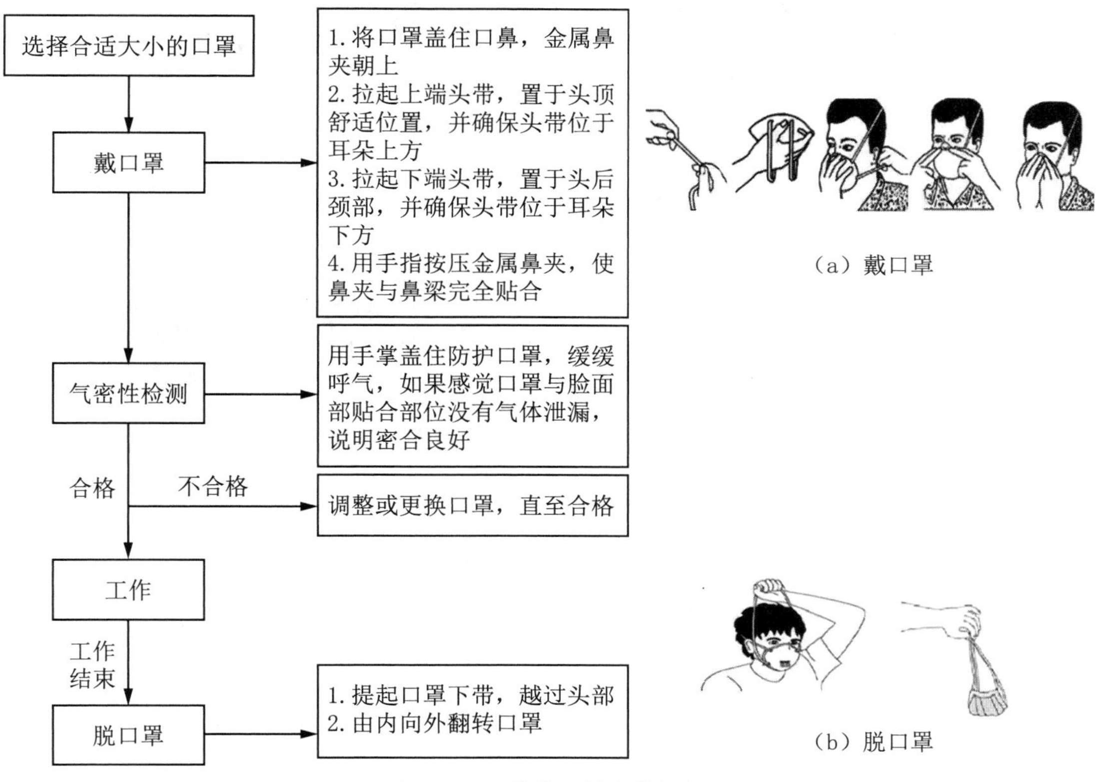

图11.16 防护口罩穿脱程序

3. 正确戴摘眼罩(面罩)

戴:选择适合自己的眼罩(面罩);应保持佩戴舒适;避免产生水雾影响视线。

摘:用未戴污染手套的双手摘除眼罩(面罩)。

4. 手套穿脱程序

手套穿脱程序如图11.17所示。

戴:需选择合适的尺寸和类型;戴前进行气密性检查;手套应始终遮盖防护服袖口。

脱:摘除手套前先对手套进行消毒;洁净手指避免接触污染面;污染面在内,洁净面在外。

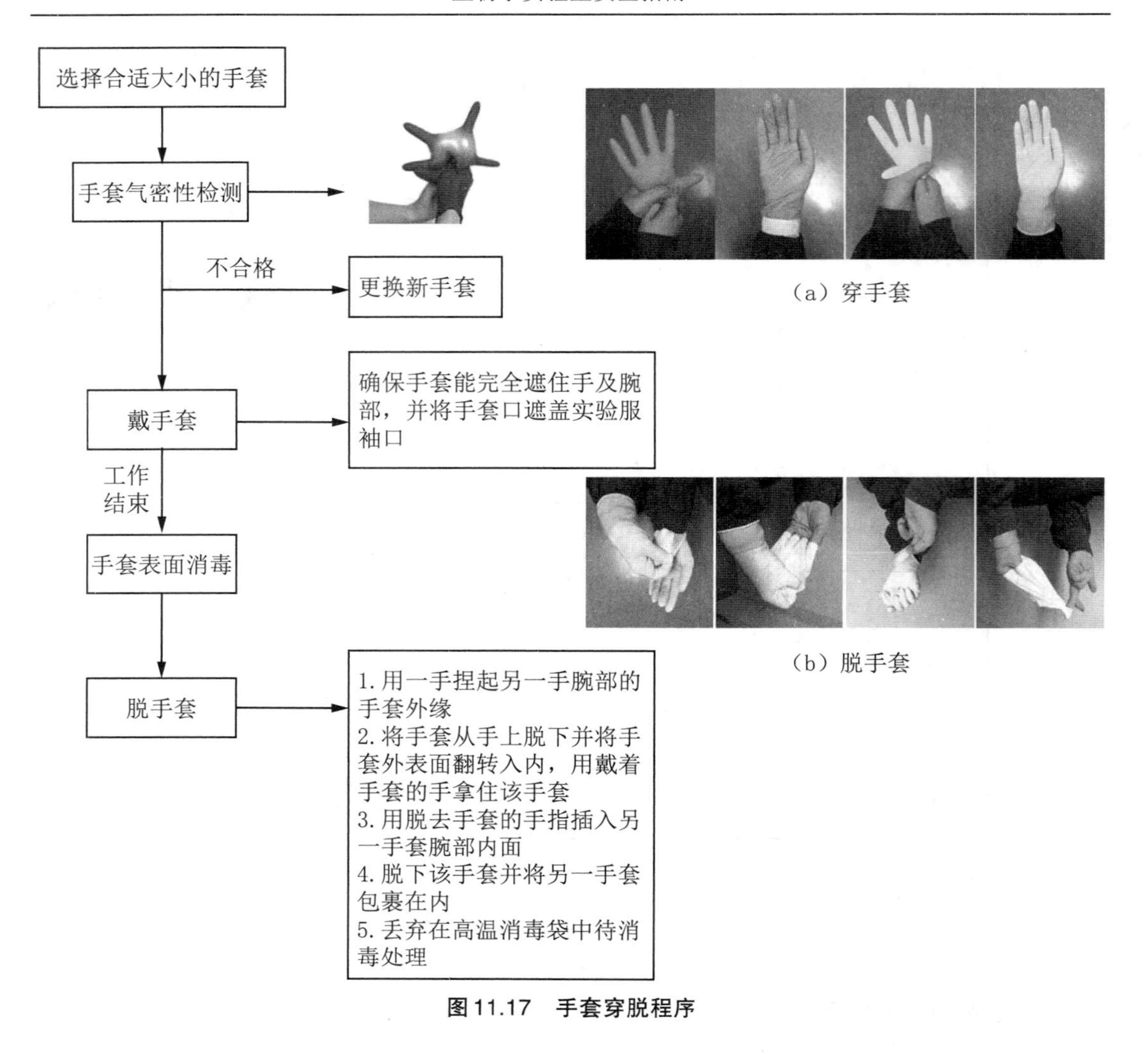

图11.17　手套穿脱程序

11.5　病原微生物实验室生物安全管理

目前已知的病原微生物实验室的感染事件大多都是由于管理不善而导致的。因此确保病原微生物实验室的生物安全,健全有效的管理机制是最关键的,是任何高级的实验设施设备都无法替代的。

《中华人民共和国生物安全法》第五章"病原微生物实验室生物安全"第四十八条规定:病原微生物实验室的设立单位负责实验室的生物安全管理,制定科学、严格的管理制度,定期对有关生物安全规定的落实情况进行检查,对实验室设施、设备、材料等进行检查、维护和更新,确保其符合国家标准。病原微生物实验室设立单位的法定代表人和实验室负责人对实验室的生物安全负责。

《病原微生物实验室生物安全管理条例》明确规定了病原微生物实验室的管理机制。

第三十二条规定:"实验室从事实验活动应当严格遵守有关国家标准和实验室技术规

范、操作规程。实验室负责人应当指定专人监督检查实验室技术规范和操作规程的落实情况。”

第三十三条规定:“从事高致病性病原微生物相关实验活动的实验室的设立单位,应当建立健全安全保卫制度,采取安全保卫措施,严防高致病性病原微生物被盗、被抢、丢失、泄漏,保障实验室及其病原微生物的安全。”

第三十四条规定:“实验室或者实验室的设立单位应当每年定期对工作人员进行培训,保证其掌握实验室技术规范、操作规程、生物安全防护知识和实际操作技能,并进行考核。工作人员经考核合格的,方可上岗。从事高致病性病原微生物相关实验活动的实验室,应当每半年将培训、考核其工作人员的情况和实验室运行情况向省、自治区、直辖市人民政府卫生主管部门或者兽医主管部门报告。”

第三十五条规定:“从事高致病性病原微生物相关实验活动应当有2名以上的工作人员共同进行。进入从事高致病性病原微生物相关实验活动的实验室的工作人员或者其他有关人员,应当经实验室负责人批准。实验室应当为其提供符合防护要求的防护用品并采取其他职业防护措施。从事高致病性病原微生物相关实验活动的实验室,还应当对实验室工作人员进行健康监测,每年组织对其进行体检,并建立健康档案;必要时,应当对实验室工作人员进行预防接种。”

生物安全管理体系文件涉及实验室的管理体系、生物安全活动的标准、实验方法、实验实施细则、规程、规范等,一般包括《生物安全管理手册》《风险评估报告》《实验室生物安全程序文件》《安全手册》《标准操作程序》《化学品安全技术说明书》《记录表单》等。

《生物安全管理手册》阐述生物安全三级实验室管理的组织机构、人员岗位及职责、安全及安保要求、生物安全管理体系以及体系文件架构,规范实验室运行以及实验室内开展的实验活动,确保工作人员安全和环境安全。它是生物安全三级实验室管理体系文件中的最高层次文件。《风险评估报告》通过对实验活动及实验室所操作的病原微生物致病因子及相关要素进行风险评估,明确操作中各个环节存在的风险,从而正确的选择相应的安全防护条件(设施、设备和个人防护装备),并根据风险评估结果制定相应的安全管理程序和操作规程。《实验室生物安全程序文件》是第二层文件,是《生物安全管理手册》的支持性文件,是对相关工作具体实施的规定,是包括责任部门、责任范围、工作流程和责任人,及与其他责任部门关系的工作性文件。《标准操作规程》和《安全手册》是第三层文件,是《实验室生物安全程序文件》的支持性文件。《记录表单》是第四层文件,是对实验室运行的具体记录。

11.5.1　病原微生物实验活动的风险评估

实验室应建立并维持风险评估和风险控制程序,以持续进行危险识别、风险评估和实施必要的控制措施。通过实验室所从事的致病生物因子的危害评估,使进行实验活动的相关人员了解相关致病生物因子的危害程度,及时采取相关的生物安全防护措施,也让管理人员提高生物安全防范意识。风险评估报告应是实验室采取风险控制措施、建立安全管理体系和制定安全操作规程的依据。

风险评估应由具有经验的专业人员(不限于本机构内部人员)进行。通常情况下,项目负责人和技术负责人负责撰写和提交与其所开展实验活动相关的风险评估报告。设施设备管理员负责草拟设施设备风险评估报告。实验室主任负责风险评估的组织,根据风险评估报告组织制定风险控制措施。安全负责人负责协助实验室主任组织风险评估工作,并落实风险控制措施的实施。生物安全管理委员会负责风险评估报告的评审。实验室全体人员负责风险评估的具体实施。

风险评估应考虑(但不限于)下列内容:

① 生物因子已知或未知的特性,如生物因子的种类、来源、传染性、传播途径、易感性、潜伏期、剂量-效应(反应)关系、致病性(包括急性与远期效应)、变异性、在环境中的稳定性、与其他生物和环境的交互作用、相关实验数据、流行病学资料、预防和治疗方案等。

② 适用时,实验室本身或相关实验室已发生的事故分析。

③ 实验室常规活动和非常规活动过程中的风险(不限于生物因素),包括所有进入工作场所的人员和可能涉及的人员(如:合同方人员)的活动。

④ 设施、设备等相关的风险。

⑤ 适用时,实验动物相关的风险。

⑥ 人员相关的风险,如身体状况、能力、可能影响工作的压力等。

⑦ 意外事件、事故带来的风险。

⑧ 被误用和恶意使用的风险。

⑨ 风险的范围、性质和时限性。

⑩ 危险发生的概率评估。

⑪ 可能产生的危害及后果分析。

⑫ 确定可接受的风险。

⑬ 适用时,消除、减少或控制风险的管理措施和技术措施,及采取措施后残余风险或新带来风险的评估。

⑭ 适用时,运行经验和所采取的风险控制措施的适应程度评估。

⑮ 适用时,应急措施及预期效果评估。

⑯ 适用时,为确定设施设备要求、识别培训需求、开展运行控制提供的输入信息。

⑰ 适用时,降低风险和控制危害所需资料、资源(包括外部资源)的评估。

⑱ 对风险、需求、资源、可行性、适用性等的综合评估。

风险评估的内容不限于生物因子和相关实验活动,还应包括化学、物理、电气、水灾、火灾、关键防护设施设备运行维护、实验室消毒清洁、外部人员活动、使用外部提供的物品和服务等风险因子。风险识别、风险评估和风险控制过程不仅适用于实验室正常运行过程中,也适用于实验室和设备清洁、维护或关停期间。除考虑实验室自身活动的风险外,还应考虑外部人员活动、使用外部提供的物品或服务所带来的风险。风险评估报告应注明评估时间、编审人员和所依据的法规、标准、研究报告、参考文献、数据等。应定期进行风险评估或对风险评估报告复审,评估的周期应根据实验室活动和风险特征而确定。

风险评估时间:开展新的实验室活动或欲改变经评估过的实验室活动(包括相关的设

施、设备、人员、活动范围、管理等),应事先或重新进行风险评估。操作超常规量或从事特殊活动时,实验室应进行风险评估,以确定其生物安全防护要求,使用时,应经过相关主管部门的批准。当实验室发生事件和事故时应重新进行风险评估。当相关政策、法规、标准等发生改变时应重新进行风险评估。

风险评估过程:风险识别—风险评估—风险控制。

对某一实验活动的风险评估案例如下:

① SARS-CoV-2 感染性样本接收

在值班室办理接收手续后,将SARS-CoV-2病毒感染性样本带入BSL-3实验室,在实验台上打开外层包装,检查外层和中层包装之间的低温填充物如冰装、干冰等是否有效,如正常则取出中层包装,在Ⅱ级生物安全柜中打开,即毒种或样本冻存管,根据实验计划,将毒种或样本进行保存或病毒分离培养。风险评估如表11.3所示。

表11.3　风险评估

<table>
<tr><th rowspan="2">序号</th><th rowspan="2">风险识别项</th><th rowspan="2">危害程度</th><th rowspan="2">发生概率</th><th rowspan="2">控制措施</th><th rowspan="2">相关文件</th><th colspan="2">残余风险</th></tr>
<tr><th>危害程度</th><th>发生概率</th></tr>
<tr><td>1</td><td>运输过程中毒种或样本泄漏,造成实验人员暴露</td><td>中</td><td>低</td><td>(1) 在BSL-3实验室内打开外包装,并在生物安全柜内打开内包装,事先在工作台面铺好新鲜配制的75%酒精或有效氯含量为0.55%消毒溶液纱布以防溅出
(2) 如有泄漏,按实验室感染性液体溢洒进行处理</td><td rowspan="2">(1) 高危材料漏出应急处理程序USTC-A/BSL-3-P-CX46-2020
(2) 危险材料运输管理程序USTC-A/BSL-3-P-CX35-2020
(3) 实验样品采集、接收、保管程序USTC-A/BSL-3-P-CX3 4-2020</td><td>低</td><td>低</td></tr>
<tr><td>2</td><td>运输过程中低温保护填充物失效,造成毒种或样本泄漏失活</td><td>低</td><td>中</td><td>(1) 根据运输条件,装入尽量多的制冷剂
(2) 如为外单位运送毒种或样本,及时联系请求重新包装运输</td><td>低</td><td>低</td></tr>
</table>

② 风险识别、分析及预防控制措施

③ 评估结论

该实验活动主要是在BSL-3实验室及Ⅱ级生物安全柜内打开SARS-CoV-2样本的包装,实验本身不直接进行感染性材料操作,风险较低,但是毒种或样本在运输过程中存在泄漏的风险,所以必须在BSL-3实验室内打开外包装,并在Ⅱ级生物安全柜内打开内包装;如有泄漏,按实验室感染性液体溢洒进行处理即可。

11.5.2　感染性物质的安全操作

感染性材料包括菌(毒)种、体液样本、血液样本、组织样本、生物制品、各种感染性培养物。

感染性材料的安全操作要点有操作人员需经生物安全理论、操作和应急处置的专业培训。根据病原微生物的危害等级和具体实验活动的风险评估结果,在相应级别实验室的生物安全柜内进行实验操作。必须遵守双人操作原则。需佩戴适宜的个人防护装备。预备有效消毒剂和相关用品,在发生意外泄漏或溢洒时应及时处理。小心操作,动作轻柔,尽量减少气溶胶的产生,尽量避免发生泄漏或溢洒。不使用玻璃器具,尽量避免使用利器。连续工作超过3 h后,须退出实验室休息30 min以上才能进入实验室继续工作。详细登记带入实验室的感染性样本信息,记录样本去向和处置方法。

感染性材料的包装和转移具体操作过程如下:

(1) 感染性材料在实验室内的转移

遵循双层包装原则,在生物安全柜中包装:首先将感染性材料装入旋盖的一级容器中,封口;擦拭消毒容器表面;放入密闭的、防摔裂的二级容器中密封;表面用有效的消毒剂擦拭消毒,方可从生物安全柜转移至培养箱、显微镜、冰箱等。

(2) 感染性材料在同单位不同实验室之间的转移

将双层容器包装的样本做好标记,再放入生物安全专用转移箱,并配备溢洒处理包,方可移出实验室。实验室之间的传递要有内部审批程序和交接记录,至少应配备一个陪同人员护送。如果使用交通工具运输,则应按照A类、B类感染性物质的要求进行包装、标识和运输。

(3) 感染性物质的运输

A类感染性物质:指在运输过程中当人或动物与之接触时,能导致永久性的残疾构成生命威胁或致死疾病;UN2814(使人染病或使人和动物都染病);UN2900(仅使动物染病)。

B类感染性物质:未达到A级标准的感染性物质,UN3291(医疗废物)、UN3373(临床标本)。

运输前应按要求提交申请,获得审批。运输目的、用途和接收单位符合国务院卫生主管部门或者兽医主管部门的规定。运输高致病性病原微生物菌(毒)种或者样本,应当经省级以上人民政府卫生主管部门或者兽医主管部门批准。陆路运输:专用汽车,不能乘坐公共汽车和城市铁路等公共交通工具运输。没有陆路通道,可以通过水路运输。紧急情况下,需要将高致病性病原微生物菌(毒)种或者样本运往国外的,可以通过民用航空运输。

包装容器和标识符合要求:容器或者包装材料应当符合防水、防破损、防外泄、耐高(低)温、耐高压的要求。容器或者包装材料上应当印有国务院卫生主管部门或者兽医主管部门规定的生物危险标识、警告用语和提示用语。

不少于2人的专人护送,并采取相应的防护措施。发生泄漏2 h内向承运单位的主管部门、护送人所在单位的主管部门报告,同时向所在的卫生主管部门或兽医主管部门报告。发生被盗、被抢、丢失的,还应当向公安机关报告。接到报告的卫生主管部门或者兽医主管部门应当在2 h内向本级人民政府报告,并同时向上级人民政府卫生主管部门或者兽医主管部门和国务院卫生主管部门或者兽医主管部门报告。

11.5.3　病原微生物菌(毒)种管理

实验室使用高致病性菌(毒)种时,应当经省级卫生行政部门批准。实验室应当制定严格的安全保管制度。应统一进行菌(毒)种编号,详细记录引进人、引进毒种的来源、株名、历史、特性、用途、数量、批号、传代冻干日期等。实验室应设有菌(毒)种保藏专用冰箱,专人(双人、双锁)管理。菌(毒)种进入实验室禁止使用玻璃制品盛装,不能使用EP管,应采用螺旋盖的塑料制品。感染性物质的包装系统应使用防水的主容器,防水的辅助包装和强度满足其容积、质量及使用要求的刚性外包装。实验活动结束后,应当在6个月内将菌(毒)种就地销毁,或者送交指定的保藏机构。应保存销毁的审批、操作过程、验证记录,或者送交保藏机构的审批、交接的记录。

11.5.4　清场消毒及处置废弃物的安全操作

实验人员应当了解并掌握实验结束后的清场消毒及处置废弃物的安全操作。

1. 实验结束后的清场与消毒

生物安全柜的清洁:在生物安全柜内的实验操作结束后,实验人员需对生物安全柜内的物品及操作台表面进行清洁处理。密封所有盛放污染物的废物收集袋及废液罐。用沾有75%酒精的纸巾擦拭所有需要移出生物安全柜的物品。

离心机的清洁:如果实验过程中使用到离心机,实验结束后需对离心机进行简单的清洁处理。用沾有75%酒精的纸巾擦拭离心机内腔、转子及离心杯。离心机处于非运转态时保持机盖打开。

所有实验过程中接触到的桌面、台面,在实验结束后使用沾有75%酒精的纸巾擦拭清理。

实验人员离开核心区时带出所有废物收集袋及废液罐。所有出核心区的垃圾袋均需双层可高压灭菌垃圾袋包装。实验室常规物品消毒灭菌要求如图11.18所示。

2. 废弃物处理

所有废弃物用能高压灭菌的专用垃圾袋双层包装,装量不能超过三分之二,用灭菌指示带扎紧袋口,使袋内余留空间。内置灭菌指示卡或生物指示剂。封好口的垃圾袋拿出生物安全柜或核心实验室时,表面要用消毒剂喷洒消毒。不同类别实验废弃物(利器、液体、固体、动物尸体)须分别包装。常规实验废弃物处理如图11.19所示。

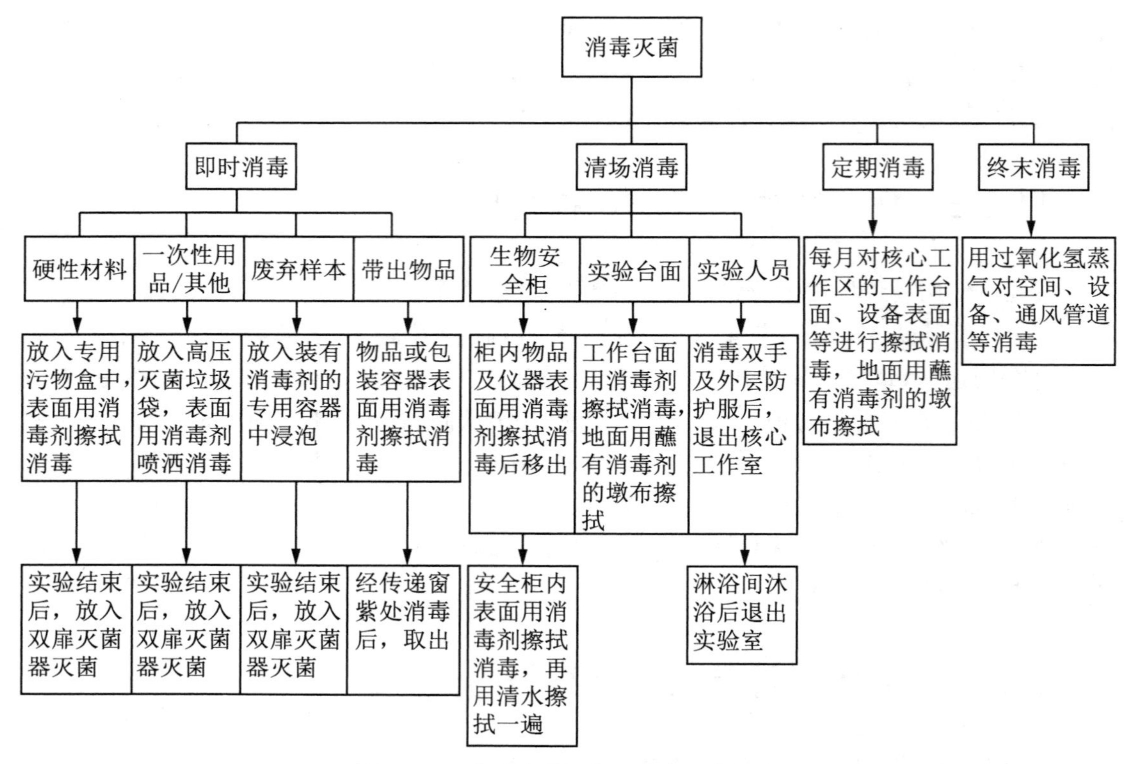

图 11.18 实验室常规物品消毒灭菌要求

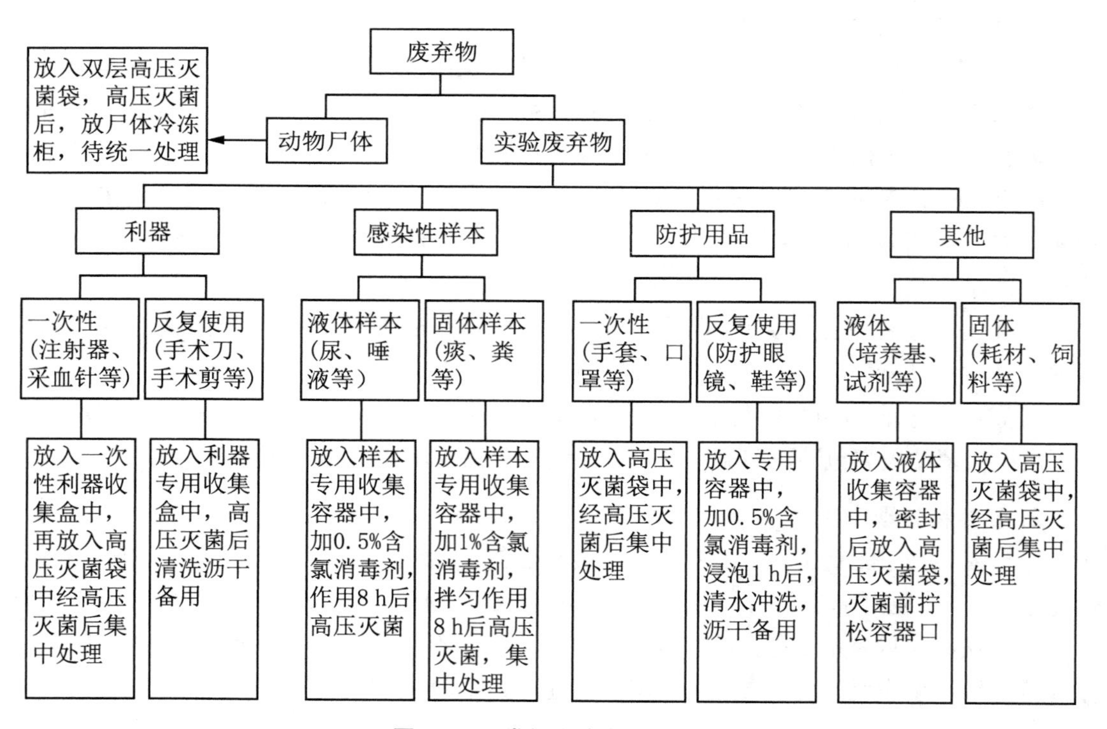

图 11.19 常规实验废弃物处理

(1) 尖锐器具的处理

尖锐器具，如针、注射器等，除特殊情况外，禁止在实验室使用，尽可能用塑料器材代替玻璃器材。注射和吸取感染性材料时,尽可能使用一次性注射器。进行实验所必须使用的用具,如针头、一次性注射器、玻璃器具、手术刀片等,放入专用的坚壁容器内,加盖密封。

用过的针头禁止折段、剪段、重新盖帽或从注射器上取下,禁止用手直接操作。用过的针头、注射器直接放入防刺破的盛废弃锐器的容器中。非一次性锐器必须放置在坚壁容器中,进行高压消毒处理。打碎的玻璃器具,禁止用手直接清理,必须使用工具,如扫把、簸箕、夹子或镊子等。盛污染针、锐器及碎玻璃的容器在丢弃前必须彻底消毒。

(2) 液体废弃物的处理

实验过程中产生的污染性液体物质、废弃的液体标本等应放在盛有消毒液的专用防渗漏容器中,及时加盖并经高压灭菌处理。化学废液须集中处理,不可直接倒入水槽中,必要时应稀释或中和至符合标准后排放。实验室统一使用废液桶集中收集处理废液,废液桶应标示清楚。实验室产生的剧毒废液,能利用化学反应进行解毒或降毒处理的应尽量进行无害化处理,无法进行无害化处理的剧毒废液暂存在单独的容器中,废旧的固体和液体试剂在原试剂瓶中暂存,并注明是废弃试剂,暂存时间一般不应超过6个月。化学品经无害化处理后,耐高温、高压的通过灭菌锅消毒传递到洗消间,倒入公共排污管道,经污水处理进入市政排污管网;未能无害化处理的,经高温消毒程序,由有资质的废物处理公司统一处理。常规实验废弃物处理如图11.19所示。

(3) 废弃物消毒效果验证

高压灭菌锅应有专人负责,严格按《脉动真空灭菌柜标准操作规程》进行操作,确保在121 ℃条件下,高压灭菌30 min,以达到消毒要求。所有实验产生的废弃物,必须经严格高压消毒后才能运出实验区,并由相关部门负责后续的销毁工作。

压力蒸汽灭菌化学指示卡在灭菌过程的湿热作用下,达到一定温度和时间后,产生变色反应从而显示灭菌效果。将卡片有指示剂的一端,放入物品包装的中间;按灭菌操作的常规进行预热、彻底排除空气;当锅内温度达到121 ℃后,维持现有状态20 min以上(不同物品所需灭菌温度时间不同),灭菌完毕后将指示卡抽出,观察颜色变化。指示卡达到标准黑色,表示符合灭菌条件;低于标准黑色则表示不符合灭菌条件。

11.5.5　生物安全意外事故应急预案与处置方法

实验人员应当了解并掌握生物安全意外事故应急预案与处置方法。

1. 实验室生物安全意外事故的分类和内容

生物安全意外事故分为以下六类:

① 由于实验操作失误导致的溢洒、泄漏。

② 由于实验意外操作导致的刺伤、割伤等。

③ 由于设备故障导致的容器破裂等。

④ 火灾及其他自然灾害。

⑤ 菌(毒)种丢失。

⑥ 其他事故等。根据涉及病原微生物的传染性、感染后对个体或者群体的危害程度进

行划分。

实验室应以相关国家法律法规、国家和地方的应急预案要求为基础,结合实验室的特点和资源制定生物安全意外事故应急预案。包括照明、消毒、急救用应急设施设备;危险识别报警系统及报告程序;应急预案的指挥、现场处置的人员职责;应急处置措施与程序等。

2. 实验室生物安全意外事故应急处置

(1) 感染性材料溢洒、泄漏的应急处置

实验室人员应熟悉感染性材料溢洒处理程序、溢洒处理工具的使用方法和存放地点。溢洒处理工具包应包括消毒剂、镊子或钳子、足够的适宜吸水性材料、个人防护装备、"溢洒处理,禁止入内"等警示标识、急救箱等。常见溢洒事件处理方法如图11.20所示。

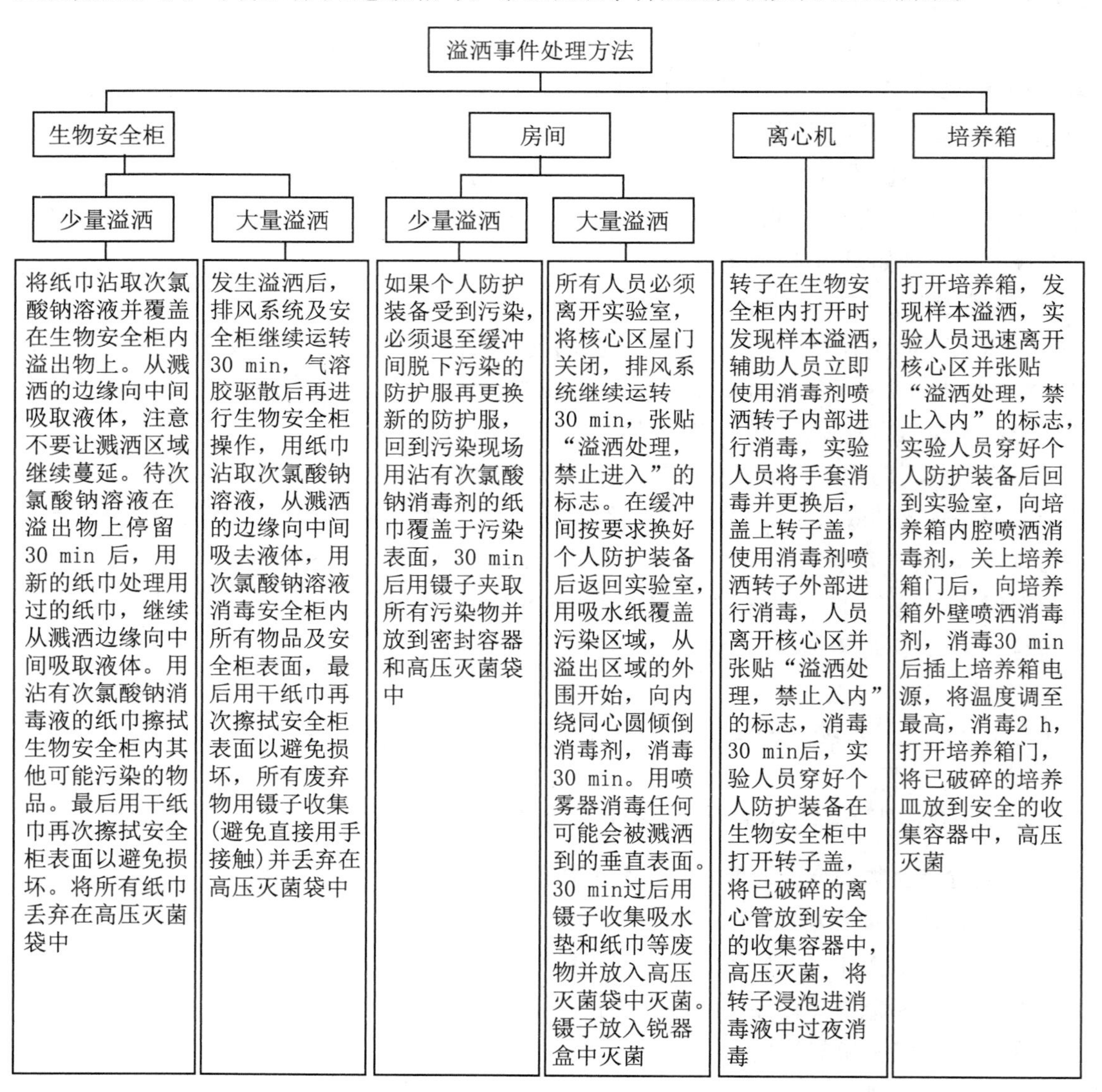

图11.20 常见溢洒事件处理方法

(2) 人员意外受伤等意外事故的应急处置方法(图11.21)

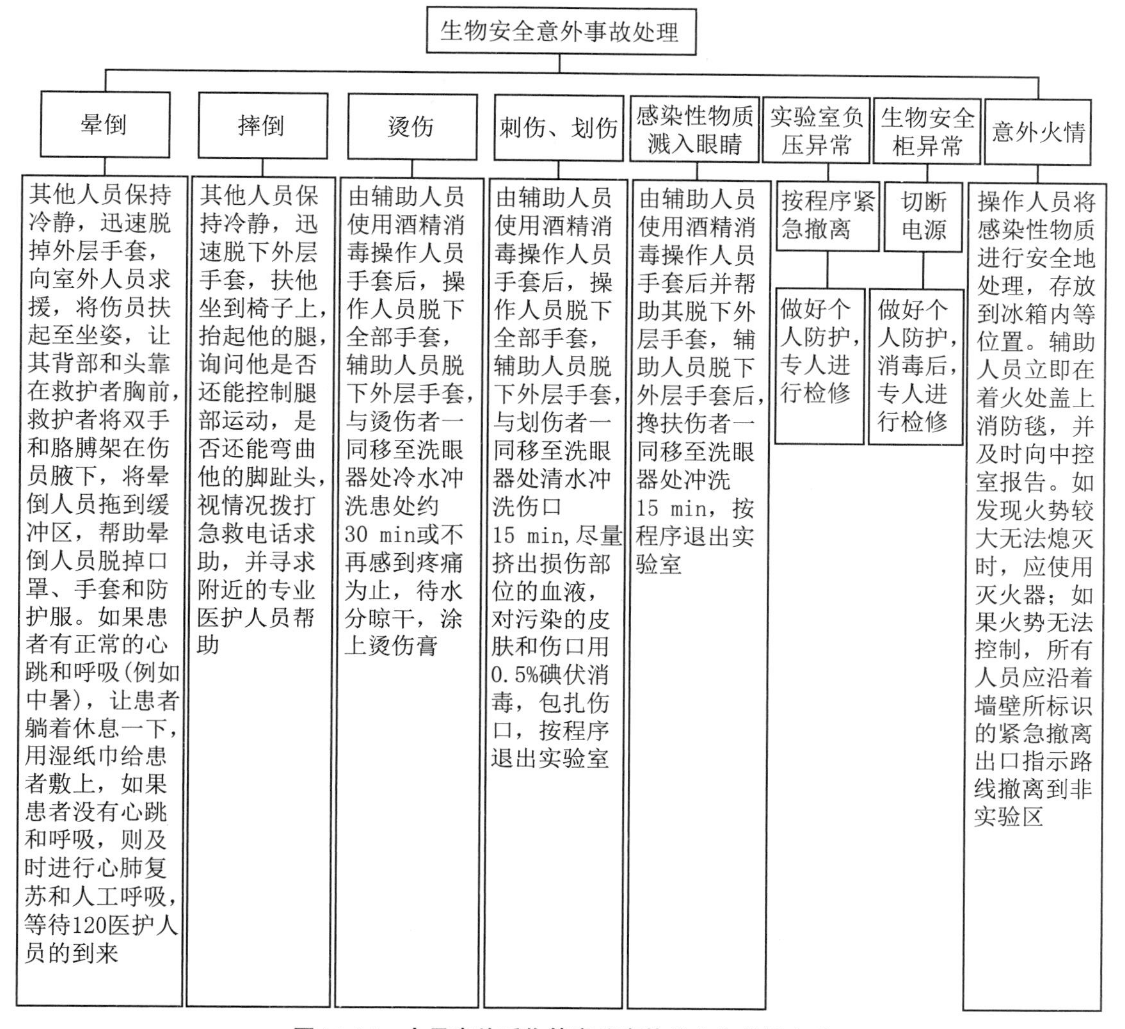

图11.21　人员意外受伤等意外事故的应急处置方法

(3) 生物安全实验室紧急撤离程序(图11.22)

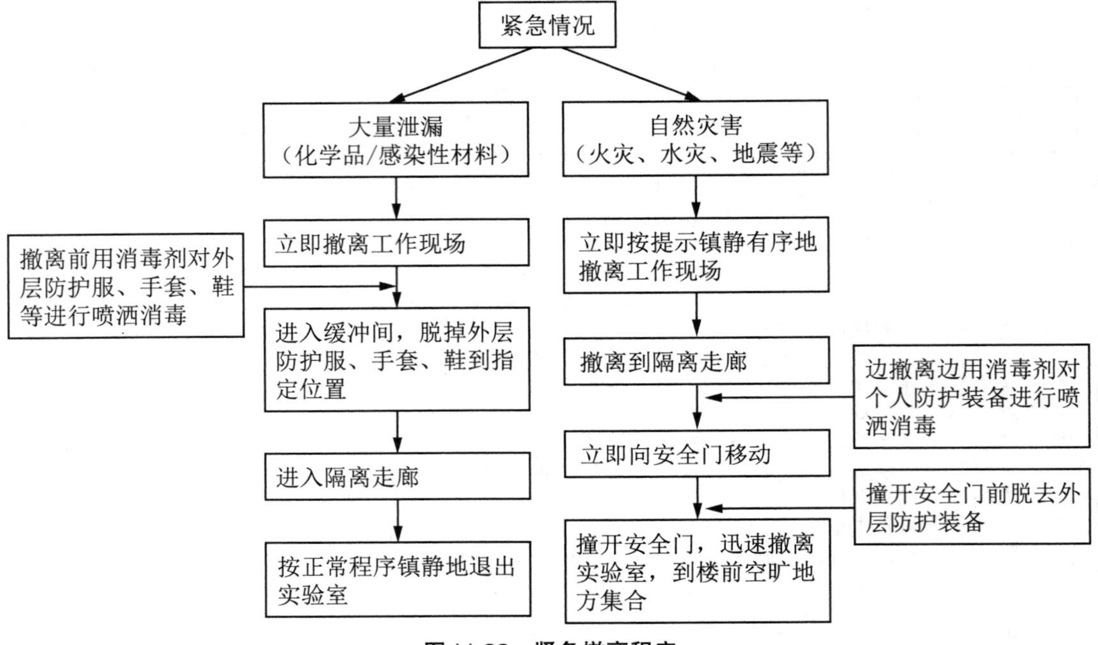

图11.22　紧急撤离程序

参 考 文 献

[1] 全国认证认可标准化技术委员会. 实验室生物安全通用要求·理解与实施:GB 19489—2008[S]. 北京:中国标准出版社,2010.

[2] 世界卫生组织. 实验室生物安全手册[M]. 2版. 北京:人民卫生出版社,2004.

[3] 中国合格评定国家认可委员会. 实验室生物安全认可准则:CNAS—CL05[S]. 北京:中国标准出版社,2019.

[4] 中华人民共和国国家卫生和计划生育委员会. 微生物和生物医学实验室生物安全通用准则:WS 233—2017[S]. 北京:中国标准出版社,2017.

[5] 中华人民共和国国务院. 病原微生物实验室生物安全管理条例[EB/OL]. (2004-11-12). http://www.gov.cn/zwgk/2005-05/23/content_256.htm.

[6] 中华人民共和国建设部,中华人民共和国国家质量监督检验检疫总局. 生物安全实验室建筑技术规范:GB 50346—2011[S]. 北京:中国标准出版社,2011.

[7] 中华人民共和国生物安全法[M]. 北京:中国法制出版社,2021.

[8] 中华人民共和国卫生部. 人间传染的病原微生物目录[EB/OL]. (2023-08-18). http://www.nhc.gov.cn/qjjys/s7948/202308/b6b51d792d394fbea175e4c8094dc87e.shtml.

[9] 中华人民共和国卫生部. 人间传染的高致病性病原微生物实验室和实验活动生物安全审批管理办法[EB/OL]. (2006-08-15). http://www.nhc.gov.cn/wjw/c100022/202201/579e8f6b6bed4cb19e0c0405fa4c7ae5/files/d36176dc54ec43a2933a18027e4ac2c8.pdf.

[10] 中华人民共和国卫生部. 消毒技术规范[EB/OL]. (2002-11-15). http://www.nhc.gov.cn/zwgkzt/pwsjd1/200804/17439/files/d4a244b2cf644407981599a91e4513a8.pdf.

第12章　放射性实验室安全

近年来,利用核医学专业技术开展的生物学、医学研究不断增加,其中放射性核素除应用于临床诊断和治疗外,还被广泛应用于高等学校教学和科研实践中,已经成为医学、药学、生命科学等领域的重要研究手段。放射性实验室是指从事开放型放射性工作和封闭型放射性工作的实验室或场所。由于放射性物质对接触者和环境存在着潜在的危险性,如果不进行科学管理,可能会给操作者和公众身体造成伤害,并对环境造成污染,同时给社会带来危害。提高对放射性核素的认识,管理好放射性核素、正确利用放射性核素,已经成为高校教学科研工作的重要内容。

12.1　放射性物质

12.1.1　放射性核素

放射性核素,也叫不稳定核素,是相对于稳定核素来说的。它是指不稳定的原子核,能自发地放出射线(如α射线、β射线等),通过衰变形成稳定的核素。衰变时放出的能量称为衰变能,衰变到原始数目一半所需要的时间称为半衰期,其范围很广,分布在10^{15}年到10^{-12}秒之间。

放射性核素依据来源不同可以分为两类:

1. 天然放射性核素

自然界中天然存在的放射性核素,包括宇生和原生两类。宇生放射性核素是指由宇宙射线和大气中某些化学元素的原子核相互作用所产生的放射性核素,如^{14}C、^{3}H、^{7}Be和^{22}Na等;原生放射性核素是指地球本身自然存在的放射性核素,主要有^{238}U、^{232}Th、^{235}U三个天然放射性核素系,以及^{40}K、^{87}Rb等其他一些放射性核素。

2. 人工放射性核素

人类出于不同的目的应用核反应堆或加速器制造出的一些具有放射性的核素,^{131}I、^{137}Cs、^{60}Co等都是人工放射性核素,目前已知人工放射性核素已经达到1000多种。

12.1.2 核衰变

核衰变，是原子核自发放射出某种粒子而变为另一种原子核的过程，是认识原子核的重要途径之一。放射性核衰变的类型有α衰变、β衰变和γ衰变三种，分别放出α射线、β射线和γ射线。所有的衰变过程都遵从电荷数守恒、质量数守恒和能量守恒。

1. α衰变

放射性核素放射出α粒子后变成另一种核素。子核的电荷数比母核减少2，质量数比母核减少4。α粒子的特点是电离能力强，射程短，穿透能力较弱。

2. β衰变

β衰变又分β^-衰变、β^+衰变和轨道电子俘获三种方式：

(1) β^-衰变

放射出β^-粒子(高速电子)的衰变。一般中子相对丰富的放射性核素常发生β^-衰变。这可看作是母核中的一个中子转变成一个质子的过程。

(2) β^+衰变

放射出β^+粒子(正电子)的衰变。一般中子相对缺乏的放射性核素常发生β^+衰变。这可看作是母核中的一个质子转变成一个中子的过程。

(3) 轨道电子俘获

原子核俘获一个K层或L层电子而衰变成核电荷数减少1，质量数不变的另一种原子核。由于K层最靠近核，所以K俘获最易发生。在K俘获发生时，必有外层电子去填补内层上的空位，并放射出具有子体特征的标识X射线。这一能量也可能传递给更外层的电子，使它成为自由电子发射出去，这个电子称作“俄歇电子”。

3. γ衰变和内变换

(1) γ衰变

处于激发态的核，通过放射出γ射线而跃迁到基态或较低能态的现象。γ射线的穿透力很强。γ射线在医学核物理技术等应用领域占有重要地位。

(2) 内变换

有时处于激发态的核可以不辐射γ射线回到基态或较低能态，而是将能量直接传给一个核外电子(主要是K层电子)，使该电子电离出去。这种现象被称为内变换，所放出的电子被称作内变换电子。

12.1.3 半衰期

半衰期是指放射性元素的原子核有半数发生衰变时所需要的时间。在生物医学研究中还常用到“生物半衰期”和“有效半衰期”。生物半衰期是指生物体内的放射性核素由于生物代谢过程从体内排出至原来一半所需要的时间；有效半衰期是指放射性核素由于放射性衰变和生化代谢过程共同作用减少到原来的一半所需要的时间。放射性元素的半衰期长短差别很大，短的远小于一秒，长的可达数十万年，甚至更久。放射性元素衰变的快慢是由原子核内部自身因素决定的，与外界的物理状态和化学状态无关。

12.1.4　放射性活度

放射性活度是指处于某一特定能态的放射性核在单位时间内的衰变数，用来度量和表示放射源的强弱。在给定的时刻处于一给定能态的一定量的某种放射性核素的活度A：

$$A=\mathrm{d}N/\mathrm{d}t$$

其中，$\mathrm{d}N$指在时间间隔$\mathrm{d}t$内该核素发生衰变的原子核数目的期望值。根据指数衰变规律可得放射性活度等于衰变常数乘以衰变核的数目。放射性活度亦遵从指数衰变规律。放射性活度的国际单位是贝可勒尔(Bq)，常用单位是居里(Ci)。由于有些放射性核一次衰变不止放出一个粒子或γ光子，因此，用放射探测器实验计数所得到的不是该核的放射性活度，还需利用放射性衰变的知识加以计算。

12.1.5　辐射剂量

辐射剂量学中常用的三种辐射量：照射量、吸收剂量和剂量当量。

1. 照射量

照射量是表示射线空间分布的辐射剂量，即在离放射源一定距离的物质受照射线的多少，以X射线或γ射线在空气中全部停留下来所产生的电荷量来表示，是用来衡量X射线和γ射线在空气中电离能力的物理量。照射量用X表示：

$$X=\mathrm{d}Q/\mathrm{d}m$$

其中，$\mathrm{d}Q$是指光子在质量为$\mathrm{d}m$的空气中释放出来的全部电子(负电子和正电子)在空气中完全被阻止时所产生的离子总电荷的绝对值。照射量的单位是库伦/千克(C/kg)，已废除的非法定专用单位是伦琴(R)，$1\ \mathrm{R}=2.58\times10^{-4}\ \mathrm{C/kg}$，1 R相当于在$1\ \mathrm{cm}^3$标准状况的空气(质量为0.001293 g)中产生的正、负离子电荷各为1个静电单位。

2. 吸收剂量

吸收剂量是用来表示在单位质量被照射物质中吸收电离辐射能量大小的一个物理量。吸收剂量用D来表示：

$$D=\frac{\mathrm{d}\bar{\varepsilon}}{\mathrm{d}m}$$

其中，$\mathrm{d}\bar{\varepsilon}$是电离辐射给予质量为$\mathrm{d}m$的受照物质的平均能量。吸收剂量的国际单位制单位是戈，符号为Gy。它的定义是质量1 kg的物质吸收1 J的辐射能量时的吸收剂量，1 Gy=1 J/kg。以前习惯使用的单位是拉德，符号为rad，1 Gy=100 rad。与照射量的情况不同，吸收剂量是一个适用于任何类型电离辐射和任何类型受照物质的辐射量。必须注意的是，在应用此量度时，要指明具体涉及的受照物质，例如空气、肌肉或者其他特定材料。

3. 剂量当量

为了比较不同类型辐射引起的不同生物学效应和统一表示各射线对机体的危害效应，在辐射防护中引入了一些系数，当吸收剂量乘上这些系数后形成一个新的物理量，就是我们说的剂量当量，用H表示，单位为希(Sv)，只限于防护中应用。它是指在要研究的对象组织中某处的吸收剂量、品质因数和其他一切修正因子的乘积：

$$H=DQN$$

其中，D是吸收剂量；Q是品质因数，在放射生物学中称为相对生物学效应系数，是表示吸收剂量的微观分布对危害的影响所用的系数；N是其他修正因子。剂量当量就是用来比较不同类型辐射照射所造成的生物学效应的严重程度，使各种辐射照射的危害程度在同一基础上进行比较。

一般来说，某一处吸收剂量所产生的生物学效应与辐射的类型、照射条件、剂量率大小、生物种类和个体差异等因素相关，因此相同的吸收剂量未必产生同样程度的生物学效应。

12.1.6　辐射的分类

按照辐射作用于物质时所产生的效应不同，辐射可以分为电离辐射与非电离辐射两类。

非电离辐射是指能量比较低，不能使物质原子或分子产生电离的辐射。非电离辐射包括低能量的电磁辐射，有紫外线、光线、红外线、微波及无线电波等。它们的能量不高，只会令物质内的粒子震动，温度上升。下面主要介绍电离辐射。

12.1.7　电离辐射

电离辐射是指携带足以使物质原子或分子中的电子成为自由态，从而使这些原子或分子发生电离现象的能量的辐射。包括宇宙射线、X射线和来自放射性物质的辐射。电离辐射的特点是波长短、频率高、能量高，可以从原子、分子或其他束缚状态中放出一个或几个电子。电离辐射是一切能引起物质电离的辐射的总称，其种类很多，高速带电粒子有α粒子、β粒子、质子，不带电粒子有中子以及X射线、γ射线。

1. 电离辐射的生物学效应

电离辐射的生物学效应有多种类型，就放射防护而言主要包括两种，即确定性效应和随机性效应，就效应出现的范围而言包括躯体效应和遗传效应。

① 确定性效应是指生物体受到大剂量照射，引起大量的细胞死亡或丢失，导致组织或器官功能失常或丧失，所观察到的严重程度与受照剂量成正比。确定性效应存在剂量阈值，大于该阈值才能发生。

② 随机性效应是一种没有剂量阈值的辐射效应，剂量再小也不能完全排除其发生的可能性，效应的严重程度与剂量大小没有关系。

③ 躯体效应是发生在被照射个体本身的生物学效应，可分为急性放射性损伤和慢性放射性损伤。短时间内接受一定剂量的照射，可引起机体的急性放射性损伤，平时见于核事故

和放射治疗病人；而较长时间内分散接受一定剂量的照射，可引起慢性放射性损伤，如皮肤损伤、造血障碍、白细胞减少、生育力受损等。

④ 遗传效应是指发生在受照者后代身上的辐射效应。辐射作用造成生殖细胞的DNA分子受损，并且将这种损伤信息传递给后代，后代身上有可能出现由于辐射效应带来的遗传疾病。

2. 电离辐射的危害

机体受到电离辐射后，其反应程度取决于电离辐射的种类、剂量、照射条件及机体的敏感性。电离辐射可引起放射病，它是机体的全身性反应，几乎所有器官、系统均发生病理改变，其中以神经系统、造血器官和消化系统的改变最为明显。过量的辐射还可以致癌和引起胎儿的畸形和死亡。

在接触电离辐射的工作中，如防护措施不当，违反操作规程，人体受照射的剂量超过一定限度，都能对机体造成伤害。

电离辐射发出的射线作用于人体的途径有两种：

① 外照射：辐射源在体外对人体产生照射，并在体内发生作用。α射线、β射线、γ射线、X射线都能产生外照射，照射量的大小与射线的种类和能量有关。α射线被认为不具有外部辐射危害，很少能穿透皮肤最表面的角质层；β射线大部分不能穿透皮肤，不造成严重的外损伤，但会对眼睛或皮肤有伤害，高能β射线可以穿透几毫米的表皮层，所以必须对外照射加以屏蔽来减少照射量；γ射线和X射线则对物体具有很强的穿透能力，是需要防护的主要对象。

② 内照射：辐射源通过静脉、皮肤、口腔或呼吸道进入人体内，对人体产生的照射。如果是出于医疗目的，利用射线杀死肿瘤细胞，这属于目的性的内照射，而如果是意外吞食、吸入被动进入人体内，就需要服药阻止其吸收，并加速其排出体外，以减少不必要的射线损伤。

3. 电离辐射的防护标准

我国现行的《电离辐射防护与辐射源安全基本标准》是根据六个国际组织（联合国粮农组织、国际原子能机构、国际劳工组织、经济合作与发展组织核能机构、泛美卫生组织和世界卫生组织）批准并联合发布的《国际电离辐射防护和辐射源安全基本安全标准》（国际原子能机构安全丛书115号，1996年版）进行修订的，其技术内容与上述国际组织标准等效。标准指出，一切带有辐射的实践和设施必须遵循以下原则。

① 实践的正当性：对于任何一项辐射照射实践，只有它给社会和人本身所带来的利益足以弥补其可能引起的辐射损害时，这样的实践才是正当的。

② 辐射防护的最优化：在实践确实是正当的前提下，任何必要的照射和受照射的可能性均保持在尽量低的水平。

③ 个人剂量限制：对个人正常照射加以限制，以确保各项获准实践的综合照射所致的个人总有效剂量与有关器官和组织的总当量剂量不超过防护标准中的相应剂量限值，使各获准实践的所有潜在照射所致的个人危险与正常照射剂量限值相应的健康危险处于同一数量级水平。

④ 公众有效剂量限值：根据《电离辐射防护与辐射源安全基本标准》规定，实践对公众

关键人群组成员产生的年平均有效剂量不得超过1 mSv;特殊情况下,如果5个连续年的年平均剂量不超过1 mSv,则某单一年份的有效剂量可提高到5 mSv。

⑤ 职业剂量限值:根据《电离辐射防护与辐射源安全基本标准》规定,工作人员职业照射剂量限值是连续5年内的平均有效剂量不超过20 mSv,任何一年中的有效剂量不超过50 mSv,眼晶体的年剂量当量不超过150 mSv,四肢或皮肤的年剂量当量不超过500 mSv。对于年龄为16~18岁接受涉及辐射照射就业培训的徒工和年龄为16~18岁在学习过程中需要使用放射源的学生,应控制其职业照射一年内有效剂量不超过6 mSv,眼晶体的年剂量当量不超过50 mSv,四肢或皮肤的年剂量当量不超过150 mSv;对于育龄妇女所接受的照射应严格按照职业照射的剂量限值予以控制,对于孕妇在孕期余下的时间内应保证腹部表面的剂量当量限值不超过2 mSv。

⑥ 应急照射限值:应急照射是异常照射的一种,指在发生核事故时或事后,为了营救遇险人员,防止事态扩大或其他应急情况而自愿接受的过量照射。受应急照射的应急工作人员分为三类:事故现场进行紧急行动的人员;执行早期防护行动和采取措施保护公众的人员;应急阶段结束后进行恢复作业的人员。除了救生行动(不太可能由剂量学评价来限制的)外,在控制事故及立即紧迫的补救工作中有效剂量不得超过0.5 Sv,皮肤的当量剂量不得超过5 Sv。一旦应急情况得以控制,补救工作就应作为实践中遇到的职业照射的一部分来处理。

4. 电离辐射防护的目的

① 防止确定性效应的发生,因确定性效应存在剂量阈值,所以保证工作人员的终身累积剂量当量不超过阈值,来防止确定性效应的发生。

② 减少随机性效应的发生率,随机性效应与剂量大小没有关系,使之达到可以接受的水平,使因人为原因引起的辐射所带来的各种恶性疾患发生率小到能被自然发生率的统计涨落所掩盖即可。

5. 电离辐射的防护方法

(1) 外照射防护

① 时间防护:对于相同条件下的照射,接触照射源时间越长,受到的照射剂量越大。因此减少接受照射的时间,可以明显减少吸收剂量,可以通过提高操作照射源的熟练程度,减少在辐射场所的时间。

② 距离防护:外照射剂量随着与放射源的距离增大而减小。因此,离放射源越远,所受到的照射剂量越小,加大与放射源的距离能够显著降低受照射剂量,实现距离防护的手段有长柄工具、机械手以及远距离自动控制装置等。

③ 屏蔽防护:在放射源与操作者之间加上一定厚度的屏蔽物,可以减弱或完全吸收射线的能量以达到防护的目的。不同的射线,其屏蔽方法是不同的。α射线的射程短,在空气中只有几厘米的射程,一张薄纸就可将其能量全部吸收,所以对α射线的防护只要做到穿好工作服,戴好防护手套,不直接接触放射源即可;β射线的电离密度一般比α射线小,穿透能力大得多,为了操作方便,一般多使用厚度为1.0~1.5 cm的透明有机玻璃板(密度约为1)进行屏蔽防护;γ射线的穿透能力很强,一般用作γ射线的屏蔽材料,为高原子序数的物质,如

铅砖、混凝土等。

(2) 内照射防护

根据内照射的定义,内照射防护就是防止放射性物质通过各种途径进入人体。一般来说,内照射具有更大的危害,因为放射物进入人体,除非被排出体外或自行衰变掉,否则人体组织将一直受到它的照射。

放射性物质进入人体的四种途径:

① 呼吸道吸入:放射性物质以气态、气溶胶或微小粉尘形式存在于空气中,经呼吸道黏膜或透过肺泡被吸收入血。

② 消化道进入:经过污染的手或饮用被污染的水、食物、药品等,或者通过食物链经消化道进入。

③ 皮肤或黏膜(包括伤口)侵入:皮肤创伤时,放射性物质通过伤口进入,吸收率较高,通过伤口或皮肤黏膜的渗透、吸收进入体内。

④ 完好皮肤侵入:某些放射性物质,比如氧化氚和碘的化合物甚至可通过完好的皮肤进入人体。

内照射防护措施涉及个人防护、安全操作、实验场所。

个人防护:

① 相关管理人员及实验人员要通过国家指定机构组织的辐射安全培训,合格后才能从事放射性工作。

② 上实验课的学生也必须经过实验室相关辐射知识培训,才能进入放射性实验室。

③ 实验人员在进入实验室时必须按照规定要求穿戴各类防护服、防护围裙、防护手套、防护面罩以及呼吸防护器具等;进入实验室开展实验需要佩戴个人剂量计,并要对个人剂量计进行定期检测。

④ 实验人员有严重疾病或外伤时,不能进入放射性实验室。

⑤ 禁止在放射性实验室内饮水、进食等,也不能存放此类物品。

⑥ 实验结束后离开放射性实验室前,应进行全身放射性物质沾污检测,合格后方可离开实验室。

⑦ 进入放射性实验室特别是污染区参观人员必须穿戴个人防护用品和外照射直读式个人剂量计。

安全操作:

① 凡是开瓶、分装放射性液体源、操作样品的蒸发、烘干或能产生放射性气体、气溶胶的物品时,都要在放射性实验室负压通风柜内进行。

② 易造成污染的操作步骤,应在铺有塑料或不锈钢等易去除污染的工作台面上或搪瓷盘内进行。尤其在操作液体放射性物质时,台面和搪瓷盘上应再铺上易吸水的纸或其他材料。操作中使用的器具应选用不易吸附放射性物质的材料。注射器、移液器、吸头等用后不得直接放在实验台上,严禁用口吸取溶液。

③ 操作中使用的存放放射性溶液的容器应由不易破裂的材料制成,如果所用容器容易破裂,则其外面应加一个能足以容纳其全部放射性溶液的不易破裂的桶套。

④ 进行加热或加压操作，必须有可靠的防止过热或超压的保护措施，必要时应采取双重保护措施。

⑤ 对难度大的实验操作，一定要做空白实验，以熟练技术，保证操作安全。

⑥ 盛有放射性物质的容器、各种包装袋必须贴上醒目的标签。

⑦ 操作放射性物质时，必须严格控制放射性污染。

实验场所：

① 实验室构建必须合理、科学、环保，必须悬挂明显的放射性标志和中文警示说明。

② 一般开放型放射性实验室按照危险程度大小实行分区布置和管理。实验室需要有良好的通风，排出到大气中的气体需经高效过滤器过滤。运送放射性物质的通道最好与实验人员通道分开。建筑物的结构材料除考虑一般的结构特性外，还应采用具有较好的耐辐射和屏蔽性能的材料。放射性工作场所的最大等效日操作量及分区有所不同(表12.1)。控制区与监督区之间需要划定边界，在控制区进出口及其他适当位置设立醒目的警告标志，并给出相应的辐射水平和污染水平的参考数值。按需要在控制区的入口处设置专用衣柜、监督设备等。实验前更换专用衣物、工作服、手套等，实验结束后，在控制区出口处脱下实验前更换的装备，并对个人辐射剂量进行检测，确认不存在任何污染后方可离开实验室。如有放射性污染，应在卫生通过间淋洗直至消除，并严禁将放射性污染带出实验室。

表12.1　放射性工作场所的最大等效日操作量及分区

工作场所级别	最大等效日操作量(Bg)	分区
甲级	$>4\times10^9$	污染区、控制区、监督区、清洁区
乙级	$2\times10^7\sim4\times10^9$	控制区、监督区、清洁区
丙级	豁免活度值以上$\sim2\times10^7$	监督区、清洁区

③ 放射性实验室内需配置监测仪器，在实验操作过程中随时检测污染程度。

④ 必须设置特制塑料袋、特制容器和防护屏，而且塑料袋应置于防护屏后，同时定期对监测仪器进行校正。

12.2　放射性污染的去除

在放射性实验室实验过程中，不可避免地会使一些实验用品沾染上放射性物质，同时也可能因操作不当导致放射性物质溅出事故。如何正确去除放射性污染是放射性实验室的一项重要工作。

12.2.1　放射性污染去除的定义

放射性污染去除也称放射性污染消除，是指将放射性物质的含量通过一定的手段降低至正常的、不会影响生物体正常生命活动的水平。

12.2.2　放射性表面污染的形成

放射性表面污染一般认为是由机械吸附、物理吸附或化学结合引起的。

① 机械吸附:因设备表面粗糙有裂缝、微孔等,使放射性物质机械地吸附或沉积。

② 物理吸附:由于静电吸附使微量放射性尘埃吸附在物体表面。

③ 化学结合:被污染物与放射性物质发生化学反应,使放射性物质与被污染物结合更加牢固。

12.2.3　放射性污染去污的原则

放射性污染去污的原则如下:

① 必须尽早清除,以免遗忘并减少被污染物体吸附。

② 防止污染面积扩大。

③ 不同的放射性污染物去污方法和去污剂不同,应使用恰当的去污方法和去污剂。

④ 去污后及时进行放射性检测,使污染低于放射性工作场所表面污染控制限值。

12.2.4　常用的放射性污染去除方法

放射性污染去除一般包括人体体表的去污和物体表面的去污。

1. 人体体表的去污

① 尽快用清水冲洗,然后用软毛刷加肥皂反复刷洗,直到放射性污染不超过允许水平,最好能清洗到本底水平。常用的去污剂有表面活性剂,如肥皂、洗衣粉等,1 mol/L 盐酸、10% EDTA、4.5% 亚硫酸钠溶液、6.5% 高锰酸钾溶液、5% 碳酸钠溶液、10% 氨水等。

② 常见放射性污染的去污方法:被 ^{131}I 或 ^{125}I 污染时,先用5% 亚硝酸钠溶液洗涤,再以10% 碘化钾或碘酸钠作为载体帮助去污;被 ^{32}P 污染时,一般不能用肥皂洗,因为 ^{32}P 能与肥皂中的某些金属形成难溶解的磷酸盐沉淀,反而不易洗脱。可以先用5%～10% 磷酸氢钠溶液洗涤,再以5% 枸橼酸溶液洗涤。

在对手和皮肤的清洗过程中不要用力过猛,尽量保护表皮角质层,以防渗透性增加。

2. 物体表面的去污

在放射性实验室进行实验时,由于实验的需要,一些实验用品受到放射性污染,在去污染时要注意两个方面:首先要及时去污,其次要尽量减少放射性废物的产生,一旦产生,要按照放射性废物处理办法进行处理(表12.2)。

表 12.2　实验室常用物品的去污方法

表面	去污剂	去污方法
衣服类	肥皂 1% 柠檬酸 3% 草酸	肥皂或洗涤剂浸泡，再用水漂洗，也可用1% 的柠檬酸水和3% 的草酸浸洗
		污染严重或不易去污的地方将其剪掉，并当作放射性固体废物处理
玻璃器皿和瓷制品	肥皂洗涤剂	先刷洗，再用水冲洗
	铬酸混合液、盐酸	先将器皿在3% 盐酸和10% 柠檬酸溶液中浸泡1 h，用水洗涤后，再在洗液中浸泡15 min，最后夹出用水冲洗
橡胶制品	肥皂、合成洗涤剂	一般洗涤
	稀硝酸	先刷洗，然后用水冲洗
金属器皿	肥皂洗涤剂 柠檬酸钠 EDTA 氢氧化钠	使用这些去污剂对金属器皿进行一般清洗，或者将金属器具放在超声波清洗机中清洗。用超声波清洗有缝隙、多孔性、光洁度要求高的被污染表面，尤其有效
	柠檬酸 稀硝酸	对于不锈钢器皿，先置于10% 的柠檬酸溶液中浸泡1 h，再用水冲洗，然后再在10% 的硝酸中浸泡2 h，用水洗涤

另外如果贵重仪器表面被放射性物质污染了，可以用枸橼酸、草酸、三聚磷酸钠或六偏磷酸钠溶液清洗。

3. 放射性表面污染的控制水平

放射性实验室去污染后要立即进行表面污染水平的检测，看是否达到或接近本底水平，在国家防护标准规定范围内的污染环境可以不必去污。放射性表面污染的控制水平如表12.3所示。

表 12.3　放射性表面污染的控制水平

表面类型		α放射性物质(Bq/cm^2)		β放射性物质(Bq/cm^2)
		极毒性	其他	
工作台、设备、墙壁、地面	控制区*	4	4×10	4×10
	监督区	4×10^{-1}	4	4
工作服、手套、工作鞋	控制区	4×10^{-1}	4×10^{-1}	4
	监督区	4×10^{-1}	4×10^{-1}	4
手、皮肤、内衣、工作袜		4×10^{-2}	4×10^{-2}	4×10^{-1}

* 该区内的高污染子区除外。

12.3　放射性废物的安全管理

12.3.1　放射性废物的定义

放射性废物是含有放射性核素或被放射性核素污染，其放射性浓度或比活度大于国家审核管理部门规定的清洁解控水平(管理部门规定的比活度浓度和(或)总活度表示的值，等于或低于该值时，辐射源可以不再受审管部门的管理控制)，并且预计不再利用的物质。

12.3.2　放射性废物的特点

放射性废物的特点如下：

① 含有放射性物质：它们的放射性不能用一般的物理、化学和生物方法消除，只能靠放射性核素自身的衰变而减少。

② 射线危害：放射性核素释放出的射线通过物质时发生电离和激发作用，给生物体带来辐射损伤。

③ 热能释放：放射性核素通过衰变放出能量，当废液中放射性核素含量较高时，这种能量的释放会导致废液的温度不断上升，甚至自行沸腾。

12.3.3　放射性废物的收集储存要求

放射性废物的收集要求：及时收集，防止流失；避免交叉污染；非放射性与放射性废物分类收集；短半衰期与长半衰期放射性废物分类收集；固体废物和液体废物分类收集；可燃性废物与非可燃性废物分类收集。

放射性废物的储存要求：在规定暂时储存期限内回收全部废物，确保不能流失，确保储存废物的容器完整性。

12.3.4　放射性废物的分级

放射性废物可以按其放射性活度水平或物理性态分级。

1. 按放射性废物的放射性活度水平分级

① 低水平的放射性废物：指那些在安全范围内，可直接排入环境的放射性废物。

② 中等水平的放射性废物：指经过稀释或去污后，可以排入环境的放射性废物。

③ 高水平的放射性废物：指那些放射性太强，以致不能安全排入环境，而只能在严格管

理条件下加以储存处理的放射性废物。

2. 按放射性废物物理性状分级

(1) 放射性气体废物

放射性气体废物按其放射性浓度水平分为不同的等级(放射性浓度以 Bq/m^3 或 Bq/L 表示)。

① 第Ⅰ级(低放射性废气):浓度小于或等于 4×10^7 Bq/m^3。

② 第Ⅱ级(中放射性废气):浓度大于 4×10^7 Bq/m^3。

(2) 放射性液体废物

放射性液体废物,按其放射性浓度水平分为不同的等级。

① 第Ⅰ级(低放射性废液):浓度小于或等于 4×10^6 Bq/L。

② 第Ⅱ级(中放射性废液):浓度大于 4×10^6 Bq/L,小于或等于 4×10^{10} Bq/L。

③ 第Ⅲ级(高放射性废液):浓度大于 4×10^{10} Bq/L。

(3) 放射性固体废物

放射性固体废物按其所含核素的半衰期长短和放射类型分为五种,然后按其放射性比活度水平分为不同的等级。

① 放射性固体废物中,半衰期大于30年的α放射性核素的放射性比活度在单个包装中大于 4×10^6 Bq/kg(对近地表处置设施,多个包装的平均α比活度大于 4×10^5 Bq/kg)的为α废物。

② 含有半衰期小于或等于60天(包括核素 ^{125}I)的放射性核素的废物,按其放射性比活度水平分为两级。

第Ⅰ级(低放射性废物):比活度小于或等于 4×10^6 Bq/kg。

第Ⅱ级(中放射性废物):比活度大于 4×10^6 Bq/kg。

③ 含有半衰期大于60天同时小于或等于5年(包括核素 ^{60}Co)的放射性核素的废物,按其放射性比活度水平分为两级。

第Ⅰ级(低放射性废物):比活度小于或等于 4×10^6 Bq/kg。

第Ⅱ级(中放射性废物):比活度大于 4×10^6 Bq/kg。

④ 含有半衰期大于5年同时小于或等于30年(包括核素 ^{137}Se)的放射性核素的废物,按其放射性比活度水平分为三级。

第Ⅰ级(低放射性废物):比活度小于或等于 4×10^6 Bq/kg。

第Ⅱ级(中放射性废物):比活度大于 4×10^6 Bq/kg、小于或等于 4×10^{11} Bq/kg,且释热率小于或等于 2 kW/m^3。

第Ⅲ级(高放射性废物):比活度大于 4×10^{11} Bq/kg,或释热率大于 2 kW/m^3。

⑤ 含有半衰期大于30年的放射性核素的废物(不包括α废物),按其放射性比活度水平分为三级。

第Ⅰ级(低放射性废物):比活度小于或等于 4×10^6 Bq/kg。

第Ⅱ级(中放射性废物):比活度大于 4×10^6 Bq/kg,且释热率小于或等于 2 kW/m^3。

第Ⅲ级(高放射性废物):比活度大于 4×10^{10} Bq/kg,且释热率大于 2 kW/m^3。

12.3.5　放射性废物的管理原则

放射性废物不恰当的管理会在现在或将来对人类健康和环境产生不利影响。国际原子能机构(IAEA)在放射性废物管理原则中提出了九条基本原则。

原则1:保护人类健康。放射性废物管理必须确保对人类健康的保护达到可接受水平,控制工作人员和公众受到的照射在国家相关标准规定的允许限值之内。

原则2:保护环境。放射性废物管理必须确保对环境影响达到可接受水平,放射性废物向环境的释放实际可达到最少。

原则3:超越国界的保护。放射性废物管理必须考虑超越国界的人员健康和环境的可能影响。在放射性废物正常释放、潜在释放或放射性核素越境转移的各种情况下,放射性废物管理要使对相关国家人体健康和环境的有害影响不大于对自己国内已经判定的可接受水平。

原则4:保护后代。必须保证对后代预期的健康影响不大于当今可接受的水平。

原则5:不给后代造成不适当的负担。必须保证不给后代造成不适当的负担,享受核能开发好处的人们应承担管好其产生废物的责任。有些活动的影响可能延续到后代,如废物处置,对处置设施应按规定进行监测和控制。对放射性废物的管理当代人有责任开发、建立基金体系进行有效控制和计划安排。

原则6:纳入国家法律框架。放射性废物管理必须在适当的国家法律框架内进行,明确划分责任和规定独立的审管职能。

原则7:控制放射性废物的产生。放射性废物管理遵从废物最小化原则,使放射性废物的体积和活度减少到可合理达到的尽可能少的原则。通过适当地设计、运行和退役,使放射性废物量和活度两者都尽可能最小。

原则8:放射性废物产生和管理间的相依性。必须重视放射性废物产生和管理各阶段间的相互依存关系,实施全过程管理。正确地识别各阶段间的相互作用和关系,使管理的安全和有效性得以平衡。

原则9:保证废物管理设施安全。必须保证放射性废物设施使用寿期内的安全。放射性废物管理设施在整个寿期内,应该有适当的质量保证、人员培训和资格认证,适当评估设施的安全及环境影响。

12.3.6　放射性废物的处置

在放射性实验操作过程中,产生的放射性废物应妥善处置。

1. 放射性固体废物的处置

在放射性实验操作过程中,产生的放射性固体废物,根据其半衰期长短及性质的不同有如下几种处理方法:

① 对于短半衰期污染的放射性废物,根据其性质不同,选用不同屏蔽方法,分别储存,

贴上标签，放置10个半衰期，经检测达到标准水平可以按一般废物处理。

② 对于长半衰期污染的放射性废物，可以使用焚烧处理，在具备焚烧放射性废物条件的焚化装置中进行，同时污染源中有病原体的放射性固体废物，必须先进行消毒灭菌。

③ 对于长半衰期且不可燃烧的放射性废物，可以采用深埋的方法，由专门机构集中处理。

④ 对于含有放射性核素的动物尸体，如果半衰期短，可以先浸泡福尔马林溶液，再按短半衰期废物处置。对于长半衰期污染的动物尸体，有条件的可以采用焚烧处理，如果没有条件，也可以先将尸体浸泡于福尔马林溶液中，或立刻用水泥固化，再做深埋处理。

⑤ 玻璃制品类放射性废弃物（注射器、碎玻璃等）应该首先装入硬壳容器中，然后再放入放射性废弃物桶。

2. 放射性液体废物的处置

放射性液体废物的排放必须获审管部门批准，且排放不超过审管部门认可的排放限值，常用的几种处理方法如下：

① 高放射性和中放射性废液

长半衰期的放射性废液可以采用蒸发浓缩、凝集沉淀、离子交换等方法减少体积，而后加水泥等固化剂固化，按放射性固体废物处理；短半衰期的高放射性废液，可以放置若干个半衰期后按低放射性废液处理。

② 低放射性废液

对于放射性物质日用量或年用量较大的单位，可以采取储存衰变方法处理。储存废液时间达到6～10个半衰期时，经检测并向审管部门申请，获批后直接排入流量大于10倍废液排放量的普通下水道中，而且应当用3倍于废液排放量的清洁水冲洗下水道。每次排放做好记录并存档。另外低放射性废液最好先排入衰变池，稀释并储存一段时间后，再向城市下水道排放。

3. 放射性气体废物的处置

在放射性实验操作过程中，可能产生放射性气体或气溶胶。所以对可能产生放射性气体的实验一定要在放射性实验室的通风柜中进行。放射性气体废物在排放前需要达到国家规定的排放标准，否则必须采取必要的过滤处理。

① 对于符合排放标准的放射性废气，可由一定高度的烟囱直接排入大气。

② 对于超过标准的放射性废气排入大气前，必须经过过滤装置处理，符合排放标准后，再由一定高度的烟囱排出。常用过滤材料包括滤纸、玻璃纤维、活性炭等，且过滤材料要定期更换，换下来的材料按放射性固体废物处理；也可以采用水洗使气体中的放射性物质溶解或沉淀在水中，所产生的废水和沉淀剂分别按照放射性废液和固体废物来处理。

12.4 放射性安全事故的应急处置

放射性安全事故是指核电站的堆芯熔化，放射性物质丢失、被盗、失控，或者放射性物质造成人员受到意外的异常照射或环境放射性污染的事件。

12.4.1　放射性安全事故的类型和分级

放射性安全事故的类型和分级如下：

1. 放射性安全事故的类型

放射性安全事故按其性质可以分为四类：核反应堆事故，放射源丢失事故，医疗照射事故以及放射性废物储存事故；按其影响范围可以分为两类：发生在放射性工作单位管辖区内部的事故和管辖区外部的事故。

2. 放射性安全事故的分级

《放射性同位素与射线装置安全和防护条例》（中华人民共和国国务院令第449号）第四十条规定：根据辐射事故的性质、严重程度、可控性和影响范围等因素，从重到轻将辐射事故分为特别重大辐射事故、重大辐射事故、较大辐射事故和一般辐射事故四个等级。

特别重大辐射事故，是指Ⅰ类、Ⅱ类放射源丢失、被盗、失控造成大范围严重辐射污染后果，或者放射性同位素和射线装置失控导致3人以上（含3人）急性死亡。

重大辐射事故，是指Ⅰ类、Ⅱ类放射源丢失、被盗、失控，或者放射性同位素和射线装置失控导致2人以下（含2人）急性死亡或者10人以上（含10人）急性重度放射病、局部器官残疾。

较大辐射事故，是指Ⅲ类放射源丢失、被盗、失控，或者放射性同位素和射线装置失控导致9人以下（含9人）急性重度放射病、局部器官残疾。

一般辐射事故，是指Ⅳ类、Ⅴ类放射源丢失、被盗、失控，或者放射性同位素和射线装置失控导致人员受到超过年剂量限值的照射。

12.4.2　放射性安全事故的特点

放射性安全事故的特点有以下几点：

1. 威胁健康

放射性事故带来的健康威胁极大，事故在发生的瞬间，会有大量放射性物质蔓延到周边空气中。随着放射性物质的扩散，极可能进入到生活区中，从而让人们吸入、食入或沾染到放射物。

2. 照射途径来源多样化

内照射和外照射都是引起放射性事故的原因，放射物通过饮食、空气吸入或者医疗照射和职业照射等方式进入到体内。

3. 引发恐慌

随着科技的普及，人们对放射性事故及放射性物质污染等的了解越来越多，渐渐认识到放射性事故的巨大危害。因此，人们对于放射性事故十分惧怕，一旦某地区有放射性事故发生,那么该地区附近的居民将惶恐不安。

4. 事故波及范围大、危害人群多、持续时间长

在放射性事故出现后,不仅对社会秩序造成极大冲击,而且呈现事故波及范围大、危害人群多、持续时间长等特点。

12.4.3 放射性事故的应急处置

一旦发生放射性安全事故,应立即启动应急响应预案,按照《放射事故管理规定》及时报告事故相关情况。

1. 事故的控制

应当采取合理可行的紧急及后续行动来控制缓解事故,以减小事故带来的严重后果,使设施中的放射源或辐射装置恢复到安全状态。例如在设施内发生放射性物质泄漏的情况下,可采取关闭设施的通排风系统,让放射性物质滞留在设施建筑物内,或者继续运行通排风系统,将放射性物质排放到大气中稀释扩散,并制定用于采取这些行动的实施办法。

2. 普通受伤人员

放射源和辐射技术应用设施的辐射事故应急状态,可能是由火灾或诸如地震等自然灾害引发的。在这些情况下,人员可能受到非辐射因素所致的普通严重伤害,必须组织对这些受伤人员进行急救。

3. 撤离和出入控制

立即告知事故区的所有人员并撤离无关人员,及时报告相关部门及负责人,应对撤离的房间或局部区域实施出入控制,直到采取事故控制缓解措施或进行场所去污,使其恢复到可以接受的安全状态之后,方可解除其出入控制。

4. 场所的去污清理

在放射性物质泄漏已经得到可靠控制的情况下,应当迅速安排进行场所去污,去污过程中,应对所产生的固态和液态废物进行适当分类收集,以便作进一步处理或处置。

5. 人员去污及对放射损伤人员的救治

对可能受放射性污染或者损伤的人员,应立即采取暂时隔离和应急救援措施,将脱下的被污染或怀疑被污染的衣物暂存,以便晚些时候做检测。如果发现较高水平的皮肤污染,则应在医疗和辐射防护人员指导下进行皮肤去污。对于受到或怀疑受到急性放射性损伤的人员,应迅速送往专门的辐射损伤医疗单位进行诊断或治疗。事故单位应向医疗单位提供就诊人员的个人剂量监测报告或估计结果以及他们的受照情况。

6. 应急辐射监测

放射性实验单位应在放射性事故应急计划中对应急辐射监测的方案和所用仪器仪表做出规定。这是必不可少的应急响应行动之一,为放射性事故的探查、评价以及制定事故控制缓解行动和紧急放射防护行动的决策提供依据。

参考文献

[1]　曹慧，张超，梁婷，等. 对高校放射性同位素实验室安全管理的探讨[J]. 科技创新与应用. 2018,21:193-194.

[2]　丁丽俐，马俊，薛亮.生物医学中的核技术[M]. 合肥：中国科学技术大学出版社,2010.

[3]　李恩敬，何平，张志强. 北京大学放射性同位素与射线装置全过程管理[J]. 辐射防护通讯,2013,33(6):27-30.

[4]　李恩敬，张志强. 加强高等学校实验室辐射安全与管理[J]. 实验室研究与探索.2010,29(12):181.

[5]　宁萍，许玉杰，张友久，等. 加强放射性实验室安全管理[J]. 辐射与安全,2011,20(2):217-218.

[6]　王梁燕，洪奇华，华跃进.放射性同位素实验室安全管理的几点思考[J]. 实验技术与管理.2013,1230(12):190-192.

第13章　实验动物伦理与安全

13.1　实验动物福利与伦理

13.1.1　实验动物福利

实验动物福利的概念来自动物福利，动物福利是指动物如何适应其所处的环境，满足其基本的自然需求，其基本原则是保证动物的康乐(well-being)。动物康乐是指动物自身感受的状态，包括使动物身体健康，体质健壮，行为正常，无心理的紧张、压抑和痛苦等。

1. 动物福利的五项基本要素(五大自由)

1967年，英国政府为回应社会诉求，成立"农场动物福利咨询委员会"。该委员会提出动物都会有渴求"转身、弄干身体、起立、躺下和伸展四肢"的自由，其后更确立动物福利的"五大自由"。按照现在国际上公认的说法，动物福利被普遍理解为五大自由 。

① 免受饥饿的自由(生理)：提供适当的清洁饮水与保持健康和精力所需要的食物，使动物不受饥渴之苦。

② 生活舒适的自由(环境)：提供适当的栖息场所，能够舒适地休息和睡眠，使动物不受困顿不适之苦。

③ 免受痛苦、伤害和疾病的自由(卫生)：做好防疫，预防疾病和给患病动物及时诊治，使动物不受疼痛、伤病之苦。

④ 免受恐惧和不安的自由(心理)：保证拥有良好的条件和处置(包括宰杀过程，安乐死)，使动物不受恐惧和精神上的痛苦。

⑤ 免受身体不适的自由，表达所有自然行为的自由(行为)：提供足够的空间、适当的设施以及与同类动物伙伴在一起，使动物能够自由表达正常的习性。

实验动物福利是指人类需保障实验动物适应其所处的环境，满足其健康、舒适、营养充足、安全、能够自由表达天性并且不受痛苦、恐惧和压力威胁等基本的健康自然需求。

必须意识到实验动物福利的重要性。首先是社会伦理需要："尊重生命，科学、合理、仁道地使用动物"，它们应该得到人类的尊重、照顾和感谢；其次是科学需要：实验动物福利是影响动物实验结果科学性和准确性的重要因素；再次是社会学需要：人类文明的标志；也是环境学需要：善待动物就是善待人类自身；也是经济学需要：经济发展的必然产物。

2. 在动物实验中保障实验动物福利的措施

具体措施如下：

① 减少实验中的应激因素：环境因素、噪音、追赶、抓取、戏弄、挑逗、刺激等。

② 建造接近动物自然生存的环境。

③ 为实验动物提供表达天性的自由。

④ 在实验中对实验动物施加爱护。

⑤ 了解实验动物的行为要求，与它们和谐相处。

⑥ 熟悉实验动物的生物学特性，进行正确的实验操作，减少动物不适和痛苦。

⑦ 正确的抓取与固定，让动物舒适、有安全感。

此外，在兼顾探索科学问题的同时，尽可能最大限度地满足动物维持生命、维持健康和保持舒适等方面的需求，要着力研究动物生活环境条件、动物的情感等实验动物福利的内容。提供实验动物维持生命延续的营养和生存条件，利用现代兽医学手段和合格的实验动物设施来保证动物健康，这些历来是实验动物学关注和研究的重点，但是对如何改善和提高动物的舒适度和康乐程度则被忽视。实验动物福利就是要让研究者重视后者的作用，并给予研究和提高。

3. 提倡实验动物福利要注意的地方

改善实验动物福利有利于提高科学实验的准确性和可重复性，当动物在康乐的福利条件下进行实验时，实验动物的作用得以最大限度地发挥。

重视实验动物福利，改进动物实验中与动物福利相违背的操作，使实验动物尽可能免遭不必要的痛苦。

在极端的“动物保护”与极端的“人类利益”之间找到平衡点。不是片面地保护动物，而应该在兼顾科学合理的利用实验动物的同时，充分考虑实验动物福利状况，并反对那些极端的实验手段和方式。

要特别注意的是某些西方国家的动物保护组织要求的“禁止动物实验”和“动物享有极端福利”，是不现实也是不可取的。提出实验动物福利问题，实际上是在饲养管理和实验过程中对实验动物的一种保护，强调的是对各种有害因素的控制和环境条件改善，并非那种禁止一切动物实验的极端“动物保护”。实验动物福利是在实验动物整个生命过程中对其实施保护的具体表现，其基本原则是为了保证实验动物的康乐。

此外，我们也要做到不反对开发、利用动物资源，不反对动物生产，因为合理的开发和利用动物资源有利于提高人类的福利；反对虐待动物，特别是在开发利用动物过程中使动物承受不必要的痛苦。人类在更好地、合理地、人道地利用动物的同时要兼顾动物的福利，即活着要舒服，死亡不能痛苦。

13.1.2　实验动物伦理

人类处理与实验动物相互关系时应遵循的道德和标准，就是实验动物伦理。

实验动物伦理的总原则是尊重生命，科学、合理、仁道地使用动物。

1. 3R原则

(1) 在实际应用中需要遵循3R原则

replacement(替代):指避免使用动物的方法,又分绝对替代和相对替代。绝对替代:用无生命体的方法代替动物实验,如计算机模拟。相对替代:用离体培养的细胞、组织、器官等替代动物。用进化程度低的低等脊椎动物替代高等脊椎动物。

reduction(减少):指在科学研究中,使用较少量的动物获取同样多的实验数据或使用一定数量的动物能获得更多实验数据的方法。科学合理的实验设计和数据分析方法,一体多用(合作)以质量代替数量,绝不可以用数量代替质量。但也要注意,减少动物使用数量是在尊重科学原则和技术规程的前提下进行的。

refinement(优化):指通过改进和完善实验程序,减轻或减少给动物造成的疼痛和不安,尽量降低非人道方法的使用频率或危害程度,改善动物福利的方法。进行动物实验时要使用良好的实验设计方案,注重新技术、新成果的应用。

3R原则不仅能指导动物实验,而且在伦理学上也有重要意义。

① 道义论的角度。道义论认为,对一个行动的对错的评价不能诉诸行动的后果,而是应该根据规定伦理义务的原则或规则。从道义论的角度出发,既然我们认为动物是有权利和道德地位的,那么,作为权利的主体,动物就拥有它们所应该拥有的权利,而人类则有义务确保它们拥有这样的权利。与此同时,为了尽量减少动物的痛苦,人类应该采用人道的方法在实验中使用动物、处死动物,使用动物的细胞、组织及器官达到减少动物用量的目的。这也正是3R原则所倡导的理念。在减轻动物痛苦的基础上,我们也应该尽量提供给动物以接近它们自然生活环境的条件,让它们能够在自然、平和的环境中生活。这样,我们不仅能在保持动物良好的状态下进行实验,对于实验结果来说,我们也能够得到更为准确的数据和效果。

② 后果论的角度。后果论认为,判断人的行动在伦理上对错的标准是该行动的后果。一个行动在伦理上是否正确,要看它的后果是什么,后果的好坏如何。在动物实验中推行3R理论,能尽量减少动物的痛苦,也能得到尽可能准确的实验结果。众所周知,在实验中,使用的动物质量越好,动物用得就越少,成本就会越低。而且,在动物实验过程中,提供给动物越好的生活条件,它们的心理、生理状态就会越好,这样,得出的实验结果就会越准确。那么,从这一点出发,在动物实验过程中,3R理论给我们带来的不仅是对动物的关怀,也会使实验数据更为可靠。

(2) 3R原则应用举例

① 为测定破伤风抗毒素效价,中国生物制品规程规定的小鼠试验法是将待检的抗毒素做数个稀释度,与毒素混合,作用1 h后,注射小鼠。连续观察5天,并记录发病和死亡情况。这种方法不仅费时费力,而且有接触毒素的危险,同时还需要使用大量的小鼠。为此,有学者建立了测定破伤风抗毒素效价的ELISA法。通过实验比较,结果表明在一定的毒素浓度范围内,两种方法均具有很好的线性关系。ELISA法具有快速简便的优点,尤其在用于大量样品的检测时更为突出。同时该法在破伤风类毒素免疫原性测定方面也是一个可选择的替代方法。

② 在教学实践中,一些特定的替代方法也是行之有效的,如利用电视录像和计算机进行

演示,替代过去需用动物进行的教学活动。将动物解剖、组织学等课程的教学内容事前录制下来,通过录像,学生们能够了解和掌握动物解剖特点,也可以达到教学目的,减少教学中动物的使用量。当然,对于外科手术等操作训练,停留于录像、示教是无法提高学生动手能力的,这类动物实验无法替代,但可以通过不断优化提高利用率,通过倡导福利原则减少动物的痛苦。

2. 动物实验伦理审查组织

(1) 国际实验动物评估和认可委员会

目前,全球规模较大的动物福利保护与推动组织之一是1965年成立的国际实验动物评估和认可委员会(Association for Assessment and Accreditation of Laboratory Animal Care, AAALAC)。它是一个私营的、非政府的公益性机构,通过自愿认证和评估计划,促进在研究、教学、测试中负责任地对待所用动物,以提高生命科学研究价值。全球已有近千家制药和生物技术公司、大学、医院和其他研究机构获得了AAALAC认证,展示了他们对"负责地护理和使用动物"的承诺。

(2) 动物使用与管理委员会

《实验动物护理和使用指南》(*Guide for the Care and Use of Laboratory Animals*)是在美国国家研究理事会主持下出版的,它类似于一个对实验动物福利、伦理等起着指导性作用的纲领性文件。根据《实验动物护理和使用指南》的规定:每所研究机构的最高负责人必须成立一个专门的机构——动物使用与管理委员会(Institutional Animal Care and Use Committee, IACUC),由其监督和评定研究机构有关动物的计划、操作程序和设施条件,确保研究机构在执行各项实验动物项目时,以人道的方式来管理及使用实验动物。

由IACUC负责审查动物实验研究以确保动物福利的观念已成为学术界的一种共识,随着近年来实验动物福利关注度的提高,以及国内科学研究水平与国际接轨程度的提高,越来越多的教育及科研机构开始采用IACUC审查制度来保障科研活动过程中的动物福利。

① IACUC的主要成员

a. 委员会主席:负责统筹安排整个机构动物福利相关事宜,负责监控动物福利保护法律法规落实情况,负责协调委员会与其他部门的关系,一般由职务较高者或者具有一定威望的内部人员担任。

b. 项目审核负责人(AP Manager):负责审核机构内所有项目申请书(animal protocol, AP)中试验设计和动物操作是否符合动物福利要求,并签署意见(是否准予执行)。

c. 项目审核委员:一般由4～5人组成,负责项目申请书的初审,并参与项目申请书的终审讨论。

d. 兽医:要求必须是受过动物医学专业训练的专门人才,并具有丰富的实验动物健康、疾病预防和治疗经验,可提供适当的医药管理措施而确保动物的健康福祉。兽医人数一般是2～3名,其中一个是国内外具有较高专业水平及声望的专家,能够提供有效的技术支撑,不负责具体事务。专职兽医负责日常动物福利巡查以及疾病防控和治疗。

e. 非研究人员:其主要兴趣为非科学研究范畴,对项目申请书提供非专业人员的意见,对项目的可行性提供参考意见。

f. 公众人士:在公众中享有一定号召力的人士,民众意见领袖人物,可将社会大众所关注之议题融入管理制度中，促进科学研究与社会大众需求的交流。

g. 研究人员(principal investigator，PI)：项目申请人或主要负责人，应积极参与IACUC的运作，可将其对执行科学研究之特殊需求提到委员会中进行讨论，并定期按照IACUC的要求进行汇报和整改，认真执行和维护动物福利。

h. 委员会秘书：负责管理项目申请书的收集、分发、审核、归档，并监督申请书执行情况和整改情况。负责召集委员会，并做好会议记录，对会议决议进行传达。负责协调委员会内部工作分工。

② IACUC的主要工作内容

a. 机构内部所有设施的日常运作和管理。

b. 向机构内所有实验室汇报动物设施和动物使用情况。

c. 每3个月召开一次会议，讨论设施使用情况，审批动物照料和使用标准方案。

d. 动物饲养管理工作人员以及实验人员的考核和培训。

(3) 伦理审查依据的基本原则

① 动物保护原则

审查动物实验的必要性，对实验目的、预期利益与造成动物的伤害、死亡进行综合评估。禁止无意义滥养、滥用、滥杀实验动物。制止没有科学意义和社会价值或不必要的动物实验；优化动物实验方案以保护实验动物特别是濒危动物物种，减少不必要的动物使用数量；在不影响实验结果科学性、可比性的情况下，采取动物替代方法，使用低等级动物替代高等级动物，用无脊椎动物替代脊椎动物，用组织细胞替代整体动物，用分子生物学、人工合成材料、计算机模拟等非动物实验方法替代动物实验。

② 动物福利原则

保证实验动物生存时包括运输中享有最基本的权利，享有免受饥渴、生活舒适自由的权利，享有良好的饲养和标准化的生活环境，各类实验动物管理要符合该类实验动物的操作技术规程。

③ 伦理原则

应充分考虑动物的利益，善待动物，防止或减少动物的应激、痛苦和伤害，尊重动物生命，制止针对动物的野蛮行为、采取痛苦最少的方法处置动物；实验动物项目要保证从业人员的安全；动物实验方法和目的应符合人类的道德伦理标准和国际惯例。

④ 综合性科学评估原则

a. 公正性：伦理委员会的审查工作应该保持独立、公正、科学、民主、透明、不泄密，不受政治、商业和自身利益的影响。

b. 必要性：各类实验动物的饲养和应用或处置必须以充分的理由为前提。

c. 利益平衡：以当代社会公认的道德伦理价值观，兼顾动物和人类利益；在全面、客观地评估动物所受的伤害和应用者由此可能获取的利益的基础上，负责任地出具实验动物或动物实验伦理审查报告。

(4) 项目申请书的提交和审核

负责开展动物实验项目的人员按照要求填写完成AP后，由课题组负责人审核并签字，将纸质版和电子版AP在IACUC会议召开前30日内提交到IACUC办公室。IACUC办公室将收到的AP分发给委员会成员，兽医和审核负责人在15日内完成AP的初步审核和修改。秘书将修改后的意见反馈给项目负责人，实验人员修改后将AP再次提交给IACUC办公室。IACUC召集所有人员进行会议审议每一份AP，并形成决议。秘书将评议结果反馈给课题组负责人和实验人员，要求按照决议进行修改，然后提交到办公室审核，给出最终决定。准予执行的AP将授予AP号码，并在IACUC秘书处存档。没有通过审批或需要做大量修改的AP需在下一次会议重新讨论。

① AP批准后动物实验方案审查

a. 审查的目的：发现动物实验中存在的问题，创建实验者与IACUC的交流平台，保障动物福利。

b. 审查人员：一般包括IACUC主席、委员、兽医和秘书。

c. 审查时间：不定时，一般在实验开始6个月后。

d. 审查项目：审查人员将批准后的AP上所列项目与实验室目前所开展项目进行比较。

② 动物实验过程审查的主要内容

a. 开展实验的所有人员有没有列在批准后的AP中。

b. 实验室开展的实验有没有列在批准后的AP中。

c. 实验室使用的麻醉剂、镇痛药、止痛药、抗生素或者其他用药有没有在批准后的AP中列明，有没有增加品种，有没有按照批准后的AP所写方法进行使用。

d. 有没有实行或者有没有记录批准后的AP中所列的促进动物福利的措施。

e. 存活性手术有没有在无菌(SPF)条件下进行。

f. 有没有采取安乐死的方法，安乐死方法与批准后的AP所列是否一致。

g. 实验室人员是否得到足够的训练来开展批准后的AP中所列的相关实验。

h. 动物日常护理，术后护理的文档是否记录完整。

i. 实验环境对人和(或)动物是否存在安全隐患。

j. 是否使用过期物品(如药物、试验试剂、缝线、灭菌用品等)。

此外，还有正在使用的设备是否准确，有没有及时校准以消除误差等。

③ 动物实验过程的审查方式

a. 兽医不定时去实验现场跟踪审查。

b. 实验人员PPT汇报，审查人员对照《AP考核项目列表》和AP进行审查。

c. 审查实验者的实验记录。

d. 审查实验者的笼位(繁殖笼和库存笼)、繁殖记录、动物领取记录、麻醉药和镇痛药的领取和使用情况。

④ 动物实验过程的审查流程

在实验开始6个月后由IACUC开展审查工作。首先确定要审查的AP名单，通知PI及项目负责人准备审查PPT，其次兽医审查各个AP麻醉剂、镇痛剂的领取情况，IACUC秘书统计AP使用笼位、动物领取记录，接着召开AP审查会议，IACUC委员审查，然后向PI及实验人员反馈审查结果，最终实验人员提交小修改或者大修改。

⑤ 动物实验过程的审查结果

a. 审核合格,实验继续进行。

b. 如果存在一些小问题,则责令提交小修改,实验继续进行。

c. 如果发现一些严重的问题,则将该AP所有实验暂停,AP所有人员门禁卡权限暂时关闭,责令提交大修改,审核通过后实验继续。

d. 如果发现严重违背了动物福利原则,责令其终止实验,重新提交AP。审查人员共同讨论并宣布审查结果。随后发送给PI书面版审查结果。审查结果保存至动物管理办公室IACUC秘书处进行存档。审查人员对需要修改的内容进行跟踪,查看是否得到落实。PI如果对审查结果有异议则可以通过邮件或者书面文件的形式向IACUC办公室进行申诉,在下一次的IACUC会议上该PI将被邀请参加并讲述其疑问,与委员会成员进行交流,最终由委员会投票表决其审查意见。

⑥ 动物实验过程的终结报告

a. 如果AP顺利按期完成了相关实验,应当及时提供AP完成报告,并终止该AP。

b. 如果到期后AP所涉及的实验并未能够完成,应当提前上交AP延期申请,以保证实验的延续性。

c. 如果在执行过程中发现课题设计存在风险或问题以及可行性不足,则及时提交AP中止申请。

3. 动物福利伦理监督

伦理委员会对批准的动物实验项目应进行日常的福利伦理监督检查,发现问题时应明确提出整改意见,严重者应立即作出暂停实验动物项目的决议。项目结束时,项目负责人应向伦理委员会提交上述AP终结报告,接受项目的伦理终结审查。

有下列情况之一的,不能通过伦理委员会的审查:

① 申请者的动物实验相关项目不接受或逃避伦理审查。

② 不提供足够举证的材料或申报审查的材料不全或不真实。

③ 缺少动物实验项目实施或动物伤害的客观理由和必要性。

④ 从事直接接触实验动物的生产、运输、研究和使用的人员未经过专业培训或明显违反实验动物福利伦理原则要求。

⑤ 实验动物的生产、运输、实验环境达不到相应等级的实验动物环境设施国家标准的;实验动物的饲料、笼具、垫料不合格。

⑥ 实验动物保种、繁殖、生产、供应、运输和经营中缺少规范从业人员道德伦理行为和维护动物福利的操作规程,或不按规范的操作规程进行的;虐待实验动物,造成实验动物不应有的应激、疾病和死亡。

⑦ 动物实验项目的设计或实施不科学。没有利用已有的数据对实验设计方案和实验指标进行优化;没有科学选用实验动物种类及品系、造模方式或动物模型以提高实验的成功率;没有采用可以充分利用动物的组织器官或用较少的动物获得更多的试验数据的方法;没有体现减少和替代实验动物使用的原则。

⑧ 动物实验项目的设计或实施中没有体现善待动物、关注动物生命,没有通过改进和

完善实验程序,减轻或减少动物的疼痛和痛苦,减少动物不必要的处死和处死的数量。在处死动物的方法上,没有选择更有效的减少或缩短动物痛苦的方法。

⑨ 活体解剖动物或手术时不采取麻醉方法;对实验动物的生和死处理采取违反道德伦理,使用一些极端的手段或会引起社会广泛伦理争议的动物实验。

⑩ 动物实验的方法和目的不符合我国传统的道德伦理标准或国际惯例或属于国家明令禁止的各类动物实验。动物实验的目的、结果与当代社会的期望、科学的道德伦理相违背的。

⑪ 对人类或任何动物均无实际利益并导致实验动物极端痛苦的各种动物实验。

⑫ 对有关动物实验新技术的使用缺少道德伦理控制,违背人类传统生殖伦理,把动物细胞导入人类胚胎或把人类细胞导入动物胚胎中培育杂交动物的各类实验;以及对人类尊严的亵渎、可能引发社会巨大的伦理冲突的其他动物实验。

⑬ 严重违反实验动物福利伦理审查原则的其他行为。

13.1.3　我国的实验动物福利伦理审查和监督

我国的实验动物福利伦理审查和监督主要是由各实验动物使用单位(包括高校、科研院所以及医药研发公司等)在国外经验的基础上自行开展实施。政府层面推进实验动物福利伦理审查和监督的工作较晚,直至2018年2月6日才发布了《实验动物　福利伦理审查指南》的国家标准GB/T 35892—2018,具体内容可在国家标准全文公开系统中查看(网址:http://openstd.samr.gov.cn/bzgk/gb/)。虽然我国在政府层面推进实验动物福利伦理审查和监督工作较晚,但近几年进步非常大,高校、科研院所及科技公司纷纷成立动物使用与管理委员会(IACUC),开展实验动物福利伦理审查和监督工作。

ICS 65.020.30
B 44

GB

中华人民共和国国家标准

GB/T 35892—2018

实验动物　福利伦理审查指南

Laboratory animal—Guideline for ethical review of animal welfare

2018-02-06 发布　　2018-09-01 实施

中华人民共和国国家质量监督检验检疫总局
中国国家标准化管理委员会　发布

图13.1 《实验动物　福利伦理审查指南》国家标准

13.2　实验动物常见人兽共患病

人兽共患病是自然条件下可以在人和其他动物之间直接相互传播的疾病。在人类所知的300多种传染病中，除10余种只感染人类外，其余均为人兽共患病。在实验动物的体表、体内以及饲养环境中存在着种类繁多的微生物和寄生虫。这些微生物和寄生虫对实验动物可以是致病性的、条件致病性的和非致病性的，有些可能是人兽共患病的病原体。

使用不合格的实验动物或被感染的动物进行实验，可能会引入各种人兽共患病。有的人兽共患病常以隐性感染的形式存在于动物体内，不表现任何临床体征和症状，因此容易被忽视，从而在繁育和实验中通过各种途径感染工作人员，如猴疱疹病毒、鼠出血热病毒等。动物自身携带这些病原体不被重视，而人被感染后得不到及时治疗会引起生命危险。

2021年6月30日，中国疾控中心和北京疾病预防控制中心的科研人员在《中国疾控中心周报》上报道了在中国发现的首例人感染猴B病毒病例。该猴B病毒病例发现于北京一家专门从事非人灵长类动物繁育和实验研究的机构，患者是一名兽医（53岁，男）。患者在2021年3月4日和6日解剖了两只死亡的猴子，一个月后出现恶心和呕吐，随后发烧并出现神经症状。患者在几家医院就诊，但最终于5月27日死亡，通过定量PCR的方法确定患者体内有猴B病毒。又如1967年，前联邦德国和南斯拉夫某研究所的31名研究人员，在接触从非洲乌干达引进的绿猴的血液和脏器时，发生不明原因的发热疾病，后从患者血液中分离出马尔堡（Marburg）病毒，最终导致7人死亡。1970～1984年间，日本22所医学教育单位的126名实验人员因与实验鼠接触而感染肾综合征出血热，最终1人死亡。1973年，美国一名实验者在使用地鼠研究癌症实验中感染淋巴细胞性脉络丛脑膜炎。前联邦德国曾在参与生物研究的工作人员中发生淋巴脉络丛脑膜炎的小范围流行，由于接触实验地鼠，15位实验者感染流感样淋巴细胞性脉络丛脑膜炎，病人表现出腮腺炎、脑膜炎和单侧睾丸炎的症状。2003年9月，新加坡国立大学环境卫生研究院实验室因实验程序不当，导致1名研究生感染非典型性肺炎（SARS）病毒。另外其他常见的人兽共患病如狂犬病（犬、猫、鼠等）、昆士兰热（Q热）（牛、羊等）、棘球绦虫（犬）等在普通级实验动物中的带菌（毒）（虫）率也很高。

目前我国有些普通级实验动物通常饲养在较为开放的饲养环境中，环境中可能经常有携带病原体的各种媒介昆虫及野鼠进入，导致把各种病原体传染（感染）给实验动物。例如淋巴细胞性脉络丛脑膜炎、肾综合征出血热、钩端螺旋体病、旋毛虫、弓形虫病等。另外，还有一些疾病如恙虫病、鼠疫、伤寒等传染病则由各种媒介昆虫传播，这些疾病都可传染给实验动物，再通过实验动物传染给人。

目前很多实验中使用的灵长类动物大多是野生的或经短期人工繁殖驯化的，其遗传背景、体内微生物携带状况不甚明确，而且灵长类动物携带人兽共患病病原的种类较多，对人类的威胁也最大。猴疱疹病毒（B病毒）在猕猴属（Macaca）猴类神经细胞中潜伏，在寒冷、运输或实验等刺激条件下口腔黏膜出现病变，病毒混进唾液里，当人被咬伤时就会遭受感染而产生鞘髓膜炎、脑炎以至死亡。猴疱疹病毒在我国云南猴中的带毒率曾达到60%。另外灵长类动物还易感染埃博拉病毒、结核杆菌等人兽共患病病原体，对人的威胁也相当大，其公共卫生学意义更加重要。

13.2.1　实验动物常见病毒性人兽共患病

实验动物常见病毒性人兽共患病举例如下：

1. 流行性出血热

由流行性出血热病毒(汉坦病毒)引起，带病毒的小型啮齿动物、包括野鼠及家鼠是传染源。病毒主要通过宿主动物咬伤人这种直接接触方式传播，此外也能通过宿主动物的血及唾液、尿、便接触伤口的方式传播，或通过革螨等体外寄生虫的方式传播。出血热潜伏期一般为2～3周。典型临床症状分为五期：发热期、低血压休克期、少尿期、多尿期及恢复期，发病期间肾功能受损，严重者呼吸循环衰竭导致死亡。

2. 淋巴细胞脉络丛脑膜炎

由淋巴细胞脉络丛脑膜炎病毒(LCMV)引起的急性传染病。带病毒的小型啮齿动物包括野鼠及家鼠是传染源，多呈隐性感染。与动物接触时通过呼吸道、消化道传播，以及吸血体外寄生虫传播。本病的临床症状有流行性感冒样症状，偶尔出现严重脑膜炎或脑膜脑脊髓炎等症状。

3. 狂犬病

由狂犬病毒所致的急性传染病，带病毒的犬、猫、狼、蝙蝠等动物是传染源。狂犬病毒主要通过咬伤或带毒唾液溅入眼结膜传播，人类和几乎所有的温血动物都容易被感染。从感染到发病前无症状的时间，多数为1～3个月，1周以内或1年以上极少。狂犬病潜伏期内无任何征兆，该时期内目前尚无可靠的诊断办法。狂犬病发病后的整个自然病程一般为7～10天。死因通常为咽肌痉挛而窒息或呼吸循环衰竭。

4. 猴B病毒病

猴B病毒是病毒性人兽共患传染病，属疱疹病毒科，在猿猴间自然感染，亚洲地区的猕猴是这种病毒的天然宿主。被感染的猿猴仅有单纯口腔疱疹，但人类如果被感染猿猴咬伤、抓伤，会引发猿猴B病毒症，潜伏期两天到1个月左右，受伤部分出现疱疹样水泡，且伴随麻痹及出现脑神经疾病，致死率高达七成以上，幸存者亦会因后遗症而残废。2021年6月30日，中国疾控中心和北京疾病预防控制中心的科研人员在《中国疾控中心周报》上报道了中国发现的首例人感染猴B病毒病例，患者最终死亡。这意味着猴B病毒可能对职业工作者，如灵长类动物兽医、动物护理人员和实验室研究人员等，构成潜在的人兽共患威胁。有必要在特定的无病原体恒河猴群体的发展过程中消除猴B病毒，并加强对中国实验猕猴和职业工作者的健康监测。

13.2.2　实验动物常见细菌性人兽共患病

实验动物常见细菌性人兽共患病举例如下：

1. 布氏杆菌

布氏杆菌病是布氏杆菌引起的人兽共患全身传染病。布氏杆菌是一类革兰氏阴性的短小杆菌，牛、羊、猪等动物最易感染，引起母畜传染性流产。人类接触带菌动物或食用病畜及其乳制品，均可被感染。布氏杆菌属又分为羊、牛、猪、鼠、绵羊及犬布氏杆菌6个种，20个生物型。中国流行的主要是羊(*Br. melitensis*)、牛(*Br. Bovis*)、猪(*Br. suis*)三种布氏杆菌，其中以羊布氏杆菌最为多见。大多数病人有急性感染表现。主要表现为波浪状发烧，发烧2～3周，继之1～2周无烧期，以后再发烧。常伴多汗、头痛、乏力、游走性关节痛(主要为大关节)。有时全身症状消退后，才出现局部症状。腰椎受累后，出现持续性腰背痛，伴肌肉痉挛，活动受限后，影响行走。常可产生坐骨神经痛，局部有压痛及叩痛，少数病人于髂窝处可扪及脓肿包块；也可产生硬膜外脓肿压迫脊髓及神经根，出现感觉、运动障碍或截瘫。同时可伴有肝、脾肿大，区域性淋巴结肿大等表现。慢性病人可伴有其他多处的关节病变。但大多数发生在腰椎，少数发生在胸椎、胸腰段、骶椎或骶髂关节者。男性病人可见睾丸肿大、睾丸炎症等表现。2010年12月，黑龙江省某高校的27名学生及1名教师因使用4只检疫未合格的山羊进行实验而感染布鲁氏菌病。2019年7～8月期间，兰州某生物药厂在兽用布鲁氏菌疫苗生产过程中使用过期消毒剂，致使生产发酵罐废气排放灭菌不彻底，导致携带含菌发酵液的废气形成含菌气溶胶，导致下风向的中国农业科学院兰州兽医研究所的大量学生和老师被感染，附近居民部分被感染，阳性人数达3245人。

2. 沙门氏菌病

沙门氏菌病的病原体是沙门氏菌，带菌动物是传染源，患病动物的尸体、带菌的粪便等污染环境、食物、饮水后，通过消化道感染传播。人类和豚鼠、小鼠、大鼠、猕猴等实验动物容易感染。典型症状包括发热、恶心、呕吐、腹泻及腹部绞痛等，通常在发热后72 h内会好转。婴儿、老年人、免疫功能低下的患者则可能因沙门氏菌进入血液而出现病情严重且危及生命的菌血症，少数还会合并脑膜炎或骨髓炎。

3. 结核杆菌病

结核杆菌病的病原体是结核分枝杆菌，其病理特点为在多种组织器官形成肉芽肿和干酪样、钙化结节病变。结核分枝杆菌在入侵部位形成原发性损害，由上皮细胞形成肉芽肿，这是机体对结核蛋白所表现的变态反应。大部分结核病病例在早期均无症状，有时体重下降、食欲不良、易疲劳、咳嗽、消瘦、贫血、体表淋巴结肿大。约50多种哺乳动物、25种禽类可患结核病。目前我国对啮齿类实验动物的微生物控制较为严格，基本不存在感染结核杆菌的可能。然而，从非人类灵长目动物的组织中分离到结核分枝杆菌的比例较高，要特别注意选择结核分枝杆菌阴性的非人类灵长目动物用于实验，以保护实验人员的安全。

13.3　动物实验事故预防与处理原则

动物实验人员和实验动物从业人员在日常工作中经常会接触到各种物理、化学和生物等有害因素，发生各种事故。为保护人员健康，必须了解动物实验工作中可能存在的安全风险，掌握安全防护措施。

13.3.1　物理因素

导致动物实验事故的物理因素一般有停电、火灾、放射线照射等。

1. 停电

实验动物设施停电会导致动物饲养笼盒通风停止，动物存在窒息可能；空调因停电停止运行导致设施内温度不受控制；风机停止运行导致无法形成正常的压力梯度，设施外空气有倒流入设施的可能，造成设施污染。采取的预防措施包括：实验动物设施在设计建造时应采用双路供电，当一路电源发生停电事故后，能迅速自动切换到另外一路电源。此外，实验动物设施应自备发电机组，用以应对长时间停电事故。对实验人员的要求如下：

① 动物房发生停电故障应立即通知保障部门组织抢修，并报告相关领导。

② 组织屏障动物房内实验人员立即停止操作，将动物放回笼架，防止动物逃逸。

③ 关闭所有实验设备电器开关，防止突然来电造成设备损坏。

④ 撤出屏障系统内所有人员，关闭所有区域的门，与应急处置无关的人员不得进入屏障系统。

⑤ 停电超过30 min，独立通风笼盒设备开启笼盒“生命窗”。

⑥ 恢复供电后检查动物房用电线路是否正常，确认无隐患后向各用电系统送电。

⑦ 送风恢复15 min后，管理人员进入屏障内检查各相关设备的运转情况，确认正常后向实验人员开放。

⑧ 做好相关应急处置情况记录。

2. 火灾

发生火灾是重大安全事故，首先应保证实验人员的安全。第一发现人发现火情后应立即上报。实验人员和管理人员应做到：

① 动物平台落实专人负责消防安全，做好日常设备检查维护工作，做好相应记录。每年举行一次消防演习。

② 动物设施一旦有火情发生，第一发现人应立即向动物平台管理人员报告。

③ 管理人员第一时间拨打119电话报警，并报告相关领导。

④ 管理人员应先切断着火点周围电源，并组织人员撤离，然后根据现场情况判断是否可以安排使用灭火器灭火。

⑤ 动物房内相关人员依据就近原则选择逃生路线。

⑥ 人员疏散完毕后，应立即关闭过火区域总门，切断楼层总电源。与火情处置无关人员不得进入。

⑦ 火情处置完毕后，检查动物设施用电线路是否正常，确认无隐患后向各用电系统送电。

⑧ 做好火灾现场后续清场、消毒处理工作，过火区域内动物不得继续用于实验，应予淘汰。

⑨ 做好相关应急处置情况记录。

3. 放射线照射

(1) 紫外线

紫外线照射消毒在超净工作台、传递窗、屏障环境的缓冲间、手术室、检疫隔离室等场所被广泛使用，当工作人员因不慎被紫外线较长时间照射，又缺乏相应防护时，会出现全身不适、食欲不振、头晕、四肢无力、甚至造成眼睛和皮肤灼伤等严重后果，也有致癌的风险。

安全使用紫外线消毒设备，要按以下要求进行操作：尽量不在有人时进行紫外线照射，必要开启时要控制使用时间，并做好个人防护，不要有裸露的身体表面，必须佩戴防紫外线眼镜。有些物品如橡胶类产品受到过多的紫外线照射就会老化，对类似易损物品和仪器在开启紫外线灯时应遮盖。

(2) 辐照仪

目前可以在动物设施中使用的辐照仪通常为X射线辐照仪，该仪器只在使用时产生X射线，关闭后无射线产生，比使用铯-137和钴-60等放射性同位素作为放射源的辐照仪要安全很多。然而从管理的角度必须强调：

① 凡是从事放射性工作的人员必须了解放射防护的基本知识，必须经过放射防护部门的考核合格后方可上岗。

② 做好工作人员的医疗监督，建立工作人员健康状况档案，特别要定期对其与放射病有关的生理指标进行检测，发现问题立刻停止接触放射性工作并进行及时治疗。

③ 坚决贯彻国家法规和各项规章制度，严守操作程序。

④ 做好个人防护。皮肤破损、血红蛋白和白细胞偏低或过高、慢性肝肾疾病及有某些器质性、功能性疾病的人不得从事放射性工作。

13.3.2 化学因素

导致动物实验事故的化学因素一般是化学消毒剂或实验药物防护不当。

1. 化学消毒剂

实验动物从业人员在使用常用化学消毒剂时，有引起咽喉炎、职业性哮喘的风险，特别是甲醛、过氧乙酸对人的皮肤、眼睛、呼吸道和胃肠道刺激非常大，甚至对免疫功能等也可以产生影响；环氧乙烷、乙醇和甲苯还能诱发细胞突变，并具有累积效应。

使用化学消毒剂时的防护措施：使用戊二醛消毒液时容器需加盖，室内应有良好的通风设备，工作人员操作时应戴橡胶手套、口罩。如不慎将化学消毒剂溅到皮肤或眼睛里，应立即用清水彻底冲洗。甲醛的使用：用甲醛对空气消毒时室内严禁人员进入，关好门窗，消毒后必须开窗通风24 h，将甲醛刺激气味降至最低。用甲醛熏蒸消毒物品时，应严格密封，防止气体泄漏；加取消毒物品时，应做好个人防护，操作准确，避免直接接触甲醛溶液。

2. 实验药物

实验药物的危害：某些药物，例如抗肿瘤药物，大多毒性较大，有些抗肿瘤药物治疗剂量和中毒剂量非常接近，对人体的肿瘤组织及正常组织均有抑制作用，实验动物会出现毒副反应，实验动物从业人员在接触抗癌药物时如不注意防护也会带来危害。特别是当粉剂安瓿打开时及瓶装药液抽取完毕拔出针头时，均可出现肉眼看不见的溢出，形成含有微粒的气溶胶或气雾，通过皮肤或呼吸道进入人体，危害实验人员并污染环境。

实验药物的防护措施：严格遵守操作规程，戴口罩、帽子、手套，如被药液污染应立即冲洗，把影响程度降至最低；废液瓶和注射器放入固定容器，及时焚烧。另外，剧毒品如氰化物、三氧化二砷、有机汞、有机磷等具有剧毒性，少量侵入人体即可造成死亡。所以对其要严格按操作规程进行保存、使用，一般实验室不应长期保存剧毒药物，实验完成后，剩余药物应及时将其交至保存中心保存。在实验室使用期间必须有两人共同保管，同时到场取用。对原有量和使用量进行准确记录。操作实验后，必须洗手，以免误食。有皮肤损伤者尽量不操作传染性和剧毒性药物。

13.3.3　生物性因素

动物实验从业人员在操作中不可避免地要接触各种动物的血液、体液或其他分泌物，这些都是最常见的、潜在的危险因素。我国每年报告法定传染病450余万例，其中多数可经呼吸道和血液等途径传播。实验动物可能携带的布氏杆菌病、结核杆菌病、流行性出血热和狂犬病等人兽共患病病原体是最常见的危险因素。

生物性危害的防护：接触各种动物的血液、体液、黏膜、破溃的皮肤、处理被污染的物品时一定要戴手套，操作完毕彻底洗手。严格执行无菌操作技术，执行严格的隔离制度，安全处理医疗垃圾等废弃物。

13.3.4　应急处理

面对动物实验事故时，实验人员和管理人员应当妥善处理。

1. 动物逃逸情况的应急处理

① 发现动物逃逸，实验人员应第一时间报告动物房管理人员。动物房管理人员应立即组织抓捕，并视动物逃逸数量决定是否上报实验动物中心主任及相关领导。

② 判断动物可能逃逸去向，由管理人员组织抓捕。进入屏障系统人员不能太多，以免破坏屏障系统内环境。

③ 抓回动物做淘汰处理，不可再用于实验。

④ 如未能找到逃逸动物，应做好各动物房饲养动物记录，防止逃逸动物混入。

⑤ 做好相关应急处置情况记录。

2. 动物爆发严重人兽共患传染病时的应急处理

① 出现不明原因动物群体性死亡或疑似患病症状时，应立即上报实验动物中心主任及相关管理部门。

② 状况发生区域划为隔离区，设置临时消毒点并采取相应措施与周边环境有效隔绝。

③ 严格控制该区域人流、物流流动，无关人员禁止进入。人员离开时经必要消毒程序，所有废弃物须严格消毒灭活处理。

④ 到过隔离区的人员1周内禁止进入其他实验动物饲养设施。

⑤ 组织兽医、动物检疫、遗传环境专家等专业人员对症状动物进行实验室病原体检测，确定该症状是否为人兽共患传染病感染，或者由环境或遗传因素导致。

⑥ 如确定为人兽共患传染病感染，隔离区域内所有动物应立即扑杀。采用特殊密封袋包装并立即运出动物尸体进行焚烧处理。

⑦ 相关密接人员接受医学检查和相关病原体监测，如检测阳性者应立即接受隔离治疗。

⑧ 按照有关规程对疫病发生区域实施彻底的环境消毒。

⑨ 加强对疫病发生周边区域的监控和管理，加强日常监测，杜绝疫情扩散。

⑩ 做好相关应急处置情况记录。

3. 动物伤人的应急处理

① 如发生动物伤人事件，应立即报告动物设施管理员，利用动物设施的急救品做止血、消毒处理。创口用20％的肥皂水或0.1％的新洁尔灭彻底清洗，再用清水洗净，再用2％～3％碘伏消毒。原则上不做包扎、缝合。伤势或应激反应严重者立即送医救治。

② 有出血状况者，应在1 h内到医务室就诊。根据伤人动物的种类、分级和健康状况确定是否接种破伤风或狂犬疫苗。

③ 隔离伤人动物，查明动物伤人原因，鉴别是否为实验动物疾病表征并上报平台管理部门。如确定为动物传染病表现，应按实验动物发生传染性疾病的应急处置方案处理。

④ 隔离咬人动物，防止咬伤同笼动物。

⑤ 对血迹进行清洁消毒。

⑥ 做好相关应急处置情况记录。

4. 玻璃器皿、注射针、刀片等刺伤或切割伤的应急处理

① 受伤人员立即按程序走出动物房，清洗双手和受伤部位，用酒精或碘伏消毒处理，出血严重者应送医治疗。

② 查明致伤器具是否含有药品或肿瘤细胞等，根据实际情况进行相应治疗。

③ 保留完整的原始记录。

5. 其他事故和人身伤害事件的紧急处置

① 其他意外事故包括高压灭菌锅爆炸、蒸汽泄漏、人员触电、烫伤等。

② 发生意外事故应立即关闭相应电源,在不加重伤害的前提下使受伤人员脱离伤害现场,终止持续伤害。

③ 利用动物房的急救品做止血、消毒处理。伤势严重者应立即送急诊治疗。

④ 发生重大事故应立即报告动物实验技术平台主任及相关领导。

⑤ 通知科研保障部门检测高压灭菌锅或漏电设备是否可以继续正常运行,无法正常运行的设备应由科研保障部门联系生产单位维修。

⑥ 做好相关应急处置情况记录。

参考文献

[1] 陈洪岩,夏长友,韩凌霞.实验动物学概论[M].长春:吉林人民出版社,2015.

[2] 贺争鸣,李根平,李冠民,等.实验动物福利与动物实验科学[M].北京:科学出版社,2011.

[3] 刘友平,朱照静,丁维俊,等.实验室管理与安全[M].北京:中国医药科技出版社,2014.

[4] 邵义祥,王禹斌,朱顺星,等.医学实验动物学教程[M].南京:东南大学出版社,2016.

[5] 中国国家标准化管理委员会.实验动物　福利伦理审查指南:GB/T 35892—2018[S].北京:中华人民共和国国家质量监督检验检疫总局,2018.

[6] National Research Council. Guide for the care and use of laboratory animals[M]. Washington DC: National Academy of Sciences. 2011.

第14章　个体防护与实验室安全事故应急处置

14.1　个人防护装备

个人防护装备是指在工作中实验人员为防御物理、化学、生物等外界因素伤害所穿戴、配备和使用的各种防护用品。个人防护装备可以避免或减少接触生物、物理、化学等材料的危害，被视为应对危害保障实验操作人员安全的最后屏障。实验室个体防护装备按涉及的防护部位分类，可分为头部防护装备、呼吸防护装备、面部防护装备、听力防护装备、手部防护装备、足部防护装备、躯体防护装备。在生物安全实验室中，个人防护装备主要是保护实验人员免于各种方式的感染性材料的暴露，避免实验室相关感染事件的发生。

14.1.1　躯体防护

躯体防护装备是用于保护实验人员躯干部位免受生物、化学和物理等有害因素伤害的防护装备，包括实验服(工作服)和各种功能的防护服(隔离衣、连体防护服、围裙、正压防护服等)。清洁的防护服应放置在专用存放处，污染的防护服应放到有标识的防泄漏容器中。每隔一定时间应更换防护服以确保清洁，当防护服已被危险物污染时应立即更换。

在实验室中需要穿工作服或者相应级别的防护服，以防止躯体皮肤受到各种伤害，同时避免日常着装受到污染。在离开实验室时必须脱下防护服，不得穿着已污染的防护服进入食堂、会议室、办公室等公共场所。禁止在实验室穿短袖衬衫、短裤或裙装。

防护服(俗称实验服)通常都是长袖、过膝，棉、麻材质，颜色多为白色。可以满足常规实验操作的防护要求。如果进行一些对身体伤害较大的危险性实验操作时，必须穿着专门的防护服。例如进行X射线相关操作时宜穿铅质的X射线防护服，在高等级生物安全实验室进行危险度高的病原微生物实验操作时需要穿着正压防护服。

隔离衣和连体防护服适用于接触大量血液或其他潜在感染性材料时使用，如病原微生物的实验操作等，一般在BSL-2和BSL-3实验室中使用。当有可能发生危险物质(血液或培养液等化学或生物危害物质)喷溅到操作人员身上时，应该在实验服或隔离衣外面再穿上塑料高颈保护的围裙。

1. 外层防护服

外层防护服为长袖背开式，穿着时应保证颈部和腕部扎紧。

外层防护服的穿戴和脱卸流程参考本书第11.4节。

穿脱隔离衣注意事项：

① 穿隔离衣前应准备好工作中的一切需用物品。

② 隔离衣长短合适，需完全遮盖内面工作服，并完好无损。

③ 穿隔离衣后，只限在规定区域内进行活动，不得进入清洁区。

④ 系领口时，勿使衣袖触及面部、衣领及工作帽。

⑤ 洗手时，隔离衣不得污染洗手设备。

⑥ 隔离衣应每日更换，如有潮湿或被污染，应立即更换。

⑦ 持隔离衣时，若在半污染区，不得露出污染面；若在污染区，不得露出清洁面。

2. 连体防护服

连体防护服为前开式，带拉链和密封胶条。

连体防护服的穿戴和脱卸流程参考本书第11.4节。

3. 正压防护服

正压防护服（图14.1）在BSL-4实验室污染区使用，它是阻断人员暴露于气溶胶、喷溅物以及意外接触等危险的直接的物理屏障。

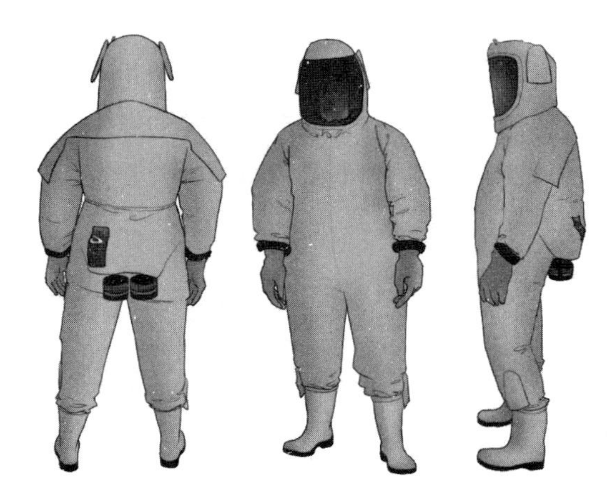

图14.1　正压防护服

正压防护服内气压相对周围环境为持续正压，且具有生命支持系统（超量清洁呼吸气体的正压供气装置）。

正压防护服的生命支持系统（内置式和外置式）一般在BSL-4实验室中使用（如操作埃博拉病毒等）。

14.1.2　眼睛防护

在实验中造成的眼部伤害及其后续影响远远超过其他伤害，因此眼部防护非常重要。实验操作人员必须佩戴防护眼镜，以防飞溅的液体、破碎的玻璃、激光、辐射等对眼部的伤害。

常用的眼部防护用品包括：护目镜、面罩（图例参考本书第11.4节）。

① 护目镜是一类有特殊作用的眼镜，根据使用场合的不同，需要的护目镜也不同，常见的护目镜有防化学溶液的护目镜、防固体碎屑的护目镜、防电弧护目镜、防激光护目镜、防射线护目镜等。佩戴隐形眼镜的实验人员应特别注意眼睛的保护，这是因为一旦发生危害眼睛的安全事故，往往由于疼痛和生理保护反应，导致不能立即取下隐形眼镜，加重伤害程度，因此佩戴隐形眼镜时必须佩戴护目镜。护目镜应该戴在常规视力矫正眼镜或隐形眼镜的外面。

② 面罩（面具）是采用防碎塑料制成，形状与脸型匹配，通过头戴或帽子佩戴。用来保护面部和颈部免受飞来的金属碎屑、有害气体、液体喷溅、金属和高温溶剂飞沫伤害的用具。

14.1.3 手部防护

手是我们进行实验操作，接触各种化学试剂、仪器设备的部位，如果没有给予适当的保护，是最容易受到伤害的。例如接触腐蚀性化学试剂导致的皮肤损伤，接触高速旋转机器带来的切割损伤，接触高温、低温设备导致的烫、冻损伤，有机溶剂和感染性物质通过手部沾染造成中毒和感染。

手部防护装备是保护手部和前臂免受伤害的防护装备，成为实验人员和危险物之间的初级保护屏障。在实验室工作时应佩戴好手部防护装备以避免化学品、微生物、放射性物质的伤害和烧伤、烫伤、冻伤、切割、划伤、擦伤、电击等伤害的发生。

手部防护装备主要是各种防护手套和袖套等，在实验过程中，应根据所从事实验的性质选择适当的手套，以达到有效保护实验人员手部的目的。

1. 实验室常用的防护手套种类

(1) 一次性手套

用于对手部伤害风险较低，而对手指敏感度要求高的实验场合，常见的有一次性PE手套、乳胶手套、丁腈手套。

(2) 防割手套

用于接触、使用锋利物品或组装、拆卸玻璃仪器装置时，防止手部被割伤，这类手套的材质为杜邦Kevlar材料、钢丝、织物或坚韧的合成纱。

(3) 隔热手套

进行高温操作时佩戴以防手部烫伤。如拿取热的溶液或从烘箱、马弗炉中取出灼热的药品、器物时，需要佩戴隔热效果良好的隔热手套。这类手套一般是纱线绒布、特殊合成涂层、厚皮革制成。

(4) 低温防护手套

用于低温环境下的实验操作以防手部冻伤。如接触液氮、干冰等制冷剂或超低温冰箱拿取实验材料和药品时，需要佩戴低温防护手套。

(5) 化学防护手套

在实验室中操作危险化学品或手部可能要接触危险化学品时，应佩戴化学防护手套。不同材质的化学防护手套只能防护某些或某类危险化学品，因此实验操作人员应根据所需处理化学品的危险特性选择最适合的防护手套。如果选择不当,则起不到防护作用。化学防护手套常见的材质有天然橡胶、氯丁橡胶、聚氯乙烯、聚乙烯醇、腈类等。它们的性能和应用范围如下:

① 天然橡胶(乳胶)手套:弹性好,佩戴舒适感强。可抗轻度磨损但易分解和老化。对酸、碱、无机盐溶液的防护性能较好。但对有机溶剂,特别是苯、甲苯等芳香簇化合物和四氢呋喃、四氯化碳等防护性较差。

② 氯丁橡胶手套:与天然橡胶的舒适度相似,耐磨性不如天然橡胶和丁腈橡胶。耐切割、刺穿。对酸类(包括浓硫酸等)、碱类、酮类、酯类防护性较好,对芳香簇有机溶剂和卤代烷防护性很差。

③ 聚氯乙烯(PVC)手套:耐磨性能良好但易被割破或刺破。对强酸、强碱、无机盐溶液防护性良好,对酮类、苯、甲苯、二氯甲烷等有机溶剂防护性较差。

④ 聚乙烯醇(PVA)手套:耐磨损、切割和刺穿,结实。遇水、乙醇会溶解。对脂肪簇、苯、甲苯等芳香簇化合物、三氯甲烷等氯化试剂、醚类、除丙酮之外的大部分酮类,均有良好的防护性能,对无机酸、碱、盐溶液和含乙醇的体系的防护性较差。

⑤ 腈类手套:常用的丁腈手套,有一次性、中型无衬、轻型有衬等形式。对酸、碱、无机盐溶液、油、酯类以及四氯化碳和氯仿等溶剂的防护性良好,对很多酮类、苯、二氯甲烷等防护性较差。

2. 防护手套选择与使用中的注意事项

防护手套的选择:在实验室里接触强酸、强碱、有机溶剂、高温物体、超低温物体、生物危害物质时,都必须选用并佩戴材质合适的防护手套。如果选择错误,则起不到保护作用或者导致操作不便。

防护手套的检查与使用:佩戴前应仔细检查所用手套(尤其是指缝处),确保其完好,未老化、无破损(穿孔)和裂缝。生物学实验室根据实验室生物安全等级要求需要佩戴一副或者两副手套,如果外层手套被实验材料污染,应立即将其脱下丢弃并按照规范处理,再换上新手套继续实验。常规实验室使用手套时如果发现破损或被污染应立即更换并按照规范处理。一次性手套不得重复使用,不得戴着手套离开实验室。

避免手套"交叉污染":如果在实验中需要使用电话、接触门把手、洗手池等公共物品时,或者触摸鼻孔、面部、眼镜、鼠标、键盘等,都必须摘下手套,继续实验时再重新佩戴手套。如果手套破损,应先对手部进行清洁、去污染,再戴上新手套。

生物学实验室防护手套的穿脱方法参考本书第11.4节。

14.1.4　足部防护

足部防护装备主要是各种防护鞋、靴,用来保护穿用者的小腿及足部免受物理、化学、生物等危害因子的伤害。当实验室中存在物理、化学、生物等危险因子的情况下,穿着合适的鞋和鞋套或靴套,可以保护实验人员足部免受伤害,避免化学品对鞋袜的腐蚀,减少血液和其他感染性物质喷溅造成的污染。在生物安全实验室特别是在BSL-3和BSL-4实验室要求穿着专用鞋。

禁止在实验室穿凉鞋、拖鞋、高跟鞋、露趾鞋和机织物鞋面的鞋,特别是化学、生物和机电类实验室。推荐使用皮制或合成材料的不渗液体的鞋,防水、防滑的一次性鞋子或橡胶靴子等足部防护装备。鞋套和靴套不得穿离实验室区域,使用完毕后应及时脱掉并规范处置。

14.1.5 呼吸道防护

呼吸道防护装备是用来防御缺氧环境或空气中有毒、有害物质进入人体呼吸道,从而保护呼吸系统免受伤害的防护用品,是防止职业危害的最后一道屏障。正确的选择和使用呼吸防护装备是防止发生实验室恶性事故的重要保障。

根据结构和工作原理的不同,呼吸道防护装备可分为过滤式和隔绝式两大类。

1. 过滤式呼吸防护装备

过滤式呼吸防护装备是根据过滤吸收的原理,以佩戴者自身呼吸为动力,通过净化部件的吸附、吸收、催化或过滤等作用,除去吸入的环境空气中的有毒、有害物质,将受污染的空气变成清洁空气供使用者呼吸的防护装备。典型的过滤式呼吸防护装备有防尘口罩、防毒口罩和过滤式防毒面罩。过滤式呼吸防护装备适用于不缺氧的环境和低浓度毒污染的环境。

根据所使用的化学试剂性质的不同,防毒口罩和过滤式防毒面罩所使用的化学过滤元件也不同,要根据需要进行正确选择。不同型号的化学过滤元件,有的可过滤某些有机蒸气,有的防碱性气体(如氨气),有的防酸性气体(如二氧化硫、氯气、硫化氢、氟化氢等),有的防特殊化学气体或蒸气(如氯气、甲醛、汞)。

实验室常用的过滤式呼吸装备有下面几种:

(1) 防尘口罩

主要是以纱布、无防布、超细纤维材料等为核心过滤材料的过滤式呼吸防护用品,用于滤除空气中的颗粒状有毒、有害物质,但对于有毒、有害气体和蒸气无防护效果。其中,不含超细纤维材料的普通防尘口罩只有防护较大颗粒灰尘的作用,含超细纤维材料的防尘口罩除可以防护较大颗粒灰尘外,还可以防护粒径更细微的各种有毒、有害气溶胶。

防尘口罩的形式很多,根据形状可分为半面罩型、全面罩型、平面型、杯型、鸭嘴型等。

(2) 防毒口罩

它是以超细纤维材料和活性纤维等吸附材料为核心过滤材料的过滤式呼吸防护用品。其中超细纤维材料用于滤除空气中的颗粒状物质,包括有毒、有害气溶胶,活性炭、活性纤维等吸附材料用于滤除有毒、有害蒸气和气体。与防尘口罩相比,防毒口罩既可以滤除空气中的大颗粒灰尘、气溶胶,同时对有害气体和蒸气也具有一定的过滤作用。

防毒口罩的形式主要为半面式,此外也有口罩式。

(3) 医用口罩

包括医用外科口罩、医用防护口罩和生物防护口罩。其中医用外科口罩防护性能最差,生物防护口罩防护性能最好,差异体现在对微生物气溶胶的滤除净化效果和佩戴者的适配性。在BSL-1和BSL-2实验室处理或操作普通实验材料时，佩戴医用外科口罩即可。在BSL-2实验室中处理三类危险度病原微生物或未知样本时，应该佩戴生物防护口罩，并在生物安全柜内进行相关操作。

(4) 防毒面罩

过滤式防毒面罩用于对人员的呼吸器官、眼睛及面部皮肤提供有效防护。防毒面罩有半面罩(图14.2)和全面罩两种。实验室普遍使用的是半面罩防毒面罩。不同类型防毒面罩的基本结构和防毒原理相同，都是由滤毒罐、面具和面具带组成。

图14.2　过滤式防毒面罩(半面罩)

当发生紧急事故的时候，在短时间内如果周围空气中有足够的氧气，则可不必配用笨重的自给式呼吸防护装备，选择使用过滤式防毒面罩，就可以有效滤除来自空气中的化学毒气或其他有害物质，并能保护眼睛和头部皮肤免受化学毒剂伤害。

2. 隔绝式呼吸防护装备

隔绝式呼吸防护装备是使使用者的呼吸器官、眼睛和面部与外界受污染空气隔绝，依靠携带的气源或靠导气管导入受污染环境以外的洁净空气而非经净化的现场空气为气源供气，从而保障使用者能够正常呼吸的防护用品。

当周围环境氧气含量<18%，或者有毒、有害物质浓度>1%，或者有毒、有害物质不能被过滤式呼吸防护装备的过滤元件滤除时，就不能使用过滤式呼吸防护装备，必须使用隔绝式呼吸防护装备。

隔绝式呼吸防护装备有以下几种方式：

(1) 生氧式空气呼吸器

又称自给式空气呼吸器，主要由面罩、生氧罐、呼吸软管和气囊四部分组成(图14.3)。使用时，面罩、生氧罐、呼吸软管与气囊共同构成一个与外界隔绝的自循环呼吸回路，呼出的低氧气含量(17%左右)、高二氧化碳含量(4.5%左右)的气体通过呼吸面罩的单向出气口进入生氧罐。在生氧罐内，呼出气体中的二氧化碳与生氧剂(超氧化钾、超氧化钠、过氧化钾、过氧化钠等)发生化学反应产生氧气。当呼出气体从生氧罐经呼吸软管流入气囊时已转变成“新鲜空气”。经呼吸软管进入气囊缓冲、混合、调温后储存在气囊中，人体吸气时产生负压，“新鲜空气”从呼吸软管流回面罩内，完成一次空气循环再生，并依次往复循环下去，连续不断地提供人体呼吸所需的“新鲜空气”。

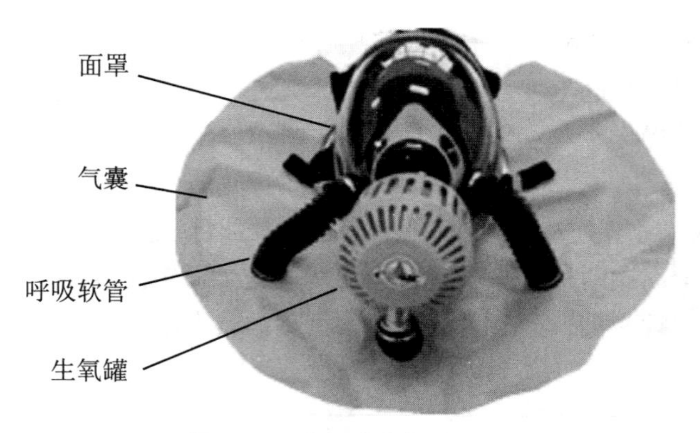

图 14.3　生氧式空气呼吸器

(2) 供气式空气呼吸器

包括长管式呼吸器和动力送风式呼吸器。长管式呼吸器的突出特点是具有较长的导气管,可与移动供气源、移动空气净化站等配合使用,主要采用压缩空气钢瓶作为气源,也有的采用过滤空气为气源。动力送风式呼吸器主要采用动力送风与空气过滤相结合的方式为使用者提供气源。动力送风的优点是可降低呼吸阻力,同时可以在面罩内形成一定的正压,提高使用的舒适性及防护的安全性。

(3) 携气式空气呼吸器

包括氧气呼吸器和空气呼吸器。氧气呼吸器是以压缩气体钢瓶为气源,钢瓶中盛装压缩氧气。闭路式氧气呼吸器在使用时,打开气瓶开关,氧气经减压器、供气阀进入呼吸仓,再通过呼吸软管、供气阀进入面罩供人员呼吸,呼出的废气经呼气阀、呼吸软管进入洁净罐,去除二氧化碳后也进入呼吸仓,与钢瓶所提供的新鲜氧气混合供循环呼吸。由于在二氧化碳的滤除过程中,发生的化学反应会放出较高的热量,为保证呼吸的舒适度,有些呼吸器在气路中设置有冷却罐、降温盒等气体降温装置。空气呼吸器是以压缩气体钢瓶为气源,钢瓶中盛装压缩空气。正压式空气呼吸器在使用时,打开气瓶阀门,空气经减压器、供气阀、导气管进入面罩供人员呼吸,呼出的废气直接经呼气活门排出,结构比氧气呼吸器简单。

14.2　通用防护装备

14.2.1　急救药箱

急救药箱是实验室常备的安全装备,能在发生人身伤害事故时,第一时间给予受害者简单的初期应急处理。急救药箱内常备的药品和器械有酒精棉片、脱脂棉球、无菌敷贴、无菌眼垫、清洁湿巾、创可贴、医用纱布、弹力绷带、三角绷带、止血带、透气胶带、烧伤敷料、人工合成愈合膜、呼吸面罩、一次性医用手套、急救毯、医用冰袋、安全别针、敷料镊子、圆头剪刀、哨子、手电筒、洗眼液、碘伏消毒液、硼酸洗液、2%碳酸氢钠溶液、3%双氧水、凡士林等。急救药箱内的物品应定期检查,及时更新,确保配备的所有药品和用品都在有效期内。急救药箱常备的药品、器械用途说明见表14.1。

表14.1　急救药箱常备的药品、器械用途说明

物品	用途
酒精棉片	皮肤、创口擦拭消毒和物体表面擦拭消毒
碘伏棉棒	皮肤较小的破损、擦伤、割伤、烫伤等浅层皮肤创面的消毒杀菌
脱脂棉球	蘸取消毒剂对皮肤表面消毒或清创
无菌敷贴	清创后外伤创口保护
无菌眼垫	受伤眼睛包扎敷贴
清洁湿巾	日常护理,吸收污垢微粒,有效去除面部及手部油污
创可贴	小创伤、擦伤等患处的外敷止血、护创
医用纱布	局部伤口的清洁、止血、包扎等
弹力绷带	供外伤包扎使用,起固定敷料的作用
三角绷带	吊带或包扎,具有防护、隔离、托撑等功能
止血带	止血
透气胶带	固定和保持敷料、绷带等需要经常更换的医疗用品
烧伤敷料	烧伤、烫伤、创伤等的包扎和医疗护理
人工合成愈合膜	促进伤口愈合
呼吸面罩	人工呼吸时防止交叉感染
一次性医用手套	检查防护,避免伤口感染或交叉感染
急救毯	保暖、防潮、保持体温或作急救信号
医用冰袋	人体物理降温及扭伤、轻度烫伤等医疗保健
安全别针	固定绷带
敷料镊子	夹取敷料物品,防止交叉感染
圆头剪刀	用于剪开伤者伤口处衣裤或纱布绷带等敷料
哨子	呼叫求救
手电筒	照明
洗眼液	眼部清洁护理
2%碳酸氢钠溶液	酸灼伤皮肤的淋洗
硼酸洗液	碱灼伤皮肤的淋洗
3%双氧水	皮肤表面清洗抑菌
凡士林	灼伤或烫伤时,滋润皮肤促进伤口愈合,降低感染风险

14.2.2　紧急洗眼喷淋装置

洗眼器和紧急洗眼喷淋装置是实验室标配的防护装备。实验操作过程中,经常要用到腐蚀性化学品和有毒化学品,人的皮肤和眼睛对腐蚀性化学品非常敏感,而很多有毒化学品可以通过皮肤吸收进入人体造成伤害。通常情况下,只要皮肤直接接触到化学品,就必须马上用大量清水冲洗。如果皮肤受损面较小,则直接通过水龙头或手持软管冲洗,当大量化学品溅洒到身上时,可先用紧急喷淋装置进行全身喷淋,必要时尽快到医院治疗。当眼睛受到化学危险品伤害时,可先用洗眼器对眼睛进行紧急冲洗,严重时尽快去医院治疗。

实验室应该按要求配备洗眼器,并在实验室楼道配备紧急洗眼喷淋装置。

1. 洗眼器的使用方法

洗眼器(图14.4)可用于眼部、面部紧急冲洗。使用时,握住洗眼器手推阀拉起洗眼器,打开洗眼器防尘盖,用手轻推手推阀,清洁水会自动从洗眼喷头喷出来。用后须将手推阀复位,并将防尘盖复位。

图14.4　洗眼器

2. 紧急洗眼喷淋装置使用方法

位置:正常人员到应急装置的时间不超过10 s,相当于距离危险物品操作地点16.8 m。

紧急洗眼喷淋装置(图14.5)有洗眼器和喷淋器两套装置,既可用于眼部、面部紧急冲洗,也可用于全身淋洗,其中洗眼器的使用方式与室内的相同。使用喷淋器时,要站在喷头下方,拉下阀门拉手,清洁水会自动从喷头喷出。喷淋之后立即上推阀门拉手关闭喷淋装置。

3. 洗眼器和紧急洗眼喷淋装置的使用注意事项

① 为了防止水管内水质腐化或阀门失灵,应定期对洗眼器和紧急洗眼喷淋器进行启动试水,每两周启动一次,出水约10 s即可,同时查看是否正常,发现故障及时修理。

② 保持洗眼器的清洁,经常进行擦拭,平时应该将防尘盖盖在喷头上面,以保证洗眼器的喷头不会污染。

③ 洗眼器和紧急洗眼喷淋装置用于紧急情况下,暂时缓解有害物质对眼睛和身体的进一步侵害,不能代替医学治疗,冲洗后情况较严重的必须尽快到医院进行治疗。

④ 洗眼器和紧急洗眼喷淋装置都是应急装置,因此要时刻保持周围无障碍物,同时要确保通往紧急喷淋装置的通道畅通。

⑤ 紧急洗眼喷淋装置应与其他电器设施和电路保持安全距离,并且远离确定有危害的区域。

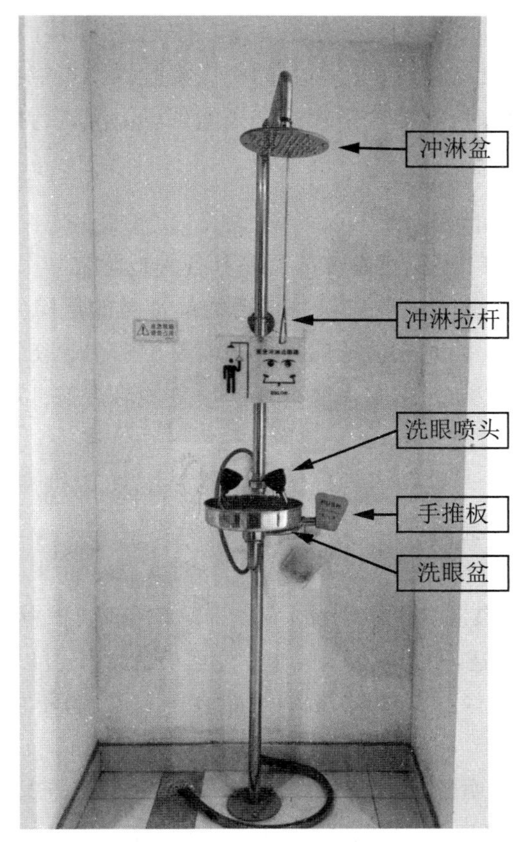

图14.5　紧急洗眼喷淋装置

14.3　实验室安全事故应急处置

生物学实验室通常会储存和使用多种化学试剂，这些试剂中很多是易燃、易爆及有毒、有腐蚀性的物质，处置不当就会造成事故。参与实验的人员，特别是新进实验室的学生，他们的实验技能高低不一，实验操作时可能会出现差错。某些探索性实验可能存在一些难以准确预测的安全风险。因此实验室发生安全事故的可能性始终是存在的。鉴于此，制定针对实验室可能发生的安全事故的应急预案，用于预防各类安全事故的发生，显得十分必要。实验人员需要掌握事故的应急处理方法和急救技术，如果不幸发生安全事故，实验人员能够在第一时间采取正确的应急处理方法进行应急处理，以免事故恶化，降低师生人身伤害和财产损失。

14.3.1　实验伤害事故的应急处理

生物学实验室由于实验研究的需要，常常配备不同类型的仪器设备，从它们的技术原理来看，包括电、磁、放射线、高温、低温等；同时储存和使用大量的化学品，这当中有些具有挥发性、毒性、腐蚀性;还涉及大量的微生物,包括病原微生物和其他细菌和病毒等;还会用到火焰、高电压、大电流、液氮、干冰等。所涉及的相关实验操作可能会给实验人员的人身安全带来危害,当伤害事故发生时,实验工作人员应根据现场情况进行应急处理,避免事态扩大,减少人员伤亡。

1. 化学品中毒的应急处理方法

由于教学和科研的需要,实验室通常都会储存各种危险化学品,实验者几乎每天都要接触和使用危险化学品,是实验室内造成人身伤害的最常见的危险因素之一。鉴于危险化学品种类繁多,毒性各不相同,因此在进行应急处理前要了解引起伤害的化学品的理化及毒理特性,在紧急情况发生时能及时、正确采取有效的紧急救治措施,以减轻中毒程度、挽救中毒人员生命。

下面介绍一些简单的化学品中毒的现场应急处置办法,以供参考。

(1) 误食中毒的现场应急处理

误食化学品引起的人身伤害最大。如果化学品溅入口中而未咽下,应立即吐出,并马上用大量清水冲洗口腔。如果误食了化学品,应立即采取催吐、护胃等措施。需要注意的是,因误食化学品引起抽搐、神志不清、昏迷时,非专业医务人员不可以随便进行处理,更不可催吐。误食酸、碱类腐蚀品或烃类液体时,因有胃穿孔的风险,也不可催吐。孕妇需慎用催吐救援。

如果误食了非酸、碱类腐蚀品或非烃类液体,并且中毒者神志清醒,一般可采取催吐方法,用手指、筷子或匙子的柄刺激中毒者的喉头或舌根,使其呕吐。若用这种方法不奏效,可在半杯水中加入15 mL吐根糖浆(一种催吐剂),或者在80 mL热水中溶入一匙食盐饮服催吐,或者在一杯水中加入5~10 mL 5%稀硫酸铜溶液,饮服后用手指刺激咽喉催吐。催吐后应立即送医进行进一步治疗。催吐时中毒者身体向前弯曲,尽量低头,以免呕吐物呛入肺部。

如果中毒者症状不适宜进行催吐处理时,如误食酸、碱之类腐蚀品或烃类液体。为了降低胃液中化学品的浓度,延缓毒物被人体吸收的速度并保护胃黏膜,可服牛奶、蛋清、米汤、豆浆、面粉或淀粉的悬浮液等保护剂。也可用500 mL蒸馏水加入50 g活性炭,服用前再加入400 mL蒸馏水,并充分摇动润湿,给中毒者少量多次饮服。活性炭是一种强的非特异性吸附解毒剂,可吸附绝大部分毒物。服用万能解毒剂,取两份活性炭、一份氧化镁、一份单宁酸,混合均匀制成解毒剂,用时取2~3匙该混合物,加一杯水调成糊状服用,解毒效果显著。

在进行应急处理的同时,要尽快联系专业医务人员,并告知引起中毒的化学药品的名称、数量、中毒情况等,以便制定后续治疗方案。

(2) 吸入中毒的现场应急处理

立即将中毒者转移离开中毒现场,向上风方向转移到有新鲜空气的地方,解开衣领和纽扣,保持呼吸道畅通和保暖。必要时给氧,如呼吸、心搏骤停,应立即实施心肺复苏。

硫化氢、氯气、溴中毒不可进行人工呼吸。

(3) 眼睛接触的现场应急处理

如有毒试剂或药品溅入眼睛,应立即撑开眼睑,用大量流动清水(就近使用洗眼器或水龙头)彻底冲洗,边冲洗边转动眼球,使眼内的化学物质彻底洗出,如无冲洗设备,可将头浸入盛有清水的盆或桶中,撑开眼睑,摆动头部,洗出眼内的化学物质。

若眼睛受到伤害,切忌用手揉搓,切忌惊慌或因疼痛而紧闭眼睛。冲洗时不能用热水,以免增加毒物对眼睛的伤害,也不能用化学解毒剂对眼睛进行处理。有些毒物如生石灰、电石等,遇水会发生反应,如果此类物质沾染眼睛时,应先用沾有植物油的棉签或干毛巾擦去毒物,再用水冲洗。

(4) 皮肤接触(化学灼伤)的现场应急处理

① 皮肤被毒物沾染时,应迅急脱去被污染的衣物,一般情况下用大量水(忌用热水,以免增加毒物吸收)冲洗皮肤被污染处。

② 强酸如硫酸、盐酸、硝酸等灼伤皮肤时,立即用大量流动的清水充分彻底冲洗(硫酸灼伤时,先用干布擦去硫酸,再冲洗),然后用2%~5%的碳酸氢钠溶液或肥皂水进行中和,最后用水冲洗,涂上药品凡士林。切忌未经冲洗就用碱性药物在皮肤上直接中和,否则会加重皮肤受到的伤害。

③ 强碱灼伤皮肤,要立即用大量流动清水冲洗,再用2%醋酸洗或3%硼酸溶液进一步冲洗,最后用水冲洗,再涂上药品凡士林。

④ 酚灼伤皮肤时,立即用30%酒精揩洗数遍,再用大量清水冲洗干净而后用饱和硫酸钠溶液湿敷4~6 h,当酚被水冲淡至1:1或2:1浓度时,瞬间可使皮肤损伤加重而增加酚吸收,故不可先用水冲洗污染面。如果灼伤面大且酚在皮肤表面滞留时间较长时,要考虑吸入中毒的可能性并采取措施。

⑤ 溴灼伤皮肤,灼伤后的伤口通常不易愈合,必须严加防范。凡用溴时都必须预先配制好适量的20%硫代硫酸钠溶液备用。一旦有溴沾到皮肤上,立即用20%硫代硫酸钠溶液洗涤伤口,然后用大量水冲洗干净,涂上甘油或烫伤油膏。如果没有硫代硫酸钠溶液的话,可以用乙醇代替硫代硫酸钠溶液。

⑥ 白磷(黄磷)灼伤皮肤时,立即脱去污染的衣物,马上用清水或1%硫酸铜溶液冲洗,再用2%碳酸氢钠溶液冲洗,然后用0.1%高锰酸钾湿敷。忌用含油敷料。

⑦ 氢氟酸对皮肤有强烈的腐蚀性,渗透性强,并对组织蛋白有脱水及溶解作用。使用氢氟酸的实验室必须配备六氟灵和葡萄糖酸钙。当氢氟酸滴溅到皮肤时,应立即脱去污染衣物,使用六氟灵冲洗,如果现场没有六氟灵,则先用大量水冲洗最多1 min,立即戴上防护手套将葡萄糖酸钙凝胶涂抹在受污染的皮肤及其周围,并反复按揉皮肤持续15 min直到疼痛减轻,如需要可再涂葡萄糖酸钙凝胶;必要时送医治疗。

2. 烧、烫伤害的应急处理方法

烧、烫伤是实验室中比较常见的人身伤害,泛指由热力如火焰、热油、沸水、蒸气、电加热器、红热的玻璃等造成的组织伤害,或者由电流、激光、放射线导致的组织损害。

(1) 烧伤程度的判断主要依据烧伤深度和烧伤面积

烧伤深度的识别,我国采用三度四分法,即Ⅰ度、浅Ⅱ度、深Ⅱ度、Ⅲ度。

① Ⅰ度烧伤:损伤仅限于皮肤表面,局部出现发红、微肿,无水泡,无强烈疼痛和灼烧感。

② 浅Ⅱ度烧伤:损伤已毁及表皮生发层和部分真皮乳头层,表现为伤处红肿、起水泡,有剧烈疼痛和灼热感。

③ 深Ⅱ度烧伤:损伤除表皮、全部真皮乳头层外,真皮网状层部分受累,神经末梢部分受损。真皮深层内的毛囊和汗腺尚有活力。表现为伤处红肿,起白色大水泡,疼痛感比浅Ⅱ度烧伤要轻。

④ Ⅲ度烧伤:损伤表皮、真皮,深达皮下组织,甚至肌肉、骨骼亦受损,神经末梢全部受损。表现为伤处苍白、干燥甚至焦黄或焦黑,无痛感。

按烧伤严重程度可分为轻度、中度、重度、特重四类。

① 轻度烧伤:烧伤总面积占全身体表面积9%以下的Ⅱ度烧伤。

② 中度烧伤:烧伤总面积在10%~29%,或者Ⅲ度烧伤在10%以下。

③ 重度烧伤:烧伤总面积在30%~49%,或者Ⅲ度烧伤在10%~19%,或者烧伤总面积不足30%,但全身情况较重或休克、复合伤、中重度吸入性损伤。

④ 特重烧伤:烧伤总面积在50%以上,或者Ⅲ度烧伤在20%以上。

(2) 烧、烫伤现场应急处理的基本原则

① 迅速解除致伤因素,脱离现场。当衣物着火时应迅速脱去,或就地卧倒打滚压灭、或用各种物体扑盖灭火,最有效的方法是用大量的水灭火。切忌站立喊叫或奔跑呼救,以防头面部及呼吸道损伤。当热液体、蒸气、固体烫伤时,应迅速离开致伤环境。电烧伤时,立即切断电源,再接触患者,并扑灭着火衣服。在未切断电源以前,急救者切记不要接触伤员,以免自身触电。电弧烧伤时,应在切断电源后,按火灾烧伤处理。

② 立即冷疗。迅速冷却是烧伤现场最为关键、首要的急救措施,即持续用温度较低的冷水(水温控制在10~15 ℃为宜)对创面进行冲洗、浸泡或湿敷,至少连续冷却30 min至2 h左右。为了防止发生疼痛和损伤细胞,受伤后采用迅速冷却的方法,在6 h内有较好的效果。若患者口腔疼痛时,可让患者口含冰块。但是,大面积烧伤时,要将其进行冷却在技术上较难处理。同时,还应考虑到有发生休克的危险以及“尽快送医”这一原则。因此,严重烧伤时,应用清洁的毛巾或被单覆盖烧伤面,如有条件则一边冷却,一边立刻送医院治疗。

③ 创面保护与镇静止痛。现场烧伤创面一般无需特殊处理。为防止创面污染而加重损害,应进行简单包扎,或以清洁的被单、衣服等覆盖、包裹以保护创面。不管是烧伤或烫伤,创面严禁用红汞、龙胆紫等有颜色药物,以免影响对创面深度的判断和处理。勿用酱油、牙膏等涂抹创面,防止污染。天寒季节应注意保暖,以避免更快出现休克或加重休克。如病人剧痛、情绪紧张或恐惧,可酌情应用镇痛剂,通常是静脉缓慢推注稀释的杜冷丁,也可合用杜冷丁及异丙嗪。对持续躁动不安的患者要考虑是否有休克,切不可盲目镇静。

④ 适当给液。较大面积烧伤时,伤者可能发生休克。如果伤者出现口渴要水的早期休克症状,可少量补充淡盐水,通常每次50 mL以内为宜。不能让伤者大量饮用白开水或糖水,并立即送医。

3. 冻伤的应急处理方法

生物学实验中经常要使用干冰、液氮等制冷剂。如果操作不慎,可导致不同程度的冻伤。局部冻伤,按损伤的不同程度分为三个等级。

① 一度冻伤又称红斑性冻伤。伤及表皮层。局部红肿，充血，自觉热痒，刺痛，症状可自行消失，不留斑痕。

② 二度冻伤又称水泡性冻伤。伤及真皮。有红肿，伴有水泡形成，疼痛较剧烈。愈后可能会有轻度的疤痕。

③ 三度冻伤又称坏死性冻伤。伤及皮肤全层。严重者可以达皮下组织、肌肉、骨骼，甚至整个肢体坏死等。皮肤开始变白，之后逐渐变褐、变黑，组织坏死。痛感丧失，伤口不易愈合。治愈后可能会有功能障碍或者残疾等。

冻伤的应急处理：尽快脱离现场环境，快速复温是关键，该措施应对冻伤效果最显著。具体做法是迅速把冻伤部位放入37～40 ℃(不宜超过42 ℃)的温水中浸泡复温，时间控制在20 min以内。对于面部冻伤，可用37～40 ℃温水湿润毛巾，对冻伤部位进行热敷。如果没有温水，可将冻伤部位置于自身或施救者的温暖部位，如腋下、胸腹部，以达到复温的目的。

4. 炸伤的应急处理方法

爆炸性事故多发生在存有易燃、易爆物品和压力容器的实验室，酿成这类事故的直接原因有以下几点。

① 违反操作规程使用设备、压力容器(如高压气瓶)而导致爆炸。

② 设备老化，存在故障或缺陷，造成易燃、易爆物品泄漏，遇火花而引起爆炸。

③ 对易爆物品处理不当，导致燃烧爆炸，该类物品(如三硝基甲苯、苦味酸、硝酸铵、叠氮化物等)受到高热、摩擦、撞击、震动等外来因素的作用或其他性能相抵触的物质接触，就会发生剧烈的化学反应，产生大量的气体和高热，引起爆炸。

④ 强氧化剂与性质有抵触的物质混存能发生分解，引起燃烧和爆炸。

⑤ 由火灾事故引起仪器设备、药品等的爆炸。

爆炸事故具有突发性的特点，破坏力极大，危害十分严重，瞬间殃及人身安全，必须引起高度重视。因此实验室工作人员应该掌握爆炸伤害的应急处理方法。

当眼睛被炸伤时，严禁用水冲洗受伤的眼睛或涂抹任何药物，应让伤者立即躺下，在伤眼上盖上干净敷料，轻轻包裹缠绕，双眼同时进行包扎，以避免未受伤的眼睛活动带动伤眼，并立即送医。

因爆炸造成肢体外伤出血时，应用清洁敷料压迫止血。如果外伤严重导致大血管损伤，则要采用绷带缠绕肢体等措施止血。

如果手、脚被炸断，伤处应用干净敷料压迫止血，在现场找回残肢，尽速送往医院，在6～8 h内进行再植手术。注意断肢应先用无菌敷料或干净的布巾包裹，装入塑料袋或用塑料薄膜密封，放到适当的容器中，周围放上冰块等，使其保存在0～4 ℃的环境。断肢不得直接接触消毒液、冰块等。

5. 割伤的应急处理方法

实验室中最常见的外伤是由于玻璃器皿在使用过程中破碎或者不小心碰到针头等尖锐物品所导致的。

对于割伤的应急处理，首先是要止血，防止大量流血引起失血性休克。通常是直接压迫损伤部位进行止血。即使损伤到了动脉，也可用手指或纱布直接压迫损伤部位进行止血。

由玻璃碎片引起的割伤，首先要检查伤口内有无玻璃碎片残留，如果有的话，必须先用消过毒的镊子小心取出玻璃碎片，再用硼酸溶液或双氧水清洗伤口，最后涂抹碘伏，用消毒纱布包扎。如果伤口较深，出血不止，可让伤者仰卧，抬高受伤出血部位，压住附近动脉止血，并立即送往医院进一步治疗。

玻璃碎片或其他碎屑如金属碎屑刺入眼球，是十分危险的，必须小心处理以免眼睛遭受进一步的伤害。一旦发生这种意外事件，千万不能慌张，保持镇静，绝不允许用手搓揉，不要尝试自己取出异物，尽量不要转动眼球，可任其流泪。有时碎屑会随泪水流出，多数情况下，需要用纱布轻轻包住眼睛，紧急送往医院进行专业治疗。

如果是被沾有化学品的针头刺伤或沾有化学品的玻璃碎片割伤，则应立即挤血去污，清除伤口内的化学品，防止化学品经伤口进体内引起中毒。然后再用清水洗净，涂抹碘伏包扎。如果化学品毒性较大，应前往医院治疗。

6. 其他应急处理方法

触电事故的应急处理方法、放射性事故的应急处理方法、生物安全事故的应急处理方法、实验动物事故的应急处理方法，在有关章节中已介绍，此处不再赘述。

14.3.2　急救技术——心肺复苏术

1. 心肺复苏术

心肺复苏术(cardio pulmonary resuscitation, CPR)是一项专门针对骤停的心脏和呼吸采取的救命技术，是为了恢复患者自主呼吸和自主循环，从而挽救患者生命。

心搏骤停(cardiac arrest, CA)是指各种原因引起的、在未能预计的情况和时间内心脏突然停止搏动，从而导致有效心泵功能和有效循环突然中止，引起全身组织细胞严重缺血、缺氧和代谢障碍，如不及时抢救即可立刻失去生命。心搏骤停不同于任何慢性病终末期的心脏停搏，若及时采取正确有效的复苏措施，病人有可能被挽回生命并得到康复。

一旦发生心搏骤停，留给我们最佳的抢救时间是4～6 min。超过6 min，脑组织就会受到永久性的损害，每延迟1 min，胸外按压或除颤抢救成功率下降10%左右，超过10 min就会导致脑死亡，不可能救活了。因此心搏骤停后的心肺复苏必须在现场立即进行，钻石4 min争分夺秒，及时的高质量心肺复苏并使用自动体外除颤器，可以为进一步抢救直至挽回心搏骤停伤病员的生命赢得最宝贵的时间。

(1) 心肺复苏的流程

心肺复苏的流程包括：识别，徒手心肺复苏C-A-B(即胸部按压，开放气道，人工呼吸)，除颤。

① 快速识别，评估意识：当发现有人倒地时，首先要判断患者是否意识丧失，有无心跳和呼吸。施救者跪在伤病者一侧，轻拍其双肩(禁止摇晃伤病者)并靠近其耳朵大声询问“喂，你怎么啦?”(轻拍重呼)，观察其有无反应，如果伤病者无反应且无呼吸或不能正常呼吸(仅仅是喘息)，就可做出心搏骤停的判断，应立即实施徒手心肺复苏并使用自动体外除颤仪(automated external defibrillator, AED)。同时高声呼救，让旁边的人拨打120急救电话，冷

静告知当时的情况、事发地点等信息，以便专业救护人员在最短时间内赶到现场。

② 翻转体位：将伤病者翻转为复苏体位，即使伤病者仰卧在硬板床或平整地面上，转换体位时应保持头、颈、脊柱整体一致移动，以保护脊柱。头部与心脏在同一水平，以保证脑血流量。如有可能应抬高下肢，以增加回心血量。解开伤病者的衣领和腰带。

③ 胸外心脏按压：胸外心脏按压是CPR能否成功的关键，只有进行正确的按压才能使心脏泵血，这一点很重要。首先进行按压点定位，胸部中央，剑突往上距离剑突两横指处，对于无乳房畸形的一般伤病者，定位方法也可为两乳头连线中点。

按压时多采用跪姿，双膝与伤病者肩部平齐。将一手掌跟部放在按压区，另一手掌重叠放在前一手掌上，两手手指相互扣锁或伸展，但不应接触胸壁。双臂绷直，与伤病者胸部垂直。以髋关节为支点，用上半身重量垂直向下用力按压，使胸骨下陷5 cm。然后迅速将手松开（注意掌根部不得离开按压部位，以防位置移动），胸壁自然弹回，如此反复进行，按压和松开的时间大致相等，按压频率至少100 次/min。

④ 开放气道：舌根后坠和异物阻塞是造成气道阻塞最常见的原因。开放气道时应先清除气道内异物，如呕吐物、义齿等。可一手按压打开下颌，另一手用食指将固体异物取出，或用指套或手指缠纱布清除口腔中的液体分泌物。

压额提颏法开放气道（疑有颈椎损伤者忌用），用一只手压住伤病者前额，用另一只手的食指和中指放在颏部的骨性部分向上抬颏，使其头部后仰，直至鼻孔朝天。

⑤ 人工呼吸：进行口对口吹气，在帮伤病者打开气道后，施救者正常吸一口气，捏紧伤病者的鼻孔，用自己的嘴完全包绕伤病者的嘴，缓慢（1 s以上）吹气（成人500～600 mL），使伤病者胸廓扩张。吹气后，口唇移开，并松开捏鼻的手指，让伤病者的胸廓和肺依靠其弹性自主回缩呼气。以上步骤再重复一次。注意避免快速、过度吹气，否则可能引起压力性肺内损伤。

在进行心肺复苏时，胸外心脏按压与人工呼吸交替进行，即每做30次胸外心脏按压后，进行2次人工呼吸，连续进行5次30:2的按压-通气循环，即完成一个CPR循环，时长约2 min。

（2）心肺复苏现场抢救终止的指标

一般来说，现场的心肺复苏应持续进行，直到专业救护人员到达。符合下列情况时可考虑停止复苏。

① 伤病者已恢复自主呼吸和心跳。

② 专业救护人员到达并接手或其他人员接替抢救。

③ 心肺复苏进行30 min以上，检查伤病者仍无反应、无呼吸、无脉搏、瞳孔无回缩。

④ 施救者筋疲力尽，无法继续完成CPR。

2. 自动体外除颤仪

引起心搏骤停最常见的心率失常是室颤，终止室颤最迅速、最有效的方法是电除颤，早期除颤是复苏成功的最重要因素。

电除颤又称电复律，是高功率和短时限的电脉冲，通过胸壁或直接通过心脏，在短时间内使全部心肌纤维瞬时同时除极，中断折返通路，消除异位兴奋性，使窦房结重新控制心律，转复为正常的窦性心律。

电除颤的时机：心搏骤停30 s内，直接电除颤，争分夺秒，最佳时间窗为心搏骤停2 min内，有效时间窗为心搏骤停4 min内。急救时，如果心搏骤停在5 min以内，应该先除颤后做CPR，超过5 min的，先做一个CPR循环再除颤。

AED是一种便携式、操作简单，专为现场心搏骤停病人设计的急救设备。

AED的操作步骤(图14.6)一般分为四步：开开关、贴电极、插插头、除颤。

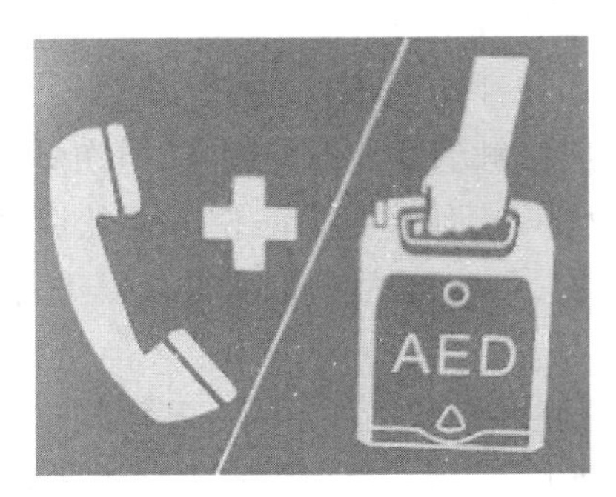

a. 报警并拿取AED

b. 按下开机按键

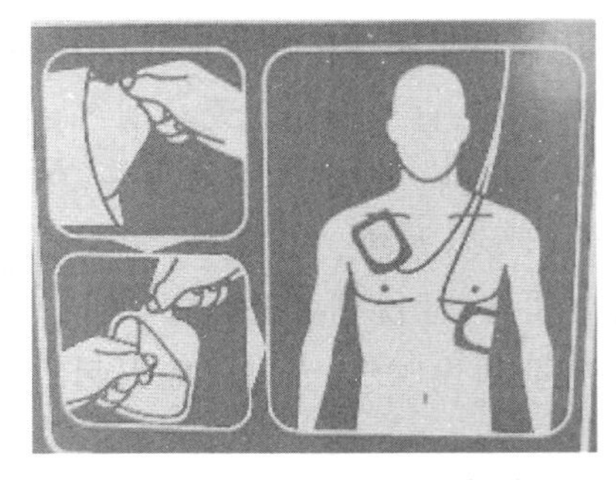

c. 按指示粘贴电极片、插插头

d. 如有指示，按下电极按键

图14.6　AED操作步骤

① 打开AED盖子，按下电源开关。

② 在伤病者胸部适当位置上，紧密地贴上电极。通常而言，两块电极板分别贴在右胸上部和左胸左乳头外侧，具体位置可以参考AED机壳上的图样和电极板上的图片说明。

③ 将电极板插头插入AED主机插孔。

④ AED开始自动分析心率(有些型号需要按下“分析”键)，分析完毕后，AED会给出是否进行除颤的建议，当有除颤指征时，不要与伤病者接触，同时要求附近的其他人远离伤病者，按下“放电”键除颤。

一次除颤结束后，AED会再次分析心律，如未恢复有效灌注心律，施救者应进行一个循环的CPR，然后再次分析心律，除颤，进行一个循环的CPR。

14.3.3　实验室突发事件的应急管理

实验室安全工作的指导原则是预防和杜绝安全事故的发生，做到有备无患，防患于未然。

日常工作中应遵守各项安全制度和安全操作规程,避免事故发生。但同时又要为随时可能发生的意外事故做好充足的应对准备。一旦发生实验室安全事故,现场人员应用平时储备的安全知识和掌握的安全技能,采取正确的应急措施,使人身伤害和财产损失降至最低程度。

1. 制订应急预案

应急预案又称为应急计划,是为保证迅速、有序、有效地针对已发生或可能发生的突发事件开展控制与救援行动,尽量避免事件的发生或降低其造成的损害,依据相关的法律法规而制定的应急工作方案,主要解决"突发事件发生前做什么、事发时做什么、事发后做什么、以上工作谁来做"这四个问题,是应对各类突发事件的操作指南。

实验室的应急预案是为因包括火灾、爆炸、触电、化学中毒、辐射泄漏和化学品或微生物泄漏等在内的安全事故而建立的指挥体系和相应的应急程序。所有实验室都要张贴事故应急预案,进入实验室的所有人员都必须阅读和熟悉应急预案,明白所工作的场所的危险源以及可能会发生的事故类型,了解事故发生后的应急程序,包括如何报警、控制灾害、疏散、急救等。

具体来说,应急预案应包括下列几方面的内容。

① 建立应急处置领导小组,实行统一领导,分级管理:健全应急响应体系,明确各部门、各类人员的职责分工,全体人员熟知应急预案内容并能在紧急情况下进行相应处置。

② 预警机制:平时做好实验室的危险源辨识和风险评估,针对可能的安全风险制定相应的预防性措施,定期检查相关危险源,及时发现、消除隐患,对人的不安全行为和物的不安全状态作出及时预警,提醒相关人员提高警惕。如果危险源有变化,要对应急预案的相关内容进行及时修订和调整。

③ 应急响应:实验室一旦发生突发安全事故,现场人员应冷静面对,迅速对发生的突发安全事故的等级和类别作出判断,依据应急预案的指导原则,在自救的同时向负责人汇报,及时启动应急预案。如经初步处理事故和险情仍不能得到有效控制,应及时向上级主管部门报告,立即升高应急响应级别,激活更高级别的应急响应。当事故险情得到有效控制,危害被基本消除,受困人员全部获救或脱离险境、受伤人员得到基本救治,次生或衍生危害被排除时,由相应级别的应急响应领导小组宣布结束应急响应。

④ 后续处置:事故应急处置完成后,积极采取措施和行动,尽快修复事故中损毁的设施设备,无法修复的应及时更新,事故中如果涉及毒性物质、感染性微生物等,要请环保部门和卫生检疫部门检查并出具指导意见,再进行后续的恢复工作。实验室管理部门对事故原因进行调查,撰写事故调查报告,对事故发生的原因、应急救援过程等进行全面分析,提出改进措施,以修订和完善应急预案。

2. 完善应急装备

根据实验室安全风险防范的需要,确保应对实验室突发安全事故的人力、物力、财力的必要储备,保证应对突发事故所需设备、设施的完好、有效。

实验室应急装备包括个人防护装备和安全应急设施。

个人防护装备包括呼吸防护、眼睛防护、手足防护、躯干防护等相关防护用品。安全应急设施包括急救药箱、紧急洗眼喷淋装置、洗眼器、烟雾火灾报警系统、灭火器、灭火沙箱、灭火毯、安全警示标识。

3. 开展应急演练

开展应急演练是为了检验、评价和保持应对可能的突发安全事故的应急能力和有效性。实验室安全管理部门和执行部门应根据应急预案的要求，定期组织应急演练，提高有关人员处理突发事故的能力，做到紧急情况发生时，不至于惊慌失措，而是头脑冷静，有条不紊地进行应急救援工作，最大限度降低人员伤亡和财产损失。

应急演练之前，要设计好演练方案，一个完整的应急预案一般应覆盖应急准备、应急响应、应急处置和应急恢复全过程，具体包括演练目的、时间、地点、组织领导、参与人员、物资配备、演练的类型、范围、假设前提和设定状态、应急恢复、演练效果评估与总结等。

通过应急演练，可以发现预案和程序的缺陷，检验应急物资储备是否能够满足需求，改善应急管理部门、机构、人员之间的协调和配合，提高应急救援人员的熟练程度和技术水平。

参考文献

[1] 魏蕊，魏瑛. 急救医学基础[M]. 北京：人民卫生出版社，2015.

[2] 赵德明，吕京. 实验室生物安全教程[M]. 北京：中国农业大学出版社，2010

[3] 中国国家标准化管理委员会. 个体防护装备术语：GB/T 12903—2008[S]. 北京：中国标准出版社，2008.

[4] 中国国家标准化管理委员会. 个体防护装备配备规范：总则GB 39800.1—2020[S]. 北京：中国标准出版社，2020.

第15章　生物学实验室有毒有害废弃物安全处置

随着科学技术不断进步，生物学科的发展日新月异，国家层面的投入不断增加，生物学实验室开展的教学活动和承担的科研项目亦随之增多。无论是教学还是科研，都使得实验室内使用的各类耗材和药品以及在实验过程中所产生的有毒有害废弃物不断增加，考虑到生物学实验室的特殊性，倘若不能科学、合理地处置这些废弃物，不仅会危害健康，而且势必会对实验室周边、甚至更远距离的环境造成严重的影响。因此，为了防止有害事件的发生或扩大，应该高度重视生物学实验室有毒有害废弃物的科学、规范、有效处置，积极加强有毒有害废弃物管理和处置的安全宣教，培养良好习惯，提高环保意识，将一切可能的危险因素扼杀在萌芽状态，切实保障生物学实验室的平稳运行。

15.1　有毒有害废弃物的种类与危害

生物学实验室在教学和科研过程中会产生许多实验废弃物。实验废弃物是实验过程中产生的废气、废液、固体废弃物（固废）等实验垃圾的总称。相较于普通实验废弃物，生物学实验废弃物有其特殊性，虽然数量较少，但是种类繁多，其中的化学类废弃物具有易燃、易爆、腐蚀等特点，某些剧毒类物品甚至会致癌、致畸、致突变等，致病微生物、生物标本等生物类废弃物会传播疾病，这些废弃物对人类和环境具有极大的危害性。因此，根据不同性质、特点对生物学实验室有毒有害废弃物进行分类显得尤为关键和必要，这也为我们正确认识和科学处置生物学实验室有毒有害废弃物打下基础。

15.1.1　有毒有害废弃物的分类

人们为了规范、合理、安全处置生物学实验室有毒有害废弃物，通常需要对它们进行分类。根据组成成分、性质特点的不同，可将生物学实验室有毒有害废弃物分为以下几类：

1. 化学试剂类废弃物

生物学实验室内绝大多数废弃物是化学试剂类废弃物，多为实验过程中产生的化学试剂混合废液，其组成成分和理化特性往往差异较大，如若处置不当，可能会引起严重后果。通常情况下，化学试剂类废弃物主要包括有机和无机两大类。有机类废弃物主要成分有油脂类、氯仿、二氯甲烷、四氯化碳、苯、乙醚、甲醇、苯酚和甲醛等，它们具有毒性或潜在毒性，易挥发,在一般环境中很难发生降解反应,有致癌、致畸、致突变等特点。无机类废弃物主要成分有酸类(硫酸、盐酸、硝酸、氢氟酸等)、碱类(氢氧化钾、氢氧化钠、氨水等)、重金属类(铅、汞等)和其他有毒类物质(亚硝酸盐、砷化物、溴化乙锭等)等,它们具有强吸水性、强刺激性、强腐蚀性等特点,会对环境产生极大的危害,其中的重金属类能使蛋白质等变性,人体机能下降,进而引起人体中毒事件的发生。

2. 生物类废弃物

生物类废弃物,主要包括在实验过程中使用或产生的废弃动物尸体或器官、动植物材料、病理标本废弃物、人体排泄物、血标本、感染性培养物、微生物培养菌株及其他具有传染性的实验废弃物等。它们中的有些废弃物看不见、摸不着,比如微生物毒素扩散相当快,会给周边环境带来严重的影响,甚至传播疾病。生物类废弃物的特别之处在于他们很可能是有生命的,能够分裂增殖并适应环境与人类长期共存,对于人类来说,这是一种潜在的威胁,理应受到高度重视。

3. 放射性废弃物

生物学实验室内,除常见的化学试剂类、生物类等废弃物外,生物学实验中常被作为标记物使用的放射性同位素,被认为是生物学实验室内存在着的一种危害巨大的无形废弃物,它主要在于能对人体和环境造成长期、广泛的影响,要特别注意防护。对产生的放射性废弃物必须按规定进行收集和处置,避免出现放射性污染事故。例如2008年,比利时境内发生了严重的放射性物质泄漏事件,比利时国家放射性物质研究所医学实验室发生了放射性碘泄漏事件,导致实验室周围5 km范围近2万居民受到了不同程度的影响。

4. 实验耗材与器械类废弃物

生物学实验室的实验耗材与器械主要包括一次性实验用品,如隔离服、帽子、口罩、手套、手术缝线、滤纸、滴管、离心管、微量吸头等;容易碎裂的玻璃制品,如培养瓶、培养皿、盖玻片、载玻片、试管、试剂瓶、烧瓶等;在实验过程中,这些实验用品会直接或间接接触到实验用药物或生物类材料等,都可能是有毒有害物质传播的媒介,另外还有解剖刀片、注射器针头和碎玻璃等锐利废弃物。如果处置不当,都会对人体造成伤害且对周围环境造成一定的污染。因此,生物学实验室必须应该配备专用的垃圾桶,用于实验室废弃物的分类收集。

15.1.2 有毒有害废弃物的危害

生物学实验室有毒有害废弃物会给人类及环境带来严重危害。其危害性主要表现在具有传染危害性、生物危害性、化学危害性、环境危害性。

1. 传染危害性

生物学实验室除了开展常规的教学活动外,也是开展科研工作的主要场所,随着教学和科研活动的深入,实验室会出现一些可能带有强致病微生物的标本、污染物、废料等。因此,在整个实验过程中,特别是在废弃物的处置环节不能有丝毫放松,否则会威胁实验人员的健康,甚至引起实验室源性的疾病。例如1976年,英国某实验室科研人员做病毒感染实验时,不慎被注射针头刺破手套和手指，虽然立即脱去手套并用消毒液消毒手指，也未见明显出血及伤口，但是该科研人员仍然于6天后发病，这是埃博拉病毒实验室感染的典型案例。

2. 生物危害性

生物学实验室通常会存放一定数量的微生物、培养的细胞、模式生物等，根据研究需要，其中常有极具危害性的病毒、癌细胞、转基因的模型动物等。基因工程技术为人类提供了优良、高效的生物制剂，同时也产生了许多没有利用价值的基因片段等，这些物质可能具有一定的致病力、存活力等，生物危害性的不确定性风险相对较高，因此，要特别重视这些实验废弃物的处置并积极做好防护工作。

3. 化学危害性

生物学实验室内的化学试剂类废弃物如不能科学处置而被直接排放，将会带来严重的危害。我们知道，有些有机废弃物如苯类、醚类、醇类化合物等可造成人体呼吸系统烧灼伤，并进一步引发呼吸系统疾病等；有些无机废弃物如强酸、强碱类试剂等具有强腐蚀性，容易进入人体组织、器官，导致人体出现中毒症状；有些还可能存在放射性危害，更应高度重视。

4. 环境危害性

随着绿色环保理念的深入人心，生物学实验室有毒有害废弃物的排放及污染问题已然成了公众热议的话题之一。生物学实验室有毒有害废弃物不仅会直接或间接造成环境污染，还具有长期潜在性危害，若不经环保处理，任意排放，一定会成为污染源。如生物学实验室产生的有毒有害气体过度排放会影响附近的空气质量；如富含氮、磷等的废水直接排放，容易引起水体富营养化，进一步导致水中藻类等爆发式繁殖生长，引起水体缺氧，最终导致鱼类等死亡，水中生态系统被破坏以及更为严重的环境污染。

15.2　有毒有害废弃物环保与安全管理的法规及理念

生物学实验室有毒有害废弃物的危害性决定了我们必须要充分认识到环保与安全管理的重要性。各实验室应该结合自身实际制定完善的规章制度、规范的操作流程，大力开展安全管理培训、实验室准入考核测评等，切实提高生物学实验室有毒有害废弃物的环保与安全管理水平。

15.2.1　国家对实验室有毒有害废弃物管理的相关法规

安全管理，法律先行，为了保障各类实验室高效稳定运行，必须建立起科学完善的环保与安全管理法律法规，切实保障各项环保与安全管理措施有法可依。在我国，与生物废弃物处置有关的法律法规主要涉及废弃物的处置、大气和水资源的控制、有害物质的管控等方面。例如《中华人民共和国固体废物污染环境防治法》《废弃危险化学品污染环境防治法》

《危险化学品安全管理条例》《中华人民共和国生物安全法》等,高等学校生物学实验室均应参照执行。

15.2.2 有毒有害废弃物管理的相关制度

为了切实做好生物学实验室废弃物的环保与安全管理工作,首先,必须总结经验教训,找出日常管理工作中存在的环保与安全隐患,以国家的法律法规为依托,建立科学、合理、完备的环保与安全管理制度,例如《实验室环保与安全管理规定》《实验室突发事件处理预案》《危化品废弃物分类办法》《危化品废弃物分类包装》等。其次,生物学实验室有毒有害废弃物环保与安全管理工作具有一定的特殊性,因此要建立科学、规范、系统的安全管理制度,要严格实行各试验区安全责任人制度,逐层逐级签订安全管理责任书,要明确不同部门、岗位工作人员的职责和任务范围。最后,各学校要成立由领导牵头、专业技术人员组成的生物学实验室有毒有害废弃物环保与安全管理工作小组,开展定期巡查、不定期抽查,对环保与安全管理制度落实进行监督,发现问题要做到及时整改。

15.2.3 倡导绿色实验意识,完善有毒有害废弃物环保与安全管理

众所周知,绿色不仅代表一种颜色,也是一种理念,它具有广泛的经济、社会内涵。倡导绿色实验意识,将绿色环保教育理念贯穿于生物学实验室有毒有害废弃物的安全管理中,既可建立一个绿色、环保、污染少的实验场所,也可促进实验人员合理设计、优化整合实验内容,在一定程度上减少有毒有害废弃物的产生,进而从源头上改善生物学实验室有毒有害废弃物的环保与安全管理。例如,制定一系列建设绿色生物学实验室有毒有害废弃物处置的标准,用实验管理制度来保证绿色实验室的运行;合理规划实验室各功能区,包括实验操作区、办公区、存储区等,特别要将有毒有害、易挥发性的药品分类存放,规范使用;对废弃物进行无害化处理,从而减少废弃物对人类和环境的影响,努力创造健康、绿色、环保的实验环境。

15.3 有毒有害废弃物环保与安全管理的原则及措施

学校对生物学实验室有毒有害废弃物的处置应统一思想,高度重视,采取有效措施,规范处理,细化流程,为资源、环境的可持续发展提供保障。

15.3.1　有毒有害废弃物环保与安全管理的常规做法

要实现生物学实验室有毒有害废弃物无害处置、绿色排放，真正改善校园和实验室环境，就需要制定一套合理的实验室有毒有害废弃物处置的操作流程。一般步骤为：首先，明确废弃物的种类及危害；其次，实验人员从源头及时分类收集废弃物并给予正确的预处理等；最后，专人收取转运并统一进行无害化处理与排放。

15.3.2　有毒有害废弃物环保与安全管理的一般原则

生物学实验室有毒有害废弃物种类繁杂，其中的化学试剂类废弃物和放射性废弃物危害较大，按国家已有的相关法律法规处置；有些生物类废弃物，如动物尸体、组织、感染性培养物、病理性废弃物等，按医疗废弃物交由专门机构处置；普通的生物类废弃物，如实验器材、耗材、个人防护用品等，通常是先灭菌再焚烧处理。

15.3.3　有毒有害废弃物环保与安全管理的具体措施及注意事项

生物学实验室管理工作千头万绪，有毒有害废弃物的环保与安全管理是其中的重要一环。生物学实验室应在遵守学校的各种安全管理规章制度的基础上，结合自身特点，制定相关规定，例如《生物废弃物分类存储处理办法》《突发事件处置预案》等，采取实验室内制度上墙、实现透明化管理等举措来加强管理。具体措施及注意事项如下：

① 定期开展对所有实验室工作人员及实验人员的安全教育培训，提高他们的思想认识、环保意识、节能意识等。安全教育切不可形式主义。

② 废弃物的收集、存储、转运、无害处理等环节均要有专人负责，真正做到责任到人。

③ 对实验室内产生的废弃物的界定要有一个统一标准，包括一般废弃物在内，保证废弃物应收尽收。

④ 所有实验室工作人员与实验人员均应严格遵守废弃物分类、存储、处理的相关办法，标识中要有标签、说明、日期等，实行动态管理。

⑤ 各实验室均应在指定位置放置并清晰标注分类垃圾桶，并附有投放说明。

⑥ 实验前的准备以及耗材的领取等均要有详细记录，做到源头资料完整可查。

⑦ 对实验中产生的废弃物要及时预判、收集、分类，有毒有害废弃物要及时清理出实验室，并送到指定地点。

⑧ 实验后对剩余实验耗材要认真整理，妥善处理，做好记录，方便前后比对、追踪，做到物尽其用。特别需要注意的是严禁高传染性、放射性危害物流出到社会和环境。

⑨ 其他方面的管理。实验室设施、地面要及时清理，时刻保持干净卫生。有些特殊的

场所和设施还必须进行消毒、灭菌处理等。

15.4 有毒有害废弃物的处理

生物学实验室有毒有害废弃物会对环境产生一定的污染,这是普遍存在的问题,对废弃物进行必要的处理,对倡导绿色实验室建设具有重要意义。因此,各学校要坚持节能减排与污染防治并重的原则,一方面革新实验技术和方法,从源头上减少废弃物的产生;另一方面通过加强对生物学实验室有毒有害废弃物的有效处置,最大限度降低其对人和环境的不利影响。下面将着重介绍生物学实验室常见有毒有害废弃物的处置及注意事项。

15.4.1 有毒有害废弃物处置的总体原则

对于生物学实验室有毒有害废弃物,必须按照废弃物的种类、性质及危害程度分类收集、集中处理,要求做到方法简便易操作、安全有效。对于不同废弃物应区别对待、有效去除有害因素。如对于一般废弃物可根据处理方法的差异分类收集并妥善储存,待达到一定储存量时再集中处理;对于放射性废弃物、剧毒类废弃物等应及时处理;对于大多数化学类废弃物应综合考虑,做到物尽其用、循环使用,尽可能地减少废弃物的直接排放。

15.4.2 化学试剂类废弃物的处理

化学试剂类废弃物具有不同程度的毒性,会影响人体健康、造成环境污染等。对于常见的化学性废气、废液、废渣应采用不同的处理方法。

1. 化学性废气的处理方法

生物学实验室产生的废气主要为碳化物、硫化物、氨以及挥发性试剂(如乙醚、二甲苯、巯基乙醇)等,此类废气进入空气会污染实验室及其周围环境,对实验人员造成一定的伤害。因此,在进行有废气产生的实验时,要同时检测空气质量变化。实验前对可能产生的废气种类及量要有预判,实验中处理方法要得当,通风橱可以将少量的有毒有害气体排到室外,若实验中产生大量有毒有害气体,要对有毒有害气体进行收集处理,达到排放标准后再排放到空气中。常用的处理方法有以下两种:

(1) 固体吸附法

常用于废气中的低浓度污染物的处理。处理时,使废气与固体吸收剂接触,通过一定时间的静置或者震荡,废气中的污染物会吸附在固体吸收剂的表面从而被分离出来。如活性炭可吸收常见的几乎大多数无机及有机气体;硅藻土可选择性吸收硫化氢、二氧化硫及汞蒸气等。

(2) 溶液吸收法

常用于含有二氧化硫、氯气、硫化氢、盐酸、四氯化碳、氨、汞蒸气、酸雾和各种有机蒸气等的废气处理，主要包括物理吸收和化学吸收。处理时，通常使用适当的液体吸收剂处理废弃混合物，去除其中的有害气体。常用的液体吸收剂有水、酸性溶液、碱性溶液、氧化剂溶液和有机溶液，处理后的吸收液可再利用，如可用于废水处理或作为母液来配制某些定性化学试剂。

2. 化学性废液的处理方法

生物学实验室日常实验中会产生大量的化学性废液，这些化学性废液的种类极其繁多、复杂，主要有无机类、有机类、重金属类等，危害不容忽视。要根据不同废液的性质，采取相应的处理方法，例如酸性废液用碱性溶液进行中和，碱性废液用酸性溶液进行中和；有机类废液可以采用萃取、焚烧或蒸馏等方式进行处理；可以回收再利用的废液要应收尽收、循环使用；各实验室不能自主进行处理的废液，要定点回收、集中处理，统一送至有处理资质的企业或部门采用无害化处理。下面介绍一些常见的化学性废液的处理方法：

(1) 常用标准液的处理

盐酸、氢氧化钠溶液，可以集中回收后再用于配制较高浓度的盐酸、氢氧化钠溶液；乙二胺四乙酸溶液、高锰酸钾溶液，通过对其浓度的调整，可作为其他试验试剂或作为氧化剂来处理其他废液；无水硫代硫酸钠溶液、碘溶液，通过对其浓度的调整，可作为其他试验试剂或作为还原剂处理其他废液。

(2) 含汞废液的处理、回收

汞及汞化合物已被列入有毒有害水污染物名录。实验过程中，一旦意外打碎压力计、温度计等含汞用具，造成金属汞散落在实验室内，必须立即用铜丝、薄铜片(已在硝酸汞的酸性溶液中浸泡过)、毛笔、滴管等将其收集起来，放入玻璃容器内，再倒入清水加以覆盖，对于地面上散落的细小汞颗粒应撒上硫磺粉，硫磺粉与汞反应生成硫化汞；或喷上质量分数为20%的三氯化铁水溶液，待干燥后再清理干净(不适用于金属表面，会引起腐蚀)。

实验过程中产生的含有汞盐的废液，可用下述方法进行处理：

① 化学凝聚沉淀法：先用氢氧化钠把含汞废液的pH调至8～10，再加入过量的硫化钠或硫化铵，使其生成硫化汞沉淀，再加入一定量硫酸亚铁作为絮凝剂，将悬浮于水中难以沉淀的硫化汞微粒吸附而共同沉淀，然后静置、分离或经离心过滤，清液即可直接排入下水道，残渣用煅烧法回收或制成汞盐。

② 汞齐提取法：在汞废液中加入锌屑或铝屑，这样废液中的汞很容易被锌或铝置换出来，同时汞又能与之生成锌汞或铝汞齐，从而达到净化废水的目的。而且还可采用电解法除去与汞生成汞齐的杂质，再用真空蒸馏法制取高纯度的汞。

(3) 含铬废液的处理

① 首先在酸性条件下向含铬废液中加入铁屑、硫酸亚铁或硫化物、亚硫酸盐等还原剂，使其转变成毒性较小的Cr^{3+}，然后在废液中加入废碱液或氢氧化钠、氢氧化钙、生石灰等碱性试剂，调节溶液pH至7左右，使Cr^{3+}转变成低毒的氢氧化铬沉淀，去除沉淀后的上清液即可直接排放处理，沉淀物残渣可经脱水干燥后综合利用。

② 废铬酸洗液的回收、处理：铬酸洗液主要用于清洗去除玻璃器皿的有机污染物，经多次重复使用后，铬酸洗液中的Cr^{6+}转变成Cr^{3+}，同时酸度降低，洗液失效变绿。可将失效的

铬酸废液在110～130 ℃条件下加热浓缩除去多余的水分，冷却至室温后，缓慢加入研细的高锰酸钾粉末至溶液呈深褐色或紫色，再加热至出现二氧化锰沉淀，待温度稍微降低，便可用微孔玻璃漏斗滤去二氧化锰沉淀，即可循环使用。

(4) 含银废液中银的处理

① 化学还原法：银是贵金属，实验过程中产生的含银废液应进行适当处理，回收金属银。边搅拌边往废液中加入工业级浓盐酸，直到不再析出白色乳状的氯化银沉淀为止。待沉淀物下沉完毕后倒出上清液，再用蒸馏水以倾泻法充分洗涤沉淀至完全除去Fe^{3+}和Cl^-。选择在适当的容器内用硫酸溶液(一倍体积的浓硫酸加四倍体积的水)或10%～15%氯化钠溶液和金属锌棒还原处理氯化银沉淀，直到沉淀中不再含有白色的氯化银时，即为彻底还原，此时析出的是暗灰色金属银沉淀，再用蒸馏水以倾泻法洗涤除去沉淀中的游离酸和锌，然后将洗涤干净的粉末状银烘干，并在石墨坩埚中熔融，即可得到块状的金属银，或者将之溶于硝酸后制成硝酸银溶液循环使用。

② 电解还原法：将含银废液用4 mol/L的盐酸溶液处理，待银完全沉淀后倒出上清液，再用3 mol/L的硝酸溶液溶解生成的氯化银沉淀并稀释1000倍后，将电解电压控制在1.52 V，电极之间距离为6.2 cm，电解1 h，即可回收废液中的金属银，回收率可达96.7%。

(5) 含铅废液的处理

含铅废液可用氢氧化钠或石灰乳做沉淀剂，使铅生成氢氧化铅，后者再吸收空气中的二氧化碳气体变为溶解度更小的碳酸铅沉淀。沉淀经洗涤过滤后可循环利用。

(6) 含砷废液的处理

实验室里处理含砷废液，通常采用石灰-铁盐沉淀法。利用石灰与含砷废液反应后，再加入三氯化铁，使三氯化铁与石灰水反应生成氢氧化铁与砷絮凝共沉淀。建议氧化钙的加入量按$m(\mathrm{Ca})/m(\mathrm{As})$比值为4和三氯化铁的加入量按$m(\mathrm{Fe})/m(\mathrm{As})$比值为4，经以上方法处理后的废液符合国家排放标准。

(7) 含氰废液的处理

我国规定废液中氰化物的最高容许排放浓度为0.5 mg/L。对于低浓度含氰废液，在pH≥10的碱性条件下，加入5%高锰酸钾溶液，将氰化物氧化为无毒的氰酸盐；对于高浓度含氰废液，在pH≥10的碱性条件下，加入漂白粉或次氯酸，充分搅拌混匀，氰酸根可分解为二氧化碳和氮气，放置24 h排放。在处理过程中要始终确保反应环境为弱碱性，始终保持高锰酸钾的粉红色不改变，否则可能会生成可挥发的氯化氰剧毒气体。

(8) 含酚废液的处理

废液中挥发酚的最高容许排放浓度为0.5 mg/L。对于低浓度含酚废液，可加入次氯酸钠，使酚氧化为二氧化碳和水；对于高浓度含酚废液，可先用乙酸丁酯萃取，再加少量的氢氧化钠溶液反萃取，经调节pH后蒸馏回收。

(9) 含镉废液的处理

废液中镉及其无机化合物的最高容许排放浓度为0.1 mg/L(以Cd计)。处理时，先加入生石灰或石灰乳，调节pH至10.5以上，充分搅拌后静置，使游离镉变为难溶的氢氧化镉沉淀。分离沉淀，用二硫腙分光光度法检测滤液中的游离镉(降至0.1 mg/L以下)，将滤液中和至pH=7再排放，残渣可采取焚烧处理法。

(10) 综合性废液的处理

一般可用酸或碱调节废液pH至3～4左右、加入铁粉，搅拌30 min，然后用碱调节pH到9左右，继续搅拌10 min，加入硫酸铝或碱式氯化铝等混凝剂，进行混凝沉淀，上清液可直接排放，沉淀按废渣方式处理，比如把废渣与水泥混合并固化后埋于地下。

3. 化学性废渣的处理方法

化学性废渣主要包括有机废渣和无机废渣。废渣的常见处理方法有焙烧法、掩埋法、海洋投弃法等。有机废渣主要用焙烧法，如树脂类残渣可用焙烧法处理。无机废渣主要用掩埋法，有毒有害的固体废弃物在掩埋或投弃入海之前都需要进行无害化的处理，如果选择掩埋法处理有毒有害固体废弃物，应挑选远离人类聚集的指定地点，并对掩埋地点进行记录。无毒害的废渣可直接堆置地下掩埋，掩埋地点应做好记录。微生物实验中使用过的培养基，最简单有效的处理方法是高压灭菌(约120 ℃，30 min)，其残渣可作为植物的有机肥料。

15.4.3　放射性废弃物的处理

放射性废弃物的处理要以安全第一为目标，确保环境和谐，不危及生命健康，确保废弃物的放射性辐射剂量在安全标准水平以下。放射性实验安全知识可参考第12章。生物学实验室放射性同位素实验中会产生一定形态的低、中、高放射性废弃物，这些放射性废弃物按其物理性质主要可分为气态放射性废弃物、液态放射性废弃物、固态放射性废弃物三类。由于放射性废弃物危害极大，若处理不当，会给人类健康和自然环境带来无法挽回的危害，因此，对于使用放射性化学试剂的生物学实验室，要有专人按照国家有关规定收集、保存和科学处理放射性废弃物。

放射性废弃物的具体处理方法参考第12.3节。

15.4.4　生物类废弃物的处理

众所周知，严重急性呼吸综合征(SARS)冠状病毒、埃博拉病毒、中东呼吸综合征冠状病毒、2019新型冠状病毒等一次又一次威胁着人类的健康。由传染病所带来的生物安全问题时有发生，生物安全及生物学实验室安全管理已引起各国的普遍关注。随着我国高等教育事业的不断发展，生物学实验室产生的生物类废弃物亦越来越多，因此，学校应加强和改进生物学实验室生物类废弃物的处理，有效降低实验室源性疾病的发生和传播，切实做好生物安全管理。

1. 处理原则

生物学实验室均需严格执行国家的相关法规，如《中华人民共和国传染病防治法》《中华人民共和国固体废弃物污染环境防治法》《医疗卫生机构医疗废弃物管理办法》等。具体处理原则有：

① 根据病源特性、物理特性等分类收集并做好标记，专人专管。

② 对传染性废弃物必须进行有效消毒或灭菌处理。

③ 使用公认、可靠、有效、合理的方法和技术。

④ 处理过程中,确保人和环境安全,避免二次污染。

⑤ 废弃物最终排放必须符合相关法律法规的要求。

⑥ 产生地预处理原则。生物类废弃物必须在实验室内进行及时有效处理后方可转运。

2. 处理方法

生物类废弃物应根据其病源特性、物理特性进行相应的处理。具体处理方法参考第11.5节。

参考文献

[1] 樊佳,王茂林,林宏辉. 绿色生物实验室建设的探索与实践[J]. 实验科学与技术,2016,14(6):198-201.

[2] 高秀荣. 浅议生物实验室废物的危害性及安全处理方法[J]. 山东农业工程学院学报,2014,31(2):36-37.

[3] 何献峰. 含砷废液实验室处理的方法比较[J]. 广东化工,2014,41(5):226-228.

[4] 和彦苓. 实验室安全与管理[M]. 北京:人民卫生出版社,2014.

[5] 饶长全. 生物与化学实验室常见废弃物的处理与回收[J]. 广东化工,2006,33(8):71-73.

[6] 熊顺子,秦敏君,徐毅,等. 高校生物实验室废弃物分类处理研究与实践[J]. 实验技术与管理,2019,36(2):171-174.

[7] 徐善东. 医学与医学生物学实验室安全[M]. 北京:北京大学医学出版社,2019.

[8] 杨江红. 实验室废弃物处理方法探讨[J]. 广东化工,2014,41(12):161-163.

[9] 赵实,张鸿明,陆泉枝. 生物实验室绿色化建设的探讨[J]. 实验室研究与探索,2006,25(1):122-124.

[10] 赵珏,刘雪蕾,李恩敬. 普通高校实验室生物废弃物管理实践与探索[J]. 实验技术与管理,2019,36(5):246-250.

彩色图表

表5.4　气体钢瓶面签类型

气体及混合气体特性	危险特性警示面签		
	危险性说明	底色	面签(符号在上半部,危险性说明文字在下半部)
易燃	易燃气体	红	易燃气体
永久或液化气体,不易燃,无毒		绿	非易燃气体
氧化性	氧化剂	黄	氧化剂
毒性	有毒气体	白	有毒气体

续表

气体及混合气体特性	危险特性警示面签		
	危险性说明	底色	面签(符号在上半部,危险性说明文字在下半部)
腐蚀性	腐蚀性气体	面签上半部为白色,下半部为黑色	腐蚀性

表6.1　GHS中的9种象形图

象形图	象形图名称	危险性	象形图	象形图名称	危险性
	引爆的炸弹	爆炸		骷髅旗	有毒
	火焰	燃烧		感叹号	有害
	火焰包围圆环	氧化		健康危害	健康危害
	气体钢桶	压力下的气体		环境	环境危害
	腐蚀	腐蚀			

表6.2 危险化学品标志

序号	标签名称	标签图形
1	爆炸性物质或物品	
2	易燃气体	
	非易燃无毒气体	
	毒性气体	
3	易燃液体	
4	易燃固体	
	易于自燃的物质	
	遇水放出易燃气体的物质	
5	氧化性物质	

续表

序号	标签名称	标签图形
	有机过氧化物	5.2 5.2
6	毒性物质	6
	感染性物质	6
7	一级放射性物质	RADIOACTIVE I CONTENTS ACTIVITY 7
	二级放射性物质	RADIOACTIVE II CONTENTS ACTIVITY TRANSPORT INDEX 7
	三级放射性物质	RADIOACTIVE III CONTENTS ACTIVITY TRANSPORT INDEX 7
	裂变性物质	FISSILE CRITICALITY SAFETY INDEX 7
8	腐蚀性物质	8
9	杂项危险物质和物品	9

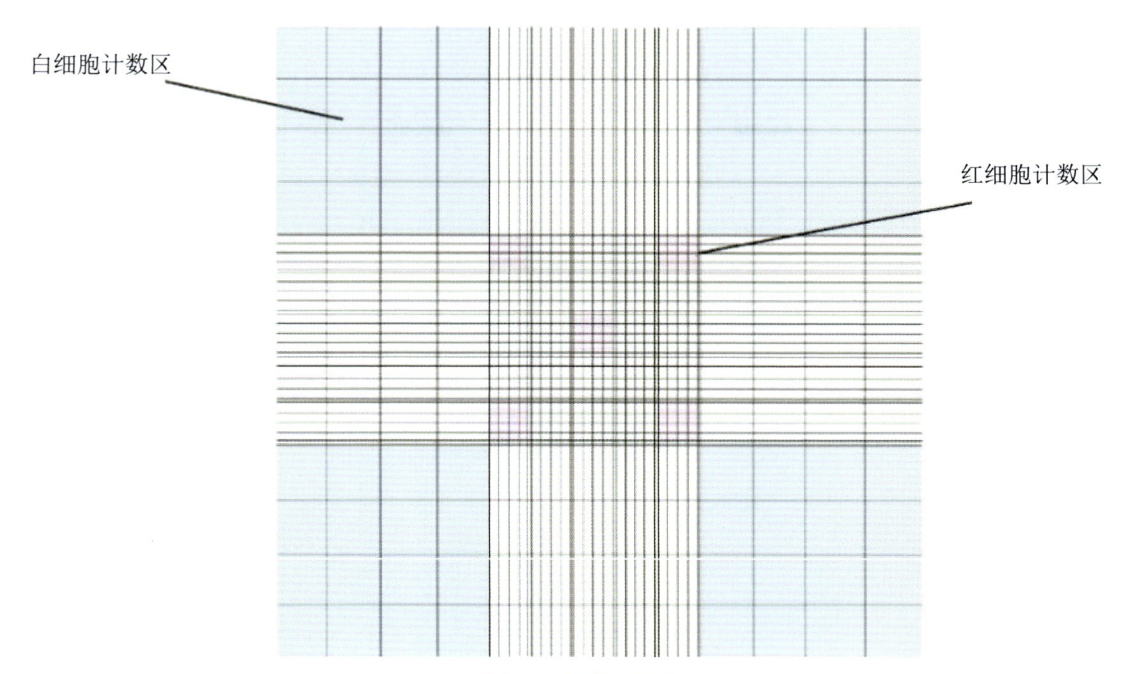

图9.2　血球计数板